U0937352

五年制高等职业教育基础课教材

技术物理基础

（上册）

宋　茧　主编

科学出版社

北京

内 容 简 介

本书是以1999年教育部制定的《高职高专教育基础课程教学基本要求》和《高职高专教育专业人才培养目标及规划》为指导编写的，以高中及中专物理教材的理论体系为主线，注意了与初中物理教材的衔接。本书针对初中毕业生的年龄特点，降低了理论深度和习题难度，避免了复杂的理论推导和证明，增加了例题和习题的数量。此外本书还增加了物理在工程技术和日常生活中的应用知识，增加了与物理有关的高新科学技术的内容。

本书可作为五年制高职高专、各类中职院校学生的物理课程教材。

图书在版编目(CIP)数据

技术物理基础(上册)/宋茧主编.—北京:科学出版社,2004
(五年制高等职业教育基础课教材)
ISBN 978-7-03-014047-0

Ⅰ.技… Ⅱ.宋… Ⅲ.工程物理学-高等学校:技术学校-教材
Ⅳ.TB13

中国版本图书馆CIP数据核字(2004)第077968号

责任编辑:王　彦/责任校对:耿　耘
责任印制:吕春珉/封面设计:北新华文

科学出版社出版

北京东黄城根北街16号
邮政编码:100717
http://www.sciencep.com

三河市骏杰印刷有限公司印刷
科学出版社发行　各地新华书店经销
*
2004年8月第　一　版　开本:B5(720×1000)
2021年9月第十三次印刷　印张:10 1/2
字数:192 000

定价:45.00元(上下册)

(如有印装质量问题,我社负责调换〈骏杰〉)
销售部电话:010-62134988　编辑部电话:010-62138978-8208

前　　言

本教材是以1999年教育部制定的《高职高专教育基础课程教学基本要求》和《高职高专教育专业人才培养目标及规划》为指导编写的。

教材以培养学生素质和能力为目标，突出“立足实用，打好基础，强化能力”的原则。教材在编写时，以高中及中专物理教材的理论体系为主线，注意了与初中物理教材的衔接。针对初中毕业生的年龄特点，教材降低了理论深度和习题难度，避免复杂的理论推导和证明以及复杂又不实用的习题；增加了例题和习题的数量，以达到精讲多练，便教便学的目的。教材增加了物理在工程技术和日常生活中的应用知识，增加了介绍与物理有关的高新科学技术的内容。

本教材按200学时编写。针对各校不同教学计划和不同专业，部分教材和阅读内容，可供学生选用。

全书采用法定计量单位和全国自然科学名词审定委员会公布的物理学名词。

本书由宋茧主编，上册副主编为宋爱兰、尚艳华，参加编写的还有张承斌、史晶、陈艳、董凤英、王晶、李炳新、张玉才、董小平、周厚斌、王连春、刘玉波，由张承斌主审。

由于编者水平有限，加之时间仓促，缺点和错误在所难免，恳请读者批评指正。

编　者

2004年4月

目　　录

绪 论

自然界的一切物质都在永恒不息地运动着，为我们展现了一幅幅神秘多彩、瞬息万变的大自然的美丽画卷。从斗转星移到电子的运动，从冰雪消融到生物的代谢等，都是物质运动变化的例子。运动是物质的存在形式，是物质的固有属性，它包括宇宙中所发生的一切变化和过程，从简单的位置变化到热、声、光、电等较为复杂的运动形式乃至生命和思维。

物理学所研究的是物质运动最基本最普遍的形式和规律，它包括研究机械运动的力学、分子热运动的热学、电磁运动的电磁学、光的本性和传播的光学、还有研究原子和原子核内部结构和运动的原子物理学。不言而喻，物理学研究的物质运动规律具有最大的普遍性。

物理学是一门基础自然科学，它是自然科学的主导和基础。物理学又是一切科学技术的基础。目前，世界各国公认的高新技术研究领域主要有10个方面：电子计算机技术、航空航天技术、生物工程技术、新材料技术、新能源技术、海洋工程技术、核辐射技术、激光技术、现代通信技术、机电一体化技术。此外，还有微电子技术、等离子体技术、远红外遥感技术、纳米技术、超导技术等。物理学与这些高新技术有着密不可分的关系。例如：电子计算机的核心部件大规模集成电路技术是建立在量子力学和半导体物理中的能带理论基础上的；核辐射技术是建立在核物理的实验和理论基础上的；激光技术是建立在原子物理的实验和理论基础上的；现代通信技术是建立在麦克斯韦电磁理论基础上的；航空航天技术是建立在力学理论基础上的，等等。

物理学也是人类进步和发展以及生产技术革命的动力。每当物理学取得重大进展，就会促使生产技术发生根本性的变革，在这方面的例子不胜枚举：18世纪前后，牛顿力学和热力学的发展，导致纺织机和蒸汽机的研制成功，人类由原始的手工劳动转为使用动力机械，实现了工业生产机械化，引起了第一次工业革命。19世纪电磁场理论的发展，导致电机、电器和电讯设备的研制成功，使人类进入应用电能的时代，引起了第二次工业革命。20世纪以来，物理学的发展特别是相对论和量子力学的建立和发展，使工程技术各个领域获得了长足的发展。我们欣喜地看到，以原子能、电子计算机为代表，以自动化、信息化为标志的第三次工业革命已经到来。

新中国成立以来，我国的物理学工作者为祖国的科学技术发展作出了巨大贡献。他们的辛勤劳动缩短了我国与世界先进科学技术水平的差距。例如：在高温超导的研究方面，我国一直处在世界先进水平；我国研制的“神光”装置，使我国高功率激光研究跨入世界先进行列；我国建成了世界上第一座5MW低温核供热反应堆；中国是世界上第3个掌握卫星回收技术的国家；“神州五号”载人飞船的发射成功，使我国跻身于世界航空航天技术领域的前列。

当然也应当看到，我国还是一个发展中的国家，科学技术总体水平还不高。对于我国青年一代来讲，更是任重道远。我们一定要努力学习科学文化知识，为将来服务于国家和人民，打下坚实的基础。

为了学好物理学，必须注意以下几个问题：

要认真做好实验。物理学是一门实验科学，物理定律和理论是建立在观察和实验的基础上的。因此，我们应当重视实验，在实验中学会使用仪器并提高测量技能，培养我们的动手能力和分析问题、解决问题的能力。同时，通过实验巩固和加深我们所学的理论知识。

要培养自己严格、周密的科学思维能力。物理学是一门精确的理论科学，学好物理学应把注意力放在弄懂弄通基本概念和基本理论及其应用上。物理学中的概念、定律常常用数学的形式表示，成为物理公式。我们只有搞清公式中符号所代表的物理量，明确公式的适用范围、物理意义和适用条件，才能灵活运用公式，正确分析和计算问题。学物理最忌死记硬背，生搬硬套。

要理论联系实际，勤学苦练。物理课文中的叙述、例题和习题一般都是适当地联系实际问题的，因此，要认真阅读和分析课本知识，在此基础上做好作业。在生产劳动中和日常生活中要经常注意观察周围发生的物理现象，并运用所学知识来解释这些现象。我们知道，许多重大的科学发明和创造都是建立在认真地观察、严密地思考和锲而不舍地实验基础之上的。

在本世纪内，为把我国建设成为农业、工业、国防和科学技术现代化的社会主义强国，其关键是科学技术现代化。“科学技术是第一生产力”，现代科学技术尤其是高新技术的迅速发展，已经在很大程度上改变了生产力的结构和人类的发展。但是，生产力的三要素中，人的因素是主要的、决定性的。作为21世纪有志气有抱负的知识青年，必须树立正确的科学发展观。为了迎接新科学、新技术的挑战，我们必须努力学习科学知识，把自己培养成为新时代需要的人才，为早日实现祖国的四个现代化贡献力量。

第 1 章　力

1.1　力

自然界的一切物质，从地球、太阳、银河系，到分子、原子、微观粒子，都处在永不停息的、形式多样的运动中。其中，最基本的运动是机械运动。力学就是研究机械运动规律的一门科学。

力　我们在初中物理中已经学过，力是物体对物体的作用。例如，人推小车，人就对小车施了力。起重机吊起货物，起重机就对货物产生力的作用。由此可见，有受力物体就必有施力的物体，离开物体，力是不能单独存在的。在分析物体受力情况时，为了简便，我们只分析物体受到的力，而没有指明施力物体，但它一定是存在的。

力对物体的作用效果一般可以分为两种。当我们用力推车时，车开始运动起来，所以我们说力可以改变物体的运动状态；当我们用力拉弹簧时，弹簧伸长而发生形变，所以我们说力可以使物体发生形变。

力的三要素　我们已经知道，力的大小、方向、作用点称为力的三要素。力对物体的作用效果与每一要素都有关系。要说明一个力，必须指明这个力的大小、方向和作用点。

力的大小可以用弹簧秤来测量。在国际单位制（英文缩写为 SI）中，力的单位是牛顿，其国际符号是 N，中文符号是牛。

我们通常用带箭头的线段表示力。线段是按一定比例画出的，它的长度表示力的大小，箭头的指向表示力的方向，箭头或箭尾表示力的作用点。这种力的表示方法，叫做力的图示。

例如，起重机的钢丝绳拉起一个物体，钢丝绳给物体的拉力为 500N，方向向上。做力的图示时，可以照图 1.1 那样先选定一个标度，然后按一定比例画出力的图示。

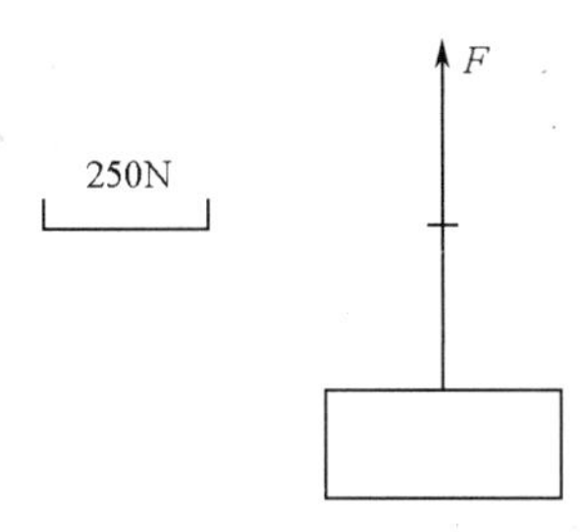

图 1.1　力的图示

再举一个例子。汽车的牵引力 F 的大小是 80N，方向水平向右。可以照图 1.2 那样选定标度，以此标度可画出牵引力 F 的图示（如图 1.2 所示）。

标量和矢量　在初中我们学过质量、体积、时间、温度等物理量。这些量与空间取向没有关系，在指明单位后，只要用一个数值表示它的大小就可

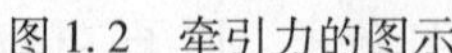

图 1.2　牵引力的图示

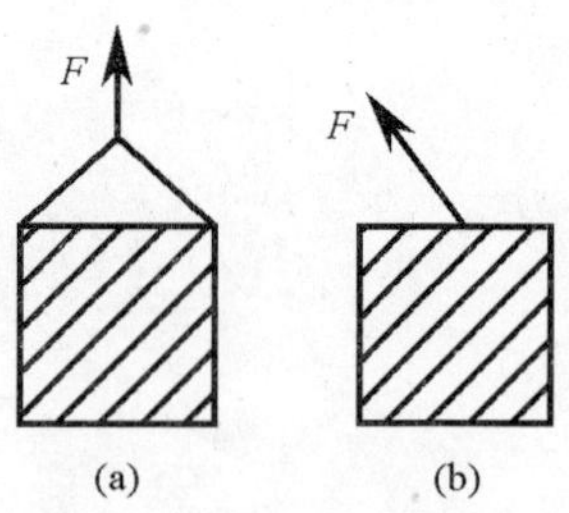

图 1.3　力的方向

以了。这类只有数值大小的物理量称为标量，同一种标量可以直接相加减。

但是，力、速度这一类物理量却与此不同。在实践中，我们常常会遇到这样的问题：使用同样大小的力，作用于同一物体上，所产生的效果不同。如图 1.3 所示，若由大小为 500N 的力 F 竖直作用于一物体，刚好能把该物体从地面上提起（图 1.3（a））。而用大小同为 500N 的力去斜拉此物体时，却只能使其在地面上移动（图 1.3（b））。因此，要反映作用在物体上的力，不仅要指明它的大小，而且还必须指明它的方向。像力这样的不仅有大小，而且有方向的物理量，称做矢量。以后我们将学到的位移、速度、加速度等也都是矢量，矢量的运算法则与标量不同，我们随后将会学到。

习题 1.1

1. 力的三要素是力的________、________、________。
2. 力是________，不但有________，而且有________。
3. 力的图示中，箭头表示力的________，线段长度表示力的________。
4. 你能举出几个实例说明力是物体对物体的作用吗？
5. 画出下面几个力的图示，并说明施力物体。

（1）用 200N 的力向上提水桶；

（2）马用与地面成 30°角的力拉车，拉力为 5kN；

（3）斜面上重 100N 的木块的重量。

6. 温度有正负，它是不是矢量？
7. 下列物理量哪些是标量？

（1）时间；（2）速度；（3）质量；（4）长度。

1.2　重力　重心

重力　在初中我们已经学过，地球对附近所有的物体都有吸引力，我们把物体由于地球吸引而受到的力称做重力。

重力的大小可用弹簧秤称出。在图1.4中，当物体保持静止时，物体对弹簧秤的拉力或压力就等于物体所受到的重力。重力是矢量，重力的方向总是竖直向下的。重力的SI单位为牛顿，国际符号为N。在初中我们学过，一般来讲，质量为1kg的物体重力为9.8N。如果用G表示物体的重力，用m表示物体的质量，则$G = mg$，式中G和m的单位分别是N，kg，$g = 9.8$ N/kg。

通常我们认为物体的重力是不变的。

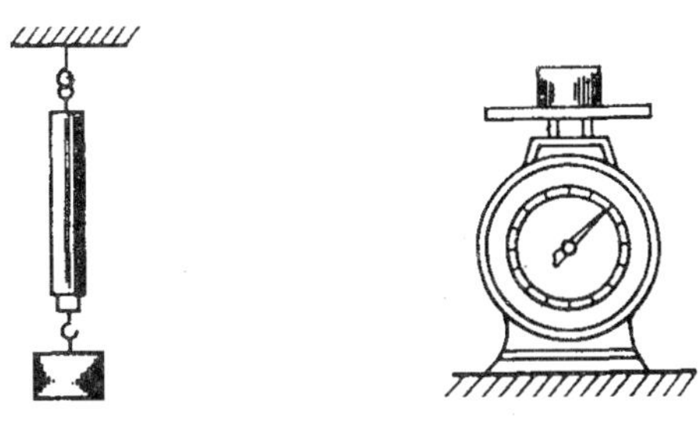

图1.4　重力测量示意图

重心　物体的各个部分都受重力作用，但在很多问题中，这种作用效果与各部分所受的重力看做都集中于一点的效果相同，这样的点称做物体的重心。

对于形状规则的均匀物体，其重心为几何中心，如图1.5所示。

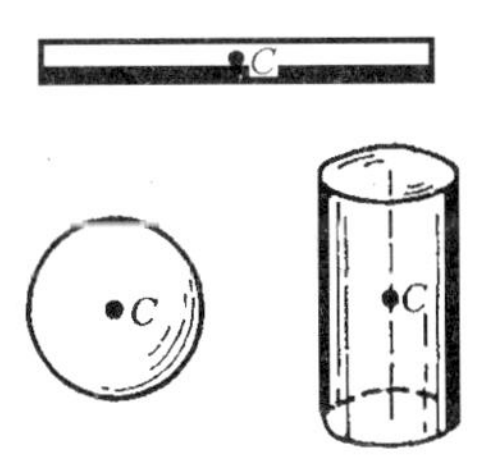

图1.5　重心位置图

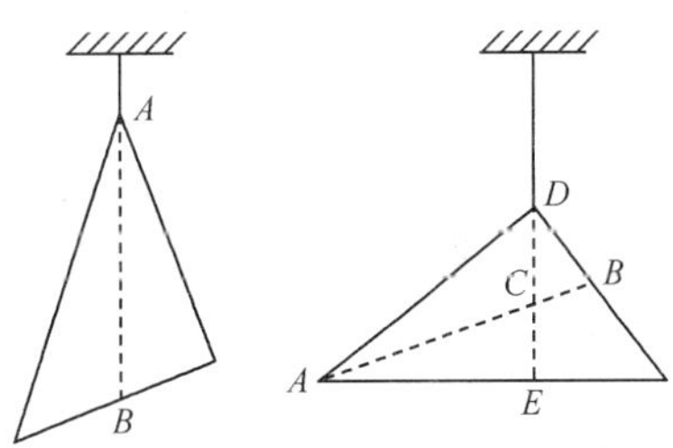

图1.6　悬挂法确定薄板形物体的重心

不均匀物体的重心位置，与物体的形状和质量在物体内的分布有关。在工厂里，工人师傅通常用悬挂法来确定薄板形物体的重心。如图1.6所示，先在A点把薄板悬挂起来，作竖直线AB；然后再在D点把薄板悬挂起来，作竖直线DE；AB和DE的交点C就是薄板的重心。大家可以用初中学过的二力平衡条件分析一下上面这种方法的道理。

物体重心的研究，在工程实际和日常生活中都非常重要。例如，飞机、轮船、汽车、机器和楼房等物体的重心位置设计，对于其安全性、稳定性都有十分重要的意义。杂技演员表演走钢丝、顶桌椅等节目，运动员在跳水、球类、游泳、田径等项目中，都要研究重心问题。

习 题 1.2

1. 物体由于________而受到的力叫做________。

2. ______________________________称做物体的重心。

3. 请你判断下列说法是否正确：

（1）地球上的物体只有静止时才受重力；

（2）形状规则的物体的重心一定在其几何中心上；

（3）物体发生形变时，重心位置一定不变；

（4）物体的重心不一定在物体上。

4. 物体在静止、向上运动和向下运动时，受到的重力有何变化？

5. 踢出去的足球在空中运动时，若不考虑空气的阻力和浮力，足球将受到什么力作用？

6. 一个苹果重2.5N，它对地球有没有吸引力？如果有，吸引力多大？

7. 宇航员在月球上行走要穿很重的鞋，你能解释这是什么原因吗？

1.3 弹 力

弹力 运动员在撑杆跳高时，撑杆受力可以变弯；弹簧受力可以伸长或缩短。像这样，物体在力的作用下发生形状或体积的改变叫做形变。物体发生形变后，如果撤掉外力，形变马上消失，这样的形变就叫做弹性形变。物体发生弹性形变的限度，叫做弹性限度。超过了弹性限度，撤掉外力后，一部分形变就不能恢复原状，这部分形变叫做塑性形变。

发生弹性形变的物体由于企图恢复原来的形状，所以将对跟它接触并使它产生形变的物体产生力的作用，这种力叫做弹力。例如，你用手把弹簧拉长，弹簧发生了形变，为了恢复原来的长度，弹簧就会给你的手一个弹力，你会感到手受到了弹簧的一个拉力的作用。

力是物体产生形变的原因，任何物体受力后都能产生形变，只是有时形变较小不易被我们察觉罢了。例如把书放在桌子上，会使桌面发生极微小的变形。桌面要恢复原状，就对书施以向上的弹力，这就是桌面对书的支持力。可见，通常所说的压力和支持力都是弹力。物体所受到的压力和支持力等弹力的方向总是垂直于物体接触面或接触点的切面，指向物体，如图1.7。

同样，如图1.8，绳子、传动皮带、电线、链条等柔软物体（在工程力学中称做柔体）的拉力也是弹力。这些物体产生的弹力就沿着它的轴线方向。分析一

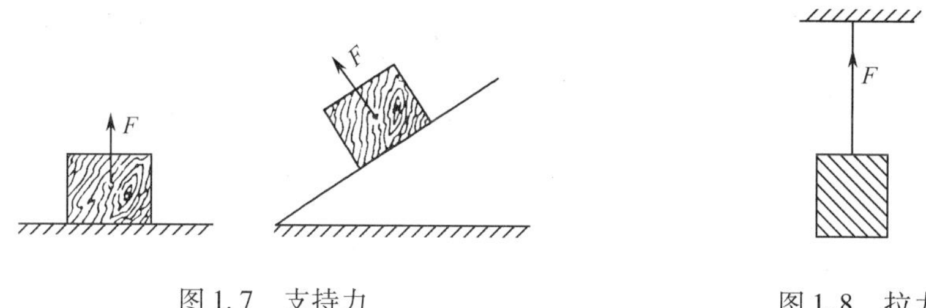

图 1.7　支持力　　图 1.8　拉力

下我们会发现，这类物体产生的弹力只能是拉力而不能是压力。

弹力和形变的关系一般来讲比较复杂。而弹簧的弹力和形变（伸长或缩短）的关系比较简单。实验证明，在弹性限度内，弹簧发生弹性形变时，弹力的大小跟弹簧伸长（或缩短）的长度成正比，即

$$F = kx \tag{1.1}$$

式中的 k 称为弹簧的劲度系数，单位是 N/m，它跟弹簧的材料性质、大小、形状等因素有关。x 是弹簧伸长或缩短的长度，单位是 m。F 是弹力的大小，单位是 N。这个规律是英国科学家胡克（1635 ~ 1703）发现的，所以又称做胡克定律。

【例 1】　弹簧上端固定，下端挂一个重 20N 的物体，弹簧伸长了 1.0cm，求弹簧的劲度系数。若下端挂一个重 50N 的物体，弹簧伸长多少（设在弹性限度内）？

解　1.0cm = 0.010m，由胡克定律

得

$$F = kx$$

$$k = \frac{F}{x} = \frac{20}{0.010} = 2000\text{N/m}$$

由于劲度系数不变，再由胡克定律

$$F' = kx'$$

得

$$x' = \frac{F'}{k} = \frac{50}{2000} = 0.025\text{m}$$

习 题 1.3

1. 一个物体放在桌面上，受到________力和________力的作用。这两个力的施力物体分别是________和________。

2. 物体所受到的弹力的方向总是________________________________；绳子给物体的弹力方向总是____________________________，而且只能是________。

3. 弹簧的劲度系数与 ____________________ 有关，它的单位是 ________。

4. 下面说法正确的是：

(1) 只要物体形状发生变化，就一定产生弹力；

(2) 只要物体相互接触，就一定产生弹力；

(3) 弹力的大小一定与物体的形变成正比；

(4) 弹力的方向一定与物体间的接触面垂直。

5. 画出图 1.9 中 A 物体所受的重力和弹力，并指出施力物体。

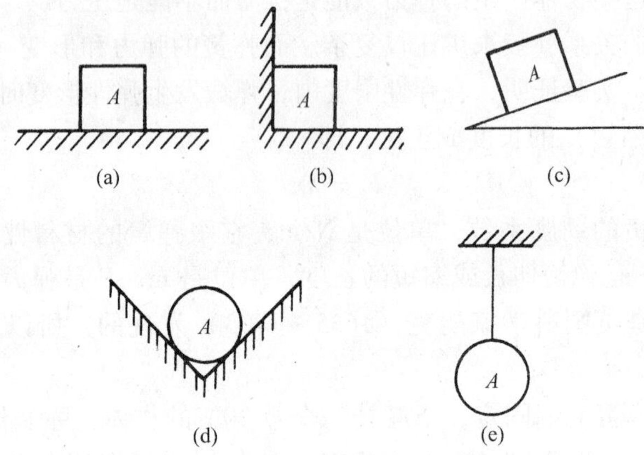

图 1.9　习题 5 示意图

6. 一个重 50N 的物体放在地面上，地面受到的压力也是 50N，为什么不能说地面受到的压力就是物体的重力呢？你能举出重力大小不等于压力大小的两个例子吗？

7. 弹簧上端固定，下端挂 30N 的重物，弹簧伸长 2.0cm. 现在不挂重物，而用手拉弹簧下端，弹簧伸长 2.5cm，手的拉力是多少？

1.4　摩　擦　力

静摩擦力　如图 1.10 所示，放在桌面上的木块跟跨过滑轮的绳子相连接，绳子的另一端悬挂吊盘，盘上放有砝码。木块在绳子的拉力作用下会运动起来。但是，当砝码质量比较小的时候，木块静止不动。这表明木块除了受绳子的拉力外，还受到一个与拉力大小相等、方向相反的力，它起着阻碍木块运动的作用，这个力就是木块与桌面之间的摩擦力。这种发生在两个相对静止的物体之间

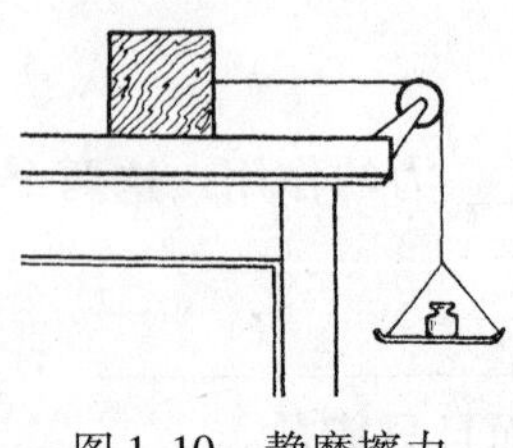

图 1.10　静摩擦力

的摩擦力称做静摩擦力。静摩擦力的方向总是跟接触面相切，并与物体相对运动趋势的方向相反。

当我们逐渐增加盘中砝码时，木块可以仍然不动，这表明，静摩擦力仍然与拉力相等。由此可见，此时静摩擦力随拉力增大而增大。当砝码增大到某一个数值时，木块开始滑动，这时的静摩擦力称为最大静摩擦力。

例如，在图1.10所示的演示中，当绳子给木块的拉力为5N时，木块不动，此时桌子给木块的静摩擦力就是5N，方向向左（因为此时木块相对于桌面有向右运动的趋势）；当绳子给木块的拉力为10N时，木块不动，此时桌子给木块的静摩擦力就变为10N，方向向左；当绳子给木块的拉力为15N时，木块恰好开始运动，此时桌子给木块的摩擦力就是最大静摩擦力。它的大小是15N，方向向左。

滑动摩擦力　木块开始滑动后，仍然要受到桌面对它的摩擦力f的作用，滑动的物体受到的摩擦力称为滑动摩擦力。滑动摩擦力的方向总是与接触面相切，并且与物体相对运动的方向相反。图1.10所示的是测定滑动摩擦力的一种装置。若适当选择砝码，可使木块做匀速运动。此时由砝码及吊盘决定的拉力F与滑动摩擦力f相等，即$F = f$。实验表明，f跟两物体之间垂直于接触面的正压力F_n成正比：

$$f = \mu F_n \tag{1.2}$$

式中μ是比例系数，称做动摩擦因数。μ的数值主要跟相接触的两个物体的材料和接触面的粗糙程度有关。表1.1给出了几对材料在通常情况下的μ值。

表1.1　几对材料的动摩擦因数

甲-乙	钢-钢	钢-钢（润滑）	木-木	木-金属	钢-冰	橡胶 路面
μ	0.17	0.07	0.30	0.20	0.02	0.71

两物体之间的最大静摩擦力一般比滑动摩擦力略大，但通常可用（1.2）式计算。

在生产和日常生活中，摩擦力既是我们的“敌人”，又是我们的“朋友”。没有摩擦力的世界是无法想像的，比如，皮带和皮带轮的摩擦力太小，皮带轮就会打滑；汽车轮子和路面之间的摩擦力太小，就是轮子转动再快，车子仍旧停在原地。在没有摩擦力的道路上，我们将无法行走，前进的汽车也无法停下来。没有摩擦力，我们的手拿不住东西，甚至连衣服都穿不住。在有些情况下，就应该设法增大摩擦力。例如，在皮带传动中，为了增加皮带和皮带轮之间的摩擦力，就要在皮带上打皮带油；汽车在冰雪路面上行驶时，为了增加摩擦力，常在轮胎上加装防滑链。传送带上的物体，也是靠静摩擦力来运送的（图 1. 11）。

图 1. 11　传送带靠静摩擦力来运送物品

但在许多情况下，还得设法减小摩擦力。比如，机器内部有许多转动部分，运转时要产生摩擦，这种摩擦既会使机器发热，白白消耗动力，又加快机件磨损。安装轴承，用滚动代替滑动，这样可以有效地减小摩擦力。给摩擦面涂润滑剂，是常用减小摩擦的方法，它可以使摩擦力减小 90%。

目前，在小型高速磨床，高级陀螺仪的轴承上都采用空气做润滑剂。因为空气的粘度大约为油的千分之一，因此空气轴承摩擦力非常小。通讯卫星上昼夜不停转动的发射天线，它的滚动轴承的润滑，是在滚道上喷涂二硫化铝等固体润滑材料来减小摩擦。

【例 2】　一个重为 450N 的运动员滑冰时，会受多大摩擦力？

解　运动员对冰面的压力 $F_n = G = 450\text{N}$，是冰刀与冰面接触。

查表 1. 1 得 $\mu = 0.02$，于是

$$f = \mu F_n = 0.02 \times 450 = 9.0\text{N}$$

【例 3】　如图 1. 12 所示，物体 A 重 10N，A 与桌面间的动摩擦因数为 0. 35，最大静摩擦力为 4. 0N。求物体 B 的重力分别是 3. 0N，5. 0N 时，A 与桌面的摩擦力各是多少？

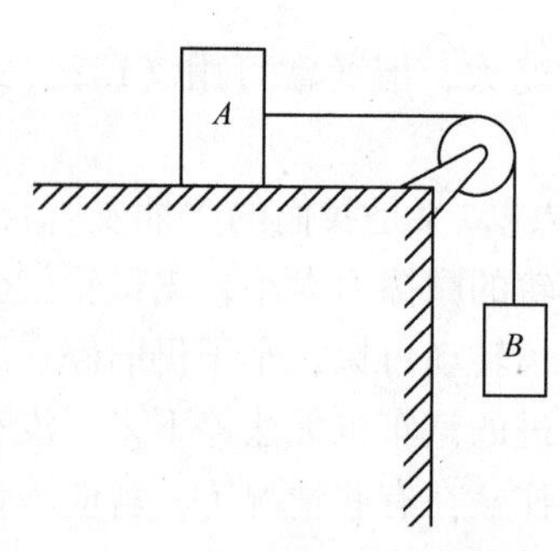

图 1. 12　例 3 示意图

解　(1) 当 B 重3.0N时，A 受到的拉力也是3.0N，它小于最大静摩擦力，所以 A 静止，此时的静摩擦力等于拉力3.0N。

(2) 当 B 重5.0N时，A 受到的拉力也是5.0N，它大于最大静摩擦力，所以 A 在桌面上滑动。此时的摩擦力等于滑动摩擦力，因此

$$f = \mu F_n = 0.35 \times 10 = 3.5\text{N}$$

习 题 1.4

1. 静摩擦力的方向________________________________；滑动摩擦力的方向________________________。

2. 有人说，“两种材料间的摩擦因数跟滑动摩擦力成正比，跟正压力成反比。”试分析这句话是否正确。

3. 画出图1.13中物体 A 所受摩擦力的方向。

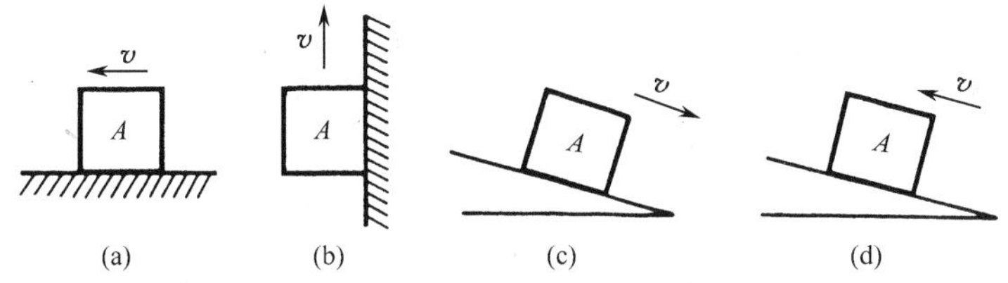

图1.13　习题3示意图

4. 如图1.14所示。水平地面上叠放着完全相同的长方体木块 A 和 B。用水平力 F 拉 A 时，A 仍保持静止，问 A 与地面之间的静摩擦力是多少？A 与 B 之间的静摩擦力等于多少？

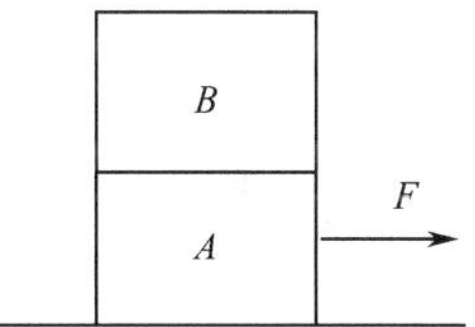

图1.14　习题4示意图

5. 关于摩擦力，下面哪种说法正确？

(1) 摩擦力的方向总是跟物体运动方向相反；

(2) 摩擦力的方向总是跟物体运动方向相同；

(3) 摩擦力总是阻碍物体相对运动的；

(4) 摩擦力总是物体运动的阻力。

6. 沿水平方向拉动水平地板上的机器，机器重200N，当拉力为10N时，机器没有被拉动。当拉力增大到45N时，机器刚好被拉动，但要使机器做匀速运动，只需要40N就行了。求：

(1) 各过程中机器受到的摩擦力各为多大？

(2) 机器与地面间的动摩擦因数是多少？

7. 一个重力为 G 的木块，用手以水平力 F 把它挤在竖直墙面上，木块恰能

沿墙面匀速下滑，求木块与墙面间的动摩擦因数。

1.5　力的合成

古代有个寓言，说的是两只蚂蚁搬动一颗谷粒，正一步一步地向洞口移去，半路上又来了两只蚂蚁加盟。奇怪的是，四只蚂蚁都用尽了全力，谷粒却再也不移动了。从力学的角度来看，这个寓言说明了什么呢？同学们可以讨论一下。

要解决这个问题，就要先研究合力与力的合成问题。

合力与力的合成　如图 1.15，一盏灯可以用两种不同的方式悬吊着。显然，拉力 F_1 和 F_2 的共同作用跟拉力 F 的单独作用有着相同的效果，都能使电灯静止悬吊着。

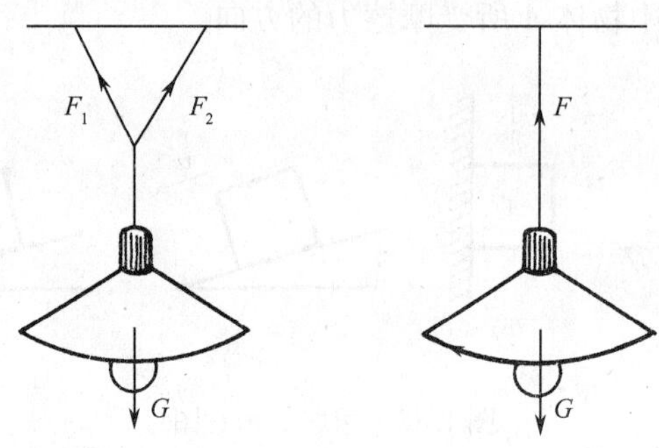

图 1.15　灯的受力分析图

如果一个力对物体的作用效果跟几个力共同作用效果相同，这个力就称做那几个力的合力。而那几个力就称做这个力的分力。求已知几个力的合力称做力的合成。

几个力作用于物体的同一点，或它们的作用线相交于一点，就称这几个力为共点力。图 1.15 左图所示的例子中的绳子的拉力 F_1 和 F_2 和电灯的重力 G，就是一组共点力。而右图中的拉力 F 和电灯的重力 G 这两个力，也是一组共点力。

平行四边形定则　在上面的例子中，如果绳子的拉力 F_1 和 F_2 的大小都是 10N，那么如何求 F_1 和 F_2 的合力呢？是不是把两个 10N 加起来就是 F_1 和 F_2 的合力呢？下面我们先通过实验来研究两个互成角度共点力的合成问题。

图 1.16（a）表示橡皮条的端点 E 在共点力 F_1 和 F_2 的作用下，沿直线运动到 O 点。图 1.16（b）表示一个力 F 作用在橡皮条的端点 E 上。端点 E 沿着相同的直线也运动到 O 点。力 F 对 E 点产生的效果跟力 F_1 和 F_2 共同产生的效果相同。所以，力 F 是 F_1 和 F_2 的合力。

合力 F 与 F_1 和 F_2 是什么关系呢？从 O 点按一定的比例画出代表 F_1 和 F_2 的有向线段 OA 和 OB，再以 OA 和 OB 为邻边作平行四边形 $OACB$，如图1.16（c），量度和计算后我们会发现，这个平行四边形的对角线 OC 恰好就是力 F 的图示。于是我们得出这样一个结论：合力 F 的大小和方向，可以用这个平行四边形的对角线来表示。改变 F_1 和 F_2 的大小和方向，重新做上面的实验，可以得到同样的结果。

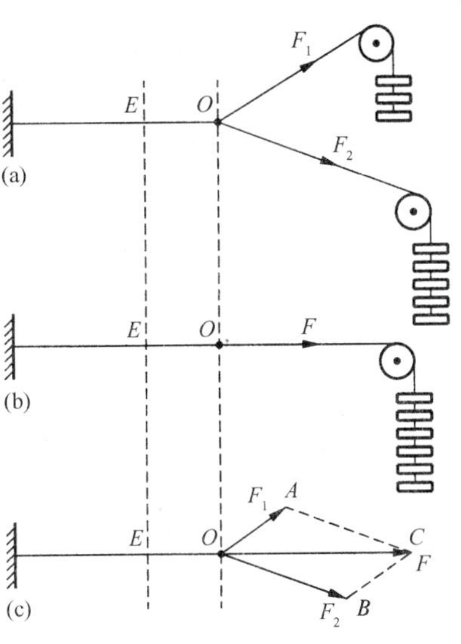

图1.16　两个互成角度共点力的合成

因此，作用于一点而互成角度的两个力，其合力的大小和方向，可以用代表这两个力的线段作邻边所画出的平行四边形的对角线来表示，这就是力的平行四边形定则。现在我们已经解决了上面提出的问题：力是矢量，它的合成不能简单地相加，必须用平行四边形定则来进行合成。

根据平行四边形定则，当两个分力 F_1 和 F_2 及夹角已知时，利用作图法或计算法，就可以求出合力 F 了。

作图法和计算法都表明，合力的大小和方向不仅跟这两个力的大小有关，还跟它们的夹角有关。

如图1.17所示，大小一定的两个力间的夹角越小，合力越大；夹角为零时，既两个力的方向相同时，它们的合力最大，等于两个力的大小之和，其方向跟两个力的方向相同。

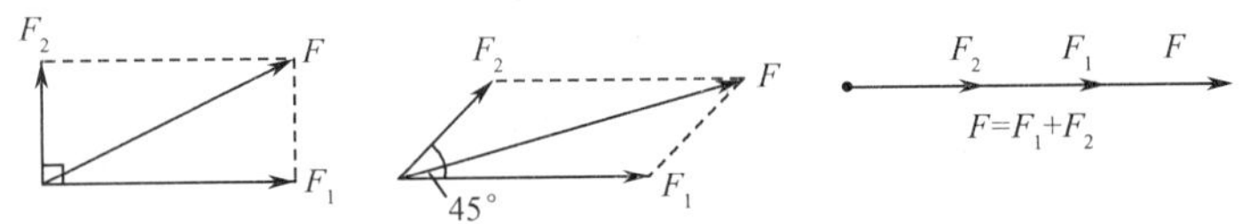

图1.17　合力与夹角的关系

如图1.18所示，大小一定的两个力间的夹角越大，合力越小；夹角为180°时，即两个力的方向相反时，它们的合力最小，等于两个力的大小之差，其方向跟较大的力的方向相同。

实验和理论都证明，平行四边形定则不仅适合于力矢量合成，也适合于其他矢量合成，它是矢量合成的普遍定则。

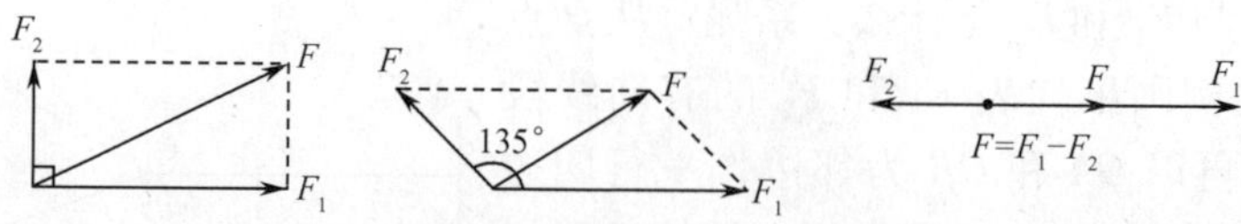

图 1.18　合力与夹角的关系

两个以上的共点力的合力怎样求解呢？我们也可以用平行四边形定则求出其中两个力的合力，再求出这个合力与第三个力的合力。依此类推，直到求出所有共点力的合力为止。

在学习了本节课后，就很容易回答蚂蚁搬谷粒的问题了：4 只蚂蚁没有拖动谷粒，说明它们的合力为零。

【例 4】　甲乙两人拉一木箱，甲用力 600N，乙用力 450N，这两个力的夹角为 90°，求它们的合力。

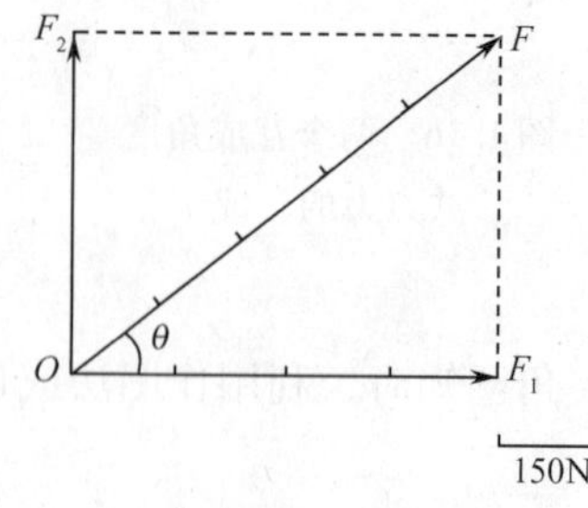

图 1.19　例 4 示意图

解　先根据预定的标度画出 F_1 和 F_2，然后以 F_1 和 F_2 为邻边作平行四边形，并画出这个平行四边形的对角线（图 1.19），量出对角线长度及对角线与 F_1 的夹角 θ，可得到 F_1 和 F_2 的合力 $F=750\text{N}$，F_1 和 F 的夹角为 37°。

以上结果也可以根据直角三角形的法则计算出

$$F = \sqrt{F_1^2 + F_2^2} = \sqrt{600^2 + 450^2} = 750\text{N}$$

$$\tan\theta = \frac{F_2}{F_1} = \frac{450}{600} = 0.75$$

查表得 $\theta = 37°$。

习题 1.5

1. 求两个互成角度的共点力的合力，可以____，叫做平行四边形定则。

2. 判断以下说法哪个正确：

（1）几个力的合力一定比其中任何一个分力都大；

（2）几个力的合力一定等于零；

（3）几个力的合力一定大于零；

（4）两个分力的夹角在 0°到 180°之间变化时，夹角越小，合力越大。

3. 物体受两个共点力作用，分别为11N和7N，则物体受到的合力可能是

（1）3N；　（2）15N；　（3）19N。

4. 两个共点力的大小均为10N，如果合力的大小也是10N，这两个力的夹角应为

（1）30°；　（2）60°；　（3）120°；　（4）180°。

5. 两个力的合力总是大于每一个分力，对吗？为什么？

6. 有三个力，其大小分别为2.0N，8.0N，10N，它们的合力最大值和最小值各是多少？

7. 重3.2N的气球，同时受到风的水平推力 F_1 为12N，空气浮力 F_2 为8.0N，求气球所受的合力 F。

8. 有三个分别为30N，40N，50N的力，作用于物体同一点上，它们之间的夹角都是120°，试用作图法求它们的合力。

1.6　力的分解

1.5节中，我们讨论了两个互成角度的共点力的合成。但实际问题中，常常需要把一个已知力分解成几个分力，这叫力的分解。

力的分解是力的合成的逆运算，同样可以利用平行四边形定则。这时，把已知力的图示有向线段作为平行四边形的对角线，与已知力共点的平行四边形的两个邻边就表示这个已知力的两个分力。显然，如果没有其他限制条件，这样的分解结果是不确定的，因为它有无数组解，这种不确定的答案没有实际意义。在实际问题中，把一个力进行分解，通常是已知两个分力的大小；或者已知两个分力的方向；或者已知一个分力的大小和方向。

通常分解一个力要具体考虑这个力产生的实际效果，它在哪些方向上产生了力的效果，就可以沿着那些方向来分解。

如图1.20所示，我们可以作下面这样一个演示实验。将小车放在圆盘测力计的秤盘上。秤盘水平时，测力计示出小车受到的重力。将秤盘倾斜，用弹簧秤沿秤盘平面方向拉住小车。这时测力计和弹簧秤都有示数。这表明，放在斜面上的物体，它受到的重力产生两个效果。在平行斜面方向可使物体下滑，我们骑自行车下坡时非常省力，就是重力在斜坡方向上的分力在给我们帮忙。而在垂直于斜面方向上，重力的分力使物体紧压在斜面上。我们就可以把重力沿这两个方向进行分解（图1.21）。重力 G 在这两个方向的分力分别是 F_1 和 F_2。根据几何和三角关系，可以得到，$F_1=G\sin\alpha$，$F_2=G\cos\alpha$，α 为斜面的倾角。

力的分解在实践中经常遇到。比如在山坡上修筑的公路，它的坡度应尽量小些。如果坡度太大，汽车重力在平行斜坡方向的分力就会大于车轮和路面的摩擦

力，汽车就有下滑的危险。所以山间公路都是在山腰里盘旋而上的。

图 1.20　力的分解

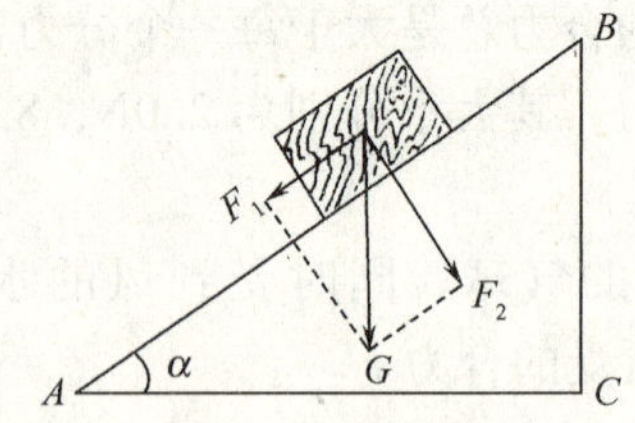

图 1.21　重力的分解

习 题 1.6

1. 在倾角为 α 的斜面上有一重力为 G 的物体，则 G 在斜面方向上的分力为________；在垂直于斜面方向上的分力为______________。

2. 一物体沿斜面向下滑行，关于物体受到的力，下面哪种说法正确？

（1）重力、弹力；

（2）重力、弹力、摩擦力；

（3）重力、弹力、下滑力；

（4）重力、弹力、摩擦力、下滑力；

3. 在倾角为 α 的斜面上，有一质量为 m 的物体静止不动，外力 F 垂直作用于物体上（图 1.22）。斜面受到的压力的大小是：

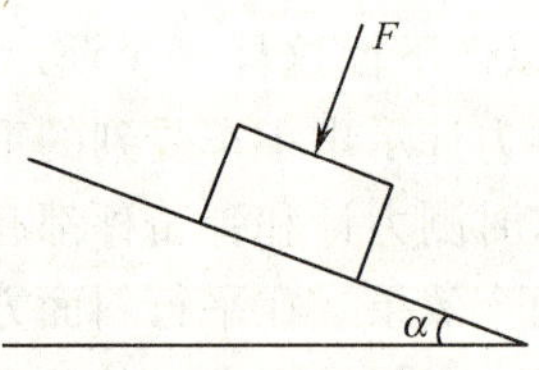

图 1.22　习题 3 示意图

（1）F；（2）$F+mg$；（3）$F+mg\cos\alpha$；（4）$F+mg\sin\alpha$。

4. 上题中，物体受到的静摩擦力的大小是：

（1）0；（2）F；（3）$mg\cos\alpha$；（4）$mg\sin\alpha$。

5. 4.0N 的力能否分解成两个 40N 的力？怎样分解？

6. 一个物体从倾角 α 为 30°的光滑斜坡向下滑行，物体重 700N，请计算使物体沿斜坡滑行的力和物体对斜坡的压力。

7. 请把与水平方向成 60°角，大小为 200N 的力分解为两个力：

（1）一个分力在水平方向，大小为 240N，用作图法求另一个力的大小和方向。

（2）一个分力在水平方向，另一个分力在竖直方向，计算两分力的大小。

8. 用 100N 的力与水平而成 30°的方向来推木箱和拉木箱，试求两种情况下，力在竖直方向和水平方向的分力。思考一下，在有摩擦力的情况下，推木箱和拉木箱哪个方法省力？

9. 我国古代的拱桥和现代的斜拉桥的设计都运用了丰富的物理知识，你能不能运用力的合成和分解原理，分析一下这两种桥上的负荷是如何向桥墩传递的？

1.7　共点力作用下的物体的平衡

平衡状态　物体保持静止或匀速直线运动的状态称为平衡状态。例如，楼房、桥梁、沿平直公路匀速行驶的汽车等，都处于平衡状态。

共点力作用下的物体的平衡条件　要使物体处于平衡状态，作用在物体上的力必须满足一定的条件，这个条件称为平衡条件。现在我们来研究共点力作用下物体的平衡条件。

在初中我们已经学过，物体在两个共点力的作用下，如果这两个力大小相等，方向相反，在一条直线上，那么物体就处于平衡状态。从力的合成可知，这时作用力的合力为零。

物体受到三个共点力的作用时，其平衡条件又是什么呢？我们用实验来研究这个问题。如图 1.23 所示，在木板上钉一张纸，将三根细绳的一端连在一起，另一端分别挂上砝码（其中两根绳跨过定滑轮），当结点 O 平衡时，在纸上描出

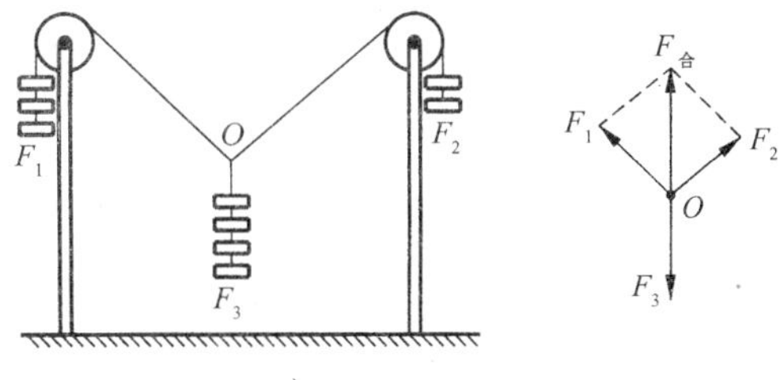

图 1.23　共点力的平衡

三根绳的位置，记下砝码的质量，然后在纸上作三个力的图示，再应用力的平行四边形定则，作出任意两个力（如 F_1，F_3）的合力 $F_{合}$。量度结果表明，合力跟第三个力在一条直线上，且大小相等，方向相反。由此可知，在三个共点力的作用下，物体的平衡条件仍是它们的合力等于零。

实验证明，物体在 n 个共点力的作用下处于平衡状态时，其任意（$n-1$）个力的合力一定跟第 n 个力大小相等，方向相反，在一条直线上，即物体的平衡条件是合力等于零。因此我们得到结论：在共点力作用下物体的平衡条件是合力等于零。

【例 5】 绳的下端挂一个重 25N 的物体，由 一条水平方向的拉绳拉着物体。使绳静止在跟竖直方向成 45°角的位置。求水平绳对物体的拉力。

解 以物体为研究对象，它受到三个力的作用：重力 G、绳的拉力 F_1 和水平拉力 F_2。因为物体处于平衡状态，所以这三个力的合力为零。由此可见，F_1 和 F_2 的合力 $F_{合}$ 必与 G 大小相等，方向相反，在同一直线上，即 $F_{合}=G$。如图 1.24 所示。

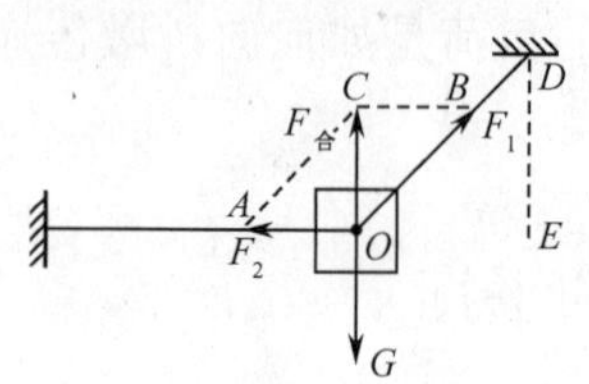

图 1.24 例 5 示意图

在直角三角形 AOC 中，因为 $\angle ACO=\angle ODE=45°$，所以三角形 AOC 为等腰直角三角形，有 $\overline{OA}=\overline{OC}$，所以拉力为

$$F_2=F_{合}=G=25\text{N}$$

【例 6】 一个放在水平地面上的木箱重 G。有一力 $F=400\text{N}$ 与水平面成 $\alpha=30°$ 的角，拉着木箱沿水平地面匀速运动，求木箱受到的摩擦力 f。

分析 木箱受 4 个力作用：G，F，f 和地面的支持力 F_n。将 F 分解为水平方向的分力 $F_1=F\cos\alpha$，竖直方向的分力 $F_2=F\sin\alpha$。因为木箱处在平衡状态，所以它在水平方向受力的合力应该为零；它在竖直方向受力的合力也应该为零。

解 在水平方向上可以得到

$$F_1=f$$

得

$$f=F_1=F\cos\alpha=400\times0.866=346.4\text{N}$$

从以上两个例题可以看出：解物体受三个共点力作用平衡问题时，用几何法（作力的平行四边形）比较方便；解物体受三个以上共点力作用平衡问题时，用计算法（列两个方向上的平衡方程）比较方便。

习 题 1.7

1. 在共点力作用下物体的平衡条件是________，此时其中任一个力与其他几个力的合力________________________________。

2. 解____________________________________，用几何法比较方便。

解________________________________，用计算法比较方便。

3. 下列说法正确的是：

（1）受力物体一定处于平衡状态；

（2）当物体所受的合外力等于零时，物体一定处在静止状态；

（3）当物体所受的合外力等于零时，物体一定处于平衡状态；

（4）当物体所受的合外力等于零时，物体一定做匀速直线运动。

4. 物体在5个力的作用下保持平衡，如果撤去力F，而保持其余4个力不变，那么这4个力的合力的大小和方向与力F有什么关系？物体将如何运动？

5. 一个伞兵连同装备共重800 N，当他匀速竖直降落时，他受到的空气阻力是多大？方向怎样？

6. 一只船用钢索挂在河岸上，流水对它的冲力是400 N，垂直河岸方向对它吹过来的风力是300 N，结果使船静止于离岸边某一距离处。求钢索对船的拉力的大小和钢索与河岸所成的角度。

7. 如图1.25，一个球重40N，用一绳子系住并挂在光滑的墙壁上，θ等于30°，求绳子的拉力和墙壁的支持力。

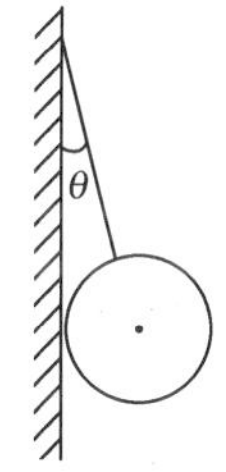

图1.25　习题7示意图

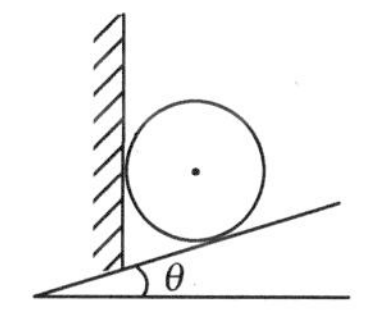

图1.26　习题8示意图

8. 如图1.26，球重G，若不计摩擦，求斜面和挡板给球的支持力。

1.8　力矩　力偶

房屋的门窗、工厂的砂轮、柴油机的飞轮、电动机的转子等，都能够绕着一个固定的轴转动。这样的物体如果保持静止或者匀速转动（在相等的时间内转过相等的角度），我们就说这个物体处于平衡状态。

力矩　推门时，力作用在离门轴较远的地方，用较小的力就可以把门推开了。如果在离门轴很近的地方推门，那么就要用较大的力才能把门推开。假若力的作用线通过门轴，即使你用很大的力，也不能把门推开。由此可见，力使物体转动的效果，不仅跟力的大小有关，还跟转轴到力的作用线的距离有关。力越大，力离转动轴的距离越远，力所产生的转动效果就越大。

如图 1.27 所示的力矩盘演示实验中，从力矩盘的转动轴（O）到力的（比如弹簧秤的拉力）作用线的垂直距离叫做力臂（r）。作用力 F 跟它的力臂 r 的乘积，叫做力矩（M），即：

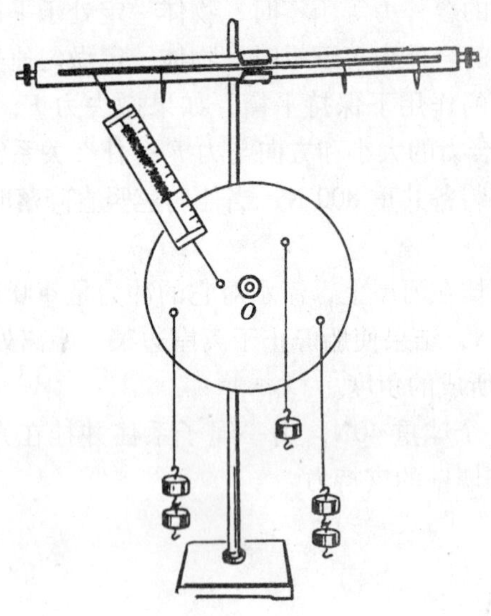

图 1.27　力矩盘

$$M = \pm F \cdot r \tag{1.3}$$

力矩的 SI 单位是 N · m 。力矩可以使物体向不同的方向转动，例如，门的开和关，螺帽的拧紧和拧松，转动方向是相反的。为了反映力矩使物体转动方向的不同，一般规定使物体逆时针转动的力矩为正，而使物体顺时针转动的力矩为负。

有固定转动轴的物体的平衡条件　我们利用图 1.27 所示的力矩盘研究物体的平衡和它所受的力矩之间的关系。实验表明，在圆盘平衡时，使它顺时针转动的力矩的大小等于使它逆时针转动的力矩的大小。所以，有固定转轴的物体的平衡条件就是顺时针力距与逆时针力矩的代数和为零，即

$$\sum M = 0 \tag{1.4}$$

【例 7】　在图 1.28 中，若在距转轴 O 点 0.20m 的 B 点，加一个与杆垂直的力 F_B，正好使杆 AB 处于平衡状态。这个力的大小是多少（计算时不考虑杆的质量）?

解　当 AB 杆处于平衡状态时必须满足 $\sum M = 0$，即

$$F \cdot r - F_B \cdot OB = 0$$

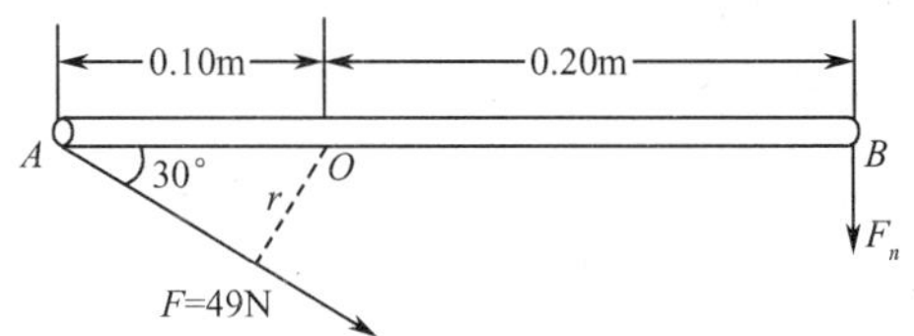

图 1.28　例 7 示意图

其中

$$r = OA \cdot \sin 30° = 0.10 \times 0.50 = 0.050\text{m}$$

所以

$$F_B = \frac{F \cdot r}{OB} = \frac{49 \times 0.050}{0.20} = 12.3\text{N}$$

【**例 8**】　如图 1.29 所示，一简易吊车。横梁长 $L = 1\text{m}$，重 $G_1 = 80\text{N}$，它与钢丝绳的夹角 $\theta = 30°$，起吊物体重 $G_2 = 500\text{N}$，距 O 点 $L_1 = 0.8\text{m}$。求钢丝绳的拉力 F。

解　以 O 点为转动轴，根据力矩的平衡条件 $\sum M = 0$，可得

$$F \cdot L \cdot \sin\theta - G_1 . \frac{L}{2} - G_2 L_1 = 0$$

$$F = \frac{80 \times 0.5 \times 1 + 500 \times 0.8}{1 \times 0.5} = 880\text{N}$$

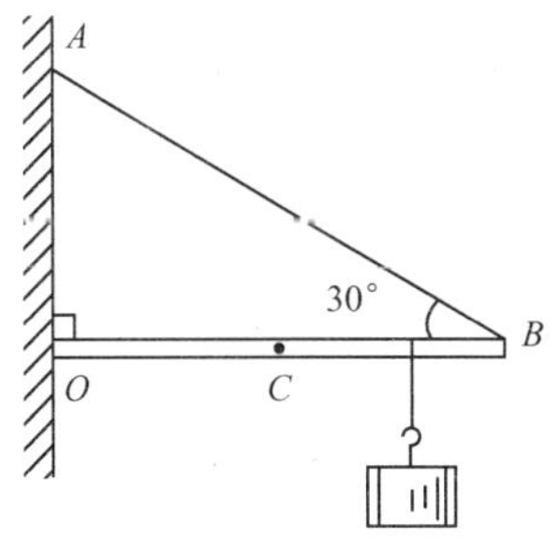

图 1.29　例 8 示意图

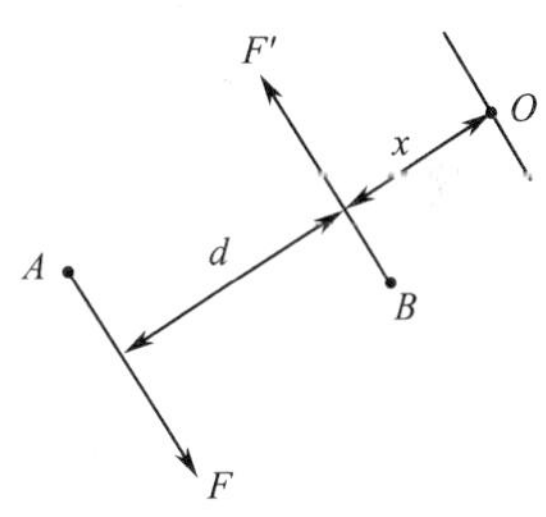

图 1.30　力偶

力偶　在工程技术和日常生活中，经常会遇到大小相等、方向相反、不共线的平行力作用在一个物体上。例如，司机转动方向盘；钳工用丝锥套螺纹；人们用手拧紧水龙头；用钥匙开锁等。我们把作用在一个物体上的大小相等、方向相反、不共线的两个平行力，叫做力偶。

如图 1.30 所示，力偶中两个力作用线间的垂直距离 d 叫做力偶臂。两个力所在的平面叫做力偶的作用平面。力偶对物体的转动作用显然等于力偶的两个力对它的转动作用。

如图 1.30 所示，在力偶的作用平面内，任取一点 O（又称为矩心），两个力对 O 点的力矩的代数和是

$$\sum M = F(d + x) - Fx = Fd$$

Fd 反映了力偶对物体的转动作用，叫做力偶矩，用 m 表示。则

$$m = \pm Fd \tag{1.5}$$

式中的正负号表示力偶的转向，通常规定也是逆时针转向为正，反之为负。m 的单位也是 N · m。

由于 O 点是任意选取的，所以结果表明：力偶对作用平面内任一点的力矩都等于力偶中的一个力的大小与力偶臂的乘积，而与这一点的位置无关。

我们知道，两个大小相等、方向相反、作用线在一条直线上的力的合力等于零。分析思考后你会发现，力偶中的两个力由于作用线不在一条直线上，所以力偶是没有合力的（但是不能说合力等于零）。也就是说，你不可能找到一个力对物体的作用效果和一个力偶对物体的作用效果相同。再进一步说，力偶是不能用一个力来平衡的，力偶只能用力偶来平衡。当物体在几个力偶的作用下处在平衡状态时，其平衡条件是合力偶为零。

很明显，即

$$\sum m = 0 \tag{1.6}$$

【例 9】 如图 1.31 所示，多轴钻床在工作台上钻孔时，每个钻头都给工件一个力偶作用。它们的力偶矩分别是 $m_1 = m_2 = 10\text{N} \cdot \text{m}$；$m_3 = 20\text{N} \cdot \text{m}$；$m_4 = 15\text{N} \cdot \text{m}$。固定工件的螺栓 A 和 B 之间的距离 L 为 0.2m。求 A，B 给工件的作

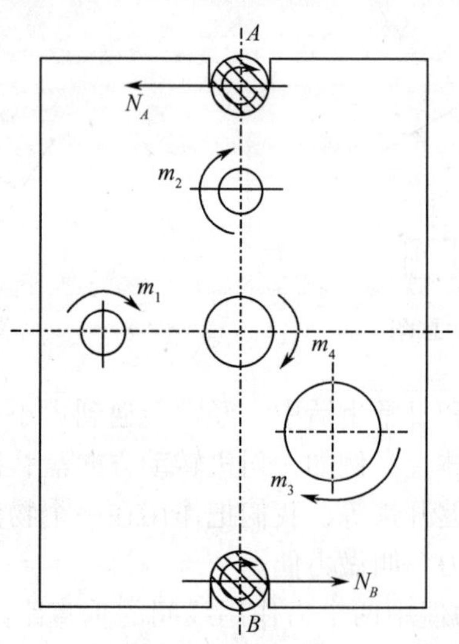

图 1.31 力偶的平衡

用力。

分析　因为钻头给工件的作用力是4个力偶，又因为力偶只能用力偶来平衡，所以两个螺栓给工件的作用力是一个力偶。由此可以推出 N_A 和 N_B 是大小相等、方向相反的。N_A 和 N_B 是螺栓给工件的弹力，它们应该在螺栓和工件接触点的垂线方向上，所以这两个力的作用线是水平的。由钻头给工件的4个力偶的转向，可以确定 N_A 和 N_B 的方向，如图1.31所示。

解　由于工件在5个力偶的作用下处在平衡状态，所以

$$\sum m = 0$$

$$N_A \cdot L - m_1 - m_2 - m_3 - m_4 = 0$$

$$N_A = N_B = \frac{m_1 + m_2 + m_3 + m_4}{L} = \frac{10 + 10 + 20 + 15}{0.2} = 275\text{N}$$

习 题 1.8

1. 力矩 M =________，力臂 r 是________________距离，正负号的规定是____。单位是________。力矩的平衡条件是________________。

2. 力偶 m =________，力偶臂 d 是________________距离，正负号的规定是____。单位是________。力偶的平衡条件是________________。

3. 一根均匀木棒，上端用可转动的销钉固定在天花板上。现用水平力 F 缓慢拉起下端，使木棒绕销钉匀速转动。在这一过程中，力 F 、F 的力臂 d 、力矩 M 的变化是：

(1) F 变小，d 变大，M 变大；

(2) F 变大，d 变小，M 变小；

(3) F 变大，d 变小，M 变大；

(4) F 变小，d 变小，M 变小。

4. 重为400N的均匀立方体木箱放在水平地面上，将它推翻，用的力至少是：

(1) $100\sqrt{2}$N；(2) 200N；(3) 300N；(4) 400N。

5. 自行车车轮的轮缘和闸皮间的摩擦力是20N，如果车轮的半径是0.35m，求摩擦力对轮轴的力矩。

6. 如图1.32所示。一辆汽车重 1.2×10^4N，前轮压在地秤上，地秤读数为 6.7×10^3N，汽车前后轮轮距为2.7m，求汽车重心的位置。

7. 图1.33中的 OB 是一根水平横梁，长1.0m，一端安装在轴 O 上，另一端用绳子 AB 拉着，如果在横梁上距离 O 点80cm处挂一个50N的重物，绳子对横梁的拉力是多少（不计梁自重）？

图 1.32　习题 6 示意图

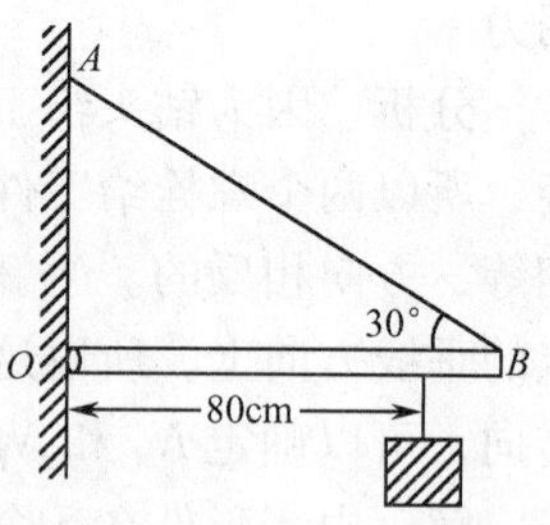

图 1.33　习题 7 示意图

阅读材料

物体的平衡和稳定性

一切静止的物体，都处于平衡状态，它们受到的合力为零，并对任一转轴的合力矩也等于零，但是，它们的平衡状态是不同的。把小球分别放在凸面、凹面和平面上，使小球平衡（图 1.34）。稍稍碰一下小球，凸面上的小球立即向一旁滚开，凹面上的小球晃动一下又回到原来的位置，平面上的小球滚到新的位置，仍保持平衡。

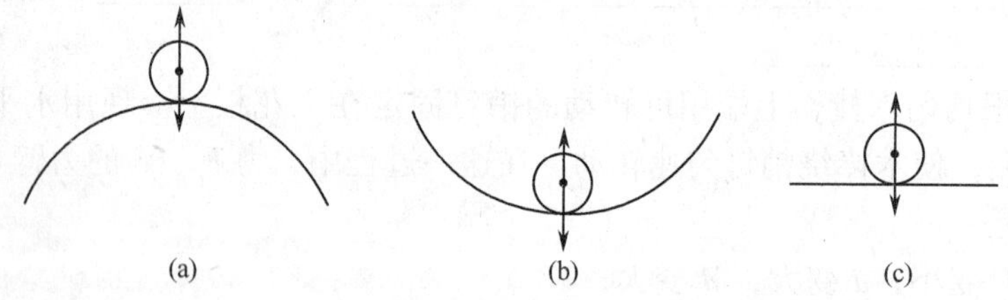

图 1.34　物体的平衡

从实验知道，物体的平衡有三种。一种是稍一受到外力的干扰，重力和支持力就不平衡，在重力和支持力的作用下，物体将离开原来的平衡位置，重心降低，这种平衡叫做不稳定平衡。

第二种情况是，受到外力干扰后，重心就升高，在重力和支持力的作用下，物体仍回到原来的平衡位置。这种平衡叫做稳定平衡。

第三种情况是，受到外力干扰后，物体离开原来的平衡位置，重心的高度不变，重力和支持力仍然平衡（合力和合力矩为零），因此在任何位置都能保持平衡，这种平衡叫做随遇平衡。

仔细观察物体重心的变化，就会知道区分这三种平衡有一个简便方法：使物体稍微离开原来的平衡位置，如果重心降低，就是不稳定平衡；如果重心升高，就是稳定平衡；如果重心高度不变，就是随遇平衡。物体重心越低，它的势能越小，所以，势能最小，是稳定平衡的条件。

一块长方体的砖，平放在桌上、侧立在桌上、竖立在桌上，都是稳定平衡状态，但这三种平衡状态的稳定性不同，竖立在桌上最容易翻倒，侧立时次之，平放时最稳定。我们把物体的稳定程度称做稳度。那么，物体的稳度跟什么有关系呢？我们来做一个实验。

用一块长方体木块代替砖，在它的重心处系上一条垂直线（细线下端吊一个小重锤），把木块立在桌面上（图1.35）使木块向左或向右倾斜，注意观察倾斜到什么程度它才翻倒？多做几次实验，找出规律。

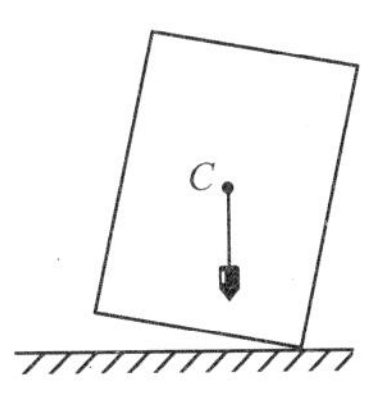

图1.35　稳度的观察

从实验知道，木块倾斜后，只要垂直线（它表示通过重心的重力作用线）仍指在支持面内，撤去外力后，在重力的作用下，木块仍会恢复原来的平衡状态；一旦垂直线指到支持面外，撤去外力后，在重力作用下，木块就要翻倒。大量的生活经验告诉我们，降低重心，增大支持面都可以增加物体的稳定性。

我们周围有许多物体，都是采用降低重心或增大支撑面的方法来增大稳度的。例如，墨水瓶的底部做得比较厚，实验用的铁架台有一个较重的底座，都是为了增加稳定性。高压输电线的铁塔都有一个很大的支持面（图1.36），起重机的机身底部放有很重的“压铁”，等等。同学们注意观察，还可以举出很多实例来。

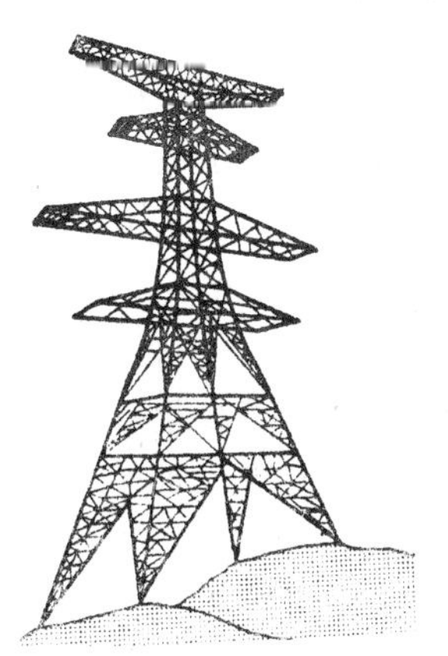
图1.36　铁塔的稳度

第2章 直线运动

2.1 质点 参考系 位移

质点 物体都有形状和大小。物体在运动时，各点的运动情况一般来说是各不相同的。例如汽车行驶时，司机要操作，内燃机要运转。但是，人们在衡量汽车从甲地到乙地的运动速度时，却可以不考虑汽车内部的运动和汽车的形状与大小。像这样，当物体内部的运动或物体的形状、大小与研究的问题无关或可以忽略时，就可以把物体看成一个具有该物体全部质量的点，这样的点就称为质点。

质点是经过科学抽象的理想模型。能否把一个物体看成质点，并不在于物体的实际大小，而要看所研究的问题的性质。例如，研究地球绕太阳公转时，由于地球的直径（约 1.3×10^4km）远远小于地球与太阳之间的平均距离（1.5×10^8km），就可以不考虑地球各部分运动的差异和地球本身的大小，而把地球看成质点。但当研究地球自转时，就不能再把地球当成质点。又如，研究汽车的运动速度时，常把汽车看成质点。但当研究汽车中乘客的运动情况时，怎能再把汽车看成质点呢?

在本书力学各章中，如不特别指明，都是把物体当成质点来处理的。

参考系 判断一个物体是否运动，如何运动，总要用其他物体作参考。例如，判断车的运动，常用路面、电线杆或建筑物作参考。判断船的航行，常用河岸作参考等。在描述物体的运动时，这个被选作参考的物体叫做参考系。

在研究物体运动时，若选择的参考系不同，得到的结果也不相同。例如观察坐在行驶火车里的乘客。如以车厢作参考系，乘客是静止的（乘客和车厢间的相对位置没有变化）。如果以地面作参考系，则乘客是运动的。这说明选择不同的参考系，对同一物体的运动可以作出不同的描述和结论，这称为运动的相对性。

研究物体运动时，选择什么物体作参考系，要依问题的性质和研究的方便而定。例如，当我们研究物体在地面上的运动时，一般以地面或静止于地面的物体作参考系。研究太阳系中行星的运动时，则以太阳作为参考系。在以后研究的各种运动中，如果没有特别指明，我们都是以地面或静止在地面上的物体为参考系的。

位移 质点运动时，它的位置随时间不断变化。如图 2.1 中，设足球末位置 B 在初位置的东北方向，距离 20m 处，足球的运动轨迹有线段 AB、弧线 ACB 或反弹时的折线 ADB 三条路线。但是，无论足球通过哪条路径，足球位置变化的实际效果，都是向东北方向移动了20m。我们把质点从初位置A到末位置B所连的有向线段r（也可用s表示），叫做质点的位移。位移的大小就是有向线段r的长度。位移矢量r的方向，是从A到B的方向。位移的SI单位是m，也常用km作为位移单位。如图2.1中，弧线ACB和折线ADB，都是质点从A到B所经过的路径。我们把质点运动所经过的路径的长度称为路程，它是一个标量，路程的SI单位是m。一般情况下，位移的大小不等于实际路程，可是当质点沿着直线单方向运动时，它们的大小就相等了。位移是力学中描述机械运动的最基本的矢量。在以后学习速度、加速度和功的概念，以及振动和波动等内容时，将进一步体会到位移的重要意义。

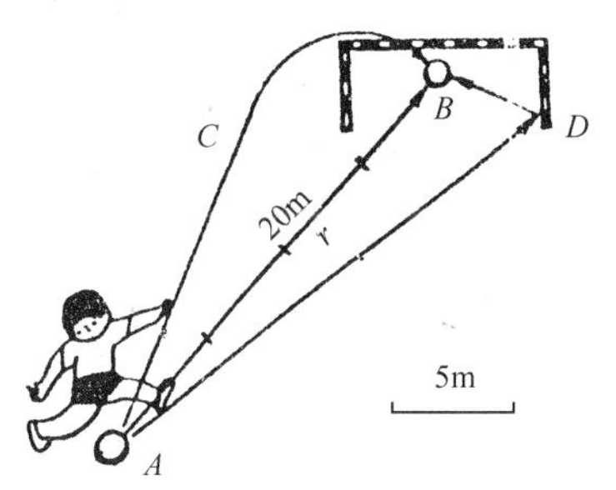

图2.1　足球的位移

习 题 2.1

1. 我们把____________________称做质点。

2. 我们把____________________称做参考系。

3. 我们把________________________称做位移。

4. 两辆汽车在行驶中保持距离不变，请问：

（1）选取什么样的参照物，两辆汽车都是静止的？

（2）选取什么样的参照物，两辆汽车都是运动的？

5. 有一个人，沿400m跑道跑了一圈，他的运动路程和位移的大小各是多少？

6. 举例说明，在什么情况下可以把物体当成质点？

7. “小小竹排江中游，巍巍青山两岸走”两句话，各选择了怎样的参考系？

8. 出租车司机是按位移还是按路程收费的？

9. “位移相等”和“位移的大小相等”这两种说法含义是否相同？

10. 汽车向西行驶8.0km后，又向南行驶了6.0km，求汽车的位移。

11. 乒乓球从离地面3.0m高处落下，又从地面弹起到1.0m高处，在此过程中，乒乓球通过的位移和路程各是多少？

2.2　变速直线运动　平均速度　瞬时速度

变速直线运动　匀速直线运动的特点是速度为一恒量。这种运动在自然界里是比较少见的。汽车、火车、飞机等的运动，也只有在一定条件下才能看做匀速直线运动。一般说来，它们的速度总是在经常改变的。例如汽车出站后速度逐渐变大，进站前速度逐渐变小。像这样速度随时间而改变的运动，称做变速运动。作直线运动的物体，如果在相等时间内位移不相等，这种运动就称做变速直线运动。

平均速度 在变速运动中，由于速度是变化的，因此在相等的时间内物体的位移就不一定相等。例如，一辆赛车在平直道路上行驶 45min，通过了 96km。第一个 15min 通过了 12km；第二个 15min 内通过了 60km；第三个 15min 内又通过了 24km。可见，在各个相等的时间内，赛车的位移不同，即赛车运动的快慢不同。为了反映变速运动的平均快慢程度，我们引入平均速度的概念。

在变速直线运动中，位移 s 与其所用时间 t 的比值，叫做在该段时间内的平均速度，用 $\bar{v}$ 表示，那么

$$\bar{v} = \frac{s}{t} \tag{2.1}$$

平均速度是矢量，它的方向就是在这段时间内质点位移的方向。它的大小表示质点在这段时间内运动的平均快慢程度。

平均速度的 SI 单位是 m/s，交通运输中常以 km/h 作为速度单位。上例中，赛车的前 30min 内的平均速度

$$\bar{v}_1 = \frac{12 + 60}{0.5} = 144\text{km/h}$$

后 30min 内的平均速度

$$\bar{v}_2 = \frac{60 + 24}{0.5} = 168\text{km/h}$$

全程 45min 内的平均速度

$$\bar{v} = \frac{12 + 60 + 24}{\frac{3}{4}} = 128\text{km/h}$$

由上述例子可见，变速运动的平均速度与所取的时间间隔有关。因此在讲平均速度时，必须指明是哪一段时间内的平均速度。匀速运动的速度和变速直线运动的平均速度，虽然都用同样的方法计算，但在匀速运动中，s/t = 恒量。它与所取的时间间隔无关，而在变速直线运动中，s/t 随所取的时间间隔而变化。

瞬时速度 平均速度只能粗略地表示物体在某段时间内运动快慢程度。如果要精确地研究物体具体的运动过程，还需知道质点在各个时刻或各个位置的运动快慢和方向。为此，我们引入瞬时速度的概念。

质点在某一时刻（或某一位置）前后一段极短时间内的平均速度，叫做该时刻（或位置）的瞬时速度，简称速度。如短跑运动员冲线的速度、子弹离开枪口时的速度和各种机动车辆的速度计（图 2.2）所指示的速度都是瞬时速度。在公

路的某些路段经常设置限速标志（图2.3），用来限制汽车的最高瞬时速度。

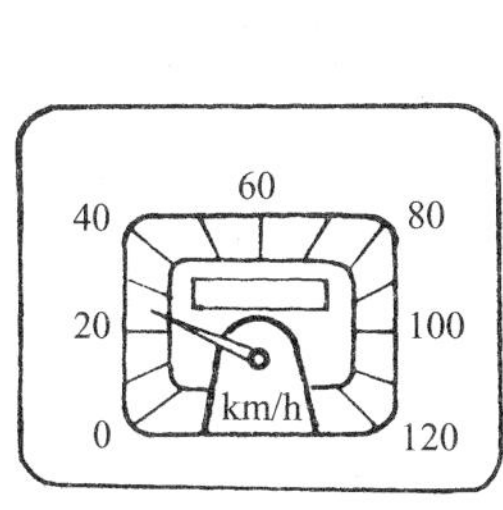

图2.2　速度计

图2.3　限速标志

瞬时速度也是矢量，它的方向就是质点在某一时刻（或某一位置）运动的方向。

瞬时速度的大小称为瞬时速率，简称为速率。作直线运动的物体，设它的位移从 s_0 增大为 s 时，所用的时间从 t_0 增大为 t，那么在 $t-t_0$ 这段时间内的平均速度为

$$\bar{v} = \frac{s - s_0}{t - t_0}$$

设想 $t-t_0$ 非常小，这时的 $\bar{v}$ 值就比较接近物体在 t_0 时刻的快慢程度，这样就可以看成是物体在 t_0 时刻的瞬时速度。

【例1】　一质点做变速直线运动，前1/2路程的平均速度是3m/s；后1/2路程的平均速度是5m/s，求全程的平均速度。

解　由式（2.1）得

$$\bar{v} = \frac{s}{t} = \frac{s}{\frac{s/2}{\bar{v}_1} + \frac{s/2}{\bar{v}_2}} = \frac{1}{\frac{0.5}{3} + \frac{0.5}{5}} = 3.75\text{m/s}$$

习题2.2

1. ________________________________称做变速直线运动；____________________称做变速直线运动的平均速度；____称做该时刻的瞬时速度。

2. 下面说法哪些是正确的？

（1）平均速度跟计算平均速度的哪一段时间有关；而瞬时速度则跟计算瞬时速度的哪一时刻有关。

（2）瞬时速度描述了质点在任意一段时间内运动的快慢和方向。

（3）在匀速直线运动中，每时刻的瞬时速度都相等，而且与各段时间内的平均速度相等。

（4）在一条直线上运动的物体，如果每一时刻的瞬时速度都相等，这种运动是匀速直线运动。

3. 变速直线运动的平均速度与匀速直线运动的速度有何区别？瞬时速度与平均速度有何区别与联系？

4. 子弹以 600m/s 的速度从枪筒射出；汽车从静止开始运动，经过 10s 速度达到 5. 0m/s。这指的都是什么速度？

5. 人骑自行车下坡。在第一秒内的位移是 1. 0m，在第 2 秒内的位移是 3. 0m，在第 3 秒内的位移是 5. 0m，在第 4 秒内的位移是 7. 0m。求最初两秒内，最后两秒内和全部 4 秒内的平均速度各是多少？根据计算结果，可以说明什么问题？

6. 在上题中，自行车下坡的速度在不断地增大，在第 1 秒内的平均速度为 1. 0m/s。那么，在这一秒开始时的瞬时速度和这一秒终止时的瞬时速度是否等于平均速度？如果不相等，比平均速度大还是小？

7. 一辆汽车开始以 30km/h 的速度匀速行驶 30km，然后又以 60km/h 的速度匀速行驶了 30km，求汽车在这 60km 位移中的平均速度。

2. 3　匀变速直线运动　加速度

匀变速直线运动　在变速直线运动中，最简单的是速度均匀变化的运动。例如，坐在刚开始沿直线运动的汽车里，注意观察速度计的读数，若指针均匀转动，在第一个 10s 末指在 10km/h，第二个 10s 末指在 20km/h，第三个 10s 末指在 30km/s。这表明汽车每 10s 速度增加 10km/s，每一秒速度便增加 1km/s。像这种在一条直线上运动的物体，如果在任何相等的时间内速度的改变量都相等，那么这种运动叫做匀变速直线运动。

离站后和进站前的火车，起飞前和着陆后的飞机，子弹射出枪口前的运动，物体在水平摩擦力作用下的滑行等运动，都可看成匀变速直线运动。

加速度　炸药爆炸后，枪膛内子弹的速度在约 1.2×10^{-3}s 的时间内速度从 0 增加到 800m/s，而汽车起动后 5s 左右的时间，才能使速度增加到 10m/s。显然，汽车的速度增加得慢，子弹的速度增加很快。为了描述运动物体速度变化的快慢程度，我们引入加速度的概念。

在匀变速直线运动中，速度的改变量 $v_t - v_0$ 跟所用时间 t 的比值，叫做匀变速直线运动的加速度 a。即

$$a = \frac{v_t - v_0}{t} \tag{2.2}$$

式中 v_0 表示初速度，v_t 表示末速度，t 表示速度发生变化所用的时间。

加速度 a 表示了速度变化的快慢程度，数值上等于每秒钟内速度的改变量。加速度的 SI 单位是 m/s^2，读做米每二次方秒。

从上式可以看出：在相等的时间内，速度的改变量越大，加速度就越大。在匀变速直线运动中，加速度是一个恒量。

加速度不但有大小，而且有方向，是个矢量。在直线运动中，如果速度均匀增加，则 $v_t > v_0$，$a > 0$，表示加速度方向跟速度方向相同，叫做匀加速直线运动；如果速度均匀减少，则 $v_t < v_0$、$a < 0$，表示加速度方向跟速度方向相反，称为匀减速直线运动；如果速度保持不变，则 $a = 0$，那就是匀速直线运动了。

要注意加速度与速度的区别：速度表示运动（位置变化）的快慢；加速度表示速度变化的快慢。飞机在高空中匀速飞行时，速度可接近 $10^3 m/s$，但加速度为零。子弹在火药刚刚爆炸时，速度接近于零，但加速度却高达 $7.5 \times 10^5 m/s^2$。可见，加速度的大小与速度的大小无关。速度反映运动的快慢，加速度反映运动状态变化的快慢。

【例2】　火车离站，在 5min 内速度从 36km/h 均匀增加到 54km/h，求加速度。在行进中火车紧急刹车，在 15s 内速度从 54km/h 减少为零，求加速度。

解　（1）$v_0 = 36km/h = 10m/s$；$v_t = 54km/h = 15m/s$

离站加速度为：

$$a_1 = \frac{v_t - v_0}{t} = \frac{15 - 10}{300} = 1.7 \times 10^{-2} m/s^2$$

（2）刹车加速度为：

$$a_2 = \frac{v_t - v_0}{t} = \frac{0 - 15}{15} = -1.0 m/s^2$$

加速度为负值，表明加速度方向跟初速度方向相反。

习 题 2.3

1. ______________________________称为匀变速直线运动。

2. ____________________________________称为匀变速直线运动的加速度。它的单位是________，读做________________，它的方向____。

3. 下面三种说法对不对？为什么？

（1）物体的速度越大，加速度越大；

（2）物体的速度改变越大，它的加速度也一定大；

(3) 物体的加速度很大，它的速度也一定很大。

4. 一辆摩托车启动时缓慢地加速行驶，继而做匀速直线运动，然后紧急刹车。请你说出在这个过程中，运动最快的是哪一段？加速度的大小最大和最小的是哪一段？

5. 子弹在枪膛内某一时刻的速度是100m/s，经过0.0015s后，增加到700m/s，求子弹在这段时间内的加速度。

6. 计算下列物体匀变速直线运动的加速度：

(1) 自行车从某地开始出发，经过10s后，它的速度为5.0m/s；

(2) 火车在50s内，速度从8.0m/s增加到13m/s；

(3) 弹头射入障碍物后，在0.20s内速度从800m/s减少到零。

7. 火车从车站开出，它的速度在最初4s内增加了0.20m/s；在随后的6s内增加了30m/s；在以后的10s内又增加了1.8km/h。问火车在这20s内的运动是否是匀加速运动？

2.4 匀变速直线运动的速度和位移

匀变速直线运动的速度 由加速度公式（2.2）可以得到匀变速直线运动的速度公式：

$$v_t = v_0 + at \tag{2.3}$$

即末速度 v_t 等于初速度 v_0 跟速度改变量 at 之和。

在式（2.3）中，如果初速度等于零，即物体从静止出发，那么

$$v_t = at$$

匀变速直线运动的位移 利用平均速度公式（2.1），可以把位移表示为 $s = \bar{v}t$。倘若物体作匀变速直线运动，其速度变化是均匀的，那么它在这段时间内的平均速度，等于它在这段时间里的初速度 v_0 和末速度 v_t 的平均值。即

$$\bar{v} = \frac{v_0 + v_t}{2}$$

因为位移

$$s = \bar{v}t = \frac{v_0 + v_t}{2}t$$

把 $v_t = v_0 + at$ 代入上式可得

$$s = v_0 t + \frac{1}{2}at^2 \tag{2.4}$$

如果初速度 $v_0 = 0$，式（2.4）可简化为 $s = \frac{1}{2}at^2$。

推论：

把 $t=\frac{v_t-v_0}{a}$ 代入式（2.4）可得：

$$v_t^2-v_0^2=2as \tag{2.5}$$

它直接把 v_0，v_t，a，s 4 个量联系起来，适用于解决不涉及 t 的问题。

如果初速度 $v_0=0$，式（2.5）可简化为 $v_t^2=2as$。

【例 3】　汽车在急刹车时的加速度大小为 8.0m/s²。如果必须在刹车后 2s 内停下来，刹车前的最大允许车速是多少？

解　由公式（2.3）得刹车时的最大允许速度

$$v_0=v_t-at=0-(-8)\times 2=16\text{m/s}$$

【例 4】　火车在平直的轨道上以 8.0m/s 的速度驶入一个斜坡，得到了 0.20m/s² 的加速度。如果火车通过斜坡的时间为 10s，求斜坡长度和到达坡底时的速度。

解　由位移和速度公式得

$$s=v_0t+\frac{1}{2}at^2=8.0\times 10+\frac{1}{2}\times 0.20\times 10^2=90\text{m}$$

$$v_t=v_0+at=8.0+0.20\times 10=10\text{m/s}$$

【例 5】　子弹射进墙壁前的速度为 400m/s，在墙 0.20m 深处停止运动。设子弹在墙内的运动是匀减速运动，求它在墙壁内运动的时间和加速度。

解　由 $v_t^2=v_0^2+2as$ 得

$$a=\frac{v_t^2-v_0^2}{2s}=\frac{0-400^2}{2\times 0.2}=-4.0\times 10^5\text{m/s}^2$$

由 $v_t=v_0+at$ 得

$$t=\frac{v_t-v_0}{a}=\frac{0-400}{-4\times 10^5}=1.0\times 10^{-3}\text{s}$$

习题 2.4

1. 匀变速直线运动的速度公式是________；位移公式是________；推论公式是________。如果初速度为零，上面 3 个公式变为________、________、________。

2. 在匀变速直线运动的公式（2.3）～（2.5）中涉及的 5 个物理量是________________，它们中________________是矢量，________是标量。

3. 做匀加速直线运动的物体在 t 时间内的位移决定于

（1）初速度；（2）末速度；（3）加速度；（4）平均速度。

4. 几个做匀加速直线运动的物体，位移相同，则

（1）末速度大的运动时间一定长；

（2）加速度大的运动时间一定长；

（3）初速度小的运动时间一定长。

5. 一个物体从静止开始作匀加速直线运动，加速度为$2m/s^2$，求这个物体在第一秒内的平均速度和位移。

6. 公共汽车以64.8km/h的速度行驶时，发现前方30m处有障碍物，司机立即刹车，经3s后停止，设汽车作匀减速运动，问车停在障碍物前多远？

7. 一人以18km/h的速度匀速骑自行车，下坡时的加速度为$0.20m/s^2$，到达坡底时的速度为25.2km/h，求自行车下坡所用的时间。

8. 一个物体从静止开始作匀加速直线运动，在开始2s内的位移为4.0m，求它的加速度、第2s末的瞬时速度、最初4s内的位移。

9. 矿井下的升降机由静止开始匀加速上升，4.0s后速度达到3.0m/s，然后以这个速度匀速上升6.0s，最后做匀减速运动，经过3.0s刚好停在井口。求矿井的深度。

10. 飞机由静止开始匀加速运动，40s后达到起飞速度80m/s，问跑道至少要多长？

11. 甲、乙两物体同时出发向同方向运动。甲做速度为10m/s的匀速直线运动，乙由静止开始做加速度为$1.0m/s^2$的匀加速直线运动，乙多长时间追上甲？此时距出发点多远？

2.5　自由落体运动

自由落体运动　冰雹、飘落的树叶、从手中释放的物体等，都是落体。假如树叶和石块同时从相同的高度落下，可以看到，石块先到达地面。这类现象使人们不免认为，质量越大的物体下落越快。我们把形状和质量不同的硬币和羽毛放入一玻璃管内，管的一端封闭，另一端有阀门（图2.4），这样的演示装置俗称毛钱管。

如果管内有空气，把它倒竖起来，我们会看到硬币先落到管底，羽毛稍后才飘落到管底。

如果抽去管内空气，然后把它倒竖起来，你将看到，硬币和羽毛同时到达管的底端，并非质量越大下落越快。那么如何解释我们日常生活中所观察到的现象呢？意大利物理学家伽利略（1564～1642）首先指出，质量不同的物体下落快慢不同的原因，是空气阻力对它们的影响不同。在真空中，它们下落的快慢是相同的。

我们把物体只在重力作用下由静止开始下落的运动，称做自由落体运动。如果空气阻力对物体的影响较小（如对石块、铁球等），可忽略不计，就可以把物体在空气中从静止开始下落的运动当作自由落体运动。

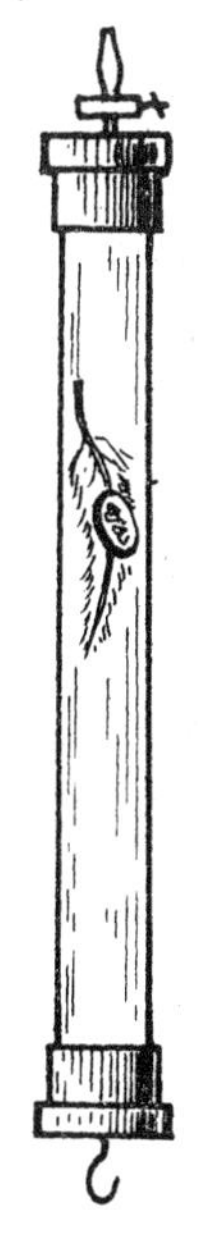

图2.4 毛钱管

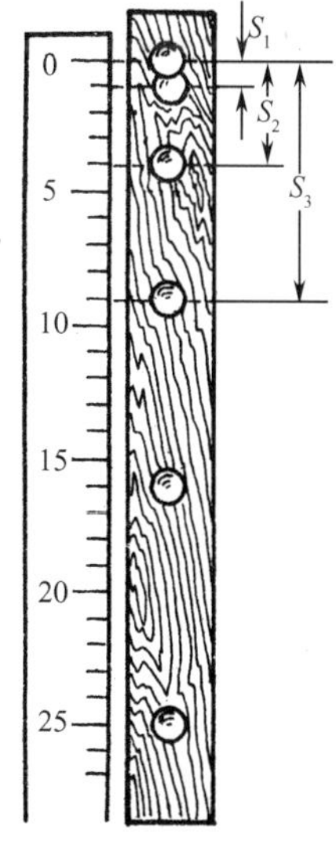

图2.5 小球作自由落体运动时的照片

重力加速度 图2.5是小球作自由落体运动时的闪光照片，它是每隔相等时间（如0.5s）拍摄一次的照片。从照片上可以看出小球在不同位置的像，依次量出每个像与开始下落那一点的距离，经过计算我们会发现自由落体运动是初速度为零的匀加速直线运动。

从同一高度自由下落的不同物体同时到达地面。这说明，在自由落体运动中，不同物体在相同的时间内发生的位移相等。显然，它们的加速度是相同的。

在同一地点，一切物体在自由落体运动中的加速度都相同，这个加速度叫做重力加速度，用 g 来表示，它的SI单位是 m/s^2。矢量 g 的方向竖直向下。

g 值可用多种实验方法测得，例如，使物体从一定的高度下落，测量出所用时间 t 就可以算出 g 值。在地球上不同的地方，g 值是略有差别的，如表2.1所示。

表2.1 几个地方的重力加速度

地 点	北 极	北 京	济 南	上 海	广 州	赤 道
纬 度	90°	39°56′	36°41′	31°1′	23°06′	0°
g（m/s^2）	9.832	9.801	9.799	9.794	9.788	9.780

通常计算中，我们取 $g=9.8\text{m/s}^2$。粗略计算取 $g=10\text{m/s}^2$。

基本公式　由于自由落体运动是初速度为零的匀加速直线运动，所以，匀变速直线运动的基本公式对于它完全适用。习惯上用 h 表示在时间 t 内下落的高度，得自由落体运动的公式：

$$v_t = gt \tag{2.6}$$

$$h = \frac{1}{2}gt^2 \tag{2.7}$$

$$v_t^2 = 2gh \tag{2.8}$$

【例 6】　据传 1590 年伽利略登上高度 h 为 56m 的比萨斜塔。让两个质量相差 10 倍的球同时下落，在场的人都看到，两个球几乎同时到达地面，试计算到达地面的速度和经过的时间。

解　据公式 $v_t^2=2gh$ 得

$$v_t = \sqrt{2gh} = \sqrt{2\times 9.8\times 56} = 33.13\text{m/s}$$

$$t = \frac{v_t}{g} = \frac{33.13}{9.8} = 3.38\text{s}$$

【例 7】　一物体自楼顶自由落下，经过最后 6.0m 所用的时间为 0.40s，求楼高和下落时间（$g=10\text{m/s}^2$）。

解　设楼高为 h，下落时间为 t。由题意得方程

$$\begin{cases} h = \frac{1}{2}gt^2 \\ h-6.0 = \frac{1}{2}g(t-0.40)^2 \end{cases}$$

解方程组得

$$t = \frac{6.0+0.080\times 10}{0.40\times 10} = 1.7\text{s}$$

$$h = \frac{1}{2}gt^2 = \frac{1}{2}\times 10\times 1.7^2 = 14.45\text{m}$$

习 题 2.5

1. ________________称为自由落体运动。它的加速度称为________，它的大小等于________，单位是________。自由落体运动的基本计算公式是________、________和________。

2. 在同一地点的自由落体运动中，下面哪个说法正确？

（1）重的物体的 g 值比轻的物体的 g 值大；

（2）重的物体比轻的物体下落得快；

（3）大的物体比小的物体下落得快；

（4）无论物体大小轻重，下落快慢一样。

3. 铁球从4.9m高的地方自由落下。

（1）当它落到地面时，经过多长时间？

（2）它落到地面的速度是多少？

（3）它落下的最后0.50s内的位移是多少？

4. 从不同高度自由落下的两个物体，它们同时着地。第一个物体落到地面所用的时间是1.0s，第二个物体落到地面所用的时间是2.0s。那么，当第一个物体开始下落时，第二个物体离地面多高？

5. 为了测量井口到水面的深度，一人在井口释放一石子经过2.0s后听到声音，若忽略声音传播的时间，求井口到水面的深度。

6. 塔顶自由落下一块石头，它在最初1s内降落的高度是塔高的2/7，求：

（1）塔的高度；

（2）小石头从塔顶落到地面所需的时间。

7. 从楼顶自由落下一石子，通过某一个1.0m高的窗子时用了0.10s的时间，求楼顶到窗子上沿的距离。

8. 由405m的高空，自由落下一物体，把它下落的时间平分为3段，求每段时间分别通过的高度。

第 3 章　运 动 和 力

3.1　牛顿第一定律

我们在第 1 章学习了有关力的知识。在第 2 章学习了直线运动的知识。在力学中，研究物体运动的分科称做运动学。研究物体运动和力的关系的分科称做动力学。从这一章开始，我们就来学习动力学的知识。动力学的奠基人是英国物理学家牛顿（1642 ~1727）。他提出的牛顿运动三大定律是动力学的基础。

牛顿第一定律　17 世纪，英国物理学家牛顿在总结前人研究成果的基础上，得出下述结论：

任何物体总保持静止或匀速直线运动状态，直到外力迫使它改变这种状态为止，这就是牛顿第一运动定律。

牛顿第一定律表明，匀速直线运动状态可以不需要外力来维持。而外力正是物体运动状态发生变化的原因和条件。因此，第一定律指明了力和运动状态改变的因果关系。

事实上，不受外力作用的物体是不存在的。当物体受到外力而这些外力又恰好平衡时，物体将保持静止或匀速直线运动状态。例如放在水平桌子上的乒乓球，一方面受到地球的吸引力，另一方面受到桌面的支持力，这两个作用力恰好平衡，所以乒乓球静止不动。

惯性及其应用　牛顿第一定律还告诉我们，任何物体都具有保持运动状态不变的性质，这个性质叫做物体的惯性。因此牛顿第一定律又称为惯性定律。

在日常生活中，人们每天都跟惯性打交道，而且还不止一次地受到它的戏弄。比如，你跑的时候不小心脚被什么东西绊了一下，摔了个“嘴啃泥”。这是因为你的脚被东西绊住的时候，上半身由于惯性继续向前冲去，于是跌倒在地。有人飞快地骑自行车，突然一捏前闸，连人带车向前翻了过去，也是因为前轮已停止运动，但是后轮和人由于惯性还要继续向前运动的缘故。

惯性并不总是跟人作对的，在许多场合，它也帮我们的忙。你的铁锹头松了，只要把锹头倒立，让锹头和把儿一起向下运动，当锹把碰到硬物停止运动后，锹头由于惯性要继续向下运动，就紧紧地套在锹把上。抖掉雨衣上的雨水或者衣服上的灰尘，也都利用了惯性。另外，在工程技术、体育运动等各个领域，都要研究惯性问题。

在实践中，我们还有这样的体会，改变空车的运动状态比较容易，而要改变满载货物车的运动状态则比较困难。如果用惯性来表示这种差别，我们说，空车的惯性比较小，而满载货物的车惯性比较大。换句话说，质量大的物体的惯性大，质量小的物体惯性小。所以说，质量是物体惯性大小的量度，质量反映了运动状态改变的难易程度。

习题 3.1

1. ________________________________称为牛顿第一定律。

2. 惯性是________________________________。质量是________________________量度。

3. 请你判断下列说法的对错：

(1) 只有静止或做匀速直线运动的物体具有惯性；

(2) 做变速运动的物体没有惯性；

(3) 任何物体都有惯性；

(4) 物体到月球上以后，重力变小了，所以惯性也变小了。

4. 地球从西向东转，为什么我们跳起来还落到原地，而不落到原地的西边。

5. 一位旅客在火车上说，他能判断列车在加速、减速和匀速行驶。有人不信，他从口袋内摸出一粒玻璃弹子，当场表演并作了说明，大家信服。试问他是怎样表演和说明的?

阅读材料

物理学家　牛顿

牛顿（1642～1727），英国物理学家、天文学家和数学家。他出生于物理学的鼻祖伽利略逝世前三日，这天正是圣诞节。

出生在农民家庭的牛顿，幼年就对自然现象充满了好奇心。他喜欢探索，迷恋于小实验、小制作。他12岁时就动手制作了风磨、水钟和小水车等。

小时侯的牛顿并不聪明，学习成绩也不好，只是他具有过人意志和刚毅精神，经过长期的艰苦努力，才成为班里最好的学生。

牛顿把他毕生的精力都贡献给科学研究事业。他经常长时间地坐在幽静的苹果园中，苦苦思索着大自然的种种奥秘。这就是富有浪漫色彩的由苹果落地发现万有引力定律的传说的背景。

1669年，27岁的牛顿成为剑桥大学的教授，3年后又成为英国皇家学会会员，跻身于英国最有名望的科学家之列。

牛顿对自己的评价是："我只不过像个在海滩上玩耍的小孩，以不时发现一枚稍稍光滑些的鹅卵石或稍稍漂亮些的贝壳而自娱，至于整个巨大的真理的海洋，对我来说，则是全然未被发现。""我之所以看得比别人远一些，是因为我站在巨人们的肩膀上。”

牛顿在伽利略等人研究的基础上建立了经典力学，发现了万有引力定律。在光学方面，1666年他用三棱镜证明了光的色散，并制做了牛顿色盘，观察到牛顿环。1704年出版了“光学”一书。在天文学方面，他创制了放大40倍的反射天文望远镜，初步考查了行星运动规律，预言了地球不是正球体。

在数学方面，他建立了微积分学的基础理论和牛顿二项式定理。主要著作是“自然哲学的数学原理”，这部巨著的前两卷提出了作为动力学基础的三个运动定律，第三卷讨论了万有引力。这本书的出版是科学史上的一个里程碑。

1727年3月，这颗科学巨星陨落了。牛顿葬于伦敦威斯敏斯特大教堂，墓志是:“人们，你们应当感到庆幸，曾有这样一位伟人为了人类的尊严而生活过。”

3.2　牛顿第二定律

物体在不受外力作用时将保持原来的运动状态不变。当物体受到外力作用时，物体将改变原来的运动状态，获得加速度。那么，物体所获得的加速度与哪些因素有关呢？牛顿第二定律就是要具体说明物体的加速度与其质量和它所受外力三者关系的。

加速度和力的关系　踢球、推车、射箭等现象都说明，同一物体所受的力越大，速度的改变就越快，即加速度就越大，下面用实验来研究加速度 a 与力 F 的关系的。

如图3.1所示，把载重小车放在光滑的水平面上。拴上细绳，跨过定滑轮悬挂一小盘，盘和砝码的质量应远远小于小车及其载重的质量。忽略各项摩擦不计，可以认为小车所受的作用力 F 的大小等于砝码的重力。小车作初速度为零的匀加速直线运动。

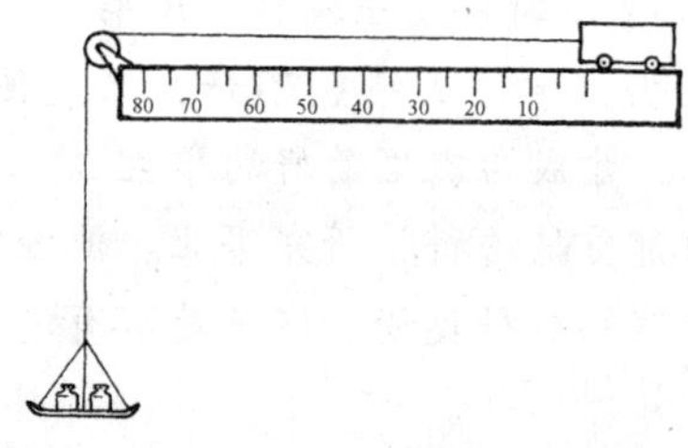

图3.1　研究加速度和力的关系实验

载重小车的加速度 a，可利用测出的小车在力 F 作用下的位移 s 和所经过的时间 t，根据公式 $a=2s/t^2$ 计算出来。这是测算加速度 a 的方法之一，请你再用其他方法来测算。

保持载重小车 m 不变，通过增减砝码来改变外力 F 的大小，同时测定所产生的加速度 a。当 a_1 和 a_2 分别对应于拉力 F_1 和 F_2 时，则有 $a_1: a_2 = F_1: F_2$。就是说 a 和 F 成正比关系，即

$$a \propto F \quad (m\text{ 一定})$$

实验还表明，a 的方向总与 F 的方向相同。

加速度和质量的关系 作用力相同时，质量越大的物体所获得的加速度越小。例如一辆空车和一辆满载车，在相同推力作用下，空车起动得快，即获得的加速度大；满载车起动得慢，即加速度小。

在图 3.1 所示的实验中，保持盘里的砝码不变，改变载重小车质量 m 的大小，然后测定其加速度 a。当加速度 a_1 和 a_2 分别对应于质量 m_1 和 m_2 时，则有 $a_1: a_2 = m_2: m_1$，就是说 a 与 m 成反比关系，即

$$a \propto \frac{1}{m} \quad (F\text{ 一定})$$

牛顿第二定律 综合上述两个结论，我们得到：物体在外力 F 的作用下将产生加速度 a，加速度 a 的大小跟作用力 F 成正比，跟物体的质量 m 成反比。加速度 a 的方向跟作用力 F 的方向相同，这就是牛顿第二定律。用公式表示即

$$a \propto \frac{F}{m}$$

或

$$a = k' \frac{F}{m}$$

或

$$F = kma$$

式中 k 为比例常数，它的数值和式中各物理量单位的选择有关。我们规定，使质量 1kg 的物体产生 1m/s^2 加速度的力称为 1N，即

$$1\text{N} = k \times 1\text{kg} \times 1\text{m/s}^2$$

这种情况下 $k=1$，于是上式可简化为

$$F = ma \tag{3.1}$$

这就是牛顿第二定律的数学表达式。需要强调的是：

(1) 公式（3.1）中的 F 指合外力。a 是合外力产生的，其方向与合外力方向相同。

(2) $F=ma$ 中各量是对同一物体而言。

(3) $F=ma$ 表明了 F 与 a 的瞬时关系和因果关系。即 F 变化时，a 也变化；F 恒定时，a 也恒定；F 为零时，a 也为零。一旦 $a=0$，物体立即以该时刻的瞬时速度，作匀速直线运动，此时作用在物体上的力平衡。

（4）在运用（3.1）式解题时，必须采用 SI 单位。

质量与重力的关系可以利用牛顿第二定律推导出来：设想该物体作自由落体运动，这时它只受重力作用。由牛顿第二定律可得

$$G = mg \tag{3.2}$$

式中 g 为重力加速度。G、m、g 的 SI 单位分别为 N、kg 和 m/s^2。质量为 1kg 的物体所受的重力为

$$G = 1 \times 9.8 = 9.8N$$

因为物体不论是否作自由落体运动，它所受的重力都是相同的，所以上式表示了物体的质量和重力间的关系。

质量 m 是一个与地点无关的量。重力 G 则是随地点不同而不同。在同一地点，两物体的重力为 $G_1 = m_1g$ 和 $G_2 = m_2g$，两重力必定与它们的质量成正比，即

$$G_1 : G_2 = m_1 : m_2$$

若 $G_1 = G_2$，则 $m_1 = m_2$，这就是可用天平称出物体质量的依据。

【例 1】　一辆卡车空载质量为 1.5×10^3kg，以 $1.2m/s^2$ 的加速度行驶，在牵引力不变时，若装上 3.5×10^3kg 的货物后，它的加速度是多少？

解

$$F = m_1a_1 = m_2a_2$$

$$a_2 = \frac{m_1}{m_2}a_1 = \frac{1.5 \times 10^3}{(1.5 + 3.5) \times 10^3} \times 1.2 = 0.36m/s^2$$

【例 2】　质量为 10kg 的物体以 0.40m/s 的初速度沿水平台面滑动，该物体滑动 1.0m 的距离后停止，求作用在物体上的摩擦力。

解

$$a = \frac{v_t^2 - v_0^2}{2s} = -\frac{v_0^2}{2s} = -\frac{0.40^2}{2 \times 1.0} = -0.080m/s^2$$

$$f = ma = 10 \times (-0.080) = -0.80N$$

负号表示摩擦力的方向与运动方向相反。

习 题 3.2

1. ________________________________称做牛顿第二定律。它的数学表达式是________，式中各物理量的单位是______________。

2. 在牛顿第二定律的公式 $F = kma$ 中，k 的数值

（1）由 F，m，a 的单位决定；

（2）由 F，m，a 的大小决定；

（3）与 F，m，a 的大小、单位无关；

（4）在任何情况下都等于 1。

3. 地球表面的重力加速度是月球表面重力加速度的 6 倍，质量为 60kg 的宇

航员在月球表面上应该

(1) 重力是98N，质量是60kg；

(2) 重力是588N，质量是10kg；

(3) 重力是98N，质量是10kg；

(4) 重力是588N，质量是60kg。

4. 一物体在力 F 的作用下产生的加速度为 a，现在把该物体的质量减为原来的 $\frac{2}{3}$，力减为原来的 $\frac{1}{4}$，则此时物体的加速度是原来的

(1) $\frac{1}{4}$； (2) $\frac{3}{2}$； (3) $\frac{3}{8}$； (4) $\frac{1}{8}$。

5. 如果没有阻力，沿一直线以恒力推动物体前进，这个物体做什么运动？它的速度怎样改变？它的加速度怎样改变？当推力逐渐变小时，它做什么运动？它的速度和加速度又怎样变化？为什么？

6. 用80N的力去推小车时，小车做匀速直线运动。用110N的力去推时，小车以0.10m/s^{2}的加速度做匀加速直线运动。求小车质量。

7. 货轮的质量为1.0×10^6kg，在速度为1.0m/s时停止转动螺旋桨，10min后速度为零。求所受到的平均阻力和滑行的位移。

8. 伞兵和武器共85kg，降落伞未张开前以9.6m/s^{2}的加速度下降，伞张开后开始变为匀速运动。求伞张开前后的空气阻力。

9. 吊车开始起吊后，在0.50s内把质量490kg的集装箱由静止吊起并匀加速到0.40m/s。求钢丝绳对集装箱的作用力。

10. 滑块沿斜面下滑，动摩擦因数为0.40。设滑块质量为2.0kg，斜面高与斜面长之比是3∶5。求滑块下滑的加速度。

3.3 牛顿第三定律

在平静的湖面上浮着两只小船。如果其中一只船上的人，用绳索来拉另一船，那么两船会同时靠拢。在光滑的地面上，两人穿着滑冰鞋，相对而立。如果其中一个人推另一个人，则两人将同时向后倒退。

如图3.2，把两只弹簧秤勾住，然后水平拉紧它们，你将发现两秤在一直线

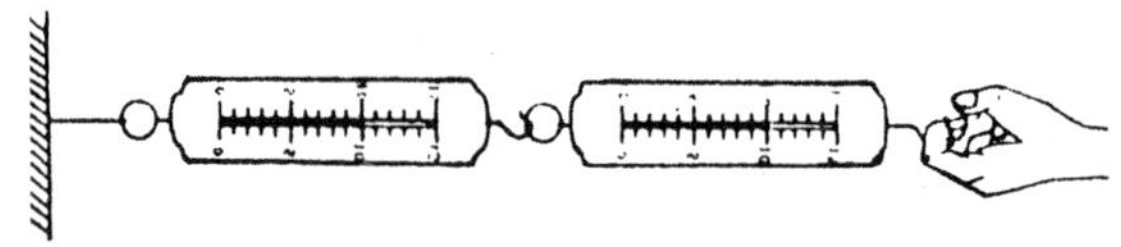

图3.2 作用力和反作用力

上，读数始终相等。一旦松手，它们的读数同时为零。

从以上观察的现象和实验表明：A 物体对 B 物体有力的作用时，B 物体必同时对 A 物体也有力的作用。物体间力的作用总是相互的。如果其中的一个称为作用力，那么另一个就称为反作用力。作用力和反作用力是成对出现的。作用力和反作用力是相同性质的力。用绳子挂着的物体，绳子拉物体，物体也拉绳子，同是弹力。磨刀时，砂轮磨刀，刀也磨砂轮，同是摩擦力。

作用力和反作用力之间有什么关系呢？研究表明，两物体之间的作用力 F 和反作用力 F'，总是大小相等，方向相反，沿一条直线，分别作用在两个物体上。这就是牛顿第三定律。作用力 F 和反作用力 F'的关系可写成：

$$F = -F'$$

这里的负号表示 F'的方向与 F 相反。

牛顿第三定律的实际应用处处可见。你跳高时，脚用力向下蹬地，同时地面用相反方向的力推你，使你腾空而起。轮船的螺旋桨旋转时，螺旋桨向后推水，水同时给螺旋桨一个相反的力推轮船，使轮船前进。

应用牛顿第三定律，要注意分清“谁对谁”的作用。还要注意作用力和反作用力是作用在不同物体上，不能相互抵消。

【例 3】 如图 3.3 所示，你用手拿着一根绳子，绳子下系一重 G 的物体不动，这时有哪些作用力和反作用力？哪两个力是物体受到的平衡力？

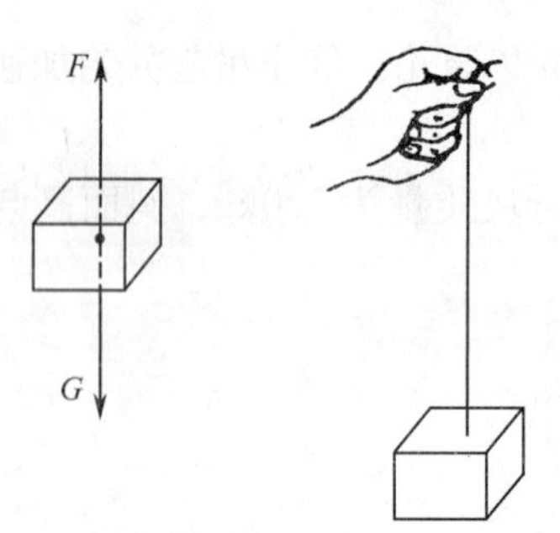

图 3.3 力的分析图

解 有三对作用力和反作用力。

(1) 物体受到重力 G，方向向下；它的反作用力是物体对地球的吸引力，大小也等于 G，方向向上。

(2) 绳对物体的拉力 F，方向向上；它的反作用力是物体拉绳子的力，大小也等于 F，方向向下。

(3) 手拉绳的力，大小等于 F，方向向上，它的反作用力是绳对手的拉力，大小也等于 F，方向向下。

物体受的重力 G 和绳子对物体的拉力 F，是一对平衡力。

习 题 3.3

1. ________________________________称为牛顿第三定律。

2. 在水平地面上用力 F 拉一物体匀速前进，若物体受到的摩擦力为 f，则 f 的反作用力是

(1) 拉力 F；

（2）物体的重力；

（3）地面给物体的支持力；

（4）地面受到的摩擦力。

3. 用牛顿第三定律判断下列说法是否正确。

（1）人走路时，只有地对脚的反作用力大于脚蹬地的作用力时，人才能前进。

（2）以卵击石，石头没有损伤，鸡蛋却破了，这是因为鸡蛋给石头的作用力小于石头对鸡蛋的作用力。

（3）物体 A 静止在物体 B 上，A 的质量是 B 的质量的 10 倍，所以 A 作用于 B 的力大于 B 作用于 A 的力。

4. 证明静止在水平面上的物体对水平面的压力数值上等于物体的重力。

5. 两人各握住测力计的两端，一人用力拉，测力计指向 55N，他们各用多少力？

6. 有个同学说，马拉车时，马给车多大力，车也给马多大的反作用力，所以拉不动车。他的说法对吗？为什么？

3.4　力学单位制

在物理学中，任何一种物理量都有它的单位。为了清楚、准确地描述一个物理量，除中间的计算过程外，应同时写出物理量的数值和单位。

单位制　力学中有不少物理量，如位移、时间、速度、加速度、质量、力等等。如果所有的物理量都各自任意规定单位，那么使用起来就十分复杂。在历史上，由于各个国家、地区都沿用自已历史上形成的各种单位。例如，长度单位有米、厘米等；英国等国家还有英尺、英寸等；我国也有丈、尺、寸等。我国早期进口的英制机床的长度单位都是英寸，在零件加工和更换时，就要进行复杂的计算。所以，单位制的混乱，对人类的生产、生活、科学研究和贸易，都起了阻碍和制约作用。因此，必须制定统一的单位制在全世界推广应用。

要制定单位制，首先要选定几个物理量的单位为基本单位，再根据定义、定律或物理公式，推导出其他物理量的单位。从基本单位推导出来的单位叫做导出单位。基本单位和导出单位一起组成了单位制。

力学单位制有多种，在国际单位制（国际代号 SI）中，取长度、质量和时间的单位为基本单位。并规定它们的单位分别为米（m）、千克（kg）、秒（s）。利用这 3 个基本单位，再根据公式 $v = s/t$，$a = (v_t - v_0)/t$ 和 $F = ma$，就可以导出速度、加速度和力的单位分别为 m/s、m/s^2 和 N。

根据 1984 年 2 月国务院颁布的关于在我国统一实行法定计量单位的命令和

国家质量技术监督局发布的国家标准（GB3100 ~ 3102-93），本书采用法定计量单位。

中华人民共和国法定计量单位就是以国际单位制为基础的。

单位制在物理计算中的作用 掌握单位制对物理计算是很重要的。计算力学题目时，一般要采用国际单位制，把题目中的已知量都用这一单位制的单位表示。解题过程中不必带单位，只在最后标出所求量的单位即可。实际上，为了简便，我们在前面的解题过程中已经这样做了。

习 题 3.4

1. 力学中的国际单位制的基本单位有________、________、________。

2. 我们学过的力学中的国际单位制的单位还有________、________、________、________、________。

3. 要使质量为 6.0×10^2g 的物体得到 0.30m/s^2 的加速度，要施多大的力？

4. 汽车在平直的公路上行驶，在 60s 内速度由 36km/h 增加到 57.6km/h，汽车的质量为 1.0×10^3kg，若忽略汽车所受到的阻力的作用，求汽车所受的牵引力。

3.5 牛顿运动定律的应用

牛顿运动定律是机械运动的基本定律，在实践中有着广泛的应用。其中牛顿第二定律确定了 F，m 和 a 的关系。若把牛顿第二定律和运动学知识结合起来，就能解决比较复杂的力学问题。

若已知物体的受力情况，先根据牛顿第二定律求出物体的加速度，再根据物体运动的初始条件，应用运动学公式就可以确定物体的运动情况；相反地，若已知物体的运动情况，先应用运动学公式求出加速度 a，再应用牛顿第二定律也可求解物体受力情况。应用要点如下：

（1）明确题意，分清已知量、中间可求量和待求量。

（2）认定研究对象，正确分析受力情况和运动情况，作出受力图。

（3）根据牛顿定律列出运动方程。

（4）认真进行计算。一般先用符号进行变换，最后代入数值计算。这样能使计算简明，不易发生差错。

【例 4】 质量为 1000t 的列车从车站出发做匀加速直线运动，机车牵引力为 2.5×10^5N，运动中所受阻力是车重的 0.005 倍. 求列车 1min 末的瞬时速度和 1min 内的位移（计算中取 $g=10$m/s^2）。

分析 如图 3.4 所示。以列车为研究对象，列车受到牵引力 F、阻力 f、重

力 G、支持力 F_n 四个力作用。F_n 与 G 彼此平衡，所以合力就是水平方向的 F 与 f 的合力，即 $F_{合}=F-f$，方向与 F 方向一致。列车在恒力作用下做初速度为零的匀加速运动。利用牛顿第二定律求出加速度 a，然后与速度公式联系，求解 v_t 和 s。

解 由牛顿第二定律 $F_{合}=ma$ 得

$$a=\frac{F-f}{m}=\frac{2.5\times10^{5}-5\times10^{-3}\times1.0\times10^{6}\times10}{1.0\times10^{6}}=0.20\text{m/s}^2$$

由运动学公式得

$$s=\frac{1}{2}at^2=\frac{1}{2}\times0.2\times60^2=360\text{m}$$

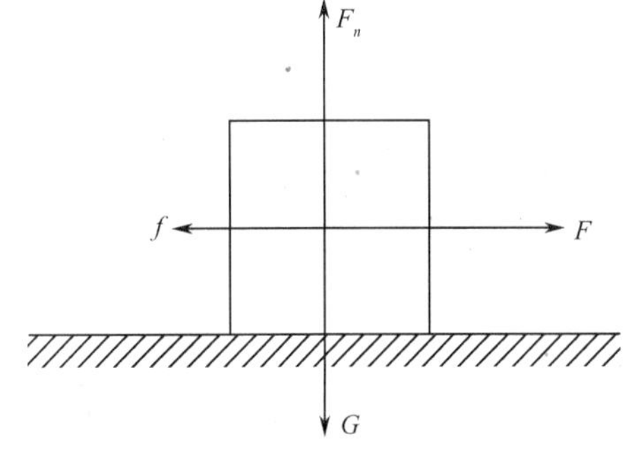

图 3.4 列车受力示意图

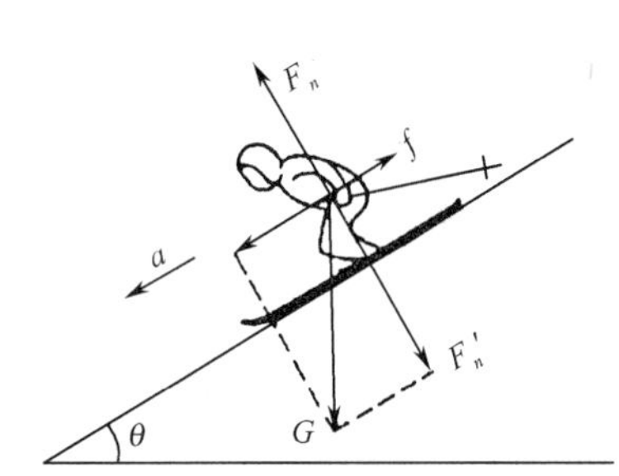

图 3.5 滑雪人的受力示意图

【例 5】 滑雪人从静止开始沿山坡匀加速滑下，在 5.0s 内滑下 50m。山坡倾角为 30°。滑雪人的质量为 60kg，求滑下时受到的摩擦力和人对雪地的压力（$g=10\text{m/s}^2$）。

分析 以滑雪人为研究对象，并对他进行受力分析。如图 3.5 所示，他共受到重力 G，支持力 F_n，和摩擦力 f 共 3 个力的作用。

由加速度 a 的方向可知，总合力沿斜面向下。支持力 F_n 与重力在垂直于斜面方向的分力 $F_n'=G\cos30°$ 是一对平衡力。利用牛顿第三定律可把 F_n' ，与 F_n 联系起来。

解 由运动方程 $s=\frac{1}{2}at^2$ 得

$$a=\frac{2s}{t^2}=\frac{2\times50}{5^2}=4.0\text{m/s}^2$$

由牛顿第二定律，沿加速度方向有，

$$mg\sin\theta-f=ma$$

故

$$f = mg\sin\theta - ma = 60 \times (10 \times 0.5 - 4) = 60\text{N}$$

在垂直斜面方向有

$$F_n - mg\cos\theta = 0$$

故

$$F_n = mg\cos\theta = 60 \times 10 \times 0.866 \approx 520\text{N}$$

人对雪地压力 F_n' 与 F_n 为作用力和反作用力关系，由牛顿第三定律得

$$F_n' = 520\text{N}$$

【例 6】 弹簧秤上挂一个质量为 5.0kg 的物体，在下列三种情况下，弹簧秤的读数是多大？

（1）弹簧秤以 2.0m/s 的速度匀速上升；

（2）弹簧秤以 0.20 m/s^2 的加速度竖直加速上升；

（3）弹簧秤以 0.20m/s^2 的加速度竖直加速下降。

分析 以物体为研究对象，分别作出三种情况下的受力图，如图 3.6。根据牛顿第二定律分别求出弹簧秤对物体的拉力 F_1、F_2、F_3，然后再由牛顿第三定律求出物体对弹簧秤的拉力 F_1'，F_2'，F_3'，即弹簧秤的读数。

解 物体受到重力

$$G = mg = 5.0 \times 9.8 = 49\text{N}$$

（1）物体以 2.0m/s 的速度匀速上升时 $a=0$，因此，

$$F_1 = G = 49\text{N}$$

根据牛顿第三定律，F_1' 与 F_1 是作用力和反作用力，所以

$$F_1' = 49\text{N}$$

（2）物体加速度方向向上，根据牛顿第二定律得

$$F_2 - G = ma$$

$$F_2 = G + ma = 49 + 5.0 \times 0.20 = 50\text{N}$$

$$F_2' = F_2 = 50\text{N}$$

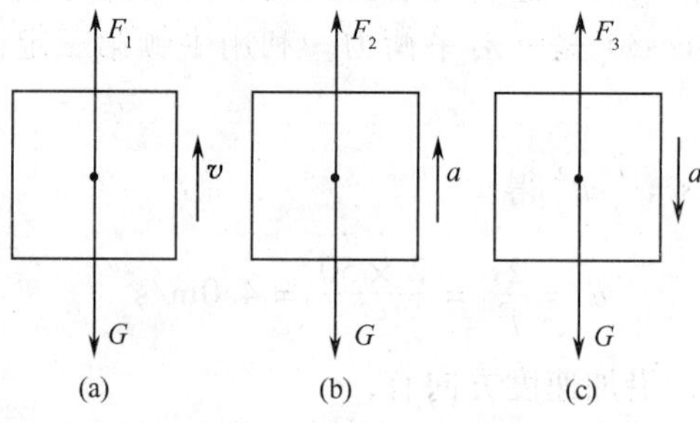

图 3.6 例 6 示意图

(3) 物体加速度方向向下，根据牛顿第二定律得

$$G - F_3 = ma$$

$$F_3' = F_3 = G - ma = 49 - 5.0 \times 0.20 = 48\text{N}$$

习 题 3.5

1. 质量为 m 的物体，放在粗糙的水平地面上。用水平力 F 拉物体，物体得到加速度 a。若水平力变为 $2F$，则下面哪个结论正确?

(1) 加速度为 $2a$；(2) 加速度大于 $2a$；(3) 加速度小于 $2a$。

2. 一气球（本身质量不计）下面系一重力为 G 的吊篮，以加速度 a 向上匀加速升起。若在吊篮内加一重物，则气球以同样大小的加速度匀加速下降。那么重物的重力应该是：

(1) $\dfrac{2Ga}{g}$；　(2) $\dfrac{2Ga}{g-a}$；　(3) $\dfrac{Ga}{g-a}$；　(4) $\dfrac{2G}{g}$。

3. 一个质量为 2.0kg 的物体，在 10N 的水平拉力作用下，沿地面从静止开始运动，物体和地面间的摩擦系数为 0.20。若物体运动后的第 2s 末把水平力撤去，问物体还要运动多远才能停止（取 $g = 10\text{m/s}^2$）。

4. 一辆无轨电车，以 1.5m/s 的速度行驶，在关闭发动机后经过 10s 停下来，电车的质量为 4.0×10^3kg，求电车所受的阻力。

5. 一人质量为 70kg，站立在电梯内，若（1）电梯不动；（2）电梯以 1.2 m/s^2 的加速度加速上升；（3）以同一大小的加速度加速下降。在这三种情况下，此人对电梯地板的压力各是多少?

6. 一个木箱沿着粗糙斜面匀加速下滑，初速度为零，在 5.0s 内滑下 15m，斜面倾角为 30°。求木箱与斜面之间动摩擦因数。

3.6 动　　量

动量　高速飞来的篮球可以用手接住，但以同样速度抛来的铅球却无人敢接。运动的空车容易刹车，而同样运动的重车却较难刹住。许多例子说明，考虑一个物体的运动效果，不仅要考虑它的运动速度，还要考虑它的质量大小。

物理学中把运动物体的质量和运动速度的乘积 mv 叫做动量。动量通常用字母 p 表示，即 $p = mv$。

动量是矢量，它的方向跟速度的方向相同。它的 SI 单位是 kg · m/s。

动量比速度更全面地反映了物体的运动状态，是物理学中重要的物理量之一。

冲量　动量定理　物体在受到外力的作用后，速度将发生变化，它的动量必然

随着速度的改变而改变。若质量为 m 的物体，其初速度为 v_0，在合外力 F 的作用下，经过时间 t，速度变为 v，则物体动量的改变是

$$mv - mv_0 = m(v - v_0)$$

因为

$$v - v_0 = at \text{ 和 } a = F/m$$

所以

$$Ft = mv - mv_0 \tag{3.3}$$

式中，mv 为末动量，mv_0 为初动量，等式右端是动量的增量；Ft 是力跟作用时间的乘积，称为力的冲量。冲量的 SI 单位是 N · s（牛 · 秒），因为

$$1\text{N} = 1\text{kg} \cdot \text{m/s}^2$$

所以

$$1\text{N} \cdot \text{s} = 1\text{kg} \cdot \text{m/s}$$

冲量也是矢量，它的方向与力的方向有关，当力的方向不变时，它的方向跟力的方向相同。式（3.3）表明，物体所受到的合外力的冲量，等于物体在这段时间内动量的增量，这个结论称为动量定理。

可以看出，如果一个物体的动量的变化是一定的，那么它受力作用的时间越短，这个力就越大；力作用的时间越长，这个力就越小。玻璃杯掉在水泥地板上会摔碎，掉在软东西上可能摔不碎。这是因为水泥地板的作用力使玻璃杯的动量在很短时间内变为零，所以作用力很大。当玻璃杯掉到软东西上时，软东西要发生明显的形变，这就使玻璃杯的动量在较长时间内减小到零，软东西对玻璃杯的作用力就比较小，杯子就不易破碎。在装运易碎物品时，在箱内放一些碎纸屑、刨花等物，可以减少破损；车辆都装有减震弹簧，甚至连自行车座下也装着弹簧，都是这个道理。

动量和冲量都是矢量，当它们在同一直线上时，应注意式（3.3）中 F，v，v_0 的正负号。运算时应先规定正方向，跟正方向相同的矢量取正，反之为负。

【例 7】 夯的质量为 20kg，从离地面 1.2m 处落下，若夯由刚着地到最后静止，共经历 0.010s，求夯对地面的平均冲击力多大?

分析 以夯为研究对象，以向下为正方向。夯受的外力有：重力，大小为 G，方向向下；地面对夯的冲击力，大小为 F，方向向上；它们的合力为 $G - F$。夯将着地时，有 $v^2 = 2gh$，或 $v = \sqrt{2gh}$，其动量等于 $m\sqrt{2gh}$；夯静止后，动量为零。

解 由动量定理有

$$(G - F)t = 0 - m\sqrt{2gh}$$

整理后得

$$F = \frac{m\sqrt{2gh}}{t} + G = \frac{20 \times \sqrt{2 \times 9.8 \times 1.2}}{0.010} + 20 \times 9.8 = 9.9 \times 10^3\,\mathrm{N}$$

由牛顿第三定理可知，夯对地面的冲击力 F 大小也是 9.9×10^3N，但方向竖直向下。

夯受地面的冲击力比夯的重力大得多，因此，在计算时有时可忽略重力。

动量守恒定律　图 3.7 表示两个在光滑水平面上沿同一直线运动的小球，质量分别是 m_1 和 m_2，速度分别是 v_{10} 和 v_{20}。假若它们的运动方向相同，且 $v_{10} > v_{20}$。当球 1 追上球 2 时，发生碰撞，碰撞过程中球 1 受球 2 的作用力 F_1，球 2 受球 1 的反作用力 F_2，相互作用时间为 t。因为两球都受力的作用，所以它们的速度都要改变。若碰撞后它们的速度分别是 v_1 和 v_2，则由牛顿第二定律可得

$$F_1 = m_1(v_1 - v_{10})/t$$

和

$$F_2 = m_2(v_2 - v_{20})/t$$

由牛顿第三定律可知，F_1 和 F_2 大小相等，方向相反，即 $F_1 = -F_2$，因此有

$$m_1v_1 - m_1v_{10} = -(m_2v_2 - m_2v_{20})$$

$$m_1v_1 + m_2v_2 = m_1v_{10} + m_2v_{20}$$

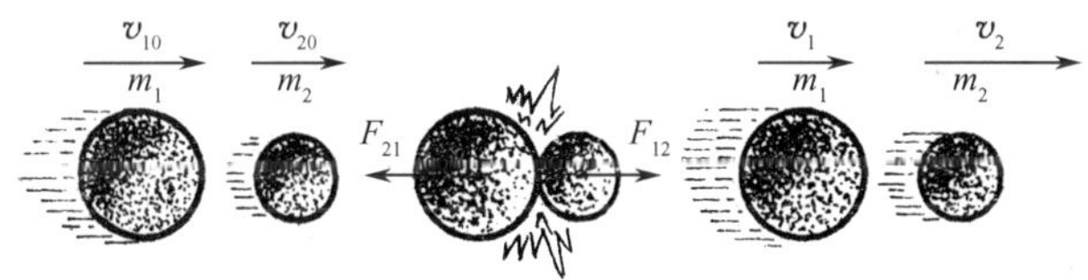

图 3.7　碰撞图

对于相互作用的物体，如果不受外力作用，或虽然受外力作用，但外力的矢量和为零，它们的总动量将保持不变，这个规律称为动量守恒定律。

如果物体间相互作用力很大，相比之下，外力的作用可忽略不计时，亦可认为物体的总动量是守恒的。上述碰撞的例子就属于这种情况。一般来说，有关碰撞的问题，都可用动量守恒定律来处理。

反冲运动　发射前的火炮，各部分都静止不动，总动量为零。火炮射击时，炮弹获得向前的动量，冲出炮口飞向前去，根据动量守恒定律，炮身必须获得大小相等方向相反的动量向后退，这种后退运动称为反冲运动。反冲运动对火炮是

有害的，这是因为使炮身复位时还需要重新瞄准，要花时间，降低了射击速度，影响火炮威力的发挥。

反冲运动也不都是有害的，有时还要加以利用。喷气飞机就是它的一项重要应用。喷气飞机跟老式飞机不同，它不是靠被螺旋桨拨动的空气的反作用力，而是利用机身向后喷出的高速气体使自身受反冲作用而前进的。单位时间内喷出的气体越多，喷出的速度越大，飞机的速度就越大，现代喷气飞机的速度可以超过 10^3m/s。

现代火箭主要用于发射探测仪器、弹头、人造星体和宇宙飞船。它的飞行原理与喷气飞机相同，但一般喷气飞机要利用空气中的氧助燃，只能在大气中飞行；火箭由于自带燃料和氧化剂，能飞到大气层以外。发射人造星体和宇宙飞船的运载火箭，就具备了 7.9×10^3m/s 以上的速度，而目前条件下，一般火箭仅能达到 4.5×10^3m/s，因此在技术上应采用多级火箭。这种火箭起飞后，第一级火箭先开始工作，待其燃料用完后，外壳自动脱落并点燃第二级火箭，后一级的火箭在前一级的基础上进一步加速，而前一级火箭的脱落又减轻了后一级的负担，因此它能达到更高的最终速度。

【例 8】 一门旧式火炮，炮身质量为 2.25t，水平发射质量为 28.0kg 的炮弹，炮弹射出时速度为 820m/s，若不计炮身运动时所受阻力，求炮身的反冲速度。

解 把炮身和炮弹作为我们所要研究的相互作用的物体。因为炮与炮弹之间的相互作用力很大，相比之下，炮弹所受重力可忽略不计，它们所受外力的矢量和为零，符合动量守恒的条件。设炮弹运动方向为正方向，由动量守恒定律得

$$m_1v_1 + m_2v_2 = m_1v_{10} + m_2v_{20}$$

因为

$$v_{10} = v_{20} = 0$$

所以

$$m_1v_1 + m_2v_2 = 0$$

解得

$$v_1 = \frac{m_2v_2}{m_1} = -\frac{28.0\times820}{2.25\times10^3} = -10.2\text{m/s}$$

负号表示炮身运动方向跟炮弹运动方向相反。

习 题 3.6

1. 物体的动量是________，单位是________，方向是________________。

2. 力对物体的冲量是________，单位是________，方向是________________。

3. ________________________________ 称做动量定理，用公式表述为____________。

4. ____ 称做动量守恒定律，用公式表述为____________________。

5. 为什么说动量比速度能够更全面地反映物体机械运动的状态?

6. 质量为50g的子弹，水平速度为820m/s，射穿一木板后速度减至720 m/s，子弹在木块中的穿行时间为2×10^{-4}s，求木块对子弹的平均阻力。

7. 质量为0.50kg的铁锤把钉子钉进木桩。若使铁锤撞击钉子时的速度达到3.0m/s，撞击时间为0.010s，求铁锤打击钉子的平均作用力F（锤重忽略不计）。

8. 一手榴弹以24m/s的速度在空中飞行，爆炸后分成质量为4∶6的两部分，其中大块碎片以80m/s的速度沿原方向飞去，求小块碎片速度的大小和方向。

9. 静止在湖面上的A，B两船质量均为120kg。一个质量为60kg的人，以3.0m/s的速度从A船跳到B船后，求两船的速度（不计水的阻力）。

阅读材料

长征系列火箭

研制大型运载火箭是发展空间技术的前提。20世纪60年代初我国就开始了这项技术。70年代，我国运载火箭的技术水平和生产能力又有进一步提高。1980年5月，向太平洋海域发射大型火箭圆满成功，标志着我国运载火箭技术达到一个新的水平。1981年9月20日，中国首次使用一枚火箭将3颗不同用途的科学试验卫星送入地球轨道，成功地实现了一箭多星的壮举。

根据航天运载的需要，我国研制成功了四种“长征”系列运载火箭。

“长征一号”是固体和液体结合的三级火箭，一、二级采用液体火箭发动机，第三级采用固体火箭发动机。它全长29.45m，可将300kg的卫星送入400km的近地轨道。我国的东方红一号卫星就是用它发射的。

“长征二号”是以洲际导弹为原型研制的，它全长31.65m。“长征二号”低轨道运载能力是2t，除发射返回式卫星外，还可以改装发射微重力、低温试验装置。通过改装可搭载300~500kg实验品。“长征二号”已发射十几次，均圆满完成任务。

“长征三号”是具有2次启动能力的火箭，火箭全长43.25m。它的第三级采用低温高能的液氢、液氧发动机。它也多次成功发射定点通讯卫星。如加以改进，转移轨道运载能力，能从1.4t增加到4.5t，比日本的H-2、欧洲的“阿里亚娜-4”型火箭要好。

“长征四号”是三级火箭，火箭全长41.9m，三级都使用常规推进剂，也曾成功发射过“风云一号”气象卫星等。

目前，我国的长征火箭家族已发展为有9种型号的火箭系列；可以覆盖低轨道、中高轨道、高轨道等太空轨道。其运载能力相间分布，低轨道运载能力从3.5t到9.2t，高轨道运载能力从1.5t到4t。“长征三号乙”火箭发射成功后，高轨道运载能力已达到5t。

1990年7月16日，我国“长征二号”捆绑火箭首飞成功，它标志着我国运载火箭技术又登上一个新的高峰。

“神州五号”载人飞船的发射成功，表明我国的火箭技术和航空航天技术已经跻身于世界先进行列。

据不完全统计，长征系列火箭已发射60余次，其中包括国际商业卫星发射服务20余次。现在，长征系列火箭已经走向世界，在国际航天器发射市场占有一席之地。

第4章　曲线运动

4.1　质点的匀速圆周运动

在自然界、生产和生活中，曲线运动比直线运动更为多见。电扇的旋转，汽车的转弯，地球围绕太阳的运动，都是曲线运动。

曲线运动的方向　当我们旋转雨伞的伞柄时，会发现雨水沿着伞边的切线方向飞出去（图4.1），车工在砂轮上磨车刀时，火星也是从砂轮的切线方向飞出的（图4.2）。由此我们知道，曲线运动的质点在各点速度的方向是变化的，但质点在某一点瞬时速度的方向，就是通过这一点切线的方向（图4.3）。由此可见，做曲线运动的质点，即使它速度的大小不变，速度的方向却时刻在变化，所以曲线运动是一种变速运动。

图4.1　水珠的运动方向

图4.2　火星的运动方向

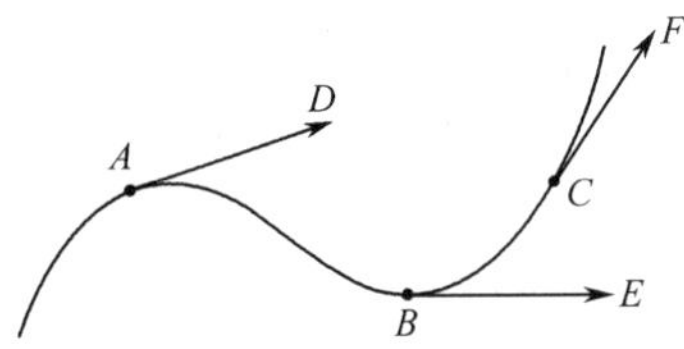

图4.3　曲线运动的速度方向

匀速圆周运动　在曲线运动中，圆周运动是常见的一种，电动机的转子，柴油机上的飞轮，手表的表针，它们上面的质点都在做圆周运动。我们再进一步观察会发现，这些做圆周运动的质点，在相等的时间里通过的圆弧长度都相等，这种运动叫做匀速圆周运动。

线速度　手表的分针转一周要用 1h，而秒针转一周要用 1min，它们做匀速圆周运动的快慢，可以用线速度来描述。做匀速圆周运动的物体通过的弧长 s 跟通过这段弧长所用时间 t 的比是一个常数，这个常数就是匀速圆周运动的速度的大小，这个速度通常称为线速度 v，即：

$$v = \frac{s}{t} \tag{4.1}$$

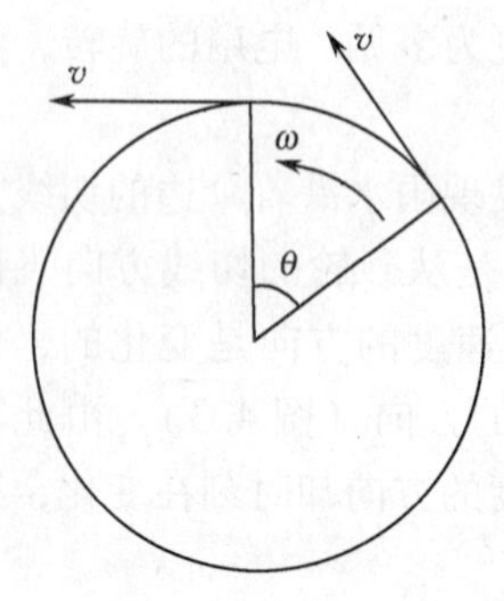

图 4.4　匀速圆周运动

式中 s，t，v 的 SI 单位分别为 m，s，m/s。线速度的方向在圆周的切线方向上（图 4.4）。

角速度　质点做匀速圆周运动的快慢程度，也可以用角速度来描述。如图 4.4 所示，在匀速圆周运动中，连接运动质点和圆心的半径所转过的角 θ，跟所用时间 t 的比值也是一个常数，叫做角速度 ω，即

$$\omega = \frac{\theta}{t} \tag{4.2}$$

在国际单位制中，角度的单位是弧度，国际符号是 rad，时间的单位是秒（s），角速度的单位就是弧度每秒（rad/s）。

转速　质点在单位时间内沿圆周运动的周数称为旋转速度，又称转速，用 n 表示。n 的单位是转/秒（r/s）。在工程实际中，还使用转/分（r/min）作为转速单位。

显然，n 越大，转动越快，反之就越慢。

由于质点每运动一周所经过的弧长是 $2\pi R$，所转过的圆心角是 2π，所以可得到

$$v = 2\pi Rn \tag{4.3}$$

$$\omega = 2\pi n \tag{4.4}$$

线速度和角速度的关系　由 $v = s/t$，$\omega = \theta/t$ 和 $s = R\theta$ 可得线速度跟角速度的关系为

$$v = \omega R \tag{4.5}$$

由式（4.1）、式（4.2）和式（4.5）可以看出，在一个匀速转动的物体上，回转半径不相等的各质点的角速度的大小相等，线速度的大小不相等。质点的线速度的大小与回转半径成正比。回转半径相等的各质点的线速度的大小相等。

周期和频率　做匀速圆周运动的物体运动一周所用的时间叫做周期，用 T 表示，单位是 s。匀速圆周运动的周期是不变的。质点在单位时间内沿圆周运动的周数称为频率，用 f 表示。频率的 SI 单位是赫兹（简称赫），其符号为 Hz。

很明显，周期与频率互为倒数关系，即

$$T=\frac{1}{f} \tag{4.6}$$

习 题 4.1

1. 做匀速圆周运动的质点________________称做线速度，其单位为______，其方向____________；____________称做角速度，其单位为______。线速度与角速度的关系是______。

2. 在匀速圆周运动中，下面的哪种说法对？哪种说法不对？

(1) 速度不变；

(2) 速率不变；

(3) 角速度不变。

3. 做匀速圆周运动的物体，其线速度的大小为5m/s，求5s内转过的弧长。

4. 已知一物体做匀速圆周运动，周期为5s，求其角速度。

5. 工程技术中常用转/分（r/min）作为转速单位。如果电动机的转速为1800r/min，角速度是多少？

6. 用车床加工直径为100 mm的工件，当采用350 r/min的转速时，切削速度（即工件边缘一点的线速度）是多少？

7. 地球赤道半径为6.4×10^3 km，地球自转一周用24 h，求赤道上一点随地球自转的线速度和角速度。

8. 可认为氢原子中电子以2.2×10^6m/s的线速度绕核作匀速圆周运动，若原子半径为5.3×10^{-11}m，求电子绕核运动的周期和转速。

9. 计算手表秒针、分针和时针的角速度。

4.2 向心力 向心加速度

向心力 由牛顿第一定律可知，物体一定要受到外力的作用才能改变其运动状态。作匀速圆周运动的物体速度方向不断改变，即运动状态不断改变，则它一定受到了外力的作用。例如，用绳拴一个小球，抡起来使它作圆周运动，手就要通过绳给球一个拉力，力沿绳的方向，也就是沿半径方向，指向圆心。如果没有这个力存在，例如松开手或绳被拉断，球就不能作圆周运动，而沿切线方向飞去（图4.5）。

图4.5 向心力

沿半径指向圆心，使物体作匀速圆周运动

的力称为向心力。实验结果表明，一个质量为 m 的物体，沿半径为 R 的圆周作圆周运动，运动角速度为 ω 时，其向心力的大小是

$$F = mR\omega^2 \tag{4.7}$$

式中，m，R，ω，F 的 SI 单位分别是 kg，m，rad/s，N。

向心力 F 还可用线速度 v 来表示，由式（4.5）可得

$$F = m\frac{v^2}{R} \tag{4.8}$$

式中，m，R，v，F 的 SI 单位分别是 kg，m，m/s，N。

如果作匀速圆周运动的物体同时受到几个力的作用，这时所有外力的合力就一定指向圆心。在此情况下，合力才是向心力。由此可知，向心力既可能是一个力，也可能是几个力的合力。

在对作匀速圆周运动的物体进行受力分析时，不要误认为它除受到重力、弹力、摩擦力之外，还受到一种叫做向心力的作用。向心力是根据效果命名的，不论重力、弹力、摩擦力或它们的合力，只要它使物体作匀速圆周运动，它就称为向心力。

受向心力的作用，这是物体作圆周运动的必要条件。运动员在跑道转弯处要将身体向圆心方向倾斜，在火车转弯处要将外轨垫高，自行车竞赛场圆弧跑道要建成倾斜的，等等，都是为了获得向心力。

向心加速度 由牛顿第二定律可知，向心力 F 必定要使作圆周运动的质点产生一个方向跟向心力方向相同，大小等于 F/m 的加速度，这一加速度常称为向心加速度，它的大小可由式（4.7）或式（4.8）得出，即

$$a = R\omega^2 = \frac{v^2}{R} \tag{4.9}$$

式中，R，ω，v，a 的 SI 单位分别是 m，rad/s，m/s，m/s^2。

前面已经指出，作匀速圆周运动的质点，其速度大小虽然不变，但速度方向却不断变化，所以它的速度也是变化的，必有加速度存在，这就是向心加速度。向心加速度的大小就表示了速度方向变化的快慢。

我们知道，加速度是表示速度变化快慢的物理量。在直线运动中，加速度方向跟速度方向在一直线上，这种方向跟速度方向在一直线上的加速度，其大小能表示速度大小变化的快慢。而在匀速圆周运动中，加速度方向跟速度方向垂直，这种跟速度方向垂直的加速度，其大小能表示速度方向变化的快慢。

【例 1】 一半径为 80cm 的飞轮，若其转速为 1.2×10^2 r/min，求轮边缘一点的向心加速度。

解

$$n = 1.2\times10^2\ \text{r/min} = 2\ \text{r/s}$$

$$\omega = 2\pi n = 4\pi = 12.56\ \text{rad/s}$$

$$a = R\omega^2 = 0.80 \times 12.56^2 = 126.20\text{m/s}^2$$

【例2】 如图4.6，质量为 m 的汽车，以恒定的速率通过一半径为 R 的凸桥中央时，求汽车对桥的压力。

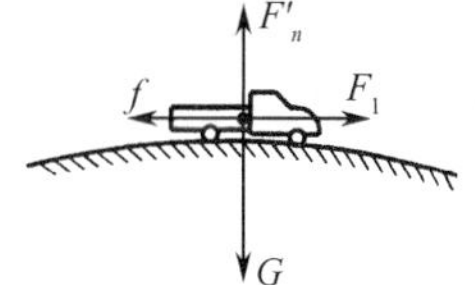

图4.6 例2示意图

分析 汽车受到4个力的作用：汽车的重力 G（大小等于 mg，方向竖直向下），桥对车的支撑力 F_n'（大小等于车对桥的压力 F_n，方向竖直向上），牵引力 F_1（方向水平向前）和阻力 f（方向水平向后）。因为车作匀速圆周运动，F_1 跟 f 必定互相平衡，所以 G 跟 F_n'的合力 F 就是向心力。圆心在车下方，合力 F 的方向向下，即

$$F = G - F_n'$$

或

$$F_n' = G - F = mg - m\frac{v^2}{R}$$

根据牛顿第三定律可知，车对桥的压力 F_n 的大小也等于 F_n'，但方向竖直向下。

习题4.2

1. 做匀速圆周运动的物体所受向心力的大小为________，方向________；其向心加速度的大小为________________________，方向________________________。

2. 做匀速圆周运动的物体是下述运动的哪一种？
（1）速度不变的匀速运动；
（2）加速度不变的匀变速运动；
（3）加速度不断变化的非匀变速运动。

3. 关于做匀速圆周运动的物体，下面说法正确的是：
（1）一定只受一个力的作用；
（2）除了受重力、弹力、摩擦力外，还要受向心力的作用；
（3）所受外力的合力始终跟速度方向垂直。

4. 地球赤道半径为 6.4×10^3 km，地球自转一周是24 h，求在赤道上1.0kg的物体随地球自转时所需的向心力和它的向心加速度。

5. 汽车的质量为5.0 t，以21 km/h的速率通过半径为50 m的凸桥中央时，求车对桥的压力。

6. 在上题中，如果是汽车行驶在半径为50 m的凹形隧道中央，车对隧道的压力是多大？

7. 电动机的转速为3000r/min。它的转动轮上距轴10cm处有一质量为2.0g

的质点，求：(1) 质点所受向心力；(2) 质点的向心加速度。

阅读材料

离心运动　离心机械

作圆周运动的物体，若突然失去向心力，或实际所受到的力小于所需的向心力时，它就不能继续作圆周运动，而要逐渐远离圆心，这种运动就称为离心运动。离心运动在技术上有广泛的应用，许多机械都是利用这一原理制成的。

离心干燥器是用来甩掉附着在物体上的水分的装置。纺织厂中常用它使棉纱、毛线等干燥，洗衣机的甩干筒也是这种装置。

如图 4.7 所示，在壁上带有许多小孔的圆筒内放置潮湿的物体，当圆筒高速转动时，水滴与物体间的附着力小于水滴作圆周运动的向心力，于是水滴就离开物体，穿过小孔飞到圆筒外，而使物体干燥。

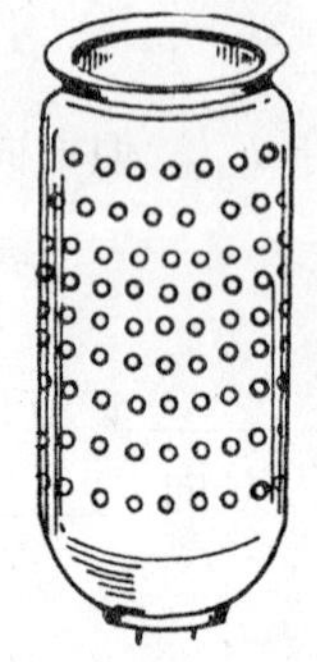

图 4.7　离心干燥器

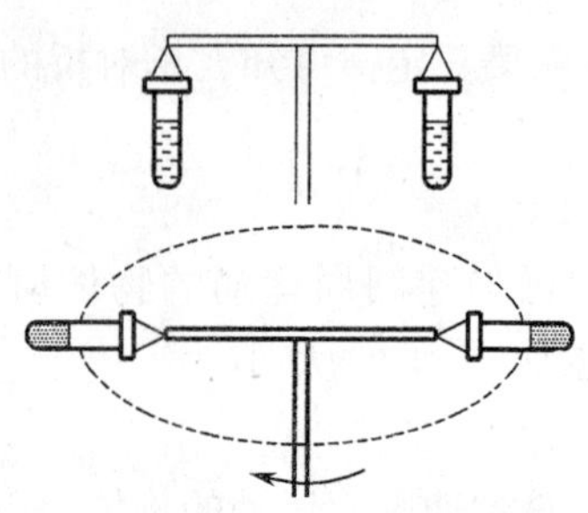

图 4.8　离心分离机

离心分离机可用来加速液体中悬浮微粒的沉淀。如图 4.8，两个能绕轴旋转的试管中盛有液体，当轴高速转动后，试管由竖直变为接近水平，由于液体中悬浮微粒密度较大，在角速度一定时，需较大的向心力，所以当外力不足以维持其作圆周运动时，它就向试管底部聚集，从而使微粒沉淀。

在离心水泵泵体内有一个能转动的叶轮，叶轮在事先灌满水的泵体内高速转动时，带动叶片间的水一起转动。由于水的各部分间的作用力不足以提供向心力，所以泵中的水就由水管喷出泵外。与此同时，在叶轮中心附近形成一个低压区，在大气压的作用下，外面的水沿进水管进入泵体，取代已被排开的水，这样就使水泵能连续地把水抽到高处去（图 4.9）。

离心水泵是农业生产中常用的水泵之一。它转速高，作用力强，可以把水提升几十米，是一种高扬程水泵。由于泵体内没有阀，所以可把含有泥沙或其他杂质的水送到高处。此外，它的作用是连续的，不像活塞式抽水机那样间歇地工作，因此抽水效率高。由于上述优点，所以离心水泵得到广泛的应用。

在有些情况下，离心现象是有害的，须设法防止。例如，汽车拐弯时不允许超过规定的速度，以免由于离心运动造成交通事故。如果快速转动的砂轮内黏结剂的黏结力小于所需的向心力，那么砂轮就会破裂，碎块被高速甩出，将造成危害。因此，在各种机械设备中，对高速转动的零部件，都要对其转速加以限制，禁止超过所允许的最大转速。

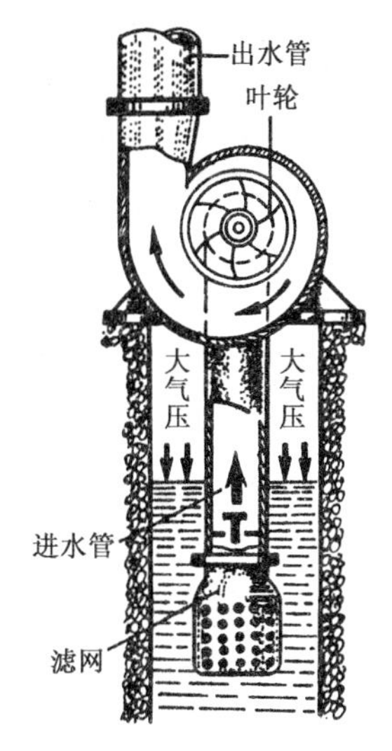

图4.9 离心水泵

4.3 齿轮和皮带传动

齿轮传动 齿轮传动是机械制造中应用最多的传动形式之一。和其他传动形式相比，它具有保证传动比不变，适用载荷和速度范围广，结构紧凑，效率高，工作可靠且寿命长等特点。小到手表、汽车变速箱，大到拦河大坝闸门开闭系统，都使用齿轮传动。

齿轮 齿轮的构造和形式有很多，如圆柱直齿齿轮、斜齿齿轮和圆锥齿轮等(图4.10)。在机械行业中，应用最广泛的是圆柱直齿齿轮。

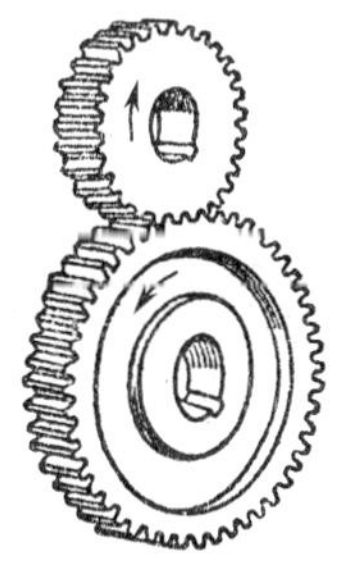

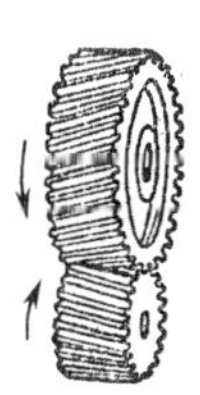

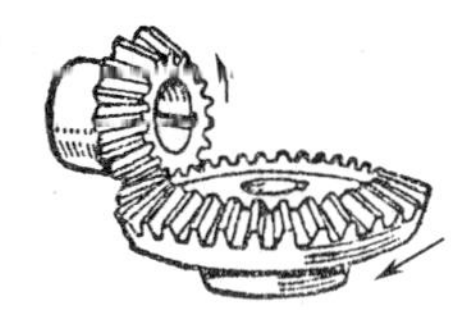

图4.10 齿轮

手表的齿轮为什么不能和汽车的变速箱里的齿轮啮合传动呢？这主要是由齿轮齿的大小和形状决定的。

工程上通用的齿轮的齿廓曲线大多为渐开线（当一直线沿一圆周作纯滚动时，此直线上的任一点的轨迹即为该圆的渐开线）。渐开线齿轮的特点是传动平稳、能保持恒定的传动比。

模数是计算齿轮大小尺寸的一个基本参数，模数越大，齿形尺寸越大。齿轮的模数确定后，齿高、齿顶宽等尺寸都可以通过公式由模数计算出来。我们知道，齿轮的齿形确定后，只有模数相同的齿轮才能互相啮合传动。我国的齿轮标准模数（JB 111 -60）有0.1，1，3.5，10，30，50，……等。

齿轮传动的传动比　由匀速圆周运动可知，两齿轮转动时，其圆周上各点的线速度的大小是相等的。所以

$$\omega_1 R_1 = \omega_2 R_2$$

$$n_1 R_1 = n_2 R_2$$

$$\frac{n_1}{n_2} = \frac{R_2}{R_1}$$

或

$$n_1 : n_2 = R_2 : R_1 \tag{4.10}$$

这就是齿轮传动的传动比，式（4.10）中的 ω（rad/s），R（m）和 n（r/min）分别代表角速度、半径和转速。由该式可以看出，齿轮传动的转速和半径是成反比的。大齿轮转得慢；小齿轮转得快。在汽车的变速箱里，就是通过换挡改变各种大小齿轮的啮合达到改变转速的目的。

皮带传动　在两传动轴距离比较远时，采用皮带传动就比齿轮传动具有优越性了。距离很大时，一般采用平皮带传动。一般情况下，常采用三角皮带传动。例如，电动机和各种机床传动、家用洗衣机电机和波轮轴的传动。

三角皮带传动　三角皮带传动具有传动距离远、传动平稳、振动小、噪音小的优点。由于三角皮带传动时，三角皮带是嵌在皮带轮的槽沟里面，所以摩擦力大，传递功率高。若需增加传递功率，只要增加皮带的条数就可以了。另外，在工程实际中，要经常检查、调整皮带的张紧力。例如，如果你家的洗衣机波轮或滚桶转动无力，你可以松开电机下面的调整螺栓，将电机沿调整槽移动，待三角皮带张紧后，再将调整螺栓紧固。

我国生产的普通三角皮带按断面大小可分为 O，A，B，C，D，E，F 七种型号（表4.1　）。

表4.1　三角皮带型号和断面尺寸

单　位	型			号				
	O	*A*	*B*	*C*	*D*	*E*	*F*	
b（mm）	10	13	17	22	32	38	50	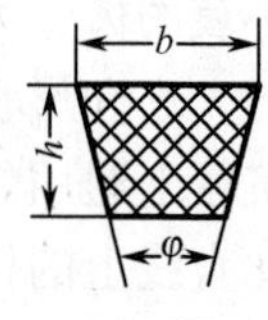
h（mm）	6	8	10.5	13.5	19	23.5	30	
ϕ（°）	40	40	40	40	40	40	40	

我们可以根据传递功率的不同，选择不同型号的三角皮带。例如：传递功率0.4～0.75kW，选 O 型三角皮带；3.7～7.5 kW，选 B,C 型；大于150kW，选 E,F 型，等等。

三角皮带传动的传动比在忽略皮带打滑的因素时，三角皮带传动的传动比很明显也是

$$n_1 : n_2 = R_2 : R_1$$

值得一提的是，链传动（例如自行车中轴轮盘与后轮轴的传动）的传动比与齿轮传动和皮带传动是相同的。

【例3】 图4.11是一皮带传动装置。设皮带和皮带轮之间无滑动，大皮带轮半径是小皮带轮半径的2倍，C 点距转动轴为半径的1/3。求：

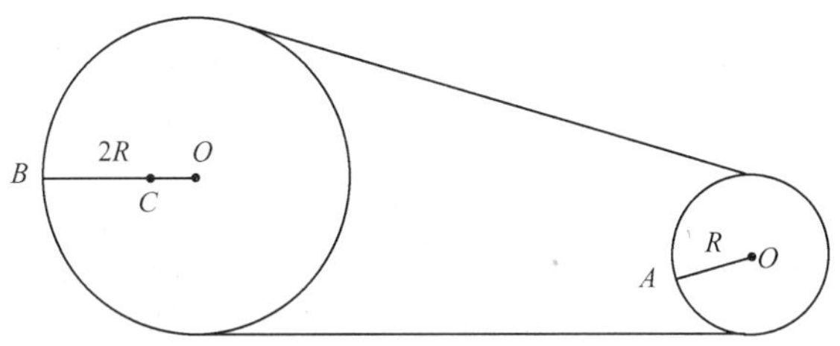

图4.11 皮带传动

（1）皮带传动的传动比；

（2）A，B，C 三点的角速度之比；

（3）A，B，C 三点的线速度之比；

（4）A，B，C 三点的向心加速度之比。

解 （1）由式（4.7）得

传动比

$$n_1 : n_2 = R_2 : R_1 = 2R : R = 2 : 1$$

（2）因为 A，B 两点的线速度相等，$\omega_B = \omega_C$，所以

$$\omega_A : \omega_B : \omega_C = 2R : R : R = 2 : 1 : 1$$

（3）因为 $v = \omega R$，所以

$$v_A : v_B : v_C = R\omega_A : 2R\omega_B : \frac{1}{3}R\omega_C = 6 : 6 : 1$$

（4）因为向心加速度 $a = \omega^2 R$，所以

$$a_A : a_B : a_C = \omega_A^2 R : \omega_B^2 2R : \omega_C^2 \frac{R}{3} = 12 : 6 : 1$$

习 题 4.3

1. 齿轮传动的优点是______________________________。
2. 皮带传动的优点是______________________________。
3. 齿轮和皮带传动的传动比公式是________________________。

4.4 平抛运动　运动的叠加原理

平抛运动　用一定大小的初速度，将物体沿水平方向抛出后，物体只受到重力作用时所做的曲线运动称为平抛运动。例如，向水平方向投掷的小石块，从枪口平射出去的子弹，水平飞行的飞机上所释放的物体等，若忽略空气阻力的影响，则它们的运动都是平抛运动。

运动的叠加原理　平抛运动是一种复杂的曲线运动。下面我们利用图 4.12 所示的装置来对它进行研究。图中 A，B 为两个小球，当小锤打击弹簧片时，可使 B 球自由下落。而在同一时刻，A 球受弹簧片的推动而被沿水平方向抛出。实验表明，虽然 A，B 两个球的运动形式不同（A 球作平抛运动，B 球作自由落体运动），但不论实验装置离地面多高，也不论 A 球被抛出时的初速度多大，两个球总是同时落地。这表明，在同一时间内，A，B 两个球在竖直方向上通过的距离总是相等。A 球除竖直方向的运动外，虽然同时还有水平方向的运动，但其水平方向的运动对竖直方向的运动丝毫没有影响，两个方向上的运动是互相独立的，A 球的平抛运动就是这两种运动叠加的结果。由于大量的类似实验都能得到与此相同的结果，所以我们可以得出这样的结论：一个运动可以看成是几个同时进行而又各自独立的运动叠加而成，这个结论称为运动的叠加原理。

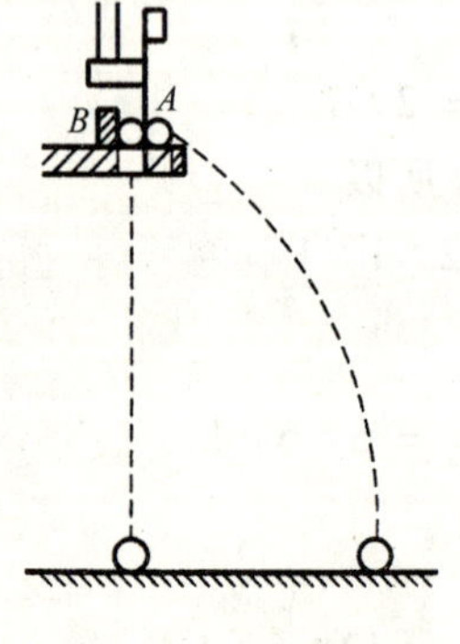

图 4.12　平抛运动

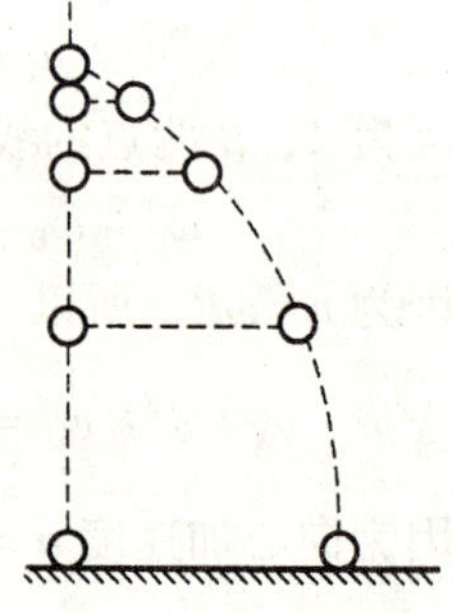
图 4.13　闪光照片

平抛运动公式　我们可以对图4.12所示的两个小球的运动进行闪光拍照，以对它们进行更精确的研究。图4.13就是它们的闪光照片示意图。测量结果表明，两个球在竖直方向的运动是相同的，它们经过同样的时间下落同样的距离。这说明，A球在竖直方向的运动与B球一样，也是自由落体运动。再对A球在相同时间内前进的水平距离进行测量，可以发现，A球的水平方向运动是匀速运动。因此，我们可把平抛运动看成是这样两个运动叠加而成：水平向前的匀速直线运动和竖直向下的自由落体运动。

根据以上分析，我们可以直接写出平抛运动的公式

$$s = v_0 t \tag{4.11}$$

$$h = \frac{1}{2}gt^2 \tag{4.12}$$

式中，v_0为平抛物体的水平初速度；t为运动时间；s为水平方向的位移，h为竖直向下的位移。

如果已知平抛物体从多大高度和以多大的初速度抛出，就能计算出物体的飞行时间和在这段时间内所通过的水平距离，或者进行相反的运算。

我们看到，运用运动的叠加原理，就可以把一个复杂的曲线运动分解成两个简单的直线运动，从而使问题大为简化，这是研究曲线运动的常用方法。

【例4】　沿水平方向以6.8×10^2km/h的速度飞行的轰炸机，离地面高度为1.5×10^3m，在轰炸敌方目标时，为使炸弹命中目标，应在距目标水平距离多远处投弹（不计空气阻力）?

解　$v_0 = 6.8\times10^2\text{km/h} = 189\text{m/s}$。炸弹离开飞机时，具有跟飞机相同的水平速度，若不考虑空气阻力的影响，则炸弹将作平抛运动，由公式（4.12）得

$$t = \sqrt{\frac{2h}{g}} = \sqrt{\frac{2\times1.5\times10^3}{9.8}} = 17.5\text{s}$$

再由公式（4.11）可求出飞机在这段时间内飞行的距离，也就是飞机在投弹时与目标的水平距离

$$s = v_0 t = 189\times17.5 = 3.3\times10^3\text{m}$$

【例5】　从塔顶以25m/s的水平速度平抛一石子，落地时通过的水平距离为50m。求塔高。

解　由$s = v_0 t$，得

$$t = \frac{s}{v_0} = \frac{50}{25} = 2\text{s}$$

塔高

$$h = \frac{1}{2}gt^2 = 0.5\times9.8\times4 = 19.6\text{m}$$

习 题 4.4

1. ____ ______________称做平抛运动。

2. 运动的叠加原理是____。

3. 从地面上方水平抛出两物体，如果落地点到各自抛出点的水平距离相同，则两物体的:

(1) 抛出速度一定相等;

(2) 抛出点高度一定相等;

(3) 抛出点较低者，抛出速度一定较大;

(4) 抛出速度较大者，抛出点一定较高。

4. 从同一高度平抛质量不同的两个小球，若不计空气阻力，则下列说法正确的是:

(1) 若两球初速度相同，则轻球落得较远;

(2) 若两球初速度相同，则轻球飞行时间较长;

(3) 若两球初动量相同，则轻球落得较远;

(4) 若两球初动量相同，则轻球飞行时间较长。

5. 一飞机在距地面2.0×10^3m 的高空水平飞行，当它离敌军目标的水平距离为3.2×10^3m 时，投下炸弹且正好命中目标，求飞机的速度。

6. 从 8.6m 高处水平抛出一物体，其初速度为 30 m/s，求它落地前运动的水平距离。

7. 一颗水平射出的枪弹，其初速度为6.2×10^2m/s，当它通过2.5×10^2m 的水平距离后，它的高度降低多少?

4.5 万有引力定律 人造卫星

行星的运动 考古发现，从远古时代起，人类就开始了对天体运动的观察和研究。我国远在3000 多年前的殷代，就根据对天体的观测制定了农历历法。17 世纪后，人们对太阳系中包括地球在内的 9 颗行星都进行了精确的观察和测量。观测发现，这些行星都分别在不同的椭圆轨道上绕太阳做近似的匀速圆周运动。

万有引力定律 早在 17 世纪，英国物理学家牛顿就发现，不但地球对它周围的物体有吸引力，宇宙中任何两个物体之间都存在这种吸引力，称为万有引力。万有引力的大小与物体的质量以及两物体之间的距离有关。如果两物体的距离一定，物体的质量越大，它们之间的万有引力就越大。如果两物体的质量一定，物体之间的距离越远，它们之间的万有引力就越小。经过长期理论研究和实验，牛顿提出了著名的万有引力定律：任何两个质点都是相互吸引的，引力的大小跟两质点的质量的乘积成正比，跟它们之间的距离的二次方成反比。用数学式可表示为

$$F = G\frac{m_1 m_2}{r^2} \tag{4.13}$$

式中，m_1 和 m_2 为两个质点的质量，r 为两质点之间的距离，F 为引力，G 为比例常数，称为引力常量，当其他各物理量都采用 SI 单位时，

$$G = 6.67\times10^{-11}\mathrm{N\cdot m^2/kg^2}$$

通常两个物体之间的万有引力很小，我们察觉不到它，可以不予考虑。例如，两个质量都是 60kg 的人，相距 0.5m，他们之间的相互吸引力还不足 10^{-7} N。而一个蚂蚁拖动细草梗的力竟是这个引力的 1000 倍。

重力就是地球上的物体受到地球的万有引力而产生的。在天体系统中，由于天体的质量都很大，万有引力对它们的运动就起着决定性的作用。在天体中质量还不算大的地球，就是靠太阳对它的万有引力充当向心力绕太阳作圆周运动的。而地球把人类、大气和所有地面上的物体紧紧地束缚在地球上，也是由于万有引力的作用。

【例 6】　地球的质量为 5.98×10^{24} kg，月球的质量为 7.34×10^{22} kg，地球到月球的距离为 3.8×10^5 km，计算它们之间的万有引力。

解　$r=3.8\times10^5\mathrm{km}=3.8\times10^8\mathrm{m}$。由公式（4.13）得

$$\begin{aligned}F &= G\frac{m_1 m_2}{r^2}\\ &= 6.67\times10^{-11}\times\frac{5.98\times10^{24}\times7.34\times10^{22}}{(3.8\times10^8)^2}\\ &= 2.03\times10^{20}\mathrm{N}\end{aligned}$$

【例 7】　月球绕地球旋转的周期 $T=2.36\times10^6$ s，月球到地球的距离为 $R=3.84\times10^8$ m，求地球的质量 M。

解　因为月球绕地球旋转的向心力是地球对月球的万有引力，所以有

$$G\frac{mM}{R^2} = \frac{mv^2}{R}$$

式中 m 为月球质量，v 为月球运动的线速度。因为 $v=\frac{2\pi R}{T}$，所以有

$$G\frac{mM}{R^2} = \frac{4\pi^2 mR}{T^2}$$

$$M = \frac{4\pi^2 R^3}{GT^2} = \frac{4\times3.14^2\times(3.84\times10^8)^3}{6.67\times10^{-11}\times(2.36\times10^6)^2} = 6.0\times10^{24}\mathrm{kg}$$

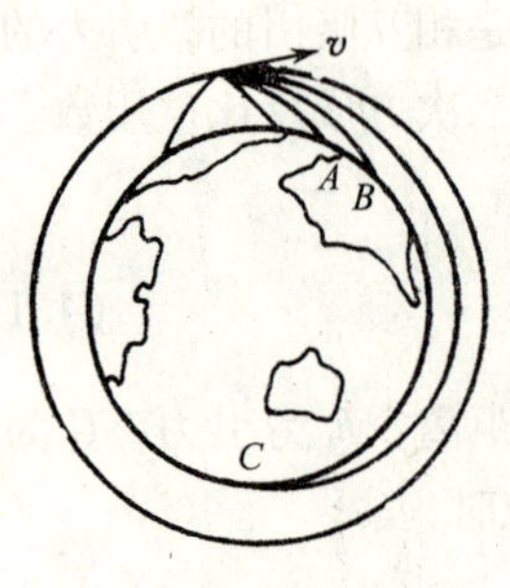

图 4.14　轨迹图

人造地球卫星　图 4.14 是牛顿在研究天空中行星的运动和地面附近的落体运动的关系时，画的一幅原理图。图中表示从高山上用不同的水平速度抛出的物体的运动轨迹。物体的速度越大，落地点离山脚越远。因此，当速度足够大时，物体将环绕地球运转，成为一个人造地球卫星。

既然物体的速度足够大时，物体将环绕地球运转，成为一个人造地球卫星，那么物体的速度究竟要多大才行呢？

设质量是 m 的卫星在离地心 r 的高空环绕地球运转，它的速度为 v，地球质量是 M，卫星作匀速圆周运动所需要的向心力是地球对它的引力，即

$$G\frac{Mm}{r^2} = m\frac{v^2}{r}$$

$$v = \sqrt{\frac{GM}{r}}$$

从上式可以看出，r 越大，即卫星离地面越高，它环绕地球运动的速度 v 越小。对于靠近地面运转的卫星，可以认为 r 约等于地球半径 $R_{地}$，地球对卫星的引力约等于卫星的重力 mg。从

$$mg = m\frac{v^2}{R_{地}}$$

可以得到

$$v = \sqrt{gR_{地}}$$

将 $g=9.8\text{m/s}^2$ 和 $R_{地}=6.4\times10^6\text{m}$ 代入上式，可算得 v 约为 7.9km/s。这是在地面附近上空发射人造卫星时最小发射速度，通常叫做第一宇宙速度，也叫环绕速度。

如果人造地球卫星进入轨道的速度大于 7.9km/s 而小于 11.2km/s，它绕地球运动的轨迹就不是圆，而是椭圆。当物体的速度等于或大于 11.2km/s 的时候，物体就可以挣脱地球引力的束缚，成为绕太阳运动的人造卫星。所以，11.2km/s 这个速度叫做第二宇宙速度，也叫脱离速度。

若物体速度达到 16.7km/s，就可以逃脱太阳引力的束缚，飞到太阳系外空间去，这个速度称为第三宇宙速度，也称为逃逸速度。

人造卫星的应用很广泛，主要有无线电通讯、电视转播、军事侦察、资源调查、气象预报、科学研究等。

习 题 4.5

1. ____称为万有引力定律，

用公式表示为________________，其中 G 称做________，其数值和单位是________________。

2. 三个宇宙速度分别是________；________；________。

3. 地球质量是月球质量的81倍，若地球对月球的吸引力为 F，则月球对地球的吸引力的大小应该是：

（1）$81F$；（2）$1/81F$；（3）F；（4）$9F$。

4. 人造地球卫星的轨道半径增为原来的2倍，则

（1）运转周期增为原来的2倍；

（2）运行速率减为原来的$\frac{\sqrt{3}}{2}$倍；

（3）运转周期增为原来的$\sqrt{8}$倍；

（4）运行速率减为原来的1/2。

5. 地球绕太阳运行的线速度为 3.0×10^{4} m/s。地球距太阳中心 1.5×10^{11} m，求太阳的质量。

6. 一个人造地球卫星在离地面 1.9×10^{3} km 的空中运行，求它的线速度的大小和绕地球一周所用的时间（地球半径为 6.4×10^{3} km，地球质量为 6.0×10^{24} kg）。

阅读材料

万有引力定律“历险”记

万有引力定律的确立过程并不是一帆风顺的，它经历过一次又一次的磨难。在关于地球形状的争论中，它遇到第一次风险，用万有引力定律解释地球的运动时，得出了地球应为赤道部分隆起的扁球体的结论，这引起了许多人的强烈反对。长期以来，地球是完美的球体的观念在人们心中已是根深蒂固了。为了解决这一争端，巴黎科学院派出两支远征队，分赴赤道地区的别鲁安（在秘鲁）和北极附近的拉普兰德（在芬兰北部）进行实地测量。他们分别在两地测量经度圈上张角的一段弧长，若地球是圆球形的，两段弧长应相等。整个科学界都焦急地等待远征队的测量结果。最后，结果公布了，两段弧长不相等！这完全证实了牛顿的预言，万有引力定律胜利了。

万有引力定律又一次面临重大考验是在19世纪40年代。当时人们发现，天王星并不在用万有引力定律计算出的轨道上运行，并称此现象为“越轨行为”。对这种现象的一种解释是，还存在未发现的行星，它对天王星的作用使其“越轨”；另一种解释则认为万有引力定律不是适用于任何物体的普遍定律。万有引力定律又遇到了强有力的挑战，当时，寻找新行星成了天文学界的重要课题，许多人用望远镜凝视星空，企图偶然发现它。另一些人则根据天王星的“越轨”情

况，利用万有引力定律计算新星的位置，法国的年轻人勒维耶完成了这项艰巨的工作，1846 年 9 月 18 日，他将计算结果寄出。9 月 23 日，柏林天文台长伽勒在收到信的当天晚上，就把望远镜对准勒维耶预言的方位，那颗使人望眼欲穿的新星终于被发现了，这就是海王星。消息传出，全世界都为之轰动，万有引力定律再次取得了胜利。

后来，又用同样的方法发现了太阳系的第九颗行星——冥王星。

经过无数次检验，万有引力定律终于得到公认，成为物理学中最重要的定律之一。

物理与高科技

航 天 技 术

航天技术又称做空间技术或太空技术，它是探索、开发和利用宇宙空间的技术。

要实现一次航天活动，需要建立庞大的以航天器为核心的航天系统。这个系统由航天器（卫星、飞船、探测器），运载工具（火箭、航天飞机），航天发射场，地面控制网及其他有关系统组成，是一个大系统工程。

我国的火箭技术在前面已经作过介绍。下面仅从几个侧面反映一下世界航空航天技术的最新动态。

为了解决往返地面和空间站的交通问题，必须研制一种比运载火箭更经济、更方便的空间运载工具，这就导致了航天飞机的出现。

航天飞机是一种有人驾驶的、可以重复使用的航天器。它跟火箭一样在发射台上点火发射，靠火箭发动机送到天空；跟飞船一样可以在环绕地球的轨道上机动飞行，返回地面时它又跟飞机一样用轮子在跑道上着陆。因此，它除了外贮箱不能收回外，可以重复使用上百次。1981 年 4 月 12 日美国“哥伦比亚”号航天飞机首次升天成功，揭开了航天史上崭新的一页。以后又相继有“挑战者”号(1986 年升空后发生爆炸，7 名宇航员死亡)、“阿特兰蒂斯”号投入使用。1991 年 4 月 25 日，又生产出“奋进号”。

航天飞机由轨道器、外贮箱和两个助推器组成。全长 56m，总高 23m，起飞重量 2000t。

轨道器（即航天飞机）是惟一可以载人、真正绕地球飞行的部件，形状像一架大型三角翼飞机，机头是密封驾驶舱，可坐四至七人。舱内具有与地面大致相同的大气环境，机身是个大货舱，可装 29t 货物，“空间实验室”就装在这里。舱内有两只机械手，在宇航员操纵下可释放或回收有效载荷。机尾装有三台主发动机和两台进行各种机动飞行的变轨发动机。

外贮箱是一个尖头圆柱体，装在航天飞机的下方，里机装有液氧和液氢，供轨道器的主发动机作推进剂用。起飞后8分钟，箱内推进剂耗尽时，即离开飞机，落入大气层中烧毁。

助推器是分装在轨道器两翼下的固体火箭发动机，起飞时起助推作用。它的推进剂在不到两分钟烧完后，助推器自动脱离轨道器，打开降落伞落回地面收回，它可以重复使用20次。

航天飞机有着广泛的应用，它除了可为轨道上的空间站定期轮换宇航员和输送物资外，还可以施放、回收卫星，也可以拦截、捕获别国的卫星。它还可以把空间实验室运载到太空中进行科学实验和生产加工。

2003年10月15日9时，在我国的酒泉卫星发射中心，“神舟五号”载人飞船发射升空。“神舟五号”载人飞船长9.2m，总重7790kg。返回舱直径2.5m，可利用空间$6m^3$，是目前世界上可利用空间最大的载人飞船。飞船装有52台发动机，能精确调整飞船飞行姿态和运行轨道。

“神舟五号”载人飞船用“长征”二号F型火箭发射升空，发射质量479.8t。飞船轨道距地球最近点3434m。飞船每90min绕地球一周，共运行14周，行程60×10^5km，其间要经受180℃的温差考验。

10月16日6时23分，“神舟五号”载人飞船的返回舱载着宇航员杨立伟在我国内蒙古四子王旗主着陆场安全着陆。

1997年，由17个国家参与研制的“卡西尼”号人造飞船由地球发射升空。历经近7年的长途跋涉，飞行35亿千米，于2004年7月1日12点20分成功飞入土星轨道。8分钟后，飞船就开始发回信号，并陆续发回土星及其光环和它的卫星的清晰照片。“卡西尼”号人造飞船计划在距离土星2万千米的轨道上绕行76圈。它将于2005年1月14日实施“惠更斯”号探测器在土星最大的卫星土卫六的登陆计划。

第5章 功 和 能

5.1 功 功率

功 直上云天的火箭、飞流而下的瀑布、奔驰向前的列车都是受到了力的作用，并且在力的持续作用下产生了位移。

在初中我们已经学习到：把力的大小和受力物体在力方向上运动路程的乘积，叫做力对物体所做的功，用符号 W 表示。

如果物体受恒力 F 作用，而且其方向与物体位移 s 的方向一致（图 5.1），则有

$$W = Fs \tag{5.1}$$

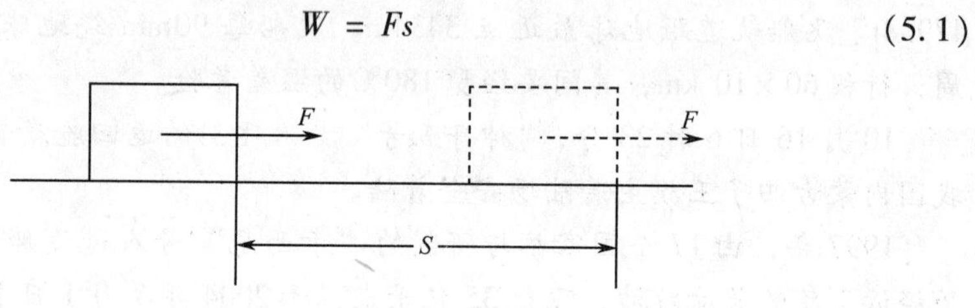

图 5.1 力和位移方向相同

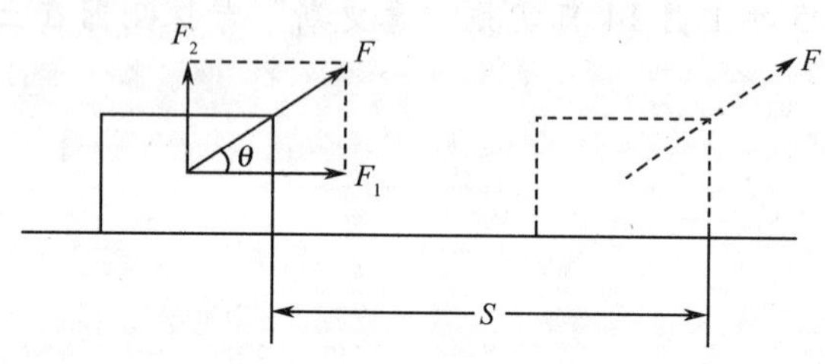

图 5.2 力和位移的方向不相同

一般情况下，物体的运动方向与外力 F 的方向并不一致。设两者之间夹角为 θ（图 5.2），这时可对 F 进行分解。分力 F_1 与位移方向一致，对物体做功。分力 F_2 与位移方向垂直，不做功。因此，力 F 对物体所做的功就等于 F_1 对物体所做的功。由此我们得出结论：恒力对物体做的功等于力与物体在力的方向上位移的乘积。即

$$W = Fs\cos\theta \tag{5.2}$$

这就是恒力做功的一般定义式。很明显，式（5.1）只是式（5.2）的特殊情况。

功的SI单位是焦耳，中文符号是焦，国际符号为J。

$$1\text{J} = 1\text{N} \times 1\text{m} = 1\text{N} \cdot \text{m}$$

现在我们知道，物体的位移和沿位移方向的作用力，是做功的两个必要因素。在 $W = Fs\cos\theta$ 式中，$\theta < 90°$，$W > 0$，力对物体做正功；$\theta = 90°$，$W = 0$，力对物体不做功；$90° < \theta < 270°$。$W < 0$，表示力对物体做负功，也叫做物体克服阻力做功。

例如，举重运动员举起杠铃的过程中，运动员对杠铃所做的功为正，重力所做的功为负（因为向下的重力与杠铃向上的位移方向相反）。当汽车关闭发动机，在阻力作用下停止运动，阻力所做的功为负，或者说汽车克服阻力做功。人手提重物，站着不动，尽管他累得满头大汗，但从力学意义上来说，他并没有做功，因为物体没有位移。

功是标量。功的正负并不表示功有方向，只说明力对物体做功还是物体克服某个力做功。

当几个外力作用于一个物体时，每个力的功都可由式（5.2）来计算。因为功是标量，所以总功就是各个功的代数和。

【例1】 质量为 5.0×10^3kg 的汽车在水平道路上匀速行驶了200m，若汽车所受的阻力为车重的0.80倍，求阻力 f 所做的功。

解 因为 $f = 0.80mg$，$s = 200$m，f 与 s 方向相反，$\theta = 180°$，所以

$$\begin{aligned} W_f &= fs\cos\theta \\ &= 0.80 \times 5.0 \times 10^3 \times 9.8 \times 200 \times (-1) \\ &= -7.84 \times 10^6\text{J} \end{aligned}$$

负号表示阻力做负功或说汽车克服阻力做功。

功率 不同物体完成等量的功，需要的时间往往并不相等。例如运送同样多的物资，用马车拉要比人拉得快，用汽车运输就更快。这表明物体做功的快慢是不相同的。

我们把功 W 与完成这个功所用时间 t 的比值，称做功率，用 P 表示，则

$$P = \frac{W}{t} \tag{5.3}$$

功率表示单位时间内做功的多少，也就是表示做功的快慢程度。

功率的SI单位是瓦特，中文符号是瓦，国际符号是W，

$$1\text{W} = 1\text{J/s}$$

如果物体在力的方向上运动，将 $W = Fs$ 代入式（5.3），得

$$P = \frac{Fs}{t}$$

又因$\frac{s}{t}=v$，所以

$$P = Fv \tag{5.4}$$

即功率等于力和速度的乘积。拖拉机、汽车等机动车辆，当发动机功率一定时，牵引力与运动速度成反比。所以，为增大牵引力，就要降低速度。汽车上坡时，你如果注意观察，会发现司机换挡减小速度，就是为了增大牵引力。

【例 2】 一列火车以 20m/s 的速度匀速前进，机车对列车的牵引力达到 2.0×10^5N，求机车的功率 P。

解

$$P = Fv = 2.0\times10^5\times20 = 4.0\times10^6\,\text{W}$$

该题中的 v 如果是平均速度，则由 $P=Fv$ 求出的是平均功率。通常所说的机器的功率，一般指它正常工作时所能达到的功率，叫做机器的额定功率。

习 题 5.1

1. ________________________称做力对物体做的功。计算公式是________，单位是________。

2. 功率是________________，它的两个计算公式是________，________。

3. 一人沿水平方向推 100kg 的满载车前进了 10m；又用同样的力推 50kg 的空车前进了 10m，下面说法正确的是

(1) 第一次做功多；

(2) 第二次做功多；

(3) 两次做功一样多；

(4) 无法确定。

4. 竖直上抛的物体，到达最高点后又落回原地，不计空气阻力，则

(1) 上升过程中重力做正功；

(2) 下落过程中重力做正功；

(3) 两个过程中重力都做正功；

(4) 两个过程中重力都做负功。

5. 4N 的水平推力，推动物块沿水平面前进了 2m，设物块受到的阻力为 0.5N，求推力和阻力所做的功各是多少？

6. 起重机把重物从地面匀速提到 5m 高的地方，若重物的质量是 400kg，求起重机钢丝绳的拉力做了多少功？重物的重力做了多少功？

7. 质量 10kg 的木箱，在与斜面平行的拉力作用下沿斜面匀速移动了 3.0m，

设斜面的倾角为37°，动摩擦因数为0.20，求作用在物体上的各力对物体所做的功是多少？合力的功是多少？

8. 人造卫星在半径1.0×10^7m的圆形轨道上运行，地球对卫星的引力是4.0×10^4N。卫星绕地球一周，地球引力对卫星做多少功？

9. 一艘轮船，发动机的额定功率是2.4×10^5kW，以最大速度航行时所受的阻力为1.5×10^7N，求轮船的最大航行速度。

5.2 功 和 能

能量 流动的河水能够推动水轮机做功；举高的铁锤能够把木桩打进土里而做功；被压缩的弹簧能够把物体弹开而做功。如果一个物体能够对外界做功，或者说具有做功的本领，我们就说它具有能量。

能量有多种形式，例如电能、化学能、磁能、光能、原子核能等。与机械运动有关的能量形式叫做机械能，它包括动能和势能。能的SI单位与功的单位一样，也是焦耳，国际符号是J。

动能 运动着的物体能够做功，因而具有能量。我们把物体由于运动而具有的能叫做动能。飞行的子弹、下落的重锤、流动的河水等都具有动能。

实验表明，若质量为m的物体，具有的速度为v，用E_k表示它的动能，则有

$$E_k = \frac{1}{2}mv^2 \tag{5.5}$$

也就是说，物体的动能等于它的质量和速度二次方乘积的一半。

动能只有大小，没有方向，是正的标量。动能的单位由质量和速度的单位来确定，由于

$$1\text{kg}\cdot\text{m}^2/\text{s}^2 = 1\text{N}\cdot\text{m} = 1\text{J}$$

所以动能的单位和功的单位相同。

重力势能 运动的物体具有能，被举高的物体也具有能。例如举高的夯下落时就可以打击地面做功。这种物体由于被举高而具有的能量，叫做重力势能。举到高处的重物、储存在高处的水都具有重力势能。

研究表明，一个质量为m的物体，距离地面的高度为h，如果用E_p表示物体的重力势能，则有

$$E_p = mgh \tag{5.6}$$

也就是说，物体的重力势能等于物体的质量、重力加速度和它的高度的乘积。

重力势能是标量，它的单位由质量、重力加速度和高度的单位来确定，因为

$$1\text{kg}\cdot\text{m/s}^2.\text{m} = 1\text{N}\cdot\text{m} = 1\text{J}$$

所以重力势能的单位与功的单位相同，重力势能是相对的，说某物体具有重力势能 mgh，总是相对于某一个水平面来说的，这个水平面叫做参考平面或零势能面，其高度取作零。通常选择地面为参考平面，也可以根据研究的方便另行确定。如在矿井中进行研究时，就可以把井底当成参考平面。

弹性势能 任何发生弹性形变的物体，如卷紧的发条、拉开的弓、拉伸或压缩的弹簧等，由于它们内部各部分之间相对位置发生了变化，因而具有势能，在恢复原状的过程中都能够对外做功。物体由于发生弹性形变而具有的能叫做弹性势能。

势能 类似重力势能、弹性势能这些由作用力的性质和物体间相对位置所决定的能量，都叫做势能。包括我们以后将要学到的分子势能、电势能等等。势能的特点是便于储存和利用。

功和能 经过长期的生产实践和科学研究，人们认识到，在各种形式的能互相转化的过程中，功扮演着一个重要的角色。当你举起一块石头，对石头就做了功，贮存在你体内的化学能就转化为石头的势能。石头被举得越高，你做的功越多，就有更多的化学能转化为石头的势能。放开石头，石头就在重力的作用下加速下落，重力对石头又做了功，石头的势能又转化为它自身的动能。石头下落的路程越长，重力对它做的功就越多，势能转化为动能也就越多。在这些能量转化的过程中，能量转化了多少，都可以由做功的多少来确定。

由此可见，功表示了有多少数量的能从一种形式转化为另一种形式。做功的过程就是物体能量转化的过程，做了多少功，就有多少能量发生了转化。所以我们说功是能量转化的量度。了解了功和能之间的这种关系，我们就可以根据做功的多少定量地研究能量及其转化问题了。

习 题 5.2

1. ________________________________称做物体的动能，其大小和单位是________________。____称做物体的重力势能，其大小和单位是________。

2. 下列几种情况下，物体的动能如何变化？

(1) 质量不变，速度增大一倍；

(2) 速度不变，质量增大一倍；

(3) 质量减半，速度增大一倍；

(4) 速度减半，质量增大一倍；

3. 什么是能？你能说出几种形式的能？

4. 什么是功？做功需要消耗能量吗？

5. 功和能有什么关系？举例说明。

6. 质量为10g的子弹，以8.0×10^2m/s的速度飞行；质量为6okg的人，以8.0m/s的速度奔跑；哪一个动能大？

7. 一物体以相同的速率向上运动、向下运动和圆周运动时的动能是否相同？

8. 距地面30m高的峭壁上，有一块1.0t的巨石，它的重力势能是多少？

9. 地面以上的物体，能否具有负的动能和重力势能？为什么？

5.3 动能定理

下面，我们研究一下做功与物体动能的变化关系。设一质量为m的物体，在运动方向受恒力F作用，发生一段位移后，速度由v_0增至v（图5.3）。在此过程中F对物体所做的功$W=F\cdot s$。因为$F=ma$和$v^2-v_0^2=2as$，所以有

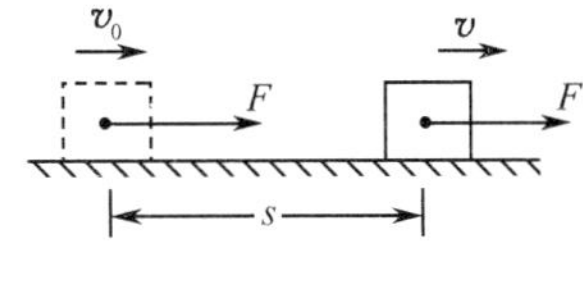

图5.3 动能定理

$$W=Fs=ma\cdot\frac{v^2-v_0^2}{2a}=\frac{1}{2}mv^2-\frac{1}{2}mv_0^2$$

由此可见，外力对物体做的功等于物体动能的增量。在外力跟运动方向相反时，此结论仍然成立，只是外力所做的功为负值。物体运动速度减小，动能增量也是负值。这时，我们也可以说物体克服阻力所做的功等于物体动能的减少。如果物体受几个力作用，其中某些力做正功，将使物体动能增加；某些力做负功，将使动能减少；也有些力不做功，对动能变化没有影响。因此，物体动能增量决定于各力做功的代数和，即决定于外力的合力对物体做的功。因此可得出如下结论：外力的合力对物体所做的功（或外力对物体所做功的代数和）等于物体动能的增量。这个结论称为动能定理，其数学表示式为

$$W_{合}=\frac{1}{2}mv^2-\frac{1}{2}mv_0^2 \qquad (5.7)$$

或

$$W_{合}=E_k-E_{ko}$$

式中$W_{合}$为外力的合力对物体做的功（或外力对物体所做功的代数和）；E_{ko}为初动能，E_k为末动能。

从以上的分析可以看出，伴随着做功，一定发生物体能量的变化，所做的功等于物体改变的能量，因此我们可以说，功是物体能量变化的量度。

【例3】 汽车装载货物后总质量为7.0 t，发动机牵引力为2.6×10^3N，由静止开动后在平直公路上行驶。它所受到的阻力为其重力的0.020倍，求它行驶1.0×10^2m时的速度。

分析 汽车受4个力作用：重力G、地面支撑力F_n、牵引力F和阻力f。

G 和F_n 跟运动方向垂直，不做功；F 做正功，f 做负功。外力的合力对汽车做的功是

$$W_{合} = Fs - fs$$

解　由动能定理有

$$Fs - fs = \frac{1}{2}mv^2 - \frac{1}{2}mv_0^2$$

所以

$$v = \sqrt{(Fs - fs)\frac{2}{m}}$$

代入数字后得

$$v = 5.9\text{m/s}$$

【例 4】　把质量为 2.0×10^2kg 的物体，用沿倾角为30°的斜面方向上的拉力匀速拉上长 10m 的斜面顶端，若它们之间的动摩擦因数为 0.20，求拉力做的功。

分析　物体受拉力 F、斜面支持力 F_n、重力 mg 和摩擦力 f。其中 F_n 不做功；重力做的功为 $-mgL\sin\alpha$；摩擦力做的功为 $-mg\mu L\cos\alpha$。由于是匀速运动，所以 $E_{k1} = E_{k2}$。

解　由动能定理得

$$E_{k2} - E_{k1} = FL - mgL\sin\alpha - mg\mu L\cos\alpha$$

$$\begin{aligned} FL &= mgL\sin\alpha + mg\mu L\cos\alpha \\ &= mgL(\sin\alpha + \mu\cos\alpha) \\ &= 2.0\times10^2\times10\times9.8\times(0.50 + 0.20\times0.866) \\ &= 1.32\times10^4\text{J} \end{aligned}$$

习 题 5.3

1. ____ 称做动能定理。

2. 两种材料相同的物体，质量分别为 m 和 $2m$，在同一粗糙的水平面上以相同的初动能开始运动，则两物体到停止时所通过的路程之比是________。

3. 质量为 4.0kg 的铅球，从沙坑上 2.0m 的高处自由落下，陷进沙坑里 0.20m 深后停止，沙坑给铅球的平均阻力为________。

4. 两物体的质量之比为 1∶ 2。从同一高度自由落下，它们落地时的动能之比应该是：

(1) 1∶ 1；　　(2) 2∶ 1；　　(3) 1∶ 2；　　(4) 1∶ 4。

5. 质量为 m，速度为 v 的子弹射入木块的深度为 s，若使深度为 $3s$，子弹的初速度应为原来的（设子弹在木块中受的阻力不变）

（1）3 倍；　　（2）$\sqrt{3}$倍；　　（3）3/2 倍；　　（4）6 倍。

6. 质量为 10t 的汽车，以 54km/h 的速度行驶，若所受到的阻力是车重的 0.050 倍，问它关闭发动机后还能行驶多远?

5.4 重力的功

在许多问题里，经常要遇到重力做功的计算，下面我们就来研究重力做功的特点和计算问题。

如图 5.4，质量为 m 的物体，由 A 点垂直下落到 B 点，再水平移动到 C 点。在此过程中，重力做的功就等于 $W_{ABC}=G\ (h_0-h)$。(物体由 B 点运动到 C 点重力不做功)

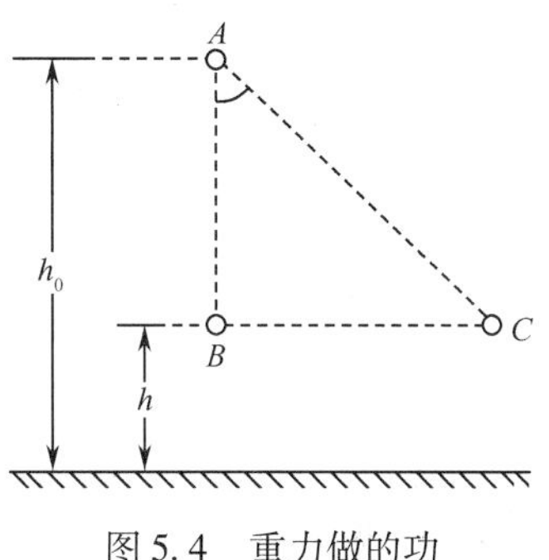

图 5.4　重力做的功

如果物体沿直线由 AC 直接移到 C 点，那么重力所做的功为

$$W_{AC} = G \cdot AC \cdot \cos\alpha = G \cdot AB = G(h_o - h)$$

由此可见

$$W_{ABC} = W_{AC}$$

我们还可以证明，物体从 A 出发沿任意路径到达 C，重力所做的功都等于 $G\ (h_0-h)$。因此，重力对物体所做的功跟初位置和末位置有关，跟路径无关；不论沿什么路径，重力所做的功都等于物体的重力跟初位置和末位置高度差的乘积，即

$$W_G = G(h_0 - h) \tag{5.8}$$

式中，W_G 为重力对物体做的功，h_0 为初位置高度，h 为末位置高度。

因为 W_G 是跟初位置和末位置的高度差有关，所以不论如何选取计算高度的起点，其所得结果都是相同的。

应当说明，并非所有力的功都有上述特点。例如，摩擦力的功就不仅跟初位置和末位置有关，还跟路径有关。

【例5】　质量为5.0t 的汽车，开上长 1.0×10^2m，高 10m 的坡路。上坡前的速度是 10m/s，上到坡顶的速度是 5.0m/s。如果汽车所受到的阻力是车重的 0.050 倍，求汽车的牵引力。

分析　汽车受牵引力 F、阻力 f、重力 G、支持力 F_n4 个力的作用。其中 F_n 不做功。G 的功只与斜面高度有关。

解　由动能定理得

$$W_G + W_F + W_f = E_k - E_{k1}$$

$$-mgh + Fs - fs = \frac{1}{2}mv^2 - \frac{1}{2}mv_0^2$$

$$F = \frac{mgh}{s} + \frac{mv^2}{2s} - \frac{mv_0^2}{2s} + f$$

$$= \frac{5.0 \times 10^3 \times 9.8 \times 10}{100} + \frac{5.0 \times 10^3 \times 5^2}{2 \times 100} - \frac{5.0 \times 10^3 \times 10^2}{2 \times 100}$$

$$+ 0.050 \times 5.0 \times 10^3 \times 9.8 = 5.5 \times 10^3 \text{N}$$

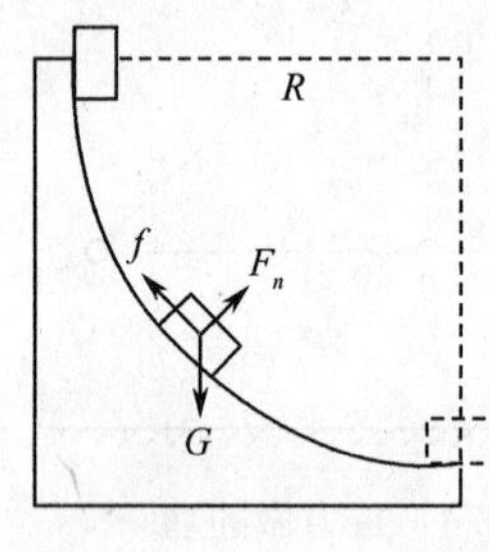

图 5.5　例 6 示意图

【例 6】　如图 5.5，质量为 3.0kg 的物体从静止开始，沿固定不动的 1/4 圆弧轨道（其半径为 6.0 m）顶端下滑。当它运动到最低点时，其速度大小为 9.0m/s，求轨道对物体的摩擦力所做的功。

解　取物体为研究对象并视为质点，它在轨道上运动时，受到 3 个力作用：重力 G、支撑力 F_n、摩擦力 f（图 5.5）。在物体下滑过程中，支撑力 F_n 始终跟运动方向垂直，故不做功。因而只有重力 G 和摩擦力 f 对物体做功。重力做的功为

$$W_G = mgR = 3.0 \times 9.8 \times 6.0 = 176\text{J}$$

物体的初动能为零，末动能为

$$E_k = \frac{1}{2}mv^2 = \frac{1}{2} \times 3.0 \times 9.0^2 = 122\text{J}$$

由动能定理

$$W_{合} = E_k - E_{k0}$$

$$W_f + W_G = E_k - 0$$

$$W_f = E_k - W_G = E_k - mgR = 122 - 176 = -54\text{J}$$

负号表示摩擦力做负功。

习 题 5.4

1. 重力的功只与__________________有关，与________无关。

2. 起重机吊起一重物升高同样的距离，下述两种情况下重力做功是否相同？

（1）匀速上升；　　　　（2）匀加速上升。

3. 物体从长为 s，高为 h 的斜面顶端滑到底端，下述两种情况下重力做功是否相同？

（1）斜面光滑；　　　　（2）斜面不光滑。

4. 一人站在10m高的楼上，以10m/s的速度斜抛一质量为0.20kg的石块，求石块落地时的速度大小（不计空气阻力）。

5. 滑雪者从长为2.0×10^2m，高为10m的斜坡顶端，由静止开始滑下。下滑中他所受到的阻力是他重力的0.014倍。滑到底端时，他的速度是多少？

5.5 机械能守恒定律

动能、重力势能、弹性势能都是机械能，不同形式的机械能之间可以互相转化。下面我们以自由落体运动为例，研究动能和重力势能之间相互转化的规律。

如图5.6。设质量为m的物体，在距地面h_1的第一位置，从速度$v_1=0$开始自由下落。下落到距地面h_2的第二位置时速度变为v_2。则物体在第一位置时的机械能为

$$E_1=E_{k1}+E_{p1}=mgh_1$$

物体在第二位置时的机械能为

$$E_2=E_{k2}+E_{p2}=\frac{1}{2}mv_2^2+mgh_2$$

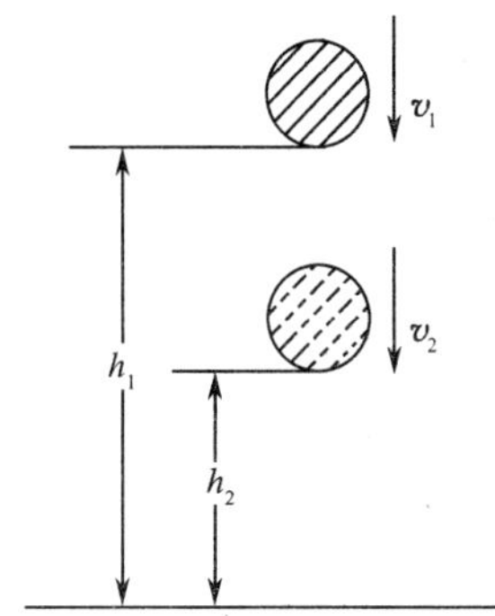

因为

$$v_2^2=2g(h_1-h_2)$$

图5.6 机械能守恒

所以

$$E_2=E_{k2}+E_{p2}=mgh_1$$

所以

$$E'_{k2}+E'_{p2}=E'_{k1}+E'_{p1} \tag{5.9}$$

它表明，在只有重力做功的情况下，物体的动能和重力势能发生相互转化，但机械能的总量保持不变。这个结论叫做机械能守恒定律。这是力学中的一条重要规律，用它解决力学问题时，只要考虑过程的初、末状态（速度、高度），因此使过程处理简化。

【例7】 以初速度v_0竖直上抛一质量为m的物体，求它上升的最大高度h（不计阻力）。

解 物体上升过程中只受重力作用，因此机械能守恒。

物体抛出时，动能为$\frac{1}{2}mv_0^2$，物体的重力势能为零，机械能为

$$E_1=\frac{1}{2}mv_0^2$$

物体达到最大高度时，动能为零，重力势能变mgh，机械能为

$$E_2 = mgh$$

由 $E_1 = E_2$ 得

$$\frac{1}{2}mv_0^2 = mgh$$

$$h = \frac{v_0^2}{2g}$$

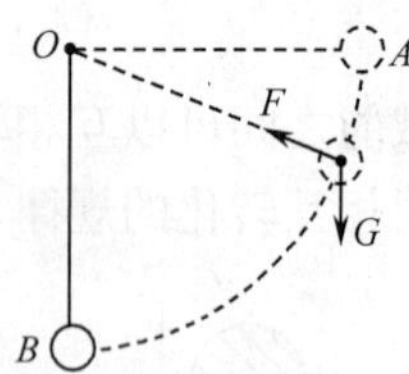

图 5.7　求速度

【例 8】　如图 5.7 所示，长 $L = 0.60\text{m}$ 的细绳一端固定，另一端系一小球，将小球拉到水平位置 A 后释放，求小球到最低位置 B 时速度的大小。

分析　小球在运动过程中受两个力的作用：重力 G 和绳子拉力 F。在小球运动过程中，F 始终和它的速度方向垂直而不做功，只有重力做功，所以小球的机械能守恒。

解　由机械能守恒定律得

$$E_{kA} + E_{pA} = E_{kB} + E_{pB}$$

选择 B 点所在的水平面为零势能面，则

$$E_{pA} = E_{kB}$$

$$mgL = \frac{1}{2}mv^2$$

$$v = \sqrt{2 \times 9.8 \times 0.60} = 3.4\text{m/s}$$

习 题 5.5

1. ________________________ 称为机械能守恒定律。

2. 下述哪些情况中物体的机械能守恒？

（1）物体作自由落体运动；

（2）物体作竖直上抛运动；

（3）物体作斜抛运动；

（4）物体在光滑斜面顶端释放后的运动；

（5）降落伞匀速下落的运动。

3. 机械能守恒的条件是什么？举例说明这一条件的具体应用。

4. 质量 1.0kg 的木块，从 10m 高处自由落下，求它距地面 5.0m 高处时的动能和速度。

5. 一石子以 10m/s 的速度被竖直上抛，求石子上升过程中动能和重力势能

正好相等时距地面的高度。

6. 一高为 h 的斜面顶端有一铁块开始下滑，设斜面是光滑的，铁块滑到斜面底端时的速度是多少？

7. 从 15m 的楼顶抛出一小玻璃球。测得小球落地时的速度为 20m/s，求小球被抛出时的速度是多少？

8. 一根长 0.80m 的细绳，上端固定，下端系一个小球，提起小球，把绳拉直处于与垂直线成60°的位置后释放，求小球经过最低点时的速度。

阅读材料

我国的水力发电

水力发电主要是用拦河大坝将江河的水蓄存起来，这样就提高了水位，增加了水的重力势能，然后由水轮发电机将具有一定水头（落差）的水流的重力势能转化为电能。

我国是世界上水力资源最丰富的国家之一，水能蕴藏量达 9.8×10^{8}kW，其中可供开发利用的约 3.78×10^{8} kW。

在三峡水利枢纽建成以前，我国最大的水电站是位于四川攀枝花境内的雅砻江上的二滩水电站，其总装机容量为 330×10^{4} kW，于 1999 年 12 月 4 日全部建成投产，其年发电量可达 170×10^{8}kW · h。居第二位的是长江葛洲坝水电站，其总装机容量为 271.5×10^{4}kW，于 1988 年投入运行，年发电量 140×10^{8} kW · h，居第三位的是黄河上游的龙羊峡水电站，其总装机容量为 128×10^{4} kW，1989 年全部建成，年发电量为 60×10^{8} kW · h。居第四位的是黄河上游的刘家峡水电站，总装机容量为 122.5×10^{4} kW，于 1974 年全部建成，年发电量为 55.8×10^{8} kW · h。

长江三峡水利枢纽工程已建成投产。它设计安装 26 台水轮发电机机组，机组单机额定容量为 70×10^{4}kW，总装机容量为 1820×10^{4}kW，年平均发电量为 846.8×10^{8}kW · h。

截至到 2004 年，我国的年水力发电量已达到 2927×10^{8} kW · h。

第 6 章 机械振动和机械波

6.1 简谐振动

机械振动 物体沿着直线或弧线，在平衡位置的两侧来回往复的运动，叫做机械振动，简称振动。如挂在弹簧下端的重物的上下运动；悬挂在细绳下的小球的左右摆动；琴弦或鼓面的颤动等都是机械振动。它们静止时的位置就是平衡位置。

为什么物体会作这样的运动呢？从地面向上抛出的物体总是要落回地面，是因为受到竖直向下的重力的作用。与此类似，振动的物体之所以能在平衡位置附近作往复的运动，是因为在振动过程中，始终受到一个指向平衡位置的力的作用。使振动物体回到平衡位置的力叫做回复力。即振动物体一旦离开平衡位置，就要受到一个回复力的作用。这是形形色色的机械振动的共同特征。

研究匀速和变速直线运动的时候，解决的问题主要是物体在任一时刻的位置和速度。研究振动，同样需要确定物体在任一时刻的位置和速度。但是，振动有它自己的特点，需要一些新的物理量来表示这些特点。

振幅 振动物体离开平衡位置的最大距离，叫做振幅。记作 A，单位是 m。它反映了振动幅度的大小或振动的强弱。

周期 振动的特点之一是重复性，或者说周期性。即物体经过一定时间之后又回到原来的状态。从平衡位置算起，振动物体往两侧先后各往返一次的运动，叫做全振动。物体完成一次全振动所用的时间，叫做振动周期。记作 T，单位是 s。周期反映了振动的快慢程度。

频率 振动的快慢程度也可用频率来表示，振动物体在单位时间内完成全振动的次数叫做频率。记作 f，单位是 Hz。周期 T 与频率 f 互为倒数关系，即

$$T = \frac{1}{f}$$

一个振动，如果知道了它的振幅、周期或频率，我们就从整体上把握了振动的情况。

简谐振动 如图 6.1，把弹簧和小球连在一起穿在光滑杆上，弹簧的左端固定在支架上，这样的装置就叫做弹簧振子。

振子静止在 O 点时，它受的重力与杆的支持力互相平衡，弹簧没有形变，O 点是振子的平衡位置。把小球拉离 O 点后再放开，它就沿水平杆左右振动，

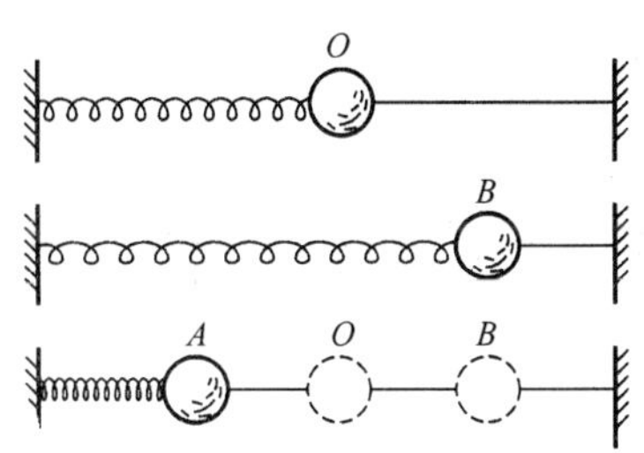

图 6.1　弹簧振子

此时只有弹簧的弹力对振动起作用。

分析振动过程我们会发现，不管小球的位置在平衡位置的左边或右边，弹力的方向始终指向平衡位置。这个弹力就是使小球作往返运动的回复力。根据胡克定律，弹力 F 的大小是

$$F = kx$$

其中，k 是弹簧的劲度系数，x 是相对平衡位置的位移。F 的方向总是与 x 反向（即总是指向平衡位置）。因此，我们把回复力大小与位移成正比，而方向总是指向平衡位置的振动叫做简谐振动。它是最简单、最基本的机械振动。

习 题 6.1

1. ________________称做振动。________________________称做简谐振动。

2. ________________________称做回复力。________________________称做振幅。________________称做周期。________________称做频率。

3. 分析图 6.1 中振子小球的运动，并填好下表：

球 的 运 动	由 B 到 O	由 O 到 A	由 A 到 O	由 O 到 B
回复力方向如何？大小如何变化？				
加速度的方向如何？大小如何变化？				
速度的方向如何？大小如何变化？				
位移的方向如何？大小如何变化？				
动能的大小如何变化？				
势能的大小如何变化？				

4. 下面 4 种说法正确吗？为什么？

（1）物体在任意回复力作用下振动，一定是做简谐振动；

（2）用手拍球，使球在硬地上来回跳动，球的运动是简谐振动；

（3）做简谐振动的质点，它的速度跟加速度的方向总是相反；

（4）做简谐振动的质点，它的加速度跟位移的方向总是相反。

5. 我们把加速度大小与位移成正比，而方向总是指向平衡位置的振动叫做简谐振动，对吗？为什么？

6. 振动物体在 5min 内完成 250 次全振动，求它的振动周期和频率。

6.2 单　摆

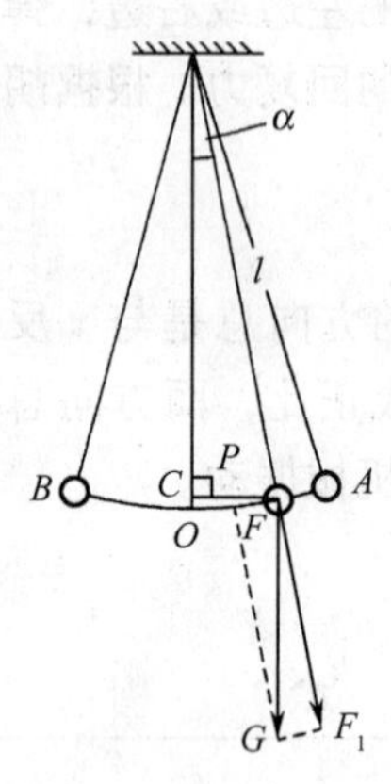

图 6.2　单摆的振动

单摆　用细线拴住一个小球后，固定于悬点。线的质量及线的伸长可以忽略，而且线的长度远大于小球的直径，如果不考虑空气阻力，当小球左右摆动时，偏离竖直方向的角度（我们称它为摆角）α 较小（$\alpha < 5°$），这样的装置就叫做单摆。如图 6.2 所示。

假设小球质量为 m，摆长（线长）为 l。O 点是摆球静止时位置，即摆动时的平衡位置。略微移动摆球后，它将在竖直平面内沿 BOA 往返摆动，摆角为 α。在摆动过程中，位移 x 就是从 O 点指向摆球所在位置的有向线段。将摆球所受的重力 G 分解为 F_1 和 F，我们可以看出，重力沿圆弧切线方向的分力 F 正是使摆球振动的回复力，而且

$$F = G\sin\alpha = mg\sin\alpha$$

当 $\alpha < 5°$时 $\sin\alpha \approx \frac{x}{l}$；圆弧可以近似地看成直线分力 F，可以近似地看做沿这条直线作用，它的方向指向平衡位置。那么有

$$F = -\frac{mg}{l}x$$

式中负号表示 F 始终与位移 x 方向相反，mg/l 是个常量。因此，上式表明，单摆的振动是简谐振动。

单摆的周期公式　研究表明，单摆的振动周期

$$T = 2\pi\sqrt{\frac{l}{g}} \tag{6.1}$$

这个公式说明：在摆角很小的情况下，单摆的周期跟摆长的二次方根成正比，跟重力加速度的二次方根成反比，而跟摆球的质量、振幅无关。这个结论称为单摆振动定律。

在一定的地点，g 的值一定，一定摆长的单摆就有恒定不变的周期。摆的这个性质被利用在摆钟上计量时间。由于单摆的摆长 l 和周期 T 都容易测量，所以利用单摆可以很方便地测定重力加速度 g 的值。

【例 1】　在单摆实验中，测得摆长 150cm，摆动 50 次用时 123s，求当地的重力加速度。

解　由 $T=2\pi\sqrt{\frac{l}{g}}$，得

$$g=\frac{4\pi^2 l}{T^2}=\frac{4\times 3.14^2\times 1.50}{2.46^2}=9.78\text{m/s}^2$$

习 题 6.2

1. 单摆振动定律是____。

2. 周期为 2s 的单摆，在下列情况下周期有无变化？若有变化，变为多少？

（1）摆长变为原来的 1/4；

（2）摆球的质量变为原来的 1/5；

（3）振幅变为原来的 1/2；

（4）重力加速度变为原来的 3/4。

3. 假如把单摆从地球移到月球上，它的振动频率是否改变？为什么？

4. 在北京，$g=9.801\text{m/s}^2$；在上海，$g=9.794\text{m/s}^2$，在北京校准了的摆钟，移到上海后，变快还是变慢？应如何调整？

5. 两个单摆，它们的摆长的比是 1∶4，求它们的周期的比。两个单摆，它们的频率的比是 1∶4，求它们的摆长的比。

6. 测某地的重力加速度时，用了一个摆长为 2m 的单摆，测得 100 次全振动所用的时间是 284s，求该地的重力加速度。

6.3　共　　振

1940 年 10 月 7 日，一阵时速为 67km/h 的大风横扫过英国的塔科马海峡大桥。这座斜拉桥在阵风的吹动下逐渐晃动起来，而且振幅越来越大，大桥不久就断裂倒塌了。工程师和专家们对大桥进行了详细的检测，结论是：桥的设计合理，质量可靠，与桥的断裂没有关系。经过专家们认真研究后发现，桥的断裂与共振有关。下面我们就研究有关共振的问题。

受迫振动　物体在外力作用下偏离平衡位置后，若不再需要其他外力的推动，而能够维持一个稳定的等幅（振幅不变）振动，这种振动就叫做自由振动。

例如，单摆的振动就是自由振动，在单摆的振动过程中，将始终以一个固定的频率振动下去。我们已经知道，这个频率由单摆的摆长及单摆所在地的重力加速度的大小决定。像单摆这样，由本身的性质决定的振动频率，叫做固有频率。

由于阻力不可避免，实际的振动必然是有阻力的振动，在阻力的作用下，振幅将随时间的推移不断地减小，振动最终要停下来。怎样才能得到持续的、稳定的振动呢？

最简单的方法是：用周期性的外力作用于振动物体。物体在周期性的外力（叫做驱动力）作用下的振动叫做受迫振动。例如缝纫机针持续地上下振动，扬声器上的纸盆的振动都是周期性外力作用的结果，它们的振动都是受迫振动。

共振 研究表明，当驱动力的频率跟物体的固有频率相等的时候，受迫振动的振幅达到最大，这种现象就叫做共振。塔科马大桥的倒塌就是因为阵风吹动大桥的频率与大桥的固有频率接近而产生共振的结果。

共振现象有很多应用，如音叉用的共鸣箱，收音机的调谐回路等。在某些情况下，共振现象可能造成损害。火车过桥时，车轮对铁轨接头处的撞击，就是周期性的驱动力。如果它的频率接近于桥梁的固有频率，就有可能使桥的振幅大到使桥梁断裂的程度。因此，火车过桥要限制一定的速度。

1906 年的一天，一队沙俄士兵通过彼得堡封塔克河的爱纪毕特桥。指挥官为了炫耀，命令士兵以整齐的步伐前进。不幸的是，当士兵刚走到桥心时，桥竟然断裂成数段，官兵们都坠入水中。大家可以分析一下这个事故的原因。

在需要利用共振的时候，应该使驱动力的频率接近或等于振动系统的固有频率。在需要防止共振危害的时候，要想办法使驱动力频率和固有频率不相等，而且相差尽可能大些。

习题 6.3

1. ________________________________叫做自由振动。________________________叫做固有频率。

2. ________________________叫做驱动力，________________________________叫做受迫振动，____________________叫做共振。

3. 产生共振的条件是什么？你能举几个共振的实例吗？

4. 用扁担挑水行走时，有时水桶会颤动得很厉害，甚至使水溅出来，你能分析一下原因吗？

5. 电动机在切断电源后，在逐渐停止运转的过程中，有时会突然振动几下，这是什么原因？

6. 铁路钢轨的长度是 12.5m，当火车以 72km/h 的速度行驶时，车厢上下振动得最剧烈，这是什么原因？由弹簧支持的车厢的固有频率是多少？

6.4　横波和纵波

机械波　“一石激起千层浪”，向平静的湖水中扔一块石头，石头撞击水面而上下振动，振动由近而远地向周围传播出去，在水面上就形成不断扩大的环形水面波。撞击寺庙里的大钟，钟壁的振动在空气中传播出去而形成声波，使远处的人们可以听到悠扬的钟声。水波是在水中传播的，声波是在空气中传播的，借以传播波的物质就叫做介质。

我们可以做这样一个实验：把一个闹钟弄响后，我们可以听到它的铃声，然后把它放在密闭的玻璃罩里。当我们用手摇抽气机不断地抽取玻璃罩内的空气时，我们会发现，铃声会越来越小。当玻璃罩内的空气几乎被抽光时，我们只看到闹钟的小锤敲打闹铃，却听不到铃声了。这个实验说明，机械波必须在介质中才能传播。

波为什么会在介质中传播呢？原来介质的各部分之间存在着相互作用力。如果介质的某一部分发生了振动，那么，由于它对周围其他部分有力的作用，就带动了周围各部分振动起来。机械振动在介质中的传播叫做机械波，简称波。

照图 6.3 那样，把绳的一端固定，用手拿着另一端上下振动，就会看到凹凸相间的波向绳的另一端传去。

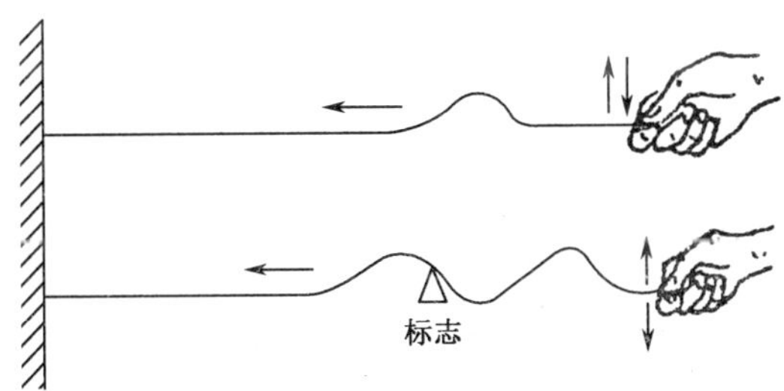

图 6.3　绳子的机械波

把一根长的螺旋弹簧用细线水平悬挂起来，在它的一端连接一个金属球，球固定在铜片上，如图 6.4 所示。当弹簧球左右振动时，在弹簧上就有疏密相间的波向左传去。

上述两个实验中，我们都可以看到，绳子和弹簧上固定的标志，在波的传播过程中，并没有发生迁移，它们仅仅在一定的范围内振动而已。绳子上的标志做的是上下振动；弹簧上的标志做的是左右振动。

机械波向外传播的只是运动形式——机械振动，介质本身并不随波迁移。

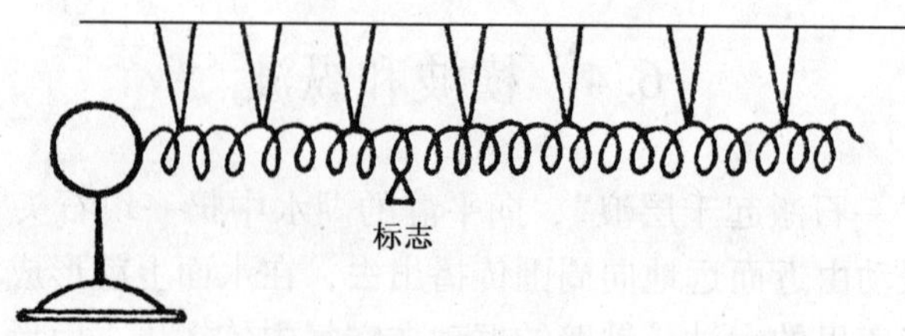

图 6.4　弹簧球的机械波

横波和纵波　按照介质中质点的振动方向与波的传播方向之间的关系，可以把波分为横波和纵波。

振动方向与波的传播方向垂直的波叫做横波，如图 6.3 所示，绳子上的波就是横波。质点上下振动，波向左传播，这两个方向互相垂直。

振动方向与波的传播方向在同一直线上的波叫做纵波。图 6.4 所示沿弹簧传播的疏密波就是一个纵波。质点左右振动，波向右传播，这两个方向在同一直线上。

发生地震时，从震源传出的地震波，既有横波，又有纵波。

习 题 6.4

1. 机械波是＿＿＿＿＿＿＿＿＿＿。＿＿＿＿＿＿＿＿称为横波。＿＿＿＿＿＿＿＿＿＿称为纵波。

2. 横波和纵波的区别是：横波的传播方向与质点的振动方向＿＿＿＿＿＿；纵波的传播方向与质点的振动方向＿＿＿＿。

3. 下列关于机械波的说法中，正确的是：

（1）机械波可以不通过介质直接向外传播；

（2）机械波传播的是机械振动这种运动形式；

（3）机械波可以把质点传播出去；

（4）机械波可以传递机械能。

4. 一物体作机械振动，是否一定会形成波？如果没有振动，是否一定没有波？

5. 机械振动和机械波有何区别和联系？

6.5　波长　波速　频率

波长　在波的传播方向上，两个相邻的振动状态（位移和速度的大小、方向）完全相同的质点之间的距离就叫做波长，记作 λ，单位是 m。例如，横波相邻的凸部——波峰的中心间的距离，或两个相邻的凹部——波谷的中心距离，就等于波长。同样地，纵波中两个相邻的密部的中心间的距离，或两个相邻的疏部的中心间的距离也等于波长。

周期　频率　波传播一个波长的距离所需的时间，叫做波的周期 T，单位是 s。它的倒数叫做频率 f，单位是 Hz。频率等于单位时间波向外传播的完整波形的个数。

$$T = \frac{1}{f} \quad 或 \quad f = \frac{1}{T} \tag{6.2}$$

波速　振动在介质中传播的速度叫波速。由于在一个周期 T 的时间内，振动传播的距离等于波长 λ，那么振动传播的波速 v 可以由下面的式子求出：

$$v = \lambda / T \quad 或 \quad v = \lambda f \tag{6.3}$$

机械波的频率等于波源的振动频率，同一列波在不同的介质中传播时，频率不变。机械波在介质中传播的速率是由介质本身的性质决定的，在不同介质中传播的速率并不相同，当然波长也不相同。

【例 2】　一列频率为 1000Hz 的声波，它在空气中的传播速度是 331m/s，它在水中的传播速度是 1440m/s。求它在空气中和水中的波长。

解

$$\lambda_1 = \frac{v_1}{f} = \frac{331}{1000} = 0.331\text{m}$$

$$\lambda_2 = \frac{v_2}{f} = \frac{1440}{1000} = 1.44\text{m}$$

【例 3】　停泊在海中的 A，B 两艘渔船，在海浪冲击下每分钟作 100 次全振动，两船相距 12m（两船连线跟波的传播方向一致）。当 A，B 两船都处在海浪的波峰时，它们之间还有一个波峰。试求：（1）渔船振动的周期；（2）海浪的波长；（3）海浪传播速度的大小。

解　（1）周期 $T = \frac{60}{100} = 0.6\text{s}$

（2）两船之间的距离为两倍波长，所以

$$\lambda = \frac{12}{2} = 6\text{m}$$

（3）由（6.3）式可得

$$v = \frac{\lambda}{T} = \frac{6}{0.6} = 10\text{m/s}$$

习 题 6.5

1. 机械波的波长是______________________________。周期是________________________。频率是______________

____________。波速是____________。它们之间的计算关系是________，或____________。

2. 波的频率是由________的频率决定的，波速是由________的性质决定的，波长是由________决定的。

3. 波速是：

（1）反映振动在介质中传播快慢的物理量；

（2）反映介质中各质点振动快慢的物理量；

（3）反映介质中各质点沿波的传播方向前进快慢的物理量。

4. 下列说法正确的是：

（1）在同一介质中，波速与频率成正比；

（2）在同一介质中，波长与频率成正比；

（3）在同一介质中，波长与波速成正比。

5. 当波由甲介质进入乙介质时，不发生变化的物理量是

（1）波长；　　（2）频率；　　（3）波速。

6. 一只船停泊在岸边，如果海浪的波峰间的距离是 6.0m，海浪的波速是 1.5m/s，求船摇晃的周期是多少？

7. 甲、乙两人分乘两只船在湖中钓鱼，两船相距 24m。有一列水波在湖面上传播开来，每只船每分钟上下浮动 20 次，当甲船位于波峰时，乙船位于波谷，这时两船之间还有一个波峰。水波的波速是多大？

8. 一列波在空气中的传播速度为 340m/s，波长为 25cm。它传入水中后，波速变为 1450m/s，求它在水中的频率和波长。

6.6　波的干涉和衍射

波的叠加　独唱演员的优美歌声和乐队的伴奏音乐叠加在一起传播到我们的耳中，而独唱演员的优美歌声并不因为乐队的伴奏音乐的存在而变形走调。两个探照灯发出的光波在交叉处亮度增加，而分开后仍按原方向传播。这些例子说明，几列波传播到一点时，该处质点的振动就是各列波在该处振动的叠加。各列波相遇后，它们仍保持各自原有的特性按原方向继续传播，这就是波的叠加原理。

任何形式的波在传播过程中，都会发生一些现象。其中十分重要的现象是波的干涉和衍射。

波的干涉　把两根细金属丝固定在同一薄钢片上，让两根金属丝刚好垂直地接触水面。当钢片上下振动时，带动两根细金属丝振动，从而形成两列具有相同的频率、相同的振动方向、相同的波速和波长的水波，这两列波叫做相干波。我

们可以看到，在两列相干波的重叠区域中，有些地方振动始终加强，有些地方振动始终减弱，并且存在加强区域和减弱区域相互间隔的现象，这种现象就叫做波的干涉，所形成的图样叫干涉图样，如图 6.5 所示。

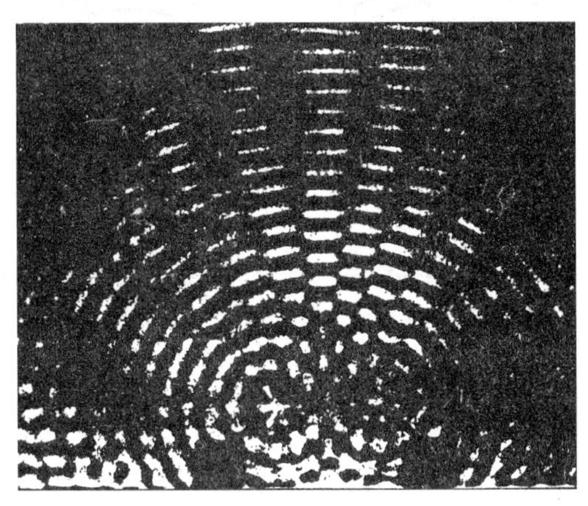

图 6.5　水波的干涉

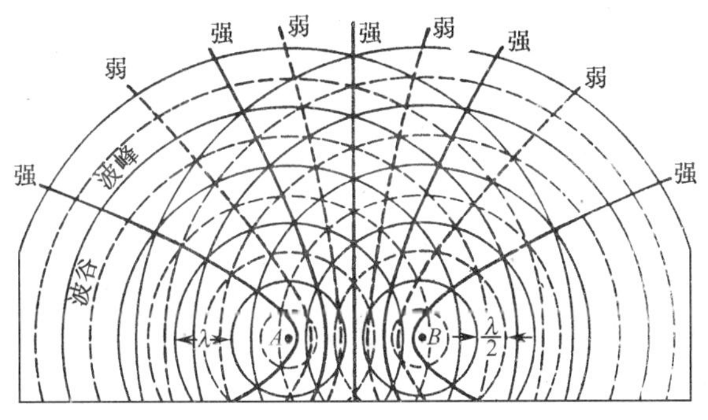

图 6.6　干涉图样分析

图 6.6 分析了干涉图样的形成原因。图中的实线和虚线分别代表两个水波的波峰和波谷。实线与实线、虚线与虚线的相交点分别表示两个水波的波峰和波峰、波谷和波谷的相交点，即该点的振动始终得到加强，实线与虚线的相交点表示一个水波的波峰与另一个水波的波谷相交点，即该点的振动始终减弱。

不仅水波，一切波都能发生干涉，干涉是波特有的现象。

干涉现象应用很广，利用它可以制成许多精密的测量仪器。

波的衍射　微风激起的水波，遇到突出水面的小石、芦苇，会绕过它们，继续传播，好像它们并不存在。波绕过障碍物的现象，叫做波的衍射。但是，并不是在任何条件下都能发生明显的波的衍射。

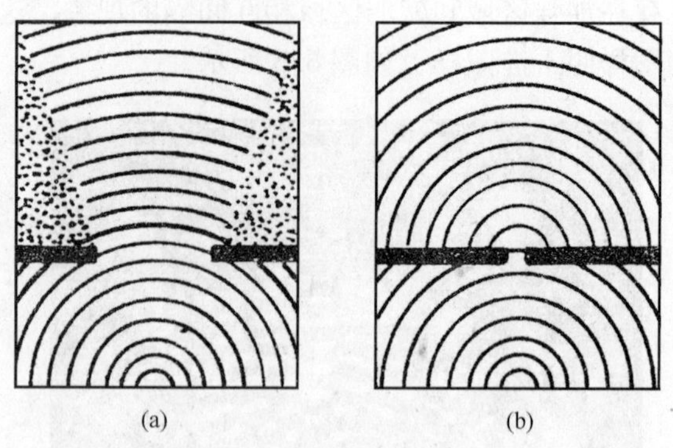

(a)　(b)

图 6.7　波的衍射

我们利用水波演示槽观察水波通过孔的情形。在图 6.7 所示的两次实验中，水波的波长相同，孔的宽度不同。在孔的宽度跟波长差不多的情况下（图 6.7（b）），孔后的整个区域里传播着以孔为中心的环形波，即发生了明显的衍射现象。在孔的宽度比波长大好多倍的情况下（图 6.7（a）），在孔的后面，水波是在连接波源和孔边的两条直线所限制的区域里传播的，只有离孔比较远的地方，波才稍微弯绕到“影子”区域里。

可见，能够发生明显的衍射现象的条件是：障碍物或孔的尺寸跟波长相差不多。

一切波都能发生衍射，衍射也是波的特有现象。

习 题 6.6

1. ________________________________ 称做波的干涉，两列波发生干涉的条件是________________________________。

2. ________________________________ 称做波的衍射，两列波发生衍射的条件是________________________________。

3. 两列水波的振幅分别是 5cm 和 7cm，频率都是 2Hz。当它们相遇发生干涉时，振动激烈的区域的最大振幅是多大？相对平静的区域的振幅是多大？

4. 一切波都可以发生干涉和衍射，这句话对吗？为什么？

5. 两列非相干波相遇时，下列说法正确的是

（1）不能叠加；

（2）能叠加，但不能产生干涉现象；

（3）能叠加，也能产生干涉现象；

（4）以上说法都不正确。

6.7　声波和超声波

声源　声音在人类生活中具有重要意义，人类就是靠声音传递语言，交流思想的。简单的观察告诉我们：一切发声的物体都在振动，它们就是声源。像音叉、鼓膜、弦这样的固体能够振动发声，气体和液体也能够振动发声。各种管乐器就是靠空气的振动发音的。

声波　声源振动的时候，在介质中形成的波叫声波。因为空气质点的振动方向与声波的传播方向在同一直线上，所以声波是纵波。

声波不仅能在气体中传播，在固体和液体中也能够传播。在工厂里，工人师傅把螺丝刀跟机器的外壳接触，耳朵贴在螺丝刀的把上，就可以听到机器内部的声音。人潜没在水里，也可以听到岸上的声音。

声波在不同介质中的传播速率是不同的。声波在 0℃ 空气里的传播速度是 332m/s，20℃ 时是 344 m/s，30℃ 时是 349 m/s。声波在水里的传播速率大约是空气里的 4.5 倍，在金属里传播速率则更大。

下面，我们简单地介绍一下声波的一些基本现象。

声波的反射　声波遇到障碍物会被反射回来，反射回来的声波传入人耳，我们就听到回声。对着山崖或高大的建筑物喊一声，就可以听到清晰的回声。北京天坛公园的回音壁就利用了声波反射的道理（如图 6.8）。

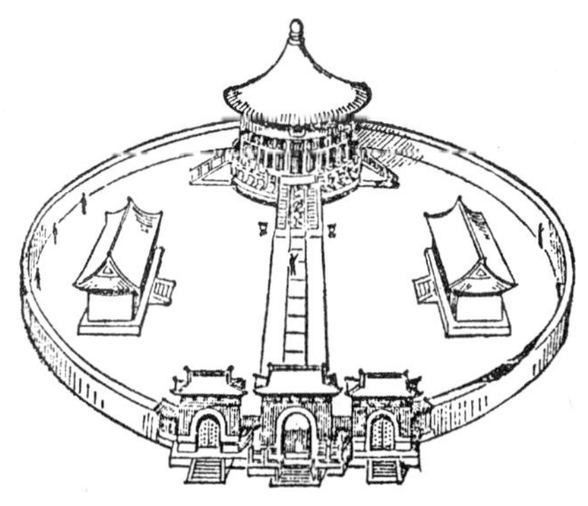

图 6.8　天坛回音壁

声波的干涉　声波也能发生干涉，这可以用音叉来演示。音叉发声的时候，它的两个叉股是两个相同的波源，它们产生的两列波发生干涉，出现相同的加强区和减弱区。在加强区，空气的振动加强，我们听到的声音就响；在减弱区，空气的振动减弱，我们听到的声音就轻。因此，当我们使音叉绕叉柄的纵轴旋转时，就会听到声音忽强忽弱。

声波的衍射 闻其声而不见其人，这是司空见惯的现象，怎样解释这种现象呢？这是因为，我们能听到的声波，波长在17cm到17m的范围内，是可以跟一般障碍物的尺寸相比的，所以声波能发生显著的衍射，使我们听到障碍物另一侧的声音。而光的波长约在0.4μm到0.8μm的范围内，跟一般障碍物的尺寸相比非常小，所以几乎不发生衍射。这就是闻其声而不见其人的原因。

超声波 频率低于20Hz和高于20000Hz的声波，都不能引起人的听觉。低于20Hz的声波叫次声波。高于20000Hz的声波叫超声波。

超声波在现代生产技术和科学研究中有许多重要应用。

超声波频率很高，在介质中传播时能产生巨大的作用力，根据这个特性可以用超声波来清洗、加工和消毒。例如，可以用超声波消除玻璃、陶瓷等制品表面的污垢，甚至连饮食业的餐具，都可以用超声波来清洗。超声波还可以“粉碎”细菌，用来给牛奶消毒，能避免煮沸法消毒对营养的破坏。

超声波的穿透能力很大，能透射几米厚的金属。利用超声波的穿透能力和反射，可以制成超声波探伤仪，用来探查金属内部的缺陷。在造船厂、大型机床厂里，经常用它来检测焊缝和零件内部的空洞和损伤。

超声波的波长非常短，能够沿直线传播和反射，因而可以定向发射。根据这种特性，可以制成声纳、鱼群探测仪、回声测深仪等仪器。例如，人们利用回声测深仪曾准确地测得世界上最深的海洋——太平洋马里亚纳海沟的最大深度为11022m。有趣的是，许多动物，如海豚、蝙蝠以及某些昆虫，有完善的发射和接受超声波的器官。在漆黑的夜晚飞行觅食的蝙蝠就是利用超声波来导航、定位的。靠发射并接收反射回来的超声波，蝙蝠能发现比头发还细的铁丝，可以及时躲开而不碰上。深入研究动物身上的超声波器官的构造、功能，改进和创造新的超声波设备，是发展超声波技术的主要途径之一。

次声波 通常把频率在10^{-4}Hz至20Hz之间的机械波称为次声波。次声波也不能引起人类的声音感觉。

次声波的传播距离远，穿透能力很强。次声波往往能传播十几万千米，有时连十几米厚的钢筋混凝土工事和几百毫米厚的装甲也挡不住它。

次声波的一个显著特性就是对人类的杀伤作用。由于人体各个器官的固有频率一般都在次声波的频率范围之内，所以人体受到次声波作用后，体内各个器官就会不由自主地产生共振现象，轻者造成头痛、恶心、眩晕，重者肌肉痉挛、呼吸困难、神经错乱，严重者失去知觉、血管破裂、内脏损伤而迅速死亡，而且从外观上看往往没有任何痕迹. 因此有些国家试验用它作为杀伤武器。

习 题 6.7

1. 声波是____。
2. 超声波是_________________；次声波是_________________。
3. 超声波的特点是_________；_________________；_________。
4. 次声波的特点是____。
5. 声波在真空中能够传播吗？为什么？
6. 你能举出几个超声波和次声波应用的实例吗？

阅读材料

噪声的危害及其控制

声音是发声体（声源）产生的声波传到人体的听觉器官后，引起人体产生的生理感觉。因发声体振动性质的不同，声音可分为乐声和噪声两类。前者有一定的频率，听起来和谐悦耳，是声源规则性振动产生的，如歌声、音乐声等；后者频率和音强变化混乱，听起来很不和谐，是声源不规则振动产生的，如汽车的喇叭声等。然而，实际生活环境中的声音成分是很复杂的，要严格区分乐声和噪声比较困难，通常那些使人感到讨厌、烦躁、不协调的所有不需要的声音统称为噪声。例如工厂里各种机器的撞击声，马路上汽车高音喇叭的尖叫声，空中超音速飞机的轰鸣声，工地上搅拌机的隆隆声等，都属噪声之列。

噪声能降低人们的工作效率，能使高精度仪器无法使用，也严重危害着人们的身心健康。长期在噪声较高的环境中工作，会使人神经紧张，心跳过速，严重的还会休克甚至死亡。噪声是环境污染的重要内容，有的国家已把它列为公害之首，加以控制。与此同时，一门新学科——噪声控制学已应运而生。我国对噪声污染也很重视，1979 年颁布的《中华人民共和国环境保护法》明确规定，要加强对城市工业噪声和震动的管理。为了有效地对噪声进行控制治理，1988 年还公布了城市区域环境噪声标准，其中规定交通干道两侧、工业区和住宅区、文教区，白天噪声分别不得超过 70 dB，65 dB 和 50 dB（dB 是可用于衡量耳朵对声音强度感受程度的单位，称为分贝）。在许多城市的交通枢纽处，都设有分贝显示仪，用以对噪声进行监测。

对噪声危害的控制主要从两方面着手。一是行政管理措施和合理的环境规划。例如，改革交通运输工具和机械设备的结构（如在纺织厂采用新型气动式织布机）；对噪声声源加以控制（如禁止汽车在市区使用高音喇叭等）。合理地进行城市规划和建筑设计，进行城市绿化等，可以有效地控制噪声对居民区的干扰。二是采用各种控制和消除噪声的技术措施。例如，采用吸声材料（棉、麻、玻璃纤维、泡沫塑料等）或吸声结构来吸收声能；采用屏蔽物将声音挡住，使噪声源与外界隔离；采用特殊的消声器进行消声等。在强噪声环境下工作的人员，要使用个人防护用具，如耳塞、耳罩、防声头盔等。

目前噪声污染问题已引起我国各有关部门和社会各界的极大关注，各种有关噪声控制的研究工作也在积极展开。

第7章　物质的物理性质

7.1　分子动理论

物体由分子组成　人们对物质结构的认识，经历了漫长而坎坷的历程，早在纪元前，古希腊的德漠克利特就认为，物体是由无数不可再分的“原子”组成的。这虽然是没有实验根据的假说，却奠定了人类对物质微观世界认识的基础。后来，随着生产力的不断发展，人们对物质的微观结构的认识也不断地深入。

今天，人们用电子射线，X射线和中子射线等现代化手段，已初步揭开了物质微观世界的神秘面纱：物体由分子组成，分子又由原子组成，分子可以是单原子分子、双原子分子，也可以是千万个原子组成的高分子（如塑料）。

分子的大小　分子是很小的，别说用肉眼，就是用一般的光学显微镜也很难观察到它们。图7.1是用电子显微镜拍摄的硫化铁晶体中的分子排列的照片，其中大的点是铁原子，小的点是硫原子。图7.2是用场离子显微镜拍摄的钨针尖端原子排列的照片。让我们举一个有趣的例子：假如一个小动物在喝水，若它每秒喝进100亿个水分子，那么要多长时间才能喝完1cm^{3}水呢？答案是惊人的：至少要10万年！

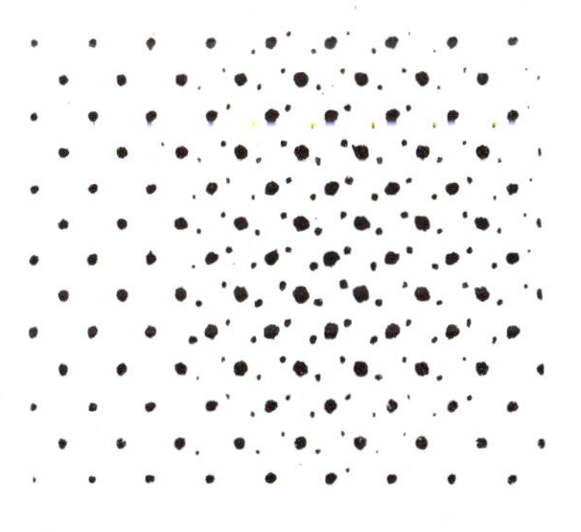

图7.1　分子排列图

图7.2　原子排列图

测量结果表明，一般分子直径约为10^{-10}m左右，如氧分子直径约为3×10^{-10}m，一些大分子直径可达10^{-7}m。除高分子外，一般分子的质量也是很小的，例如，氧分子的质量是5.3×10^{-26}kg。一个氢分子跟一粒黄豆的质量之比，约等于一粒黄豆跟地球的质量之比。

分子在不停地运动　1824 年，英国植物学家布朗用显微镜观察水中悬浮的花粉时，意外地发现它们在不停地作杂乱无章的运动。这种现象引起了布朗的极大兴趣，他曾研究了大量的物质，其中包括从埃及的狮身人面像——斯芬克斯身上得来的碎屑，发现它们都存在这样一种运动。后来人们就把这样的运动称为布朗运动。

图 7. 3 是把观察过程中每隔 30s 记录的三个微粒的位置用线段依次连接起来所得到的图线。实际上，在短短的 30s 内，微粒的运动也是极不规则的。实验结果还表明，不管是白天黑夜，不管是酷暑严寒，无论怎样减少气流、振动等外来因素的干扰，布朗运动总是不停地进行。

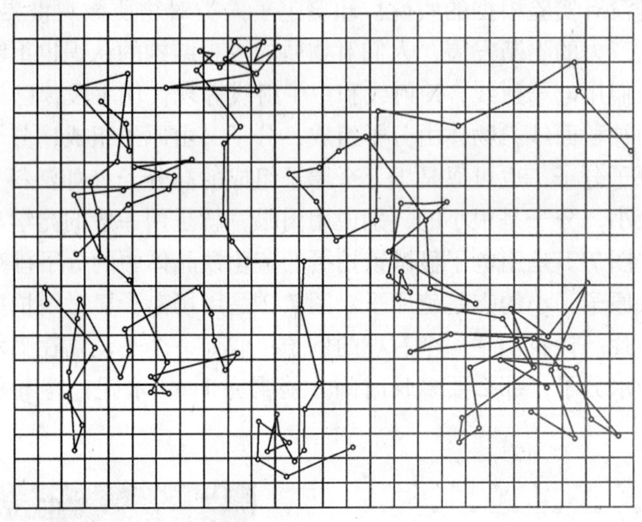

图 7. 3　布朗运动

那么，产生布朗运动的原因是什么呢？我们知道，液体是由无数作无规则运动的分子组成的。这些分子包围着液体中的小微粒，从四面八方撞击它。若微粒较小，则某一瞬间它在不同方向受到的冲力一般不等。因而微粒就会沿着某一方向运动。另一瞬间，它又受到另一方向上较大的冲力作用，因而就会改变其运动方向。这样就引起微粒的无规则运动。而微粒的这种布朗运动，却向我们揭示了撞击它们的液体分子在作无规则的运动。

过大的颗粒不能作布朗运动。这是因为同时跟它碰撞的分子数越多，各个方向上的冲力越趋于平衡。另外，颗粒质量过大，在较小冲力的作用下，也很难改变其运动状态。

值得注意的是，液体的温度越高，布朗运动就越激烈。这表明，分子的运动速度跟温度有关，温度越高，分子的运动速度也就越大。所以，大量分子的无规则运动也称为热运动。

分子间的空隙　我们可以做这样一个有趣的实验：在长玻璃管中装入一半水，再缓慢倒入酒精。然后，摇动玻璃管使液体充分混合。你会发现，混合后总体积比混合前小。这表明，分子间有空隙，混合后一种液体的分子跑到另一种液体分子间的空隙里去了，因而总体积减少了。

钢铁看起来是那样坚硬密实，很难想像它的分子间会有空隙。但若用非常高的压强来压缩贮存在钢筒里的油，油就能从筒壁渗出，这说明钢分子间也存在空隙。

此外，物体受压时体积减小，外部压强减小时体积会增大等现象，也都证明物体的分子间有空隙。因为分子之间有空隙，所以不同物质相互接触时，自发地产生了物质间互相渗入的现象，叫做扩散。在真空、高温条件下，用分子扩散的方法，可以在半导体材料中掺入一些其他元素，可以制造各种半导体元件。

分子力　一根铁棒用很大的力也难以拉断，这说明铁棒任一截面两侧的分子间有很大的吸引力。液体有一定体积，固体有一定形状，也说明物体分子间有吸引力。另一方面，压缩物体使其体积减小，也需要施加一定外力，这又说明分子间还存在斥力。分子间的这种相互作用力叫做分子力。

实验和理论研究都证明，分子间的引力和斥力是同时存在的，实际表现出来的分子间的力是引力和斥力的合力。图7.4表示分子力随分子距离变化的情况。由图可以看出，分子距离等于r_0时（r_0约为10^{-10}m），引力和斥力相等，合力为零，分子处于平衡状态。分子距离缩小时，斥力和引力都增加，但斥力比引力增加得快，分子力表现为斥力。所以，物体被压缩时，分子力起阻碍压缩的作用。分子距离增大时，斥力和引力都减小，但斥力比引力减小得快，分子力表现为引力。所以物体被拉伸时，分子力起着阻碍拉伸的作用。

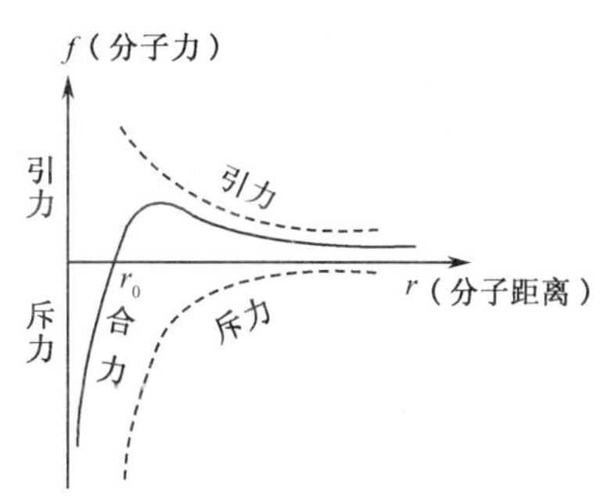

图7.4　分子力曲线

分子间距离超过10^{-9}m时，分子力就表现得十分微弱。由此可见，分子力的作用范围是很小的。空气分子的平均距离一般约3×10^{-9}m左右，分子力几乎是零，因而气体不像固体那样在分子力的作用下聚集成一定形状。

综上所述，通常所说的分子运动论的基本内容是：物体是由大量分子组成的；分子之间有空隙；一切分子都处在永恒地无规则运动状态；分子之间有相互作用力。

习 题 7.1

1. 试举出日常生活中的几个例子，说明分子时刻都在运动。

2. 有人说悬浮在液体中的花粉的运动就是分子运动，这种说法对吗?

3. 为了测定某种油分子的直径，把 0.10cm^3 的油撒在水面上，形成面积为 $4.0\times10^2\text{m}^2$ 的油膜，求油分子的直径。

4. 试用分子运动论的观点解释下面的现象。

(1) 打进篮球中的空气，体积缩小;

(2) 把两铅块压紧后能连成一块;

(3) 油压千斤顶可以顶起汽车。

(4) 高压下的油会从钢制容器的表面渗出。

7.2　固体的性质

固体的分子运动　我们知道，物体的固、液、气三态，主要是由分子之间的距离决定的。与液体和气体相比，固体分子之间的距离最小，而分子之间的吸引力最大，使制成固体的分子牢固地结合在一起。大多数分子只能在各自的平衡位置附近作无规则的振动，因此固体能保持一定的体积和形状。

固体根据物理性质的不同可分为晶体和非晶体两类。

晶体　各种金属、食盐、蔗糖、云母、水晶、明矾、硫酸铜等都是常见的晶体。晶体最显著的外部特征是具有规则的几何形状。食用粗盐的晶体是正方体(图 7.5 (a))；明矾的晶体是八面体（图 7.5 (b))；而水晶的晶体中间六面是棱柱，两端是六面棱锥（图 7.5 (c))。

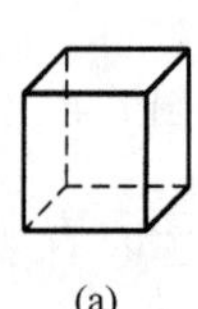
(a)

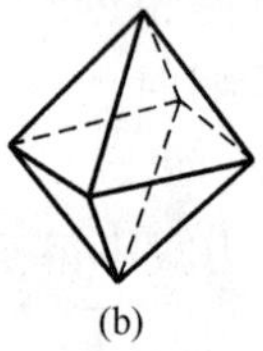
(b)

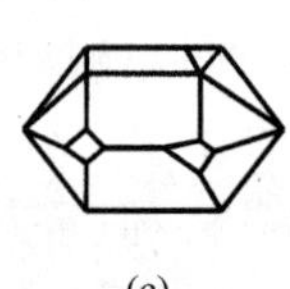
(c)

图 7.5　晶体

严冬，水蒸汽在空气中冻结后就会形成冰的晶体，这就是雪花。不同的雪花其形态各异，但都呈美丽的六角形图案（图 7.6)。

沿晶体的不同方向测定弹性、硬度、导热性、电阻率、折射率等物理性质，就会发现测量结果各不相同。晶体内各个方向上物理性质不同的现象称为晶体的

图 7.6　雪花

各向异性。

加热晶体时，它的温度先是不断升高，到达一定温度后开始熔化，在熔化过程中，温度保持不变，这个温度就是晶体的熔点。当晶体全部熔化后，液体的温度又会上升。有确定的熔点，这是晶体的又一特征。

常见的各种金属并没有规则的几何外形，各方向的物理性质也都相同，但由于它们是由许多小晶粒构成的，因此它们实质上是晶体，并且也具有一定的熔点。小晶粒是各向异性的，但由于晶粒在空间的排列是无规则的，所以金属从整体上表现出各向同性。我们把石英、明矾等具有规则外形且各向异性的单个大晶体称为单晶体；而把金属等由许多晶粒（单晶微粒）构成的晶体称为多晶体。

组成晶体的物质微粒（分子、原子、离子）是有规则地、周期性地在空间排列着的，构成所谓“空间点阵”。例如，岩盐的晶体是由钠离子和氯离子组成的，它们等距离地、交错地排列在 3 组互相垂直的平行线上，所以岩盐具有立方体的规则外形。图 7.7 就是岩盐、石墨和金刚石的空间点阵。

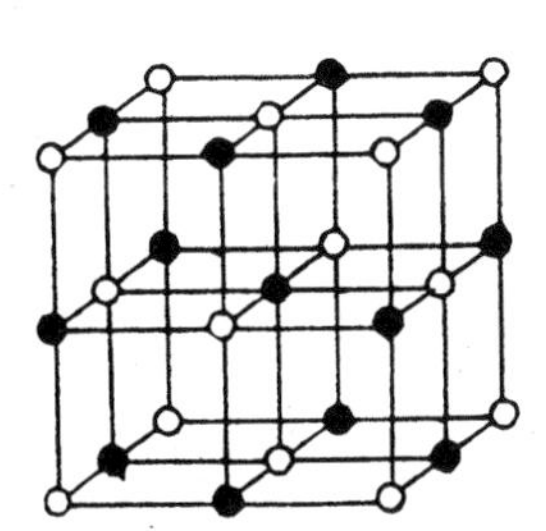

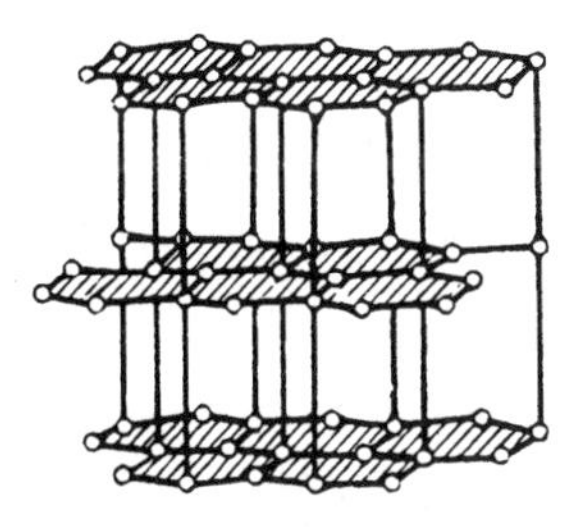

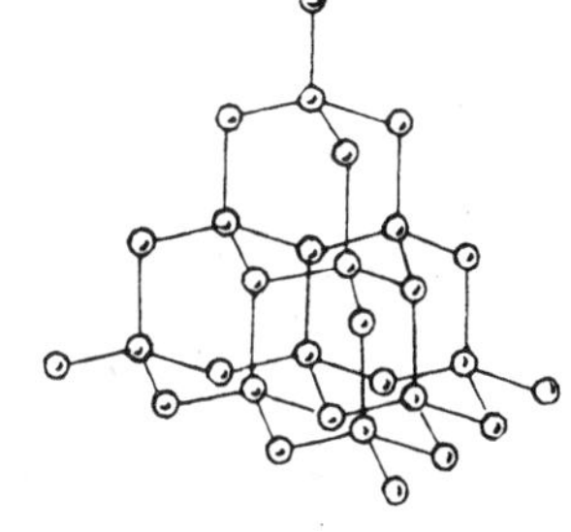

图 7.7　空间点阵

非晶体　玻璃、沥青、橡胶、塑料等都是非晶体。非晶体没有规则的外形，在不同方向上的物理性质是相同的，也就是各向同性。非晶体没有确定的熔点，在加热过程中，随温度的升高，它首先变软，然后逐渐由稠变稀，成为液体。

固体的应力与强度　在工程技术中，构件的应力与强度是设计计算的重点问题。下面就简单介绍一下拉伸应力和强度问题。

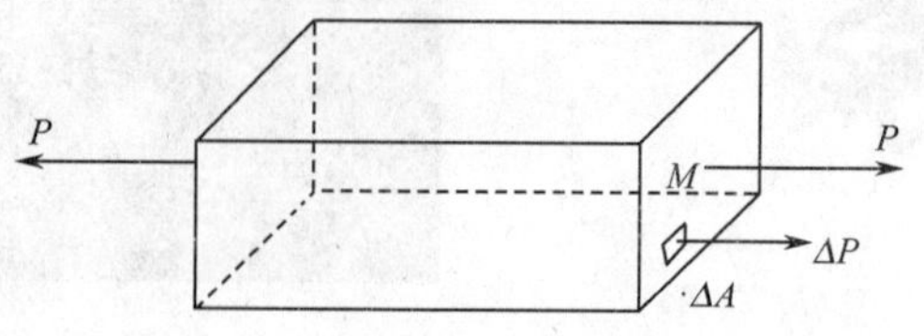

图 7.8　应力

如图 7.8 所示。一根直杆两端受拉力 P，在杆的某一断面上也会受到拉力 P，而且 P 在断面上是均匀分布的，并与断面垂直。我们把拉力 P 与它作用的断面面积 S 的比值称做该断面的应力 σ，即

$$\sigma = \frac{P}{S} \tag{7.1}$$

式中 P、S 和 σ 的 SI 单位是 N、m^2 和 Pa。

构件的强度就是它抵抗破坏的能力。例如，构件在较大的拉力下也拉不断，我们就说构件的强度比较大。受拉直杆拉断（破坏）时，其某断面上的应力就称为构件的强度极限。显然，我们在机械、房屋、桥梁等的设计时，一定要使构件内的实际工作应力小于强度极限。各种材料（如钢筋、木材、水泥）的强度极限都可以在万能材料实验机上进行测量。

固体的形变　在工程实际中，不但要求构件要有足够的强度，还要求它要有一定的刚度。通俗来讲，刚度就是研究构件在外力作用下的形变问题。在相同力的作用下，变形小的构件刚度高；反之，我们说它刚度低。各种构件在工作时，必须要有一定的刚度要求。我们很难想像，各种构件、机械设备、楼房、桥梁等，如果经常发生大幅度的形变会是什么样子。在工程力学关于形变的研究中，主要研究拉伸变形、压缩变形、扭转变形和弯曲变形。下面我们仅从物理的角度研究一下物体的热膨胀形变问题。

电线杆上的导线，夏天会松弛下垂；瘪下的乒乓球在热水里浸烫，会重新鼓起来；钢轨在连接处都留有缝隙。这些都是与物体热膨胀有关的现象。

固体的线膨胀　固体温度升高时在某方向上线度（如长、宽、高、直径等）的变化则称做线膨胀。

我们取几根直径相同而长度不同的铜棒，使它们的温度从 0℃都升到某一温度。测量结果表明，线度增长量与原来的线度和升高的温度都成正比。

如果选用直径和长度相同而材料不同的金属棒做上述实验，就能发现，固体

的线膨胀还和组成固体的物质有关。为了表明各种物质的线膨胀特性，我们把固体由于温度升高1℃所引起的线度的增长量与0℃时线度之比，称为这种物质的线膨胀率，用α表示。

如果固体的温度从0℃升高到t℃，它的长度相应地从l_0变为l_t，那么线膨胀率为

$$\alpha = \frac{l_t - l_0}{l_0 t} \tag{7.2}$$

式中α的单位是1/℃。

在温度变化不太大时，α可以认为是常量，下表列出了几种材料在通常温度范围内的线膨胀率。

表7.1　几种材料的线膨胀率（单位：$℃^{-1}$）

物　质	α	物　质	α
黄铜	1.9×10^{-5}	殷钢	5.0×10^{-6}
铁	1.2×10^{-5}	铝	2.4×10^{-5}
钢	1.1×10^{-5}	铂	9.0×10^{-6}
铜	1.7×10^{-5}	钨	3.5×10^{-6}
玻璃	$4.0\times10^{-6}\sim1.0\times10^{-5}$	水泥	1.4×10^{-5}

公式（7.2）也可以写成

$$l_t = l_0(1 + \alpha t) \tag{7.3}$$

如果知道了物体在0℃时的长度和它的线膨胀率，就可以算出它在任一温度下的长度。

【例1】　北京到广州的铁路全长是2.3×10^6m，如果把它当做0℃时钢轨的长度，那么当气温由冬季的－20℃变为夏季的40℃时，钢轨的长度的变化量是多少？

解　查表得$\alpha = 1.1\times10^{-5}$/℃。根据公式

$$l_1 = l_0(1 + \alpha t_1)$$

和

$$l_2 = l_0(1 + \alpha t_2)$$

有

$$\begin{aligned} l_2 - l_1 &= l_0\alpha(t_2 - t_1) \\ &= 2.3\times10^6\times0.000011\times(40+20) = 1.5\times10^3\text{m} \end{aligned}$$

热膨胀在技术上的应用　人们利用固体热膨胀的性质制成了许多自动控制装

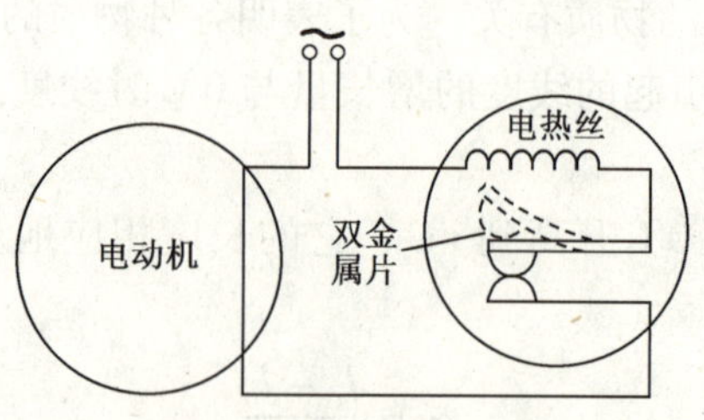

图 7.9　过载保护装置

置，电机双金属片过载保护装置就是其中之一。它的工作原理如图 7.9 所示，该装置由两种线膨胀系数不同的、铆在一起的双金属片和串接在电路中的电热丝组成。当电机超载运行时，电流增大，电热丝发热，双金属片受到电热丝加热后，在 15s 左右发生弯曲，带动触点分开，从而切断电路，保护了电机。

此外，利用双金属片受热弯曲的性质，还可制成温度控制器、日光灯起辉器等自动控制装置。

热膨胀也广泛地应用于机械行业中。例如，火车轮的轮箍由硬质钢材制成，内径比车轮外径稍小，它是在加热膨胀，内径扩大后，嵌在车轮上的，冷却后就会紧紧箍在车轮上。

热膨胀产生的力是很大的，如果不采取相应措施，有时会带来很大的危害。建筑工程中钢筋混凝土结构的钢筋和混凝土的线膨胀率必须相近，以使在温度变化时，它们不会彼此脱离。灯泡和电子管的引出线要用与玻璃线膨胀率相同的铁镍合金制成，也是这个道理。此外，为了防止热膨胀可能产生的破坏作用，大型钢铁桥架都是一端固定，另一端架在滚子上可以自由伸缩的，如图 7.10 所示。

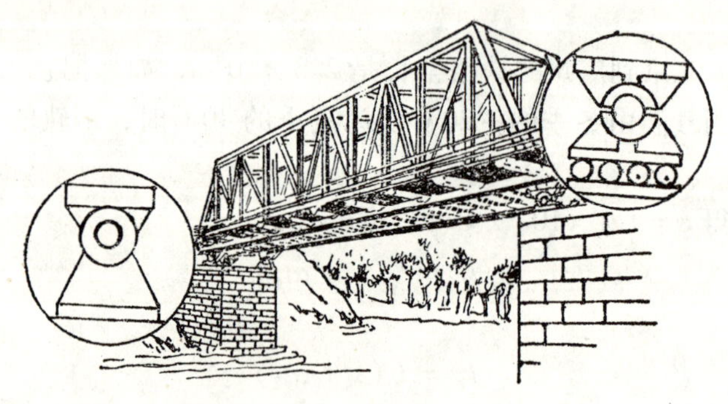

图 7.10　桥梁的构造

习题 7.2

1. 晶体和非晶体在几何外形上和在物理性质上有什么不同？

2. 金属虽然是晶体，但却是各向同性的，这是为什么？

3. 固体为什么可以保持一定的体积和形状？

4. 下列物质中，哪些是晶体？

橡胶、沥青、冰糖、食盐、松香、铜、玻璃、味精。

5. 如果某固体显示出物理特性为各向同性，下列说法哪些是正确的？

（1）它一定不是单晶体；　　（2）它一定不是晶体；

（3）它一定是非晶体；　　（4）它不一定是晶体；

（5）它不一定是非晶体。

6. 举出几个热膨胀实际应用的例子。

7. 铁制圆盘，要求20℃时直径为0.500m，那么在500℃的高温下加工圆盘时，它的直径应是多少？

8. 南京长江大桥正桥的钢梁0℃时长 1.57×10^3m，当温度从 -20℃ 到 40℃ 时，它的长度变化了多少？

9. 受拉直杆的断面面积为 4.0cm^2，承受的最大工作拉力为500N，如果直杆材料的强度极限为130MPa，试校核该杆工作时是否安全？

物理与高科技

纳米材料技术

纳米材料技术是21世纪材料科学发展的核心技术，又是一门共用性技术。纳米材料尺寸范畴被界定为1～100nm，处于原子簇与固体材料之间，材料尺寸达到这种程度，会使材料粒子的表面积显著增大，表面原子数、表面能及表面张力急剧增加，表现出鲜明的尺寸效应、表面效应、量子尺寸效应和宏观量子隧道效应等。这是由于物质粒子达到纳米级程度时，物质表面态超过体内态，量子效应十分显著，失去了宏观物质应具备的特性，大量的原子处于表面，使材料呈现高能态。此外，电子能带中的亚能级间距突出，明显高于块状或球状体材料，使材料呈现磁、光、热、电、力、内压等独特的特性。运用纳米材料制成的元器件具有超高强度、超韧性、超塑延展性、超磁性、超导性等特性。

人工制备纳米材料技术始于20世纪60年代，著名的物理学家诺贝尔奖获得者 Richard Feynmam 首次提出人工合成纳米粒子的设想；日本的 Ryoyo Kubo 在金属纳米粒子研究的基础上提出了纳米（久保）效应；西德的 Gleiter 及美国的 R. Wsigel 等人对纳米粒子的制备和结构与性能进行了研究；瑞士的 Veprek 小组从1968年开始就对在氢等离子气氛中，利用化学传输法制备出将纳米硅晶粒子镶嵌于非晶态硅网络中的复合薄膜。20 世纪 70 ~ 80 年代初，对纳米粒子结构、形态和特性进行了较系统的研究，而且用于描述金属微米面附近电子能级状态的久保理论日趋完善，在用量子尺寸效应解释超微粒子的某些特性方面取得成功。

1984 年德国的 Gleiter 教授提出纳米材料作为新材料类别的概念。Gleiter 教授用惰性气体蒸发原位加压法制备出具有清洁面的纳米晶体钯、铜、铁等纳米材料。美国的阿贡实验室的 Siegel 博士也用同样的方法制备出纳米氧化钛晶体。到目前为止已用这种方法制备的纳米材料有上百种之多。

纳米材料突出特性为体积效应、表面与界面效应以及宏观量子隧道效应。这些特性对新型非金属材料的研制有着十分重要的实用价值。

纳米材料的体积效应又称为小尺寸效应，是指纳米粒子尺寸等于或小于传导电子的德布罗意波长以及超导态的相干波长等物理尺寸时，其周期性边界条件被破坏，其光吸收、电磁性、化学活性、催化等性质与普通块状材料相比会发生意想不到的变化。纳米粒子的体积效应不仅能大大扩充或提高材料的理化特性，而且还为实用化拓宽了新的领域。如纳米尺寸的强磁性粒子，是制备磁性材料的基础单元，用其可制备超磁性复合材料，可显著提高设备的机械强度。用超磁性纳米粒子掺混入隐身涂料或结构材料中，可使隐身材料对光波的吸收率高达 90% 以上。另外，纳米磁性材料在一定条件下会产生光散射效应，具有凹透镜的作用，当光束通过时会改变其传输方向，降低光的强度，并改变光的空间分布，达到有效对抗光学探测的目的，对防止红外和可见光探测有重要的作用。利用纳米材料的等离子共振频率随颗粒尺寸变化的性质，制备具有一定频宽的雷达吸收的隐身纳米材料。德国新研制的“超黑粉”纳米吸波材料，其吸波率高达 99%。此外，还可利用这一特性研制出高性能的电磁屏蔽材料。利用纳米材料的熔点远低于普通固体材料的特点，可为粉末冶金，工程陶瓷的制备开创出一条低成本高效益的制造工艺。

纳米材料的表面与界面效应是指纳米粒子表面原子与总原子数之比，随着粒子直径的变小会急剧增大后而引起性质上的变化。随着粒子直径的减小，表面原子数会迅速增多，表面原子周围缺少相邻的原子，呈现出突出的不饱和性质，活性中心增多，这样便显著增强了纳米粒子的化学活性，使其在催化和吸附、塑性变形和磁性等方面具备了常规材料无法比拟的优越性。利用纳米材料高效催化这一特性可合成性能更优越并具备特殊功能的树脂、橡胶、胶粘剂和涂料等材料。这对于提高树脂基复合材料、橡胶、工程塑料、胶粘剂和涂料的性能都具有十分现实的实用价值。

纳米材料的隧道效应是指微观粒子所具备的贯穿势垒的能力。纳米磁化强度可穿越宏观系统的势垒而产生变化，这一变化称为宏观量子隧道效应。对于这一理论的研究价值在于可提高磁盘、光盘等对信息的存储量。可使现代微型电子元器件进一步微型化。这对于电器设备的小型化、微型化的研制都具有重要的意义。

非金属材料中常用的有树脂基复合材料（包括玻璃纤维、碳纤维、芳纶以及高拉伸 PE 纤维增强复合材料）、工程塑料（尼龙、环氧树脂、ABS、PET、PBT、超高分子量聚乙烯、聚酰亚胺、双马来酰亚胺等）、橡胶以及陶瓷（钢化陶瓷和工程陶瓷）等材料。对这些材料的改性可采用碳纳米管、纳米粒子、纳米晶须、纳米膜或纳米带形态。其主要目的是使材料增强增韧，使通用塑料工程化、使工程塑料高性能化、使特种工程塑料实用化以及使材料具有独特的功能特性。

纳米复合材料制造技术常采用的改性技术有插层技术、溶胶凝胶技术、共混技术、在位分散聚合技术、LB（Langmiur-Blodgett）制膜技术以及分子自组装技术等。

由上述分析可见，纳米材料在非金属材料中有着广泛应用，一种纳米材料往往有着多种不同的性能，这些性能与其表面结构有关。制造纳米材料的方法很多，不同的方法所得产物性能有所差别，纳米材料的表面状态也各具特色。

7.3　液体的性质

液体的分子运动　实验表明，一般固体熔化后体积大约只增大3%，这说明固体和液体分子间的距离相差不大。因此，液体分子的热运动也像固体分子那样，主要是在平衡位置附近作无规则的振动。但是，液体分子受分子力的束缚比固体弱，液体分子的振动位置不像固体分子那样固定，它经常改变平衡位置。这就使液体既像固体那样具有一定体积，不容易被压缩，又像气体那样，没有一定的形状，具有流动性。

表面张力　把一枚硬币小心地平放在水面上，虽然它的密度比水大几倍，却能停在水面上。仔细观察就能发现，水面形成了一个凹陷部分，好像水面是一层张紧的橡皮膜，将硬币托起。

产生这一现象的原因是什么？原来，在液体内部，分子间的引力和斥力基本平衡，而在液体和空气接触的表面层中，液体分子较稀疏，它们之间的距离较大。所以，分子间的相互作用就表现为引力。由于这种相互吸引作用，使液体表面层上有一种使液体表面收缩的力，这个力称为表面张力。

把带有可动边的金属丝长方框放在肥皂水中浸一下，使框上布满肥皂水的薄膜，可以看到，由于薄膜表面的收缩，可动边要移动。为使它在原位置不动，就得加一个适当大小的拉力（图7.11）。

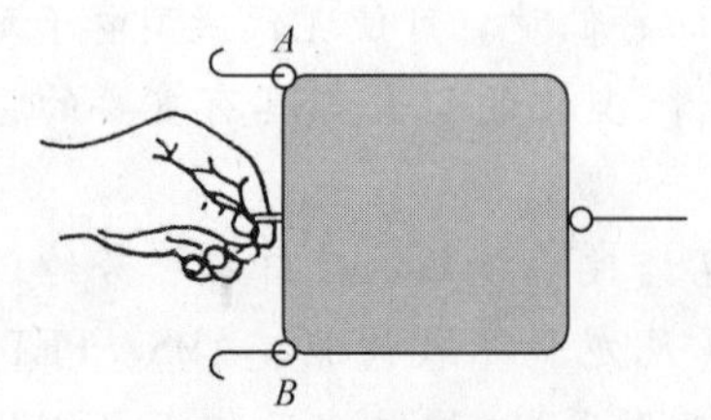

图 7.11　表面张力

我们知道，对于一定体积，球体的表面积最小。草叶上的小水珠，都近似为球形，就是表面张力作用的结果。布制雨伞，虽然有许多小网孔，但网孔中能形成水膜，表面张力使水膜张紧，将流过的雨水托起，因而不会漏雨，这就是表面张力的应用。

有时需要减弱表面张力的作用。例如，可用在水中加几滴酒精或使水温度升高的办法减弱水的表面张力。洗涤剂的作用之一就是减弱水的表面张力，使水和洗涤剂容易透入衣物的纤维以及附着的污垢微粒之间。

浸润和不浸润　把一块玻璃板插入水银中再取出来，我们发现玻璃板上没有附着水银。液体不附着在固体表面的现象叫做不浸润。对玻璃来讲，水银是不浸润液体。

把水银换成水再做上述实验，我们发现玻璃板上附着一层水。液体附着在固体表面的现象叫做浸润。对玻璃来讲，水是浸润液体。

对于不同固体，同一种液体可以是浸润液体也可以是不浸润液体。例如，水银不能浸润玻璃，但能浸润锌；水能浸润玻璃，但不能浸润石蜡。

浸润和不浸润现象，是由液体分子间的吸引力和液体与固体分子间吸引力的大小决定的。当前者小于后者时，发生浸润现象；反之，发生不浸润现象。

把浸润液体装在容器里，由于浸润，所以在器壁附近的液面要向上弯曲(图 7.12)。如果是不浸润液体，就要向下弯曲（图 7.13）。在内径较小的容器里，这些现象更显著，液面将形成凹或凸的弯月面。

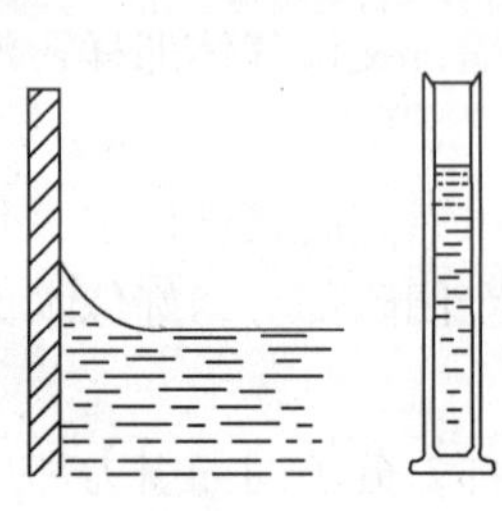
图 7.12　浸润现象

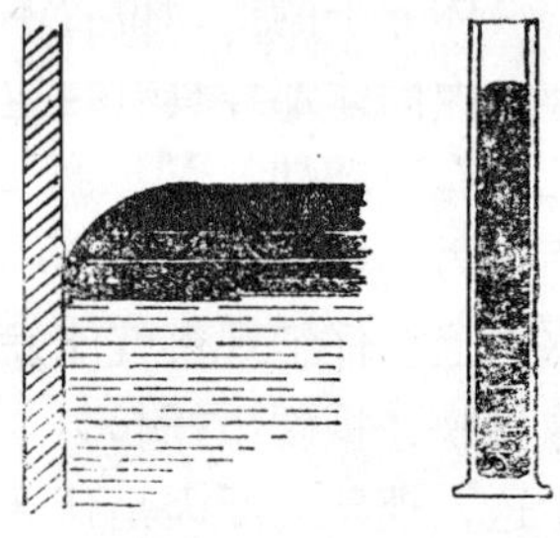
图 7.13　不浸润现象

毛细现象　将细玻璃管分别插入能浸润玻璃的水和不能浸润玻璃的水银中，可以看到，细管里的水面比容器里的水面高，而细管里的水银面比容器里的水银面低。细管内径越小，管内外液面差越大（图 7.14）。

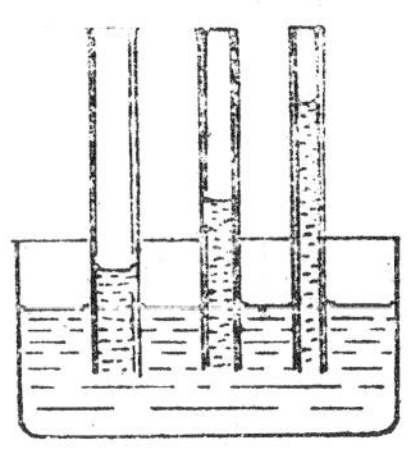
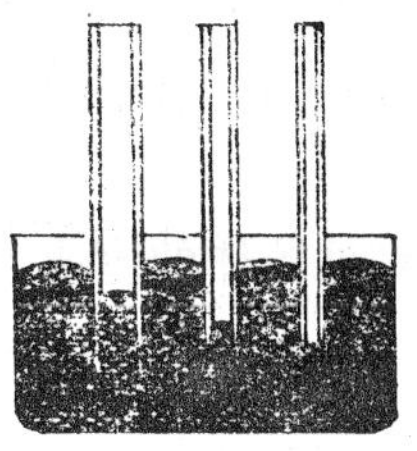

图 7.14　毛细现象

浸润液体在细管里升高和不浸润液体在细管里降低的现象，叫做毛细现象。能够产生毛细现象的管叫做毛细管。

浸润液体与毛细管内壁接触，引起液面弯曲而使表面增大，表面张力产生的使表面收缩的作用，使液体又成为水平面，即管内液体上升。这样直到表面张力向上的拉引作用跟管内升高的液柱重力相等时，液面就不再上升。如果是不浸润液体，那么情况则刚好与此相反。这就是产生毛细现象的原因。

毛细现象在日常生活中是经常见到的。植物就是利用体内的导管靠毛细作用把土壤中的水分输送到植物的各个部分。土壤中也有许多毛细管，土壤中的水分沿着这些毛细管上升到地面后进行蒸发。农民锄地就有切断土壤的毛细管，达到保墒的作用。同样，像砖、毛巾、粉笔等在水中或油中都可以产生毛细现象。

毛细现象有时是要防止的。例如，为了防止土壤中的水分因毛细管的作用沿砖墙上升，在砖墙中都铺有用沥青、油毡、水泥等制成的防水层。

液体的流动　在水利工程中，常用流量表示洪水的大小。单位时间内流过某一截面的流体的体积，叫做通过这一截面的流量，常用符号 Q 表示。如果用 v 表示流体的流速，用 S 表示流体的横截面积，我们可以得到：

$$Q = S \cdot v \tag{7.4}$$

式中，Q，S，v 的 SI 单位分别是 m^3/s、m^2、m/s。

在稳定流动时，流体流经截面积不同的管道时，流量保持不变，所以

$$S_1 v_1 = S_2 v_2 \tag{7.5}$$

上式表明，在稳定流动中，流体流经管道任意两截面的流速和管道的横截面积成反比。即管道粗的地方流速小，管道细的地方流速大。这个结论叫做流体的连续性原理。

流速和压强　下面我们通过图 7.15 所示的演示来说明流体的流速和压强的关系。

在盛水的杯子中滴几滴红墨水，让红色的水流过粗细不同的玻璃管，水的压强可从水平玻璃管上的小竖管中升起的水柱高低看出。堵住右端的出水口，三支竖管中水柱高度相同，表明管中水的净压强度相等。打开右端的出水口，水流动

时观察三支竖管中水柱的高度，发现管道细处竖管中的水柱上升的较低，管道粗处竖管中的水柱上升的较高。这说明管道细处流动液体的压强小，管道粗处流动液体的压强大。

我们知道，管道细处流体的流速大，管道粗处流体的流速小。因此，上述实验表明，流体的流速大处压强小，流速小处压强大。

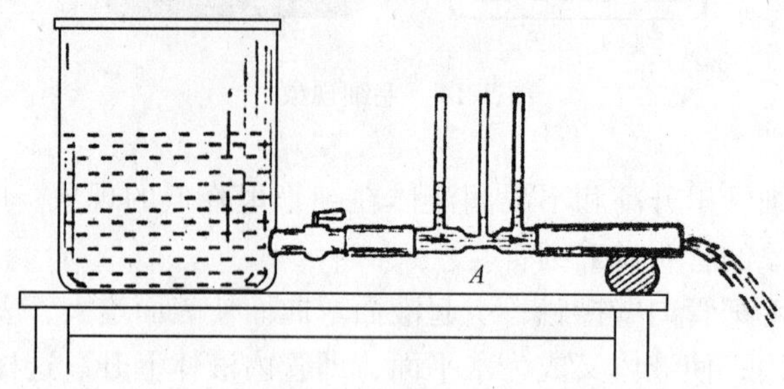

图 7.15 流速和压强的关系

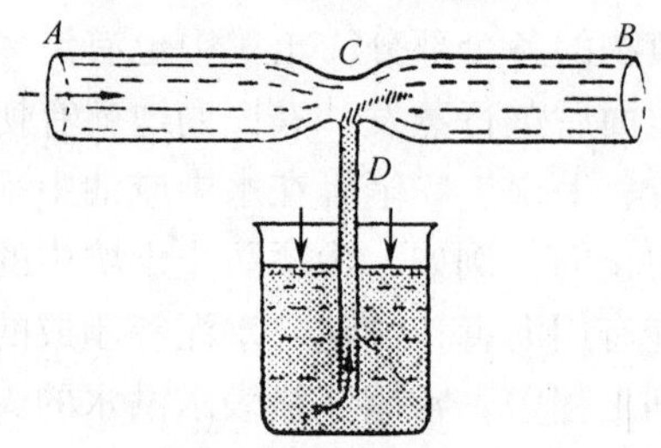

图 7.16 空吸作用

空吸作用 图 7.16 是一个实验装置，在玻璃管道 *AB* 的细窄处 *C* 连接一根玻璃管 *D*，把 *D* 的下端插在盛有有色液体烧杯中，*A* 端用橡皮管接在自来水龙头上。

打开水龙头，管道中有水流过时，水在 *C* 处的流速大而压强小。若 *C* 处的流速超过某一数值时，压强就小于大气压，烧杯中的有色液体在大气压的作用下，就会沿着 *D* 管上升，被管道中的水带走。液体和气流的这种作用叫做空吸作用。

空吸作用在日常生活和工业生产中有着广泛的应用，喷雾器、内燃机中用的汽化器都是利用这个原理制成的。

【例 2】 如图 7.17，水在直径变化的管道中稳定流动。已知 *A* 截面与 *B* 截面半径之比为 2∶1。*A* 截面的流速 $v_1 = 1.0\text{m/s}$，求 *B* 截面的流速 v_2。

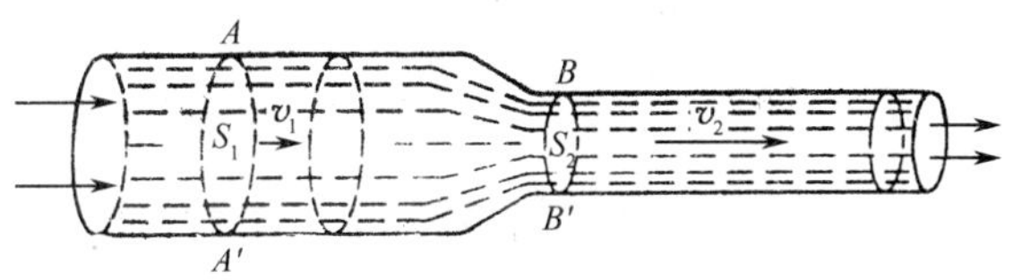

图 7.17　例 2 示意图

解　由 $S_1v_1=S_2v_2$，得

$$\pi R_1^2v_1 = \pi R_2^2v_2$$

$$v_2 = R_1^2v_1/R_2^2 = \frac{2^2 \times 1.0}{1^2} = 4.0\text{m/s}$$

习 题 7.3

1. ________________叫做表面张力。
2. ________________叫做浸润；________________叫做不浸润。
3. ________________叫做毛细现象。
4. 把玻璃管的断口放在火焰上烧熔，它的尖端就会变圆，为什么？
5. 纸上有油污，用钢笔写字就很困难，这是为什么？
6. 锄地可以保墒，是什么道理？
7. 举出生活中应用毛细现象的实例。
8. 在水平管道中，测得水在直径 20cm 处的流速为 25cm/s，求水在直径 10cm 的管道处的流速。水的流量是多少？
9. 利用“空吸作用”的原理，可以用三通管自制一个简易热水淋浴器，你能画出设计简图并说明工作原理吗？

阅读材料

液　　晶

目前已发现约有 3000 余种有机化合物在加热时，并不直接由固态变为液态，而是要经过介于固态和液态之间的过渡状态，这种处在过渡状态的物质称为液晶。液晶一方面像是液体，具有液体的流动性；另一方面又像晶体，从某个特定方向看来，液晶的分子排列比较整齐，因此又具有晶体的光学各向异性等性质。

有一种液晶，在外加电压的影响下，能从透明状态变为混浊状态，不再透明；去掉电压后，又恢复为透明状态。利用这种性质，可以制作各种显示器件。在两块镀有透明的导电电极的玻璃间有液晶涂成的文字或数码，当电极上不加电压时，液晶也是透明的，文字或数码显现不出来；当加上适当电压后，液晶变为混浊的，不再透明，文字或数码就显现出来了。

液晶一般都对各种外界因素（如热、电、磁、光、声等）的微小变化很敏感。例如有一种液晶，具有很显著的温度效应。当温度升高1℃时，它的颜色就能按红、橙、黄、绿、青、蓝、紫的顺序改变；当温度下降时，它的颜色又会按相反的顺序改变。利用这种效应，可以检查电路中的短路点（短路处局部温度升高），检查制冷机的漏热，以及检查金属材料和零件的缺陷，检验肿瘤等等。

液晶只存在于一定的温度范围内，温度高于这个范围，就会变成普通液体。在炎热的夏天，有时会发现电子表不显示数字，或显示数字不准确，如果不是电池没电了，就是温度超出了液晶允许的范围。因此，使用液晶显示器件，要避免高温和暴晒，也不要使它受冻。一般用液晶显示的电子表的工作温度范围是-10℃~55℃。

人们早在19世纪80年代初就发现了液晶，但由于当时对液晶的结构和性质了解不多，缺乏实际应用。直到20世纪60年代以后，人们对液晶的结构和性质有了更多的认识，液晶在电子工业、航空工业、生物、医学等领域的应用才获得空前的发展。

我国于1969年开始从事液晶的研究，主要是在化学方面进行液晶的合成，为金属探伤、大屏幕电视及医学上临床诊断等方面提供液晶材料。20世纪70年代初期我国开始研究生物中的液晶态问题，1978年开始研究液晶物理方面的问题。虽然起步较晚，却已经取得了一些具有相当水平的成就。但由于它是多科性的边缘学科，因此在我国的研究工作中还有一些薄弱环节，有大量工作需要进一步加强。

7.4 气体分子的运动 状态参量

气体的分子运动 常温下，物质由液体变为气体时，体积会扩大上千倍。由此可见，气体分子间的距离比液体大得多。所以，气体分子间的作用力十分微弱，可以认为，除分子之间或者分子与器壁碰撞外，分子不受力，可以自由移动。因此，气体没有确定的体积和形状，容易扩散并充满整个容器，也容易被压缩。气体的分子也在不停地运动。在常温无风的情况下，空气分子的平均速度高达500m/s，而12级飓风的风速也只不过是32m/s而已。

在研究气体的热学性质时，我们用体积、压强、温度来描述气体的状态，这三个物理量称为气体的状态参量。

气体的体积 气体的体积不是指气体分子的体积，而是指气体分子能够达到的空间，即容器的容积，用V表示。它的SI单位是m^3，它的单位还有L，它们

之间的关系是

$$1\mathrm{m}^3 = 10^3\mathrm{L}$$

气体的压强　自行车胎打足气后，车胎就被胀得很硬，这说明气体对容器内壁有压力。气体作用在器壁上的压力与器壁面积之比，叫做气体的压强，用 p 表示，即

$$p = \frac{F}{S}$$

上式中，F 为作用在器壁上的压力，S 为容器壁面积。压强的 SI 单位是帕斯卡，中文符号为帕，国际符号为 Pa。$1\mathrm{Pa} = 1\mathrm{N/m^2}$。

压强的其他单位有标准大气压（atm）、厘米汞柱（cmHg）等。它们之间的换算关系是

$$1\ \mathrm{atm} = 76\ \mathrm{cmHg} = 1.013 \times 10^5\mathrm{Pa}$$

在标准状态下，$1\mathrm{cm}^3$ 气体中约含有 2.7×10^{19} 个分子，它们以大约 $5 \times 10^2\mathrm{m/s}$ 的平均速度运动。虽然一个气体分子对容器壁的碰撞作用是瞬时的，冲力也很小，但是大量分子对器壁频繁碰撞的结果就会对器壁产生持续而均匀的压力。正如雨中打伞一样，一个雨滴打在伞上，对伞的冲力是微不足道的。但在倾盆大雨中打伞，我们就会感到伞面上持续的压力。

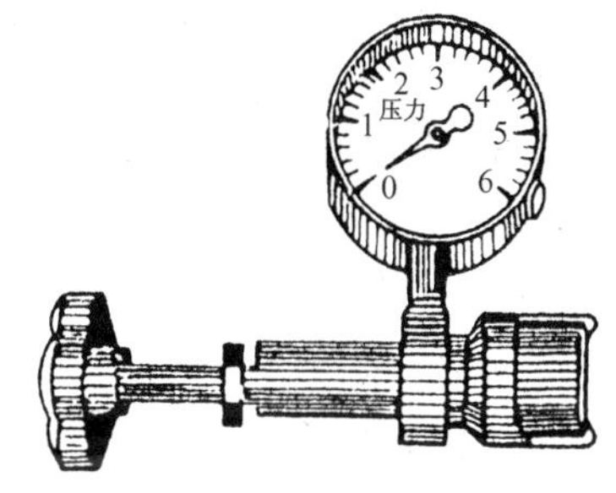

图 7.18　压力计

气体的压强要用压强计来测量。由于用途不同，压强计的种类也很多。图 7.18 所示的是在工厂里锅炉、氧气瓶上安装的压力计，它是测量容器内气体压强的仪表。

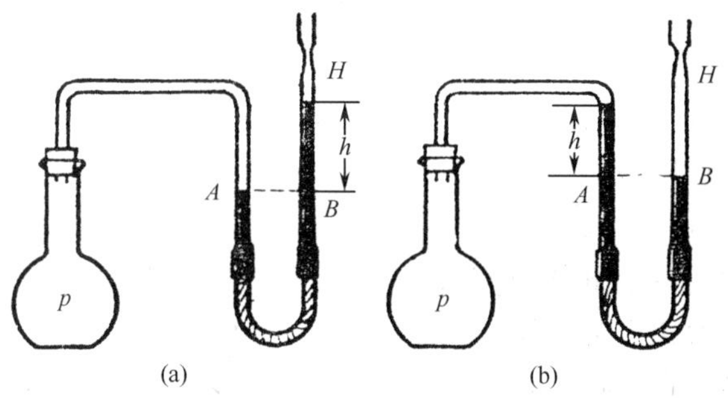

图 7.19　水银压强计

我们把两端开口的 U 形管注入部分水银，就制成了一个简易的水银压强计，如图 7.19 所示。

压强计一端与容器连接，另一端与大气相通。如果用 p 表示容器内的气体压强，用 p_0 表示大气压强，用 p_h 表示高度为 h 的水银柱产生的压强，那么在图 7.19（a）中有

$$p = p_0 + p_h$$

在图 7.19（b）中有

$$p = p_0 - p_h$$

在上面两个式子里，如果用 mmHg 做压强单位，p_h 的数值就等于 h 的毫米数。

温度 温度是表示物体冷热程度的物理量。从分子运动论的观点看，温度标志着物体分子无规则运动的剧烈程度，温度越高，热运动越剧烈，物体分子的热运动平均动能越大。

温度的标准点和分度方法的设立叫做温标。

我们已学过摄氏温标。它是由瑞典天文学家摄尔修斯（1701～1744）等人创立的。摄氏温度用 t 表示，摄氏温度的单位是摄氏度，符号为℃。

在国际单位制中，采用热力学温标，又叫做国际温标。它是由英国科学家开尔文（1824～1907）创立的。热力学温度用 T 表示。它的 SI 单位是开尔文，中文符号为开，国际符号为 K。热力学温度和摄氏温度每一分度的大小相同。现在国际上公认，热力学温度的零度是 -273.15℃，叫做绝对零度。热力学温度和摄氏温度之间换算时，在数值上的关系是

$$T = t + 273.15$$

在一般计算中，可取 -273℃为绝对零度，所以

$$T = t + 273 \tag{7.6}$$

习题 7.4

1. 气体的压强是怎样产生的？
2. 某容器内气体压强为 9.5×10^2 mmHg，合多少 Pa，多少 atm？
3. 用热力学温度表示下列温度：

（1）水银的凝固点为 -39℃；

（2）电冰箱制冷剂氟利昂 12 的沸点是 -29.8℃；

（3）氦气的液化点为 -268.95℃；

（4）火箭喷气发动机可以产生 3900℃的高温。

4. 用摄氏温度表示下列温度：

（1）酒精的凝固点为 159K；

（2）太阳表面温度为 6000K；

（3）人的体温为 310K；

（4）人工制冷可获得 0.0000001K 的低温。

5. 在下列情况下，如图 7.20（a），（b），（c），（d），（e），（f），（g），封闭在玻璃器皿里的气体压强是多少？已知大气压强为 76cmHg。图 7.20 中水银面的高度差均为 8.0cm。

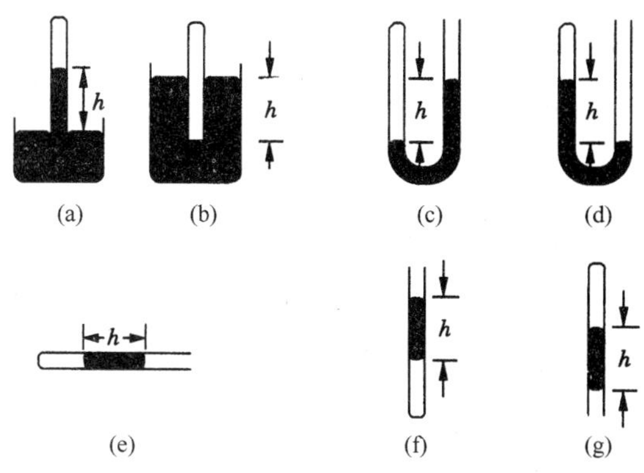

图 7.20　习题 5 示意图

7.5　理想气体状态方程

理想气体状态方程　在自然界和工程技术中，大量出现的情况是气体的体积压强和温度同时发生变化。例如，电冰箱的压缩机工作时，把制冷剂蒸气进行压缩，使其体积缩小，而压强和温度升高。再如，可燃性气体在内燃机气缸内爆发时，气体的体积、压强和温度也都同时急剧改变。

我们用下面的实验来研究状态参量在变化过程中的相互关系。如图 7.21 所示，固定在刻度尺上的一端封闭的 U 形玻璃管，管的封闭端被水银封闭着部分空气。把 U 形管浸入烧杯的水中。改变水的温度，观察并记录气体的体积和压强随温度而改变的情况。

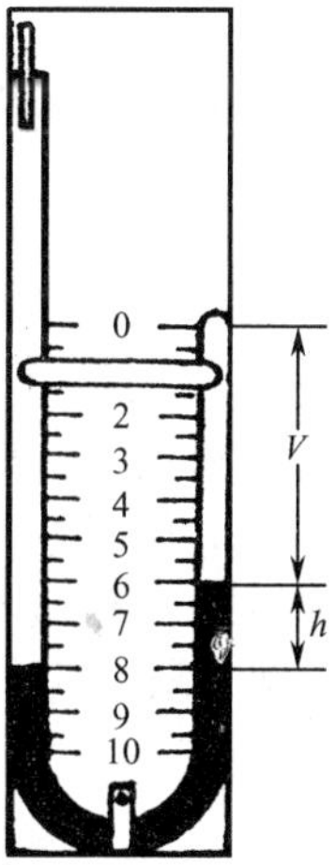

将实验数据进行整理，我们就会得到这样的结论：一定质量的气体，它的压强和体积的乘积跟热力学温度的比值，在状态变化中保持不变，即

$$\frac{p_1V_1}{T_1}=\frac{p_2V_2}{T_2} \tag{7.7}$$

或

$$\frac{pV}{T}=\text{恒量}$$

图 7.21　气体状态方程实验仪

上面的规律，是在跟大气压强相比压强不太大，跟室温相比温度不太低的条件下得到的实验定律。压强很大，温度很低时，实验结果与上述的结论就有较大差别。为了研究方便，设想有一种严格遵守气体实验定律的气体，称为理想气体。式（7.7）就称为理想气体状态方程，简称气态方程。

在用气态方程进行计算时，T 的单位必须用热力学温度单位，p 和 V 的单位则只要等式两端一致即可。

理想气体是一种理想模型。理想气体并不存在，但它是实际气体在一定条件下的近似。像氢、氧、氮和空气等气体，在常温、常压下都可作为理想气体处理。

一定质量的气体，有时有一个状态参量保持不变，根据气态方程，我们可以分别得出其余两个状态参量之间的关系。

波意耳定律 如果温度 T 保持不变，叫做等温变化，那么根据气态方程有

$$p_1V_1 = p_2V_2 = \text{恒量} \tag{7.8}$$

即一定质量的气体，在温度保持不变时，气体的压强与体积成反比，这个结论叫做波意耳定律，是英国科学家波意耳（1627～1691）通过实验发现的规律。

盖-吕萨克定律 如果压强 p 保持不变，叫做等压变化，那么根据气态方程有

$$\frac{V_1}{T_1} = \frac{V_2}{T_2} \tag{7.9}$$

即一定质量的气体，在压强保持不变时，气体的体积与热力学温度成正比，这个结论叫做盖-吕萨克定律，是法国科学家盖-吕萨克（1778～1850）首先发现的。

查理定律 如果气体的体积保持不变，叫做等容变化，那么根据气态方程有

$$\frac{p_1}{T_1} = \frac{p_2}{T_2} \tag{7.10}$$

即一定质量的气体，在体积保持不变时，气体的压强和热力学温度成正比，这个结论叫做查理定律，是法国科学家查理（1746～1823）首先发现的。

【例3】 某拖拉机的发动机气缸容积为 $0.85\times10^{-3}\text{m}^3$，压缩前气体温度为47℃，压强为 $1.0\times10^5\text{Pa}$，在压缩冲程中，活塞把气体压缩到原体积的1/16，压强增大到 $40\times10^5\text{Pa}$。求这时气体温度。

解 根据气态方程

$$\frac{p_1V_1}{T_1} = \frac{p_2V_2}{T_2}$$

得

$$T_2 = \frac{p_2V_2T_1}{p_1V_1} = \frac{40\times10^5\times320\times0.85\times10^{-3}}{1\times10^5\times16\times0.85\times10^{-3}} = 800\text{K}$$

【例 4】　容积为 20L 的氧气瓶装有氧气，温度是 7.0℃时，其压强是 50atm，如果车间每小时需用 147℃、50atm 的氧气 5.0L，那么这瓶氧气可用几小时？

解　本题为一定质量的气体等压变化，根据（7.9）式得

$$V_2 = \frac{V_1 T_2}{T_1} = \frac{20 \times 420}{280} = 30\text{L}$$

所以

$$t = \frac{30}{5.0} = 6.0\text{h}$$

习 题 7.5

1. 一定质量的气体体积为 30L，压强为 500mmHg，若把气体等温地压缩到 10L，其压强为多少 Pa？

2. 测量大气压强的一个简便方法是：将一端封闭的玻璃管开口向上放置，灌入一些水银，封住一段空气。若水银柱长 15cm，空气柱长 20cm，而开口向下时空气柱长变为 30cm，求大气压强。若玻璃管水平放置，空气柱多长？

3. 房间的容积是 $1.0 \times 10^2 \text{m}^3$，大气压强为 77cmHg，当气温从 10℃升至 25℃时，有多少立方米的空气逸出房间？

4. 氧气瓶在室温为 17℃的仓库中存放时，瓶上压强计示数 9.5×10^6Pa，当搬运到温度为 −13℃的工地时，压强计的示数变为 8.5×10^6Pa，氧气瓶是否漏气？为什么？

5. 把 20L 温度为 16℃，压强是 1.0×10^6Pa 的氧气，装入密闭容器后，置入 0℃的冷库内。若压强变为 1.0×10^5Pa，容器的容积多大？

7.6　物 态 变 化

在初中物理中，我们曾学过这样一些有趣的物理现象：冰在熔化时，温度不变，却要吸收热量；水在沸腾时，如果继续加热，水的温度却保持在 100℃不变。在物理学中，把温度不变的情况下物态发生变化时物质所吸收或放出的一定的热量叫潜热。下面我们将研究物态变化的潜热问题。

熔化和凝固　物质从固态变成液态的过程叫做熔化。从液态变成固态的过程叫做凝固。

我们已经知道，晶体有确定的凝固点和熔点，而非晶体却没有。在相同条件下，同一物质的熔点和凝固点是相同的。表 7.2 给出了 1atm 下几种物质的熔点。

表 7.2 几种物质的熔点和熔化热

物质	熔点（K）	熔化热（10^3 J/kg）	物质	熔点（K）	熔化热（10^3 J/kg）
钨	3643	—	铅	600	264
铂	2040	113	锡	505	59
铁	1798	276.5	石蜡	327	146.7
铜	1346	176	冰	273	335
金	1337	67	水银	234	11.7
银	1234	100.6	酒精	159	—
铝	931	385.5	氢	14	—

晶体的熔点也不是一成不变的。试验结果表明，大多数物质熔化时体积膨胀，这一类物质的熔点随压强的增加而升高。少数物质，如水、灰铸铁、锑、铋等，熔化时体积缩小，它们的熔点随压强增加而降低。

此外，晶体的熔点，还跟是否含有杂质有关，含有杂质的晶体，熔点一般比纯净的晶体低。例如，盐水的凝固点可达 -20℃，所以冷库常用盐水做冷媒来制冰。由几种金属组成的合金，它的熔点往往低于各成分的最低熔点，例如，锡的熔点是 232℃，铅的熔点是 327℃，而焊锡——一种锡铅合金，它的熔点仅 70℃。

熔化热 实验表明，晶体在熔化过程中要吸收热量，晶体物质在熔点熔化成同温度的液体时所吸收的热量跟它的质量的比值，称为该物质的熔化热。熔化热就是一种潜热，它在数值上等于单位质量的晶体物质在熔点熔化成同温度的液体时所吸收的热量。熔化热的 SI 单位是 J/kg。表 7.2 列出了几种物体的熔化热。实验还表明，物体凝固时所放出的热量和它熔化时所吸收的热量相等。因此，单位质量的某种物质在凝固点凝固成晶体时所放出的热量，在数值上等于它在同温度下的熔化热。

知道了物质的熔化热，我们就可以计算出任意质量的物质熔化（或凝固）时所吸收（或放出）的热量。用 λ 表示熔化热，m 表示质量，$Q_{熔}$ 表示吸收或放出的热量，就有

$$Q_{溶} = \lambda m \tag{7.11}$$

上式中各量的 SI 单位分别是 J，J/kg 和 kg。

气体的液化 气体变为液体的过程称为液化。气体液化时，要放出热量。

早在 19 世纪初，英国科学家法拉第（1791 ~ 1867）就利用压缩体积增大压强、同时降低温度的方法，把氯、氨、二氧化碳等气体变成了液体。在这以后，

人们利用这种方法几乎液化了当时所了解的各种气体。但是，对氧、氢、氮、一氧化碳、一氧化氮等气体，即使温度降到 -110℃，压强增到 3000atm，它们也不液化。因此，人们曾把它们叫做“永久气体”。

1869 年，爱尔兰物理学家安德鲁斯发现，任何一种气体都有特有的温度，在这个温度以上，无论怎样增大压强，气体也不会液化。这个温度叫临界温度。“永久气体”不能液化，只不过是临界温度太低，当时在技术上还未达到罢了。表 7.3 列出了几种物质的临界温度，通常把临界温度以上的气态物质叫做气体，把临界温度以下的气态物质叫做汽（又叫蒸汽）。

表 7.3　几种物质的临界温度

物　质	临界温度（℃）	物　质	临界温度（℃）
水	374	二氧化碳	31
酒精	243	氧	-119
乙醚	194	氮	-147
氯	144	氢	-240
氨	132	氦	-268

在安德鲁斯发现的启示下，人们加快了向低温进军的步伐，到 1908 年，终于使所有的气体液化都获得了成功。

液态气体的应用　利用液态气体可以得到低温。例如，让液氦迅速蒸发，能获得 0.71K 的低温。在低温条件下，物质呈现出许多新奇的性质。

1911 年，荷兰物理学家昂尼斯发现，水银的电阻在 4.15K 时突然消失，此时，流过它的电流不需外加电压维持而无衰减地保持下去，这种现象叫做超导现象。超导现象的应用前景是广阔的，它能使受控热核反应、高能物理、发电与输电、电子仪表、交通运输等领域引起巨大的变革。以超导列车为例，安装在液氦中的超导磁体，可使列车悬浮起来，像在气垫导轨上一样。这样的列车从北京到上海只要 2 小时。我国已生产出超导列车的样车。目前，超导列车已处于实际应用的阶段。

除超导性外，低温下物质还表现出超流动性。科学家们正对此进行研究，探索利用此种特性为人类服务的途径和前景。

在医疗卫生方面，低温的冷冻治疗机已成为外科大夫手中的新式武器。利用液态气体的低温，可以贮存血浆、疫苗，甚至眼球、肾脏等人体器官。

此外，用液态气体可以获得高度真空，提纯某些物质，制造安全炸药，还可以作为航天器的燃料。液态氧可用来供给飞行员呼吸。至于液化石油气，则早已在家庭中广泛使用了。

液体的汽化 物质从液态变成气态的过程叫做汽化。汽化的方式有两种：蒸发和沸腾。

蒸发 仅在液体表面进行的汽化现象叫做蒸发。这种过程能在任何温度下进行。蒸发现象是常见的。例如：盛在盘子里的水会逐渐减少；洗过的衣服可以晾干；降落在地上的雨水会变成水蒸气返回大气中去等，都是蒸发。

从分子运动论的观点看，液体表面的分子也在不停地作无规则运动，其中总有一些动能较大的分子能克服其他液体分子的吸引而飞出液面，这就是蒸发。

液体蒸发时，要从周围物体吸收热量，所以蒸发有制冷作用。把酒精涂在皮肤上，会感到发凉，就是这个道理。

沸腾 沸腾是一种在液体内部和表面同时进行的汽化现象。将水加热到一定程度，我们将看到大量气泡上升到水面，破裂后，放出水蒸气，这就是水的沸腾。液体沸腾时的温度叫沸点。

把90℃的热水放在抽气机的玻璃罩里，然后抽气。当罩里的压强减小到一定程度时，水就沸腾了，这表明液体的沸点跟外界压强有关。实验还表明，压强减小，液体的沸点降低；压强增大，沸点升高。由于大气压强随高度的增加而减小，所以在高原上水的沸点就较低，用普通的锅不易烧熟饭菜。压力锅压强可达2atm，水的沸点可达120℃，所以能很快地煮熟食品。利用压强控制沸点，在工业生产中也有很多应用。例如，制糖业中，糖汁要在低压锅内熬制成砂糖，因糖汁在较低温度下沸腾不易变质。

汽化热 液体沸腾后，它的温度不再升高，继续对它加热，就有更多的液体变为蒸汽。这表明，沸腾和蒸发一样，也要吸收热量。液体变成同温度的汽所需要吸收的热量跟它质量的比值称为汽化热。汽化热也是潜热，它在数值上等于单位质量的液体变成同温度的汽所需要吸收的热量。汽化热的SI单位是J/kg。表7.4列出了常见液体在1atm下的沸点和汽化热。

表7.4 液体的沸点和汽化热

物质	沸点（℃）	汽化热（J/kg）	物质	沸点（℃）	汽化热（J/kg）
水	100	2.26×10^6	液态氨	−33	1.37×10^6
酒精	78	8.55×10^5	氟利昂12	−29.8	1.47×10^5
水银	357	2.89×10^5	液态氧	−183	2.14×10^5
液态铁	2750	6.30×10^6	液态氢	−253	4.35×10^5
乙醚	35	3.52×10^5	液态氦	−269	2.5×10^4

蒸汽凝结成液体时要放出热量，液化时所放出的热量和它在同温度下汽化时所吸收的热量相等。

知道了汽化热，我们就可以计算出任意质量的液体（或汽）变成同温度汽（或液体）时所吸收（或放出）的热量。用 L 表示汽化热，m 表示质量，$Q_{汽}$ 表示吸收（或放出）的热量，则有

$$Q_{汽} = Lm \tag{7.12}$$

上式各量的 SI 单位分别是 J，J/kg，kg。

习 题 7.6

1. ________________________________称做熔化热。________________________________称汽熔化热。

2. 在外界压强不变的条件下，正在熔化的晶体不断地________热量，而温度________，在此过程中，晶体的内能不断________________。

3. 同一种晶体，一定是

（1）凝固点低于熔点；

（2）熔点低于凝固点；

（3）没有一定的熔点和凝固点；

（4）凝固点和熔点相同。

4. 各种液体沸点与压强的关系是

（1）随着压强的增大而升高；

（2）随着压强的增大而降低；

（3）与压强无关；

（4）与压强有关，但没有确定的关系。

5. 下面有关论述正确的是

（1）沸腾和蒸发都是在液体表面进行的汽化现象；

（2）沸腾和蒸发都是在液体内部进行的汽化现象；

（3）沸腾和蒸发可以在任意温度下进行；

（4）沸腾是在液体内部和表面进行的汽化现象；蒸发是在液体表面进行的汽化现象。

6. 冬天汽车停驶时，为什么要把水箱中的水放掉？

7. 在高寒地区，测量气温时要用酒精温度计而不用水银温度计，为什么？

8. 制冷车间把水盛在模子里，放入 −20℃ 的盐水中制冰。当把 90kg、18℃ 的水变成 0℃ 的冰时，盐水吸收了多少热量？已知水的比热为 4.2×10^3 J/（kg·℃）。

9. 在测定熔化热的实验中，黄铜量热器内筒的质量是 0.15kg，装有 16.0℃

的水 0.10kg，向水里放进 9.0×10^{-3} kg、0℃的冰，冰完全熔化后水的温度是 9.0℃，求冰的熔化热。已知黄铜的比热是 3.9×10^{2} J/（kg·℃）。

10. 在 1.0 atm 下，使 0.10kg 处于沸腾的氟利昂制冷剂全部汽化，需吸收多少热量?

阅读材料

电冰箱和空调器

电冰箱是一种小型制冷装置。它是利用制冷剂汽化吸热和液化放热的原理制成的。图 7.22 是电冰箱的构造简图。它主要是由箱体、制冷系统等部分组成。

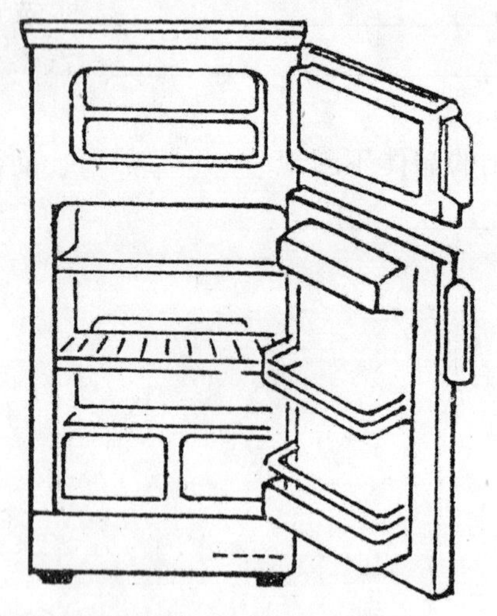

图 7.22　电冰箱构造简图

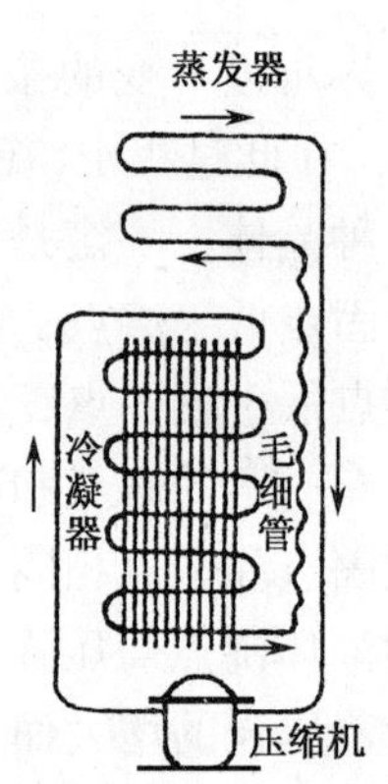

图 7.23　电冰箱制冷系统

箱体　是电冰箱的躯体，用来隔热保温，使箱内保持低温环境。箱体外壳由薄钢板制成，表面涂喷浅色涂料，这样可以减少因热辐射而进入冰箱内的热量。内壳一般由工程塑料制成。内、外壳之间填充优质隔热材料，可以有效地减少因热传导而进入冰箱的热量。门体内侧四周贴有磁性密封条，当冰箱关闭时，能自动严密吸合。

制冷系统　主要由压缩机、冷凝器、毛细管和蒸发器四大装置组成，制冷剂在这些装置中实现压缩、冷凝、节流和蒸发四个过程组成的制冷循环，以达到制冷目的。

压缩　在电冰箱背面下部有个黑色的罐状物体，这就是电冰箱的心脏——压缩机。它主要由电动机、气缸和活塞组成。压缩机在运行时，把来自蒸发器的低温、低压制冷剂蒸汽吸入气缸，并通过活塞运动，把它压缩成高温、高压蒸汽。

冷凝　在电冰箱背面上部，有一个黑色网状结构，这就是冷凝器。由压缩机排入的高温高压制冷剂蒸汽，通过冷凝器向周围散热，从而冷凝液化为高压制冷剂液体。冷凝器制成黑色网状，可以提高散热效能。

节流　由冷凝器排出的高压制冷剂液体，被送入毛细管。毛细管一般由长 2 ~4.5m，内径 0.5 ~1mm 的紫铜管制成，流体经过细长管道时，因流速和阻力增大，压力会降低，所以制冷剂经过毛细管后，就变为低温低压的液体并部分汽化。

蒸发　在电冰箱冷冻室四周的内壁里，装有蒸发器。它一般由铜或铝制成。也有用复合铝板吹胀成型的。由于蒸发器管路直径比毛细管要大得多，所以由毛细管排入蒸发器的制冷剂液体突然膨胀，压力迅速降低，从而沸腾汽化，由冷冻室内吸取热量，变为低温低压蒸汽，又被吸入压缩机。

经过以上四个过程，完成一个制冷循环。制冷剂就像“载热列车”一样，在冰箱的冷冻室吸取热量，又在冰箱的冷凝器中把热量散发到空间去。如此往复循环，使电冰箱内的温度降低，达到人工制冷的目的。整个制冷过程，可用图 7.23 表示。

空调器的制冷原理和电冰箱完全相同。它把蒸发器和一个风扇装在室内挂机里，把压缩机、冷凝器和一个风扇装在室外机里，中间由制冷剂的管道和电源线连接。

7.7　空气的湿度

大气中除水蒸气外，其他气体的比例是基本不变的。大气中的水蒸气主要来自江河湖海和大地及植物的蒸发。所以，空气中水蒸气的含量多少就受地理、气候等因素的影响。

绝对湿度　空气的干湿程度可用空气中水蒸气的密度来表示，但直接测定水蒸气的密度比较困难。考虑到水蒸气的密度越大，水蒸气的压强就越大；反之，水蒸气的压强就小。因此，湿度的大小也可以用空气中水蒸气的压强来表示。我们把空气中所舍水蒸气的压强称为空气的绝对湿度。

饱和汽　当你把一部分水放在盘子里，几天后会发现它们将全部蒸发掉。但是密闭容器中的液体则不同，从液面蒸发出来的汽分子只能在容器内运动。随着液体的不断蒸发，液面上的汽的密度逐渐增大，因而单位时间内碰撞而飞回液体的汽分子逐渐增多。最后，总会达到这样一种状态，单位时间内不再增多，液体也不再减少，这种状态叫做动态平衡，跟液体处于动态平衡的汽称为饱和汽。长期密闭在容器中的酒、汽油以及煤气罐中的液体石油汽，它们液面上的汽都是饱和汽。

饱和汽压　某种液体的饱和汽的压强称为该液体的饱和汽压。饱和汽压与温度有关。例如，水的饱和汽压在 0℃时为 6.1×10^{2}Pa；20℃时为 2.3×10^{2}Pa；100℃时则为 1.013×10^{5}Pa。对同一种液体，其饱和汽压随温度升高而增大，随温度降低而减小。

液体的饱和汽压与体积无关，当温度不变时，体积增大，一部分液体变成汽；体积缩小时，一部分汽变成液体；而饱和汽压保持不变。

相对湿度　许多和湿度有关的现象，如动物的感觉，植物的枯荣，蒸发的快慢以及某些商品的仓储质量等，不是跟绝对湿度，而是跟空气中水蒸气离饱和状态远近有关。由于水的饱和汽压随温度升高而增大，在空气绝对湿度相同时，气温高，水蒸气离饱和状态就远，我们感到干燥，气温低，水蒸气离饱和状态近，我们感到潮湿。因此，有必要引入一个能表示空气中水蒸气离饱和状态远近的物理量。

某温度时空气的水蒸气压强 p 跟同温度饱和水蒸气压强 $p_{饱}$ 的百分比，称为该温度时空气的相对湿度 B，即

$$B=\frac{p}{p_{饱}}\times100\% \tag{7.13}$$

【例 5】　气温为 20℃时，空气中水蒸气的压强是 2.20×10^{3}Pa，20℃时水的饱和汽压是 2.34×10^{3}Pa，这时空气的相对湿度是多少？

解　由相对湿度的定义有

$$B=\frac{p}{p_{饱}}\times100\%=\frac{2.20\times10^{3}}{2.34\times10^{3}}\times100\%=94.0\%$$

露点　我们知道，绝对湿度不变，温度下降时，饱和水汽压减小，相对湿度会增大。当气温降低到某一温度时，空气中未饱和的水汽就会变成饱和汽，水蒸气开始凝结成细小的露滴。空气中水的未饱和汽变成饱和汽时的温度叫做露点。

秋夜气温下降，如果气温降到露点以下，空气中未饱和水汽就变成饱和汽。饱和汽凝成一颗颗晶莹的水珠，这就是露水。夏日，由于自来水温度比气温低，也会使水管周围达到露点，你会发现空气中的水蒸气在水管上凝结。空调器在制冷过程中，其工作表面温度通常低于露点温度，空气中的水蒸气就不断在其工作表面凝结成露水，然后由盛水槽排出室外。所以空调器除具有调温功能外，还有去湿功能，当调节室温为 27℃～28℃，相对湿度为 55%～60%时，人体就感到比较舒适。

湿度计　测量空气湿度的仪器叫做湿度计。图 7.24 是毛发湿度计的构造示意图。脱脂后的人发，其长度随空气的相对湿度而变化。相对湿度变大，头发伸长；反之，就缩短。利用毛发长度的变化带动指针转动，就能指示出相对湿度的大小。图 7.25 是干湿泡湿度计，它由两只温度计组成。一只用来测定空气的温

度，叫干泡温度计，另一只叫湿泡温度计，在它的泡上包有纱带，纱带下垂到水槽里，所以纱带总是湿的。如果空气中的水蒸气未达到饱和状态，纱布上的水分就要不断蒸发吸收热量，湿泡温度计所示的温度就要低于干泡温度计。温度差大，说明蒸发快，空气干燥，相对湿度小，反之，说明相对湿度大。根据温度差和当时的气温就可以从湿度计的附表上查出空气的相对湿度。

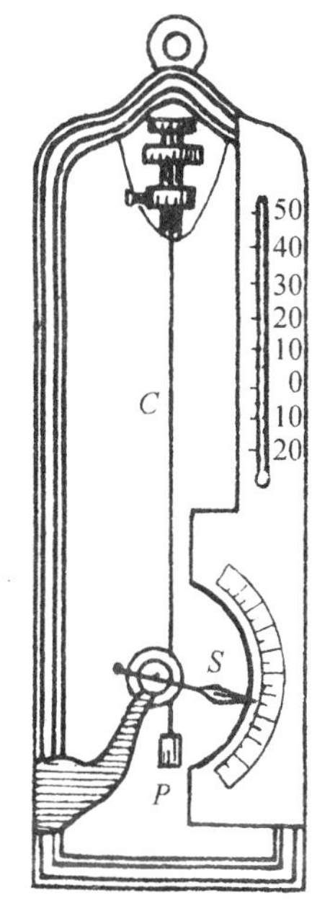

图 7.24　毛发湿度计

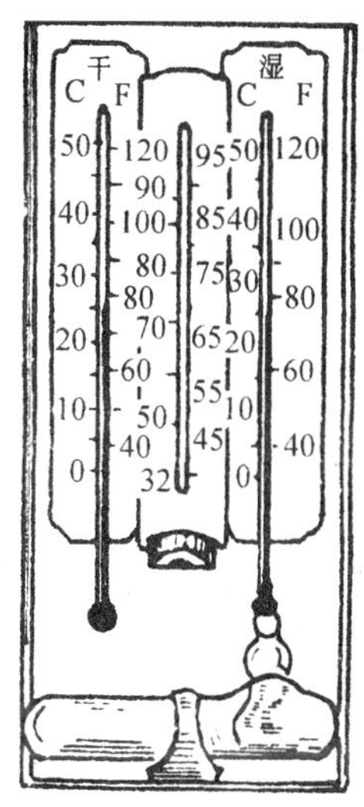

图 7.25　干湿泡湿度计

习 题 7.7

1. ________________________________称做绝对湿度；________________________________称做相对湿度。

2. ________________________________叫做饱和汽。________________________________叫做饱和汽压。

3. ________________________________叫做露点。

4. 绝对湿度和相对湿度的区别是什么？

5. 在绝对湿度相同的情况下，中午和午夜的相对湿度哪个大？为什么？

6. 教室内温度是 18℃，相对湿度是 60%，绝对湿度多大（18℃时的饱和水汽压为 2.06×10^3 Pa）？

7.8　物体的内能　热和功

分子的动能　组成物体的分子都在作永不停息的热运动，它们都具有热运动动能。

我们知道，即使很小的物体，也含有大量分子，这些分子的热运动速度不同，动能也不相同。由于我们所观察到的各种热现象都是物体内大量分子热运动的宏观表现，因此在研究热现象时，我们关心的不是每个分子的动能，而是所有分子动能的平均值，即分子的平均动能。

物体的温度越高，分子的热运动越激烈，分子热运动的平均动能也就越大；反之，温度越低，分子热运动平均动能就越小。所以，从分子运动论的观点来看，温度是物体分子热运动平均动能的标志。

分子的势能　我们已经知道，地球上的物体因和地球有万有引力作用而具有重力势能，其大小由物体和地球的相对位置决定。同样，分子间有作用力，因而也具有由分子间相对位置决定的势能，这种势能称为分子势能。

如果物体的体积改变，分子间相对位置就会改变，分子势能也会随之变化，所以分子势能与物体的体积有关。

物体的内能　自然界中一切物体都由分子组成，因此，所有物体都具有分子动能和分子势能。物体中分子动能和分子势能的总和称为物体的内能。

综前所述，物体的内能跟物体的温度和体积有关，温度和体积改变都可能会引起物体内能的改变。

常温常压下，由于气体分子间的相互作用力可忽略不计，因而可以不考虑气体分子势能，它的内能仅与温度有关。

内能的变化　在日常生活中，物体内能发生变化的例子是不胜枚举的。锯木头时，我们克服摩擦力做功，锯条和木头的温度升高，内能增加；车床克服切削阻力做功，工件和刀具温度升高，内能增加；两手相互摩擦，手心发热，内能也会增加。不仅克服摩擦力做功可改变物体内能，压缩气体做功也可改变气体内能。拖拉机上的压燃式柴油机，通过活塞压缩气缸中的气体，使温度升高到500℃ ~700℃，从而使柴油燃烧。

上述例子表明，做功可以改变物体的内能。

一杯热水因散热变冷而使内能减小，寒冷的冬天，点燃的火炉会使冰冷的房间变得温暖如春，室内物体内能也因之增加。这些现象表明，热传递也能改变物体的内能。

热和功　做功和热传递都可以改变物体的内能，它们在改变物体的内能上是等效的，因此所做的功和传递的热量都可以用能量的单位来表示，能量的 SI 单位是焦耳，国际符号是 J。

热是什么？在 200 多年前，人们曾错误地认为，热是一种没有质量、颜色和气味的特殊物质，叫做“热质”，并给热量规定了一个特殊的单位——卡(cal)。1cal 就是使 1g 纯水温度升高 1℃ 所需的热量。

现在我们知道，所谓热并不是脱离物体的另外一种物质，而是物体内部的一种能量，也就是物体的内能，俗称热能。同样，物体吸收或放出的热量所量度的不是物体吸收或放出了多少“热质”，而是物体内能发生了多大变化。在使物体内能发生变化这一点上，传递热量和做功是等效的，对此，英国物理学家焦耳(1818～1889）以坚毅不拔的精神进行了近 40 年的实验，他的严谨治学和献身科学的精神，永为后人所敬仰。他的实验结果表明，向物体传递 1cal 的热量跟对物体做 4. 2J 的功能使物体增加同样的内能，这就是热功当量。即 1cal ＝4. 2J。所以，热量的 SI 单位是 J，不再用 cal 做单位。当内能、所做的功和传递的热量都用 J 作单位时，对物体所做的功或对物体传递的热量，都等于物体增加的内能。

习 题 7.8

1. 分子的内能与________________和________________有关。
2. 做功和热传递在________________________________是等效的。
3. 质量相同的 0℃ 的水和冰，其内能

（1）相同；　（2）不相同；　（3）无法确定。

4. 水在汽化成同温度的汽的过程中，分子平均动能

（1）增大；　（2）减小；　（3）不变；　（4）无法确定。

5. 举出几个能量转化的实例。
6. 汽车刹车后，动能越来越小，你能用能量守恒定律说明这一现象吗？
7. 你可以用几种方法使水的温度升高？说出各是什么形式的能转化为水的内能？
8. 太阳、河流、海洋和风都是无污染、不需要费用的能源，你知道有哪些利用上述能源的方法？

7.9　热力学第一定律　能量守恒定律

热力学第一定律　当物体从外界吸收热量 Q 时，物体的内能应该增加 Q；如果物体对外做功 W 时，物体的内能应该减少 W。如果物体从外界吸收热量 Q，同时又对外做功 W，则物体内能的增量 ΔE 应该等于 $Q-W$，通常写为

$$Q = \Delta E + W \tag{7.14}$$

式中，Q 为物体从外界吸收的热量，ΔE 为物体内能的增量，W 为物体对外做的功，式中各量的单位都是 J。

式（7.14）表明，物体从外界吸收的热量等于物体内能的增量与物体对外做的功的和。这就是热力学第一定律。

为使（7.14）式普遍适用，式中各量的符号规定如下：物体从外界吸热，Q 取正值；物体向外界放热，Q 取负值。物体对外做功，W 取正值；外界对物体做功，W 取负值。物体内能增加，ΔE 取正值；物体内能减少，ΔE 取负值。

【例 6】 一定质量的气体从外界吸收热量 2.66×10^5J，它的内能增加了 4.15×10^5J，问在此过程中是气体对外做功，还是外界对气体做功？做了多少功？

已知 $Q=2.66\times10^5$J，$\Delta E=4.15\times10^5$J，求 W。

解 由热力学第一定律 $Q=\Delta E+W$，可得

$$W=Q-\Delta E=2.66\times10^5-4.15\times10^5=-1.49\times10^5\text{J}$$

W 为负值，表示外界对气体做功 1.49×10^5J。

能量的转化和守恒定律 我们已经研究了与机械运动所对应的机械能，也研究了与热运动对应的内能。实际上，物质有许多不同的运动形式，每一种运动形式都有一种对应的能。除了我们已经学过的机械能和内能外，还有与其他运动形式所对应的电能、化学能、磁能、原子能，等等。

前面我们已经学过，机械能中的动能和势能是可以互相转化的，机械能和内能也是可以互相转化的。进一步研究和观察我们会发现，各种形式的能都可以互相转化。

太阳把光和热洒向大地，把江河湖海水面晒热并使一部分水蒸发，水汽上升到空中形成云，这是太阳能转化成水汽机械能的过程。雨水又洒向群山大川，汇成江河奔腾而下，又是水的势能转化成动能的过程。在水力发电站，水轮发电机又把水流的动能转化为电能。而各种用电设备又把电能转为机械能、内能、光能，等等。大量事实还表明，任何形式的能转化为另外形式的能时，总的能量是守恒的。

经过长期的生产实践和科学研究，人们认识到，能量既不能创生，也不能消灭，它只能从一种形式转化成另一种形式，由一物体转移到另一物体，而能量的总和保持不变，这就是能量守恒定律。

能量守恒定律建立以来，在科学技术的各个领域发挥了重大作用，它是人类认识自然和改造自然的有力武器。

习 题 7.9

1. ________________________________称为热力学第一定律。

2. 下列说法正确的是:

(1) 物体吸收了热量，温度一定升高。

(2) 互相接触的2个物体，其中放出热量的物体，内能一定较多；吸收热量的物体，内能一定较少。

(3) 一质量为 m 的物体，以速度 v 作匀速直线运动，则这个物体的分子平均动能是 $\frac{1}{2}mv^2$。

3. 什么是物体的内能？改变物体内能的物理过程有哪两种？每一种举几个实例。

4. 为什么说物体的内能与物体的温度和体积有关?

5. 举出几个能量转化的实例。

阅读材料

我国的火力发电和地热发电

从18世纪起，煤炭成为人类的主要能源，蒸汽机的发明使热能可以转化为机械能，代替人力、畜力做动力，促进了资本主义工业革命。19世纪70年代，电动机问世，电能开始广泛使用，这就要求人们必须把煤炭、石油、天然气等燃料燃烧时释放出的热能首先转化为电能，这就是火力发电。

据不完全统计，我国总装机容量超过1000 MW的大型火电厂有50余座。最大的是山东邹县电厂，总装机容量为2400 MW。居第2位的是江苏谏壁电厂，总装机容量为1625 MW。居第3位的是河北陡河电厂，总装机容量为1625 MW。

利用地热进行发电，是热能利用的另一重要领域。我国最早的地热电站是广东省丰顺县的邓屋地热电站，其第一台86 kW机组于1970年投入运行。目前我国最大的地热电站是西藏自治区的羊八井地热电站，其总装机容量于1998年达到 2.5×10^4 kW。羊八井地热田的汽、水混合物温度为145 ℃ ~150 ℃，井内地热流体的最高温度达172℃。据不完全统计，全国地热发电机的装机容量已达30 MW。

物理与高科技

新能源技术

为了从根本上解决能源紧张，完善能源结构，人们都在积极开发利用新能源。现代化社会对开发新能源的要求越来越高，既要有足够的数量保证社会经济日益增长的需要，又要求有良好的质量，对环境没有污染等。目前进展比较快的新能源有太阳能、原子能、原子核能、氢能以及其他如风力发电、地热发电、潮汐发电、生物质能发电，等等。

1. 太阳能发电

太阳能是一种取之不尽用之不竭的天然能源。目前世界各国都不同程度制定了“阳光规划”，主要从太阳的热能和太阳能两方面研究。太阳能利用已比较普遍，如太阳灶、太阳能热水器、太阳能干燥器等，也有国家在研究太阳能锅炉。太阳光发电技术研究进展较快，其原理是利用光源效应将太阳光直接转换成电能，关键技术是提高材料的光电转换效率。经过研究试制发现，各种半导体材料如单晶硅、多晶硅、砷化镓、硫化镉等材料都可制作光电池管。日本利用非晶硅薄膜作光电池管，不但成本降低，转换率也能达到15%左右。随着转换率的提高，其应用范围已从人造卫星等航行器逐步扩大到作为地面特殊场合的辅助能源。如我国拉不上电网的边远地区的农牧民用电就可以采用这种技术。若将来能利用超导材料制成大容量太阳能蓄电装置，就可长时间、无损耗地贮存太阳能，从而使太阳能的利用得到更快的发展。

人们还在设想发射人造太阳能卫星。把太阳能电池盘送进地球同步轨道，不分四季和昼夜，把太阳光转成电能，然后经过转能器把电能转换成微波能，从太空中源源不断地向地球表面输送，地球上的接收天线将接收到的微波能再转换成电能，输送到电网。这项技术如能有根本性突破，将从根本上改变人类利用能源的紧张状况。

2. 原子核能的开发利用

原子核能就是某些原子核在外界条件作用下，发生裂变、衰变及聚变作用，并能同时释放出巨大的能量。原子核能，主要有裂变能和聚变能，利用这巨大的能量来发电的装置，就称为核电站。据统计，1kg 铀 – 235 裂变时放出的能量相当于4500t 原煤燃烧时放出的能量，从综合经济效果看，它既安全又较干净。虽然一次性投资大，但长期看经济上是合算的，所以它的推广普及比较快。核电对弥补能源短缺、协调能源分布不均、缓解交通运输紧张、促进经济发展起着越来越大的作用。

正在研究的是核聚变能。核聚变能是由较轻的原子核（如氘、氚等核）在中子作用下，聚合成较重的氦核时所释放出来的能量，1kg 氘核聚变时放出的能量比相同重量的铀核裂变时放出的能量大 4 倍之多。但有控制的核聚变能，在技术上难度比较大，因为要使两个相同的核电核聚合，必须克服它们间的静电排斥力，也就是要达到“热核点火”的条件很苛刻。目前人们利用激光和强磁场约束对此研究有了一定进展。几十年来，受控核裂变发电一直是人类探索新能源的尖端课题，因为氘、氚核燃料在海水中储藏量达 24. 3 万亿 t，足够人们用上几百亿年，这项技术一旦成功，势必会带来能源史上的一场革命。

3. 氢能利用技术

氢能也叫氢燃料，它是新兴的“二次能源”，氢在常温常压下是气体，而液态氢是当前空间技术上发射各种飞行器的高能燃料，它的燃烧热值是汽油的2.8倍，因此，各国很看重将氢用作发电、家用燃料和各种机动车的能源。氢能的优点很突出：第一，氢来自水的分解，地球上70%以上都是水；第二，氢作燃料燃烧后产物仍是水，不产生其他任何副产品，这样既保证水的循环，又保护生态环境，合理利用可永续利用；第三，氢是所有物质中最轻的能源，燃烧热值又高，故它最适于宇航飞行及在各种交通运输工具中使用；第四，如用氢作为燃气轮机燃料，则既可发电，又可产生高压蒸气供热；第五，氢和氧通过电化反应可制成氢燃料电池，其能量转换率可达80%以上。从长远看，氢和太阳能组成复合型能源系统将有着广阔的前景。

其他新能源，如生物能、海洋能、地热能、风能等，也在不断被人们开发利用。预计在21世纪末，世界将进入“复合能源时代”，即能源结构向着多样化、优质化、更加合理化方向发展，能源利用率也将大大提高，满足社会生产力的迅猛发展。

学 生 实 验

绪　　论

物理实验　物理学是一门实验科学。翻开物理学史，我们会看到，每个物理规律的发现及其理论的建立，都是以物理实验为基础并受到物理实验的严格检验。

实验是研究自然的一种科学方法，人们根据研究目的，利用科学仪器，人为地模拟自然现象，就是实验。我们的物理实验是按照一定的教学目的而设计的。通过实验，不仅可以使我们生动地感知物理现象，加深对物理概念和规律的理解，而且可以培养提高我们的实验技能和动手能力。同时，通过实验，可以培养我们实事求是、严肃认真和理论联系实际的科学态度，以及勤于动手、善于思考、刻苦钻研的作风，还可以培养我们遵守纪律，团结友爱和爱护公物的优良品德。

在物理实验中要求我们做到以下几点：

(1) 每次实验前要认真预习实验指导书，明确实验目的、实验原理、使用的仪器和操作步骤等，做到对实验全过程有明确的了解。

(2) 在实验中要正确使用仪器，按实验步骤进行操作，并认真观察实验现象，正确记录实验结果。

(3) 认真分析实验结果，写出实验报告。

(4) 实验完毕要按实验室规则整理好仪器。

通过实验我们要掌握常用物理量的测量方法，熟悉常用仪器的性能、原理和使用方法，学会正确记录处理数据、分析实验结果，写出完整的实验报告。

误差　在实验中，我们对物理量的测量不可能绝对准确，致使测量值和真实值之间存在差值，这个差值叫误差。误差主要有下面两种。

(1) 系统误差。由于仪器不精确，实验理论和方法不完善等原因，致使测量值总是有规律地偏离真实值，这种误差叫做系统误差。

(2) 偶然误差。由于一些偶然因素，主要是测量者感官条件不同、环境或仪器不稳定等因素造成的误差叫做偶然误差。它的特点是时而偏大，时而偏小。多次测量求平均值可以减小偶然误差。

有效数字　从仪器上读数时，通常要求估计到最小刻度的下一位。这一位数字是不可靠数字，但它有参考价值，不能舍去。像这样带有一位不可靠数字的近似数中的每一位数字，都称为有效数字。关于有效数字，应注意以下几点：

(1) 在上述近似数中，一切非零数字都是有效数字，如 62.7 是三位有效数字。

（2）两个非零数字之间的一切数字，包括零在内，都是有效数字，如 100.5 是四位有效数字。

（3）对于纯小数，既在小数点右边，又在非零数字左边的零不是有效数字，它只与单位的交换有关。如 0.0021 和 0.21，都是两位有效数字；小数点右边非零数字后的零，是有效数字，如 6.7 是两位有效数字，6.70 是三位有效数字。

（4）不可靠数字与其他数字相加、减、乘、除，所得结果也是不可靠的，而且计算结果只能保留一位不可靠数字。在运算过程中，我们可在不可靠数字上面加一横线，以便和可靠数字相区别。

【例 1】

$$
\begin{array}{lr}
 & 423.2\bar{4} \\
 & 36.\bar{3} \\
+ & 4.26\bar{4} \\
\hline
 & 463.\bar{8}\bar{0}\bar{4}
\end{array}
$$

显然，应取 463.8，是四位有效数字。

【例 2】

$$
\begin{array}{lr}
 & 24.24\bar{1} \\
\times & 1.\bar{4} \\
\hline
 & \bar{9}\bar{6}\ \bar{9}\bar{6}\bar{4} \\
 & 242\ 4\bar{1} \\
\hline
 & 3\bar{3}.\bar{9}\ \bar{3}\bar{7}\bar{4}
\end{array}
$$

因为结果只能保留一位不可靠数字，其余四舍五入，所以结果应写为 34。可以看出，在乘除运算中，结果的有效数字应跟各量中有效数字位数最少的相同。

实验 1　长度的测量

实验目的

（1）学会正确使用游标卡尺和螺旋测微器；

（2）练习有效数字的计算。

实验器材

游标卡尺（量程 300mm，分度值 0.05mm 或 0.02mm），螺旋测微器（量程 25mm，分度值 0.01mm），金属长方体，金属圆管（长 50cm，外径 20 ~ 24mm），金属丝（直径 0.5 ~ 1mm）。

用游标卡尺测量金属圆管

游标卡尺是测量长度的精密器具，它的构造如实验图 1.1 所示。其中，1. 主尺，上有毫米刻度；2. 游标（副尺），套在主尺上可滑动；3. 下测脚，用来测量物体的外部长度；4. 上测脚，用来测量物体的内部长度；5. 尾尺，测量槽或孔的深度；6. 推钮，用来推动游标沿主尺滑动；7. 锁紧螺钉，用于固定主、副尺。

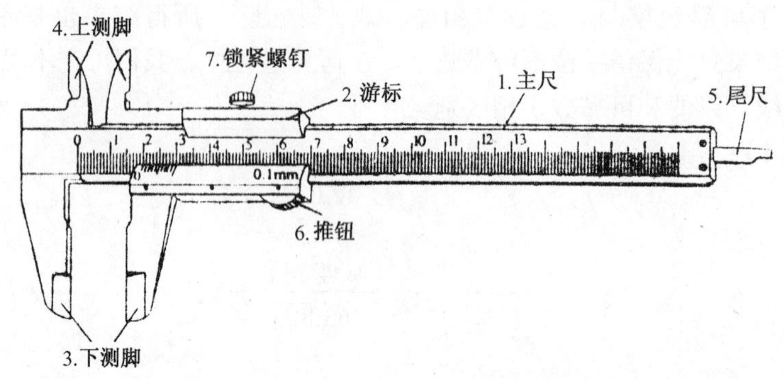

实验图 1.1　游标卡尺

常用的游标有 20 分度（精度为 0.05mm）、50 分度（精度为 0.02mm）两种。今以 50 分度的游标卡尺为例，说明其原理。如实验图 1.2（a）所示，主尺的最小刻度为 1mm，游标的长度为 49mm，分为 50 格，每格为 0.98mm，因此，主尺最小刻度与游标刻度之差为 0.02mm，这一差值就是游标卡尺的精度。

如实验图 1.2（b）所示，在读数时，先读游标尺“0”刻线左边主尺上的

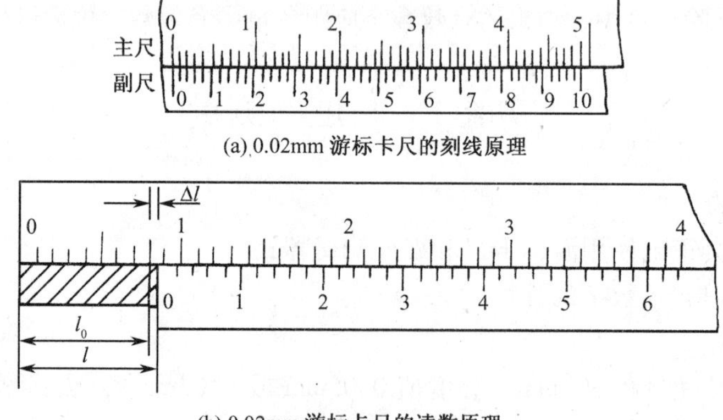

实验图 1.2　游标卡尺的刻线和读数

毫米数，图中 $l_0=8\text{mm}$；然后在游标中读出毫米以下的尾数，图中是第 30 条游标刻度线与主尺上某一刻度线重合，因为主尺上从 8 到 38 刻度线间的距离与游标上从 0 到 30 刻度线间的距离之差恰是尾数 Δl。所以

$$\Delta l = 0.02\text{mm} \times 30 = 0.60\text{mm}$$

这样，被测物体的长度

$$l = l_0 + \Delta l = 8\text{mm} + 0.60\text{mm} = 8.60\text{mm}$$

由此可见，被测物体长度的表示式为

$$l = l_0 + K \times \text{精度}$$

式中 l_0 代表游标 0 刻线左侧主尺上的毫米数，K 代表与主尺上某刻度线对齐的游标上刻度线的序号。

其他分度的游标卡尺的读数方法与 50 分度的方法相同。

用游标卡尺测量的实验步骤

（1）在靠近管的两端处分别量出两个互相垂直的金属圆管外径值，填入实验表 1.1 中。

（2）在管的两端处分别量出两个互相垂直的内径值，填入实验表 1.1 中。

（3）测量金属管的长度。用外测脚测四次，把数据填入实验表 1.1 中。

实验表 1.1

	金属管外径（mm）	金属管内径（mm）	金属管长度（mm）
第 1 次			
第 2 次			
第 3 次			
第 4 次			
平均值			

练习使用螺旋测微器

螺旋测微器是比游标卡尺更精密的测量长度的器具，它的构造如实验图 1.3 所示。小砧 A 和固定刻度 S 固定在框架 F 上。旋钮 K、微调旋钮 K'、可动刻度 H、测微螺杆 P 连在一起，通过精密螺纹套在 S 上。

精密螺纹的螺距是 0.5mm，即每旋转一周，测微螺杆 P 就前进或后退 0.5mm，可动刻度分成 50 等份，每一等份表示 0.01mm。这样每转两周，测微螺杆前进或后退的距离正好是 1mm，用它测量长度可以精密到 0.01mm。

使用螺旋测微器的实验步骤

（1）测金属管的外径，要在靠近管的两端处各量出两个互相垂直的外径，填

入实验表 1.2 中。圆管的轴线要和螺旋测微器上的测砧轴线保持垂直。读数时要注意半毫米的刻度线是否露出。

（2）测金属丝的直径。要在不同部位测四次，被测部分不能是弯曲的，把测量数据填入实验表 1.2 中。

（3）测量金属板（长方体）的厚度，要在不同部位测四次，把测量数据填入实验表 1.2 中。

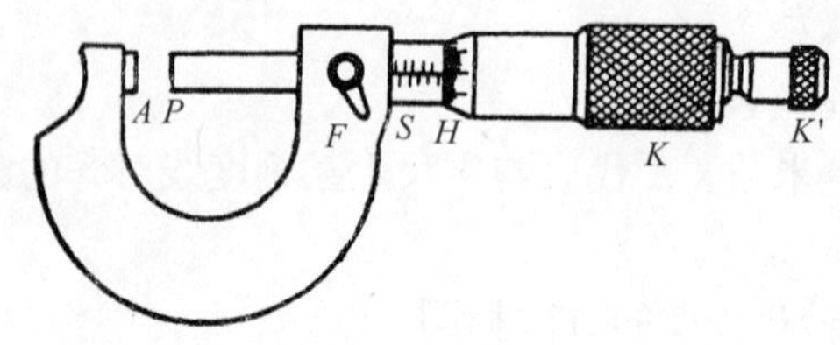

实验图 1.3　螺旋测微器

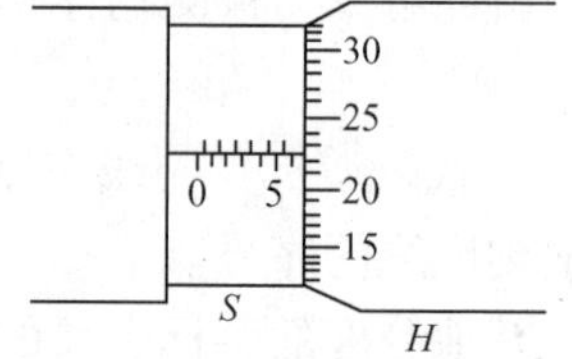

实验图 1.4　螺旋测微器的读数

测量时，旋出测微螺杆 P，并使 A 和 P 的面正好接触到待测长度的两端，P 向右移动的距离就是所测的长度。这个距离的整毫米数由固定刻度 S 上读出，小数部分则由可动刻度 H 上读出。

读数时，观察固定刻度 S 上表示 0.5mm 的刻度线是否已经露出。如果已经露出，如实验图 1.4 所示，测量器所表示的读数应该是主尺上的整毫米刻度加上主尺已经露出的 0.5mm，再加上可动刻度 H 上的整刻度数，还要加上 H 上的估计数字，即

$$(6+0.5+0.22+0.007)\text{mm}=6.727\text{mm}$$

应该注意的是，螺旋测微器是一种精密的器具，在测量过程中，小砧面靠近被测物体时，应停止旋钮 K，改用微调旋钮 K'。这样，不至于在小砧 P 和被测物体间产生过大的压力，既可以使测量结果精确，又可以保护螺旋测微器。

实验表 1.2

	金属管外径（mm）	金属丝内径（mm）	金属板厚度（mm）
第 1 次			
第 2 次			
第 3 次			
第 4 次			
平均值			

思考题

你使用的游标卡尺的精度是多少？用它测量金属管的外径、内径和管长时，应取几位有效数字？

实验2　研究共点力的合成

实验目的

（1）验证互成角度的两个共点力的合成遵循平行四边形定则；

（2）学会正确使用测力计。

实验原理

互成角度的两个共点力的合力，可以用表示这两个力的有向线段为邻边作平行四边形，其对角线就表示该两力合力的大小和方向。

实验器材

木板，白纸，图钉，线绳，钩码，带有铁夹的铁架台，三角板，量角器，测力计。

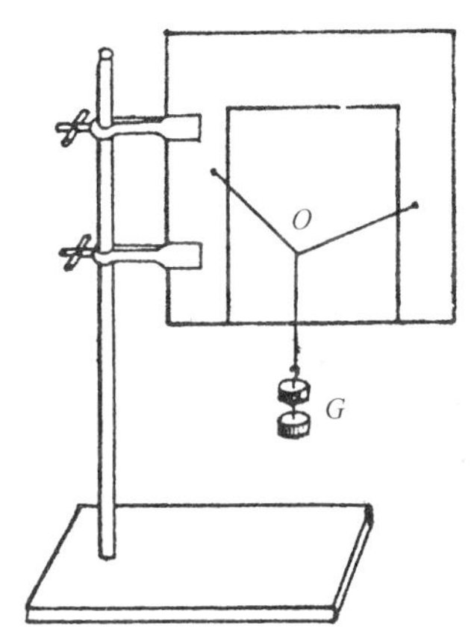

实验图 2.1　仪器的安装

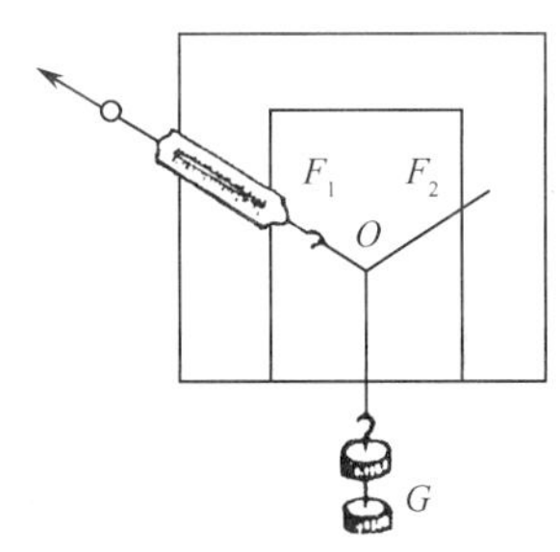

实验图 2.2　共点力的合成

实验步骤

（1）用图钉把白纸钉在木板上，如图 2.1 所示，把木板直立或夹在铁架上。

（2）在适当的位置钉上两个图钉。取三根线绳，使其一端牢固地系在一起，另一端分别作一个套结。将其中的两个套结分别挂在两个图钉上，把钩码挂在第三个套结上，并使三根线绳的结点在白纸的中下部位。

（3）用铅笔记下结点位置（O 点），用三角板沿三线画出各条线（各力）的方向。

(4) 如图 2.2 所示，用测力计分别测出套在图钉上两条线绳的拉力 F_1，F_2。测量过程是：把其中一根套结从图钉上取下来套在测力计上。调节测力计的位置，使细线和 O 点的位置不变，测力计可动部位不与底板接触，记下测力计的示数，然后把套结套在原来的图钉上，再测另一线绳的拉力。

(5) 摘下绳套，取下白纸，按一定比例从力的作用点（O 点）沿两力的方向作出代表两力的有向线段，并以它们为邻边作平行四边形，再作出其对角线 OR，则 OR 所代表的力即为二线绳拉力合力的实验值。

(6) 用测力计测出钩码的重力 G，按同样比例在白纸上从 O 点沿 G 的反方向作出有向线段 OR'，则 OR' 即是二力合力的理论值。

(7) 用量角器量出 OR 与 OR' 的夹角。

(8) 改变钩码的质量，把实验重作一次。

(9) 改变两绳的夹角，把实验再作一次。

记录与计算

将所测 F_1，F_2，…等值列记录在实验表 2.1 中。

实验表 2.1

序 次	F_1 (N)	F_2 (N)	OR (N)	OR' (N)	$\angle ROR'$ (°)
1					
2					
3					

实验 3 测定匀变速直线运动的加速度

方法一 用打点计时器

实验目的

(1) 学习使用打点计时器；

(2) 利用打点计时器测定匀变速直线运动的加速度。

实验原理

如实验图 3.1 所示。这是打点计时器在作匀变速直线运动的纸带上打得的一列计数点。每相邻两点间的时间间隔相同，等于 t。设纸带运动的加速度为 a，则

$$s_1 = v_0 t + \frac{1}{2}at^2$$

v_0　v_1　v_2　v_3　v_4

0　t　1　t　2　t　3　t　4

S_1　S_2　S_3　S_4

实验图 3.1　打点计时器打出的计数点

$$s_2 = v_1 t + \frac{1}{2}at^2$$

$$s_2 - s_1 = (v_1 t + \frac{1}{2}at^2) - (v_0 t + \frac{1}{2}at^2)$$

$$= (v_1 - v_0)t$$

又因为

$$v_1 = v_0 + at$$

所以

$$s_2 - s_1 = at^2$$

由于 a 和 t 都是恒量，所以任意相邻的两段相等的时间 t 内，位移之差都等于 at^2，而且有

$$s_4 - s_1 = (s_4 - s_3) + (s_3 - s_2) + (s_2 - s_1) = 3at^2$$

如果我们测得各段位移，就可由 $a_1 = \frac{s_4 - s_1}{3t^2}$，$a_2 = \frac{s_5 - s_2}{3t^2}$，……，求出 a_1，a_2，……及其在整个运动过程中的平均加速度。

实验器材

打点计时器，纸带，复写纸，低压交流电源，小滑车，细绳，一端附有滑轮的长木板，直尺，钩码（或沙桶）。

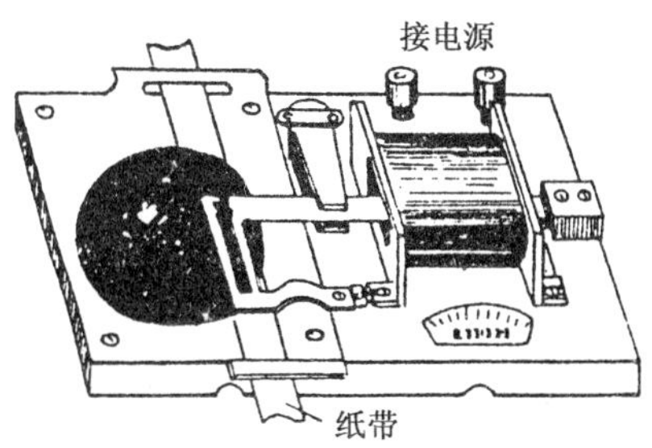

实验图 3.2　打点计时器

打点计时器简介

电磁打点计时器是一种计时仪器，如实验图 3.2 所示。它用来记录运动物体在一定时间内的位移。当接通电源后，振针随着振动片一起振动，打点器就等时

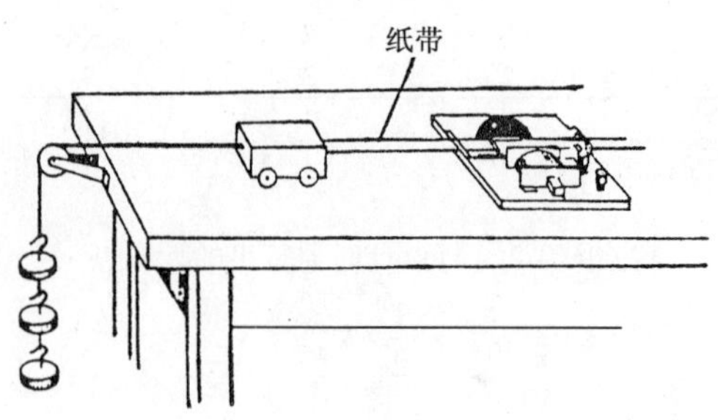

实验图 3.3 实验仪器的安装

地在纸带上打点。如果固定在物体上的纸带与物体一同运动，就可用纸带上的一系列点的位置来研究物体的运动情况。这种打点器使用 4 ~ 6V 的交流电。当电源频率为 50Hz 时，它的精度为 1/50，即每 0.02s 打一点。

实验步骤

（1）如实验图 3.3 所示，把附有滑轮的长木板平放在桌子上，打点计时器固定在木板上，给小车拴上细绳再跨过滑轮后挂上合适的钩码（或沙桶），把纸带穿过打点计时器并固定在小车上。

（2）把小车停放在靠近打点计时器处，接通电源，放开小车，纸带就与小车一起运动并被打上一系列点。然后，更换纸带，重复实验两次。

（3）挑选一条点迹比较清晰的纸带，舍弃开头比较密集的点子，在适当处选一点为起始点“0”，往后每 5 个点作为一个计数点（$t = 0.020 \times 5 = 0.10\text{s}$），并依次标明“1”，“2”，“3”……

（4）标明并测量相邻两计数点间的位移 s_1，s_2，s_3……

记录与计算

将数据记入实验表 3.1 中。再计算出位移差 Δs_{4-1}，Δs_{5-2}，Δs_{6-3}，……并记入实验表 3.1 中，然后求出 a_1，a_2，a_3，……及整个运动过程中的加速度 $\bar{a}$。

实验表 3.1

位移（m）		位移差（m）		a（m/s²）		$\bar{a}$（m/s²）
s_1（0-1）		$s_4 - s_1$		$a = \frac{s_4 - s_1}{3t^2}$		
s_2（1-2）						
s_3（2-3）		$s_5 - s_2$		$a = \frac{s_5 - s_2}{3t^2}$		
s_4（3-4）						
s_5（4-5）		$s_6 - s_3$		$a = \frac{s_6 - s_3}{3t^2}$		
s_6（5-6）						

方法二　用气垫导轨

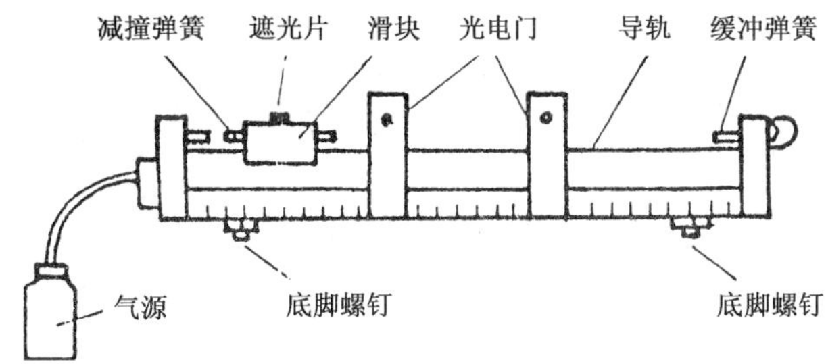

实验图 3.4　气垫导轨

气垫导轨简介

如实验图 3.4 所示。气垫导轨主要由轨身、光电门、滑块、数字计时器、气源等附件组成。

(1) 轨身。轨身由截面为正方形或三角形的铝合金管制成，长约 1.2 ~ 1.5m。一端封闭，另一端装有进气嘴，轨面上有数排小气孔，孔径约为 0.2 ~ 0.4mm。当压缩空气由进气嘴进入管腔后，就从小孔喷出，从而托起滑块。轨身下面有三个螺钉，用以调节轨身水平，两端装有缓冲弹簧或橡皮筋，侧面附有刻度尺。

(2) 滑块。滑块是在轨身上运动的物体。当气体从孔中喷出时，在滑块和轨面间形成很薄的“气垫”，滑块在轨道上近似无摩擦地运动。滑块上装有遮光片，它有一定宽度，用来测量通过光电门的时间，滑块上还可以安装弹簧或附加砝码等。

(3) 光电门。光电门由聚光灯泡和光敏管组成、利用光敏管受光照射和不受光照射所引起的电压变化，作为计时器的“停”、“计”控制。

(4) 数字计时器。数字计时器是利用数码显示时间的计时仪器。它的板面如实验图 3.5 所示，利用面板上的功能转换开关，可实现不同的计时功能。打在 S_1 挡时，任一只光电门被遮光时开始计时，遮光结束便停止计时，显示的是遮光片经任一光电门的遮光时间；打在 S_2 挡时，第一次遮光即计时，第二次遮光便停止计时，显示的是滑块经两光电门间位移所用的时间（或由某光电门经缓冲弹簧弹回该光电门所用的时间）。数字复零方式有手动和自动两种（有的无自动复零功能），采用自动复零时，数字显示时间可由“复位延迟”旋钮控制。根据测量需要的时标，可选用 0.1ms，1ms，10ms 档中的任一档 。例如，若数字显示出 3725，如果选在 0.1ms 档上时，读作 372.5ms；如是选在 1ms 档上时，读作 3725ms；如选在 10ms 档上，则读作 37250ms。

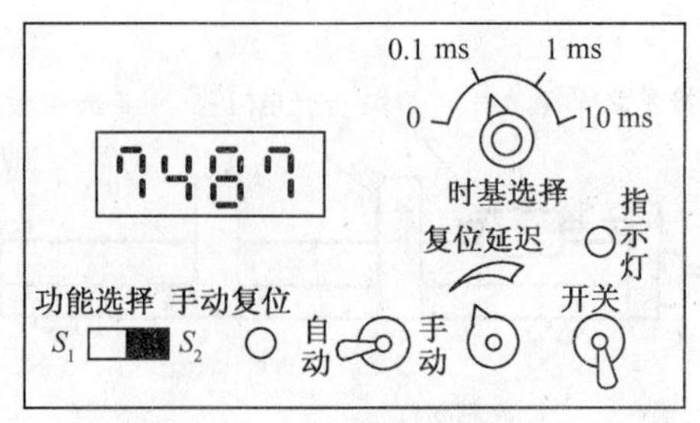

实验图 3.5　数字计时器

实验目的

（1）学习使用气垫导轨和数字计时器；

（2）测定匀变速直线运动的加速度。

实验原理

当物体沿光滑斜面自由下滑时，它将作匀加速直线运动。若在导轨中间选一段位移 s，并在 s 两端设置两个光电门，测出滑块在 s 两端的速度 v_1 和 v_2，则滑块的加速度为

$$a = \frac{v_2^2 - v_1^2}{2s}$$

实验器材

气垫导轨，滑块，光电门，垫块，数字计时器，气源。

实验步骤

（1）在导轨一端的底脚螺钉下放置合适厚度的垫块，把两光电门分别固定在 30.00cm 和 60.00cm 处。

（2）将两光电门插头插入数字计时器插座（注意插头方向），把数字计时器打在 S_1 档，接通电源开关。

（3）接通气源开关，将滑块放在高端，使其自由下滑。记录滑块过两光电门的遮光时间 t_1、t_2（记下第一个光电门的时间后要及时复零，以免将两次时间叠加）。

（4）位于 30.00cm 处的光电门不动，把另一光电门分别置于 70.00cm，80.00cm，90.00cm 和 100.00cm 处，重复步骤（3）。

记录与计算

将数据记入实验表 3.2 中。

实验表 3.2　　　　（遮光片宽 $L=$ 　　m）

s（m）	t_1（s）	t_2（s）	v_1（m/s）	v_2（m/s）	a（m/s²）	$\bar{a}$（m/s²）
0.300						
0.400						
0.500						
0.600						
0.700						

实验4　验证牛顿第二定律

方法一　用打点计时器

实验目的

验证牛顿第二定律。

实验原理

如实验图 4.1 所示。设小车和车上砝码总质量为 M，钩码质量为 m，摩擦忽略不计。当 $M \gg m$ 时，可以认为小车所受的牵引力近似等于钩码的重力，因而我们只要改变钩码质量，即改变小车所受的牵引力。利用实验 3 的方法测出相应的加速度，就可证明，当物体的质量一定时，它的加速度跟外力成正比。若保持钩码质量不变，即牵引力一定，改变运动物体的质量，测出相应的加速度。可证明，加速度与运动物体的质量成反比。

实验器材

打点计时器，复写纸，纸带，低压交流电源，刻度尺，细绳，物理天平，小车，钩码，一端附有滑轮的长木板。

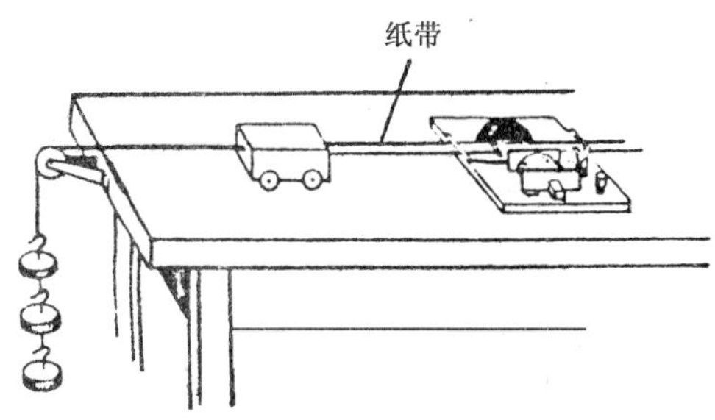

实验图 4.1　仪器的安装

实验步骤

（1）用天平称出小车的质量（加放一定数量砝码，使其成为整数），按实验

图 4.1 所示安装好仪器。

（2）按实验 3 的方法，接通电源，放开小车，求出小车的加速度。

（3）保持 M 不变，改变钩码的质量三次，重复上述实验，把各次测出的数据记入实验表 4.1 中。

实验表 4.1

小车质量 $M=$ kg，$t=$ s

<table>
<tr><th>实验次数</th><th>钩码质量（kg）</th><th>牵引力（N）</th><th colspan="2">位移 s（m）</th><th colspan="2">位移差（m）</th><th>a（m/s^2）</th><th>$\overline{a}$（m/s^2）</th></tr>
<tr><td rowspan="6">1</td><td rowspan="6"></td><td rowspan="6"></td><td>s_1</td><td></td><td rowspan="2">s_4-s_1</td><td rowspan="2"></td><td rowspan="2"></td><td rowspan="6"></td></tr>
<tr><td>s_2</td><td></td></tr>
<tr><td>s_3</td><td></td><td rowspan="2">s_5-s_2</td><td rowspan="2"></td><td rowspan="2"></td></tr>
<tr><td>s_4</td><td></td></tr>
<tr><td>s_5</td><td></td><td rowspan="2">s_6-s_3</td><td rowspan="2"></td><td rowspan="2"></td></tr>
<tr><td>s_6</td><td></td></tr>
<tr><td rowspan="6">2</td><td rowspan="6"></td><td rowspan="6"></td><td>s_1</td><td></td><td rowspan="2">s_4-s_1</td><td rowspan="2"></td><td rowspan="2"></td><td rowspan="6"></td></tr>
<tr><td>s_2</td><td></td></tr>
<tr><td>s_3</td><td></td><td rowspan="2">s_5-s_2</td><td rowspan="2"></td><td rowspan="2"></td></tr>
<tr><td>s_4</td><td></td></tr>
<tr><td>s_5</td><td></td><td rowspan="2">s_6-s_3</td><td rowspan="2"></td><td rowspan="2"></td></tr>
<tr><td>s_6</td><td></td></tr>
<tr><td rowspan="6">3</td><td rowspan="6"></td><td rowspan="6"></td><td>s_1</td><td></td><td rowspan="2">s_4-s_1</td><td rowspan="2"></td><td rowspan="2"></td><td rowspan="6"></td></tr>
<tr><td>s_2</td><td></td></tr>
<tr><td>s_3</td><td></td><td rowspan="2">s_5-s_2</td><td rowspan="2"></td><td rowspan="2"></td></tr>
<tr><td>s_4</td><td></td></tr>
<tr><td>s_5</td><td></td><td rowspan="2">s_6-s_3</td><td rowspan="2"></td><td rowspan="2"></td></tr>
<tr><td>s_6</td><td></td></tr>
</table>

（4）保持钩码质量不变，改变小车上砝码质量三次，求其各次的加速度，并将数据记入实验表 4.2 中。

实验表 4.2 钩码质量 $m=$ kg $t=$ s

<table>
<tr><th>实验次数</th><th>小车质量（kg）</th><th colspan="2">位移 s（m）</th><th colspan="2">位移差（m）</th><th>$\bar{a}$（m/s^2）</th></tr>
<tr><td rowspan="6">1</td><td rowspan="6"></td><td>s_1</td><td></td><td rowspan="2">s_4-s_1</td><td rowspan="2"></td><td rowspan="2"></td></tr>
<tr><td>s_2</td><td></td></tr>
<tr><td>s_3</td><td></td><td rowspan="2">s_5-s_2</td><td rowspan="2"></td><td rowspan="2"></td></tr>
<tr><td>s_4</td><td></td></tr>
<tr><td>s_5</td><td></td><td rowspan="2">s_6-s_3</td><td rowspan="2"></td><td rowspan="2"></td></tr>
<tr><td>s_6</td><td></td></tr>
<tr><td rowspan="6">2</td><td rowspan="6"></td><td>s_1</td><td></td><td rowspan="2">s_4-s_1</td><td rowspan="2"></td><td rowspan="2"></td></tr>
<tr><td>s_2</td><td></td></tr>
<tr><td>s_3</td><td></td><td rowspan="2">s_5-s_2</td><td rowspan="2"></td><td rowspan="2"></td></tr>
<tr><td>s_4</td><td></td></tr>
<tr><td>s_5</td><td></td><td rowspan="2">s_6-s_3</td><td rowspan="2"></td><td rowspan="2"></td></tr>
<tr><td>s_6</td><td></td></tr>
<tr><td rowspan="6">3</td><td rowspan="6"></td><td>s_1</td><td></td><td rowspan="2">s_4-s_1</td><td rowspan="2"></td><td rowspan="2"></td></tr>
<tr><td>s_2</td><td></td></tr>
<tr><td>s_3</td><td></td><td rowspan="2">s_5-s_2</td><td rowspan="2"></td><td rowspan="2"></td></tr>
<tr><td>s_4</td><td></td></tr>
<tr><td>s_5</td><td></td><td rowspan="2">s_6-s_3</td><td rowspan="2"></td><td rowspan="2"></td></tr>
<tr><td>s_6</td><td></td></tr>
</table>

方法二 用气垫导轨

实验目的

验证牛顿第二定律。

实验原理

如实验图 4.2 所示，将气垫导轨进行安装。取滑块作为研究对象，用钩码牵引滑块。当钩码的质量远小于滑块的质量时，可以认为牵引滑块运动的作用力近似等于钩码的重力，滑块的加速度可利用实验 3 的方法测出。当保持滑块的质量不变，改变牵引力，即改变钩码质量，测出相应的加速度，可验证物体的质量一定时，其加速度与外力成正比；当保持牵引力一定，改变滑块的质量，测出相应的加速度，即可验证当作用在物体上的力一定时，其加速度与物体的质量成反比。

实验器材

气垫导轨，滑块，光电门，配重块，钩码，数字计时器，气源，细绳。

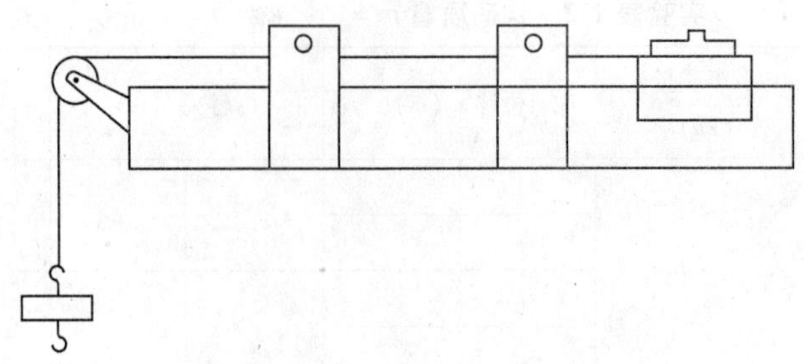

实验图 4.2　气垫导轨

实验步骤

(1) 把导轨调为水平状态。方法是，观察滑块过两光电门所用时间是否相同。相同即为水平，否则，可通过调整底脚螺钉完成。

(2) 将两光电门分别置于适当位置（可根据轨身的长短及实验台的高低决定），将钩码与滑块用细绳连结起来，跨过滑轮，让滑块由静止开始运动、记下滑块过两光电门的时间，重复实验两次，将数据记入实验表 4.3 中。

(3) 改变钩码的质量，重复步骤（2），并记录数据。

(4) 根据所得数据，计算出 a_1 和 a_2，给出结论。

(5) 在滑块上放配重块，重复步骤（2）并将数据记入实验表 4.4 中。

(6) 根据所得数据，计算出 a_1 和 a_2，给出结论。

实验表 4.3

（光电门间距 $s=$ 　m，滑快质量 $M=$ 　　kg，遮光片宽 $L=$ 　m）

<table>
<tr><th>钩码质量
(kg)</th><th>牵引力
(N)</th><th>t_1
(s)</th><th>t_2
(s)</th><th>v_1
(m/s)</th><th>v_2
(m/s)</th><th>$\bar{v}_1$ (m/s)</th><th>$\bar{v}_2$ (m/s)</th><th>a (m/s^2)</th></tr>
<tr><td rowspan="3"></td><td rowspan="3"></td><td></td><td></td><td></td><td></td><td rowspan="6"></td><td rowspan="6"></td><td rowspan="3"></td></tr>
<tr><td></td><td></td><td></td><td></td></tr>
<tr><td></td><td></td><td></td><td></td></tr>
<tr><td rowspan="3"></td><td rowspan="3"></td><td></td><td></td><td></td><td></td><td rowspan="3"></td></tr>
<tr><td></td><td></td><td></td><td></td></tr>
<tr><td></td><td></td><td></td><td></td></tr>
</table>

实验表 4.4

光电门间距 $s=$　　m，钩码质量 $m=$　　kg，遮光片宽 $L=$　　m

<table>
<tr><th>滑快总质量（kg）</th><th>滑快质量倒数（kg⁻¹）</th><th>t_1 (s)</th><th>t_2 (s)</th><th>v_1 (m/s)</th><th>v_2 (m/s)</th><th>$\bar{v}_1$（m/s）</th><th>$\bar{v}_2$（m/s）</th><th>a（m/s^2）</th></tr>
<tr><td rowspan="3"></td><td rowspan="3"></td><td></td><td></td><td></td><td></td><td rowspan="3"></td><td rowspan="3"></td><td rowspan="3"></td></tr>
<tr><td></td><td></td><td></td><td></td></tr>
<tr><td></td><td></td><td></td><td></td></tr>
<tr><td rowspan="2"></td><td rowspan="2"></td><td></td><td></td><td></td><td></td><td rowspan="2"></td><td rowspan="2"></td><td rowspan="2"></td></tr>
<tr><td></td><td></td><td></td><td></td></tr>
<tr><td rowspan="2"></td><td rowspan="2"></td><td></td><td></td><td></td><td></td><td rowspan="2"></td><td rowspan="2"></td><td rowspan="2"></td></tr>
<tr><td></td><td></td><td></td><td></td></tr>
</table>

实验 5　研究单摆的振动周期

实验目的

（1）研究单摆的振动周期；

（2）测定重力加速度。

实验原理

（1）在确定地点，用固定单摆的质量 m、振幅 A、摆长 l 中的任意两个量而改变第三个量的方法，测定单摆的周期 T，以研究它们对单摆周期的影响，并验证在摆角不超过 5°情况下，$T\propto\sqrt{l}$的关系。

（2）根据单摆的周期公式

$$T=2\pi\sqrt{\frac{l}{g}}$$

有

$$g=4\frac{\pi^2}{T^2}l$$

如果测出摆长 l 和周期 T，就可以计算出重力加速度 g。

实验器材

单摆，质量不同、中间带孔的塑料球和钢球各 1 个，米尺，停表。

实验步骤

（1）把单摆放在实验桌的边缘，以塑料球作为摆球，调节摆长 l（从夹线口到小球球心的距离），使 $l=1.200\text{m}$。

（2）使单摆在摆角不超过 5°的条件下以较小的振幅摆动，测出全振动 50 次所需时间。注意尽可能让小球在同一竖直面内摆动。

（3）使单摆在摆角不超过5°的条件下以较大的振幅摆动，测出全振动50次所需时间。

（4）将塑料球换成钢球，重复步骤（2）、步骤（3）。

（5）摆球仍为钢球，摆长改为0.300m，使单摆在摆角不超过5°的条件下以较小的振幅摆动，测出全振动50次所需时间。

记录与计算　将实验中数据依次填入实验表5.1中，并计算。

实验表5.1

	实验序次	摆球质量情况（大或小）	振幅情况（大或小）	摆长 L（s）	全振动50次时间t（s）	周期 T（s）		重力加速度 g（$m \cdot s^{-2}$）	重力加速度平均值 $\bar{g}$（$m \cdot s^{-2}$）
塑料球	1					T_1			
	2					T_2			
	3					T_3			
	4					T_4			
	5					T_5			
钢球	1					T_1			
	2					T_2			
	3					T_3			
	4					T_4			
	5					T_5			
钢球改摆长	1					T_1			
	2					T_2			
	3					T_3			
	4					T_4			
	5					T_5			

实验6　验证理想气体状态方程

实验目的

（1）验证理想气体状态方程；

（2）练习使用气压计和温度计。

实验原理

一定质量的理想气体，在状态变化中，它的压强和体积的乘积跟绝对温度的比值保持不变，即

$$\frac{p_1V_1}{T_1}=\frac{p_2V_2}{T_2}=\text{恒量}$$

实验器材

气态方程实验仪（实验图 6.1），湿度计，水，大烧杯，气压计（公用）。

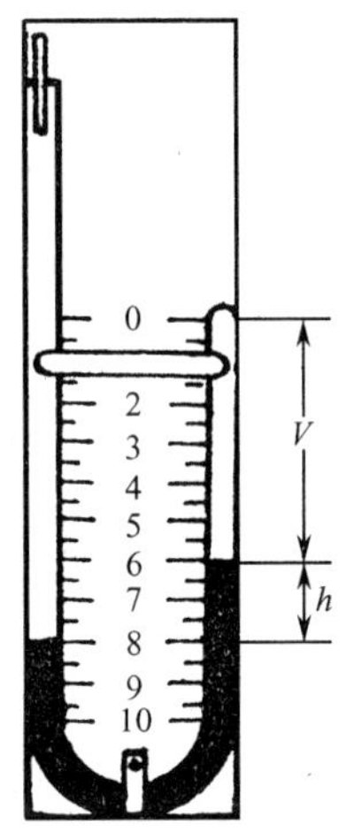

实验图 6.1 气态方程实验仪

实验步骤

（1）用气压计测大气压强。

（2）把气态方程实验仪竖直插入装有约 60℃ 热水的烧杯中，使其闭端空气柱全部没入水中。测量并记录水温、空气柱长度及水银面的高度差。

（3）将热水换成温水，重做上面的实验。

（4）将温水换成冷水，重做上面的实验。

（5）分别计算三种情况下的 PV/T 值，并进行比较。

注意事项

（1）水银有毒，切勿溢出。

（2）勿将水或空气混入水银中。

（3）换水后应稍等再进行测量，应认真读温度计的读数，它对实验结果影响较大。

记录与计算

将实验数据记录在实验表 6.1 中，并计算。

实验表 6.1

（设玻璃管横截面积为：　　大气压强 p_0 =　　mmHg）

实验次数	气柱体积 V		气柱压强 p		气柱温度 T		$\frac{pV}{T}$
	气柱长度 l（mm）	$V=ls$（mm^3）	水银面高度差 h（mmHg）	$p=p_0\pm h$（mmHg）	t（℃）	T（K）	
1							
2							
3							

综合实训 1　自行车的拆装

通过对自行车的拆装，观察分析自行车的构造；认识自行车的机械传动原理；了解有关自行车的力、力矩、功、圆周运动、线速度、惯性、稳度等物理知识；培养学生的动手能力和分析问题、解决问题的能力。

综合实训 2　汽车变速箱的拆装

通过对汽车变速箱的拆装，观察分析汽车变速箱的构造；认识它的齿轮传动原理；了解汽车变速箱的档位与参与齿轮传动的齿轮半径、齿数的关系；掌握齿轮传动的传动比的计算。通过对汽车变速箱的拆装实训，培养学生的动手能力和分析问题、解决问题的能力。

附录　我国的法定计量单位

国务院于1984年2月27日发布的《关于在我国统一实行法定计量单位的命令》中指出，我国的计量单位一律采用《中华人民共和国法定计量单位》，命令还规定在1990年底以前要完成向国家法定计量单位的过渡。

法定计量单位是以国际单位制为基础，结合我国的实际情况，增加了一些非国际单位制单位构成的。它具有科学、合理、实用、简明等优点，对于发展我国国民经济、文化教育事业，推动科学技术的进步和扩大国际交流，起重要作用。

1993年，我国又发布了一系列国家标准（GB 3100－1993，GB 3101－1993，GB 3102－1993等），重申并完善了上述内容。

国际单位制（SI）规定了7个国际单位制的基本单位和2个国际单位制的辅助单位。由上述9个单位按物理量之间的关系导出，以它们之间相乘或相除的形式构成的单位称为国际单位制的导出单位。在这些导出单位中有19个具有专门名称，例如牛顿（N）、焦耳（J）、安培（A）等，它们称为具有专门名称的导出单位。

国际单位制的基本单位、辅助单位、具有专门名称的导出单位，以及直接由以上这些单位构成的组合单位（不能带有非1的因数）称为SI单位。在进行计算时，如果把式中各量的单位都化为SI单位，在结果中就可以直接写出所求量的SI单位。

国际单位制中有20个词头，它们表示$10^{-24}\sim10^{24}$的因数，其中常用的有M（兆，10^6），k（千，10^3），d（分，10^{-1}），c（厘，10^{-2}），m（毫，10^{-3}），μ（微，10^{-6}），n（纳，10^{-9}）和p（皮，10^{-12}）等。由词头加在SI单位之前构成的单位称为国际单位制的十进倍数单位和分数单位，例如千米（km）、厘米（cm）、毫米（mm）、微米（μm）等。只有质量单位例外，因它的SI单位千克（kg）已包含词头千（k）在内，所以质量的十进倍数单位和分数单位由词头加在“克（g）”前构成，例如毫克（mg）、微克（μg）等。

根据中国的情况，我国法定计量单位除包括所有国际单位制单位外，还选定了一些非国际单位制单位，这样的单位有吨（t）、升（L）、电子伏（eV）、原子质量单位（u）等。

物理量的单位具有名称、简称、国际符号（或称为符号）和中文符号。表达量值时，在公式图表和文字叙述中一律使用单位的国际符号，只在通俗出版物中使用单位的中文符号。单位的名称和简称可用于口述和叙述性文字中。国际符号和中文符号都应按其名称或简称读音。

物理量的符号书写和印刷时使用斜体字母，单位符号则使用正体字母。若单位名称来源于人名，其符号第一个字母应该大写。此外，所表示的因数等于或大于 10^6 的词头符号和法定计量单位“升”的符号，也要用大写字母。

附录表 1　国际单位制的基本单位

量的名称	单位名称	单位简称	单位符号
长度	米	米	m
质量	千克（公斤）	千克（公斤）	kg
时间	秒	秒	s
电流	安 培	安	A
热力学温度	开尔文	开	K
物质的量	摩 尔	摩	mol
发光强度	坎德拉	坎	cd

附录表 2　国际单位制的辅助单位

量的名称	单位名称	单位简称	单位符号
平面角	弧度	弧度	rad
立体角	球面度	球面度	sr

附录表 3　本书常用物理量单位表（SI 单位）

物理量	计量单位				备　注
	名 称	简 称	符 号	中 文 符 号	
长度	米	米	m	米	$1\text{cm}=10^{-2}\text{m}$ $1\text{km}=10^3\text{m}$
面积	平方米	平方米	m^2	米^2	$1\text{cm}^2=10^{-4}\text{m}^2$ $1\text{mm}^2=10^{-6}\text{m}^2$
体积	立方米	立方米	m^3	米^3	$1\text{cm}^3=10^{-6}\text{m}^3$ $1\text{dm}^3=10^{-3}\text{m}^2$
时间	秒	秒	s	秒	
质量	千克（公斤）	千克（公斤）	kg	千克（公斤）	$1\text{g}=10^{-3}\text{kg}$ $1\text{Mg}=10^3\text{kg}$
密度	千克每立方米	千克每立方米	kg/m^2	千克/米^3	$1\text{g/cm}^3=10^3\text{kg/m}^3$

续表

物理量	计量单位				备　注
	名　称	简　称	符　号	中文符号	
速度	米每秒	米每秒	m/s	米/秒	$1cm/s=10^{-2}m/s$
加速度	米每二次方秒	米每二次方秒	m/s^2	米/秒^2	
角速度	弧度每秒	弧度每秒	rad/s	弧度/秒	
力	牛顿	牛	N	牛	1N·s=1kg·m/s
力矩	牛顿米	牛米	N·m	牛·米	
动量	千克米每秒	千克米每秒	kg·m/s	千克·米/秒	
冲量	牛顿秒	牛秒	N·S	牛·秒	1N·s=1kg·m/s
劲度系数	牛顿每米	牛每米	N/m	牛/米	
压强	帕斯卡	帕	Pa	帕	$1Pa=1N/m^2$
功	焦耳	焦	J	焦	1J=1N·m
能					
热					
功率	瓦特	瓦	W	瓦	1W=1J/s $1kW=10^3W$
频率	赫兹	赫	Hz	赫	$1Hz=1s^{-1}$ $1kHz=10^3Hz$ $1MHz=10^6Hz$
波长	米	米	m	米	$1cm=10^{-2}m$ $1nm=10^{-9}m$
摄氏温度	摄氏度	摄氏度	℃	℃	t（℃）= *T*（K）－273.15
比热	焦耳每千克开尔文	焦每千克开	J/（kg·K）	焦/（千克·开）	
	焦耳每千克摄氏度	焦每千克摄氏度	J/（kg·℃）	焦/（千克·℃）	1 J/（kg·℃） =1J/（kg·K）
熔化热	焦耳每千克	焦每千克	J/kg	焦/千克	
汽化热					

附录表 4　可与国际单位制单位并用的我国法定计量单位

物理量	计量单位				备注
	名称	简称	符号	中文符号	
质量	吨	吨	T	吨	$1\mathrm{t}=10^3\mathrm{kg}$
	原子质量单位	原子质量单位	u	原子质量单位	$1\mathrm{u}=1.6605402\times10^{27}\mathrm{kg}$
时间	分	分	min	分	$1\mathrm{min}=60\mathrm{s}$
	小时	小时	h	小时	$1\mathrm{h}=60\mathrm{min}=3600\mathrm{s}$
	天（日）	天（日）	d	天（日）	$1\mathrm{d}=24\mathrm{h}=86400\mathrm{s}$
平面角	角秒	秒	(″)	秒	$1''=(\pi/64800)\ \mathrm{rad}$
	角分	分	(′)	分	$1'=60''=(\pi/10800)\ \mathrm{rad}$
	度	度	(°)	度	$1^\circ=60'=(\pi/180)\ \mathrm{rad}$
体积	升	升	L (l)	升	$1\mathrm{L}=1\mathrm{dm}^3=10^{-3}\mathrm{m}^3$ l 为备用符号
旋转速度	转每分	转每分	r/min	转/分	$1\mathrm{r/min}=(1/60)\ \mathrm{s}^{-1}$

主要参考文献

宋茧．1996．物理．北京：中国商业出版社

宋茧．1996．物理习题与实验．北京：中国商业出版社

宋茧．2001．物理学．北京：中国商业出版社

张世忠，林树和．1995．物理．济南：山东教育出版社

赵凯华，罗蔚茵．2000．新概念物理教程．北京：高等教育出版社

五年制高等职业教育基础课教材

技术物理基础

（下册）

宋　茧　主编

科学出版社

北　京

内 容 简 介

本书是以1999年教育部制定的《高职高专教育基础课程教学基本要求》和《高职高专教育专业人才培养目标及规划》为指导编写的，以高中及中专物理教材的理论体系为主线，注意了与初中物理教材的衔接。本书针对初中毕业生的年龄特点，降低了理论深度和习题难度，避免了复杂的理论推导和证明，增加了例题和习题的数量。此外本书还增加了物理在工程技术和日常生活中的应用知识，增加了与物理有关的高新科学技术的内容。

本书可作为五年制高职高专、各类中职院校学生的物理课程教材。

图书在版编目(CIP)数据

技术物理基础(下册)/宋茧主编. —北京：科学出版社，2004
(五年制高等职业教育基础课教材)
ISBN 978-7-03-014047-0

Ⅰ.技… Ⅱ.宋… Ⅲ.工程物理学-高等学校：技术学校-教材
Ⅳ.TB13

中国版本图书馆CIP数据核字(2004)第077968号

责任编辑：王 彦/责任校对：柏连海
责任印制：吕春珉/封面设计：北新华文

科 学 出 版 社 出版
北京东黄城根北街16号
邮政编码：100717
http://www.sciencep.com
三河市骏杰印刷有限公司印刷
科学出版社发行 各地新华书店经销
*
2004年11月第 一 版 开本：B5(720×1000)
2021年 9月第十三次印刷 印张：11 3/4
字数：216 000

定价：45.00元(上下册)
(如有印装质量问题，我社负责调换〈骏杰〉)

前　言

本教材是以1999年教育部制定的《高职高专教育基础课程教学基本要求》和《高职高专教育专业人才培养目标及规划》为指导编写的。

教材以培养学生素质和能力为目标，突出“立足实用，打好基础，强化能力”的原则。教材在编写时，以高中及中专物理教材的理论体系为主线，注意了与初中物理教材的衔接。针对初中毕业生的年龄特点，教材降低了理论深度和习题难度，避免复杂的理论推导和证明以及复杂又不实用的习题；增加了例题和习题的数量，以达到精讲多练，便教便学的目的。教材增加了物理在工程技术和日常生活中的应用知识，增加了介绍与物理有关的高新科学技术的内容。

本教材按200学时编写。针对各校不同教学计划和不同专业，部分教材和阅读内容，可供学生选用。

全书采用法定计量单位和全国自然科学名词审定委员会公布的物理学名词。

本书由宋茧主编，下册副主编为宋爱兰、尚艳华、参加编写的还有陈艳、董凤英、孟凡华、王晶、侯玉玲、李炳新、张玉才、史晶、刘玉波，周厚斌、王连春，由宋可总主审。

由于编者水平有限，加之时间仓促，疏漏和不妥之处在所难免，恳请读者批评指正。

编　者

2004年4月

目　　录

第8章　静　电　场

8.1　库 仑 定 律

在初中我们已经学习过，原子由原子核和核外电子组成。原子核中的质子带正电，核外电子带负电。自然界只存在两种电荷：一种是正电荷，以“+”号表示，如质子所带的电荷；另一种是负电荷，以“−”号表示，如核外电子所带的电荷。电荷之间有相互作用力，同种电荷相互排斥，异种电荷相互吸引。大家一定看过中央电视台播放的中国青少年科技馆人体带电表演吧，当站在绝缘台上的小姑娘用手触摸带电的金属球时，电荷立即传遍她的全身，直至每一根头发。由于同种电荷互相排斥，迫使小姑娘原本亮丽飘柔的头发根根竖起，形成了“怒发冲冠”的奇妙情景。

基本电荷　使物体带电叫做起电。用摩擦方法使物体带电叫摩擦起电。上面讲的“怒发冲冠”的演示中，金属球上带的电就是摩擦起电产生的。再如初中物理讲到的，在丝绸摩擦玻璃棒的过程中，玻璃棒中的有一些电子摆脱了原子核的束缚转移到丝绸上，所以玻璃棒因为失去电子而带正电；丝绸因为得到多余电子而带负电。物体所带电荷的量值叫做电量，常用符号 Q 或 q 表示，电量的 SI 单位为库仑，中文符号为库，国际符号为 C。

到现在为止，实验证明电子所带的电量是最小的负电荷，质子所带的电量是最小的正电荷，它们所带电量的绝对值相等，这个最小电荷的绝对值叫做基本电荷，也称为元电荷，其值为

$$e=1.6\times10^{-19}\text{C}$$

任何带电体所带的电量 q 总是基本电荷 e 的整数倍，即 $q=n\cdot e$。这里 n 是整数，这说明电量不能连续地变化，只能取基本电荷的整数倍，电荷的这种只能取分立的、不连续的量值的性质，叫做电荷的量子化。

电荷守恒定律　物质的电结构理论告诉我们，物体中每一个中性原子都具有等量的正、负电荷。由于摩擦、静电感应等物理过程使物体带电，则一个物体因失去部分电子带正电，另一个物体因获得部分电子带负电，但这两个物体所带正负电量的代数和为零。相反，带电的物体，当其获得等量异号的电荷时，又会呈现电中性。大量的实验表明：在参与相互作用的所有物体组成的系统内，若整个系统与外界没有电荷交换，则不论在系统内发生怎样的物理过程，整个系统的电量的代数和始终保持不变，这叫做电荷守恒定律。这个定律是自然界的基本定律

之一，无论在宏观现象中，或是在原子、原子核和基本粒子范围中都是正确的。

点电荷 由实验知道，电荷之间的相互作用力的大小，一般来说不仅与它们所带的电量以及它们之间的距离有关，而且还与它们的大小、形状等有关，因此情况较复杂。但是，当带电体间距离比它们自身的大小大得多时，带电体的形状和电荷在其中的分布已影响不大。类似力学中引入“质点”理想模型一样，即可把所带的电量看成是集中在一个“点”上，从而把带电体看成一个“点电荷”。

库仑定律 既然电荷之间有吸引力或排斥力，那么这个力如何计算呢？法国物理学家库仑（1736～1806），通过精确的实验，得出了下述结论：在真空中，两个点电荷 q_1 和 q_2 之间的相互作用力 F 的大小和 q_1 和 q_2 的乘积成正比，和它们之间的距离 r 的二次方成反比，作用力的方向沿着两个点电荷的连线上，这个规律叫做库仑定律，它的数学表示式为

$$F=k\frac{q_1q_2}{r^2} \tag{8.1}$$

上式各物理量的SI单位：q 为 C，r 为 m，F 为 N，其中 k 为静电力常量，由实验确定 $k=9.0\times10^9\,\mathrm{N\cdot m^2/C^2}$。

库仑定律是电学中第一个用数学表达式定量精确表述的定律，在电学发展史上占有重要的地位。正如德国物理学家劳厄所说：“直到库仑定律发表的时候，电学才进入科学的行列。”

(8.1) 式中电荷之间的作用力叫做静电力，又叫做库仑力。当 q_1 和 q_2 为同种电荷时，$F>0$，表示 q_1 和 q_2 间是斥力；当 q_1 和 q_2 为异种电荷时，$F<0$，表示 q_1 和 q_2 之间是引力，如图 8.1（a）和（b）所示。

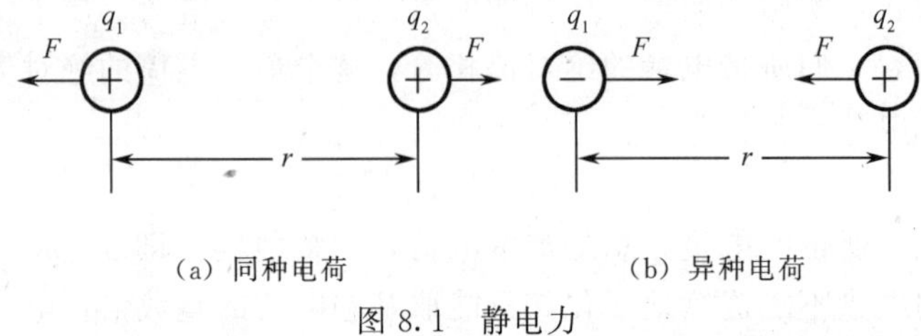

（a）同种电荷　　（b）异种电荷

图 8.1　静电力

我们在运用库仑定律进行计算时，一般不代入电荷的正负号而取电荷的绝对值，计算完毕后再对 F 的方向加以说明。

库仑定律只适用于点电荷，如果相互作用的电荷在两个以上，则任何一个点电荷所受的力就等于其他各点电荷对它作用力的矢量和。实验表明，在空气中库仑定律近似成立，所以我们可以运用库仑定律计算空气中点电荷的静电力问题。

【例 1】 两个点电荷在空气中的距离为 10cm，它们的电量分别是 3.0×10^{-10}C 和 -2.0×10^{-8}C，问它们之间的相互作用力是多少？如果它们之间距离

为 5.0cm，它们间的相互作用力又是多少？

解　由题意知：$q_1=3.0\times10^{-10}$C，$q_2=-2.0\times10^{-8}$C，$r=10$cm$=0.10$m，$r'=5.0$cm。

由库仑定律

$$F=k\frac{q_1q_2}{r^2}$$

得

$$\begin{aligned}F&=9.0\times10^9\times\frac{3.0\times10^{-10}\times2.0\times10^{-8}}{0.10^2}\\&=5.4\times10^{-6}\text{N}\end{aligned}$$

两点电荷带异号电荷，所以它们之间的作用力为引力。

因为 $F\propto\frac{1}{r^2}$，所以当 $r'=5.0\text{cm}=\frac{r}{2}$时

$$F'=4F=2.16\times10^{-5}\text{N}$$

【例 2】　已知氢原子核的质量为 1.67×10^{-27}kg，电子的质量为 9.1×10^{-31}kg，求它们之间的静电力和万有引力的比值。

解　它们之间的静电力为

$$F=k\frac{q_1q_2}{r^2}=k\frac{e^2}{r^2}$$

它们之间的万有引力为

$$F'=G\frac{m_1m_2}{r^2}$$

$$\begin{aligned}\frac{F}{F'}&=\frac{ke^2}{Gm_1m_2}\\&=\frac{9\times10^9\times(1.6\times10^{-19})^2}{6.67\times10^{-11}\times9.1\times10^{-31}\times1.67\times10^{-27}}\\&=2.27\times10^{39}\end{aligned}$$

由此可见，原子内部静电力远远大于万有引力，所以在研究电子绕核运动时，可以不考虑万有引力。

习题 8.1

1. ________________叫做基本电荷，它的大小为________________。

2. ________________叫做点电荷。

3. 如果把两个带电体的距离加倍，那么它们之间的库仑力是原来的(　　)。

(1) 1 倍　　(2) 4 倍　　(3) $\frac{1}{2}$倍　　(4) $\frac{1}{4}$倍

4. 电量为 1C 的电荷包含有多少个基本电荷？

5. 有两个带电量不相等的点电荷，它们相互作用时，是否电量大的电荷受力大，电量小的电荷受力小，为什么？

6. 一个点电荷 q_1 为 4.5×10^{-7}C 和另一个点电荷 q_2 相距 8.0cm，相互作用力是 2×10^{-3}N，求电荷 q_2 的电量。

7. 在真空中有两个点电荷，其中一个电荷所带电量是另一个的 4 倍，它们相距 5.0×10^{-2}m 时，相互斥力为 1.6N。求：

(1) 它们相距 0.10m 时，相互斥力是多少？

(2) 两点电荷电量各为多少？

8. 小球 A 和 B 各带正电荷 q，放在相距 0.10m 处，第三小球 C 带电荷 $2q$，当 (1) C 球带正电荷；(2) C 球带负电荷时，C 球应放在何处，才能使 B 球所受静电力平衡？

8.2　电场强度　电场线

电场　我们知道，力是物体之间的相互作用。两个物体必须接触才能产生弹力或摩擦力，所以我们把弹力和摩擦力这样的力称做接触力。电荷相隔一定的距离，它们之间的作用力是怎样产生的？经过长期的研究，人们终于认识到：在电荷周围的空间存在着特殊形态的物质——电场。电荷之间相互作用就是通过电场来进行的，电荷间相互作用的静电力，实际上是一个电荷产生的电场对另一个电荷的作用力，所以静电力常叫做电场力。电场是物质的一种形态，它和其他物质一样是客观存在的。

物体的重力也是地球的引力场对物体的作用而产生的，重力和静电力都是非接触力。

存在于静止电荷周围的电场称为**静电场**。以后如果不特别说明，我们所说的电场都是静电场，产生电场的电荷称为场源电荷。

电场强度　电场分布在一定范围的空间中，它对于处在其中的电荷有力的作用，电场强度就是从力的角度描述电场的物理量。

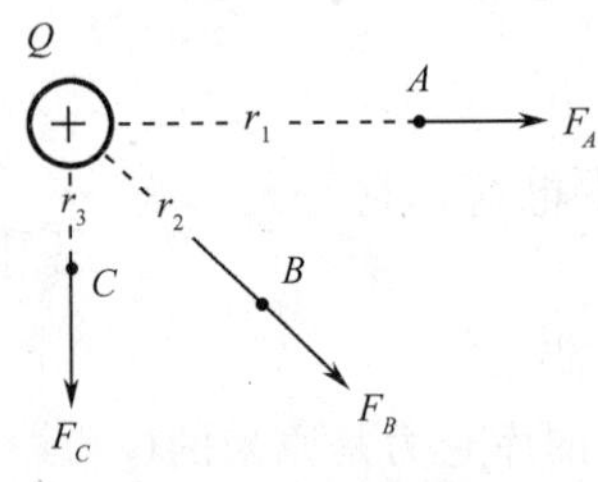

图 8.2　电场强度

假设在真空中有正电荷 Q 形成的电场。如图 8.2 所示，我们把另一个带电量极小的点电荷（称为检验电荷）q 放入电场中的 A 点，q 就要受到电场力 F_A 的作用。同样，q 在电场中的 B 点、C 点也会受到电场力 F_B，F_C 的作用。一般来讲，F_A，F_B 和 F_C 是不一样大的。这说明，在电场的不同点，电场的强弱是不一样的。但在电场的同一点，如果我们将检验电荷的电量增大为 $2q$，$3q$，…，nq，它受到的电场力也增大为 $2F$，$3F$，…，nF。也就是说，在电场中某一点，检验电荷受到的电场力与它的电量的比值保持不变，即

$$\frac{F}{q}=\frac{2F}{2q}=\frac{3F}{3q}=\cdots=\frac{nF}{nq}=\text{恒量}$$

同样，对于电场中其他各点，这个比值也是恒量，但在电场的不同点，该比值一般是不相等的。对于同一个检验电荷来讲，在比值越大的点，电荷受到的电场力越大，这表明该点的电场强；反之，比值越小处，电场越弱。为了表示电场中某点的强弱，我们把置于电场中某一点的电荷受到的电场作用力与它的电量的比值，称为这一点的电场强度，简称场强。如果用 E 表示电场强度，用 F 表示电荷 q 受到的电场的作用力，那么

$$E=\frac{E}{q} \tag{8.2}$$

电场强度是矢量。我们规定正电荷在电场中某点所受的电场力的方向为该点的电场强度的方向，也称为该点电场的方向。

电场强度的 SI 单位是牛顿/库仑，国际符号为 N/C。

如果已知电场中某点的场强 E，则电荷 q 在该点处所受的电场力为

$$F=qE \tag{8.3}$$

点电荷的场强 将（8.1）式代入（8.2）式，我们很容易得到，点电荷 Q 形成的电场中，距离 Q 为 r 的某点的场强大小为

$$E=k\frac{Q}{r^2} \tag{8.4}$$

上式告诉我们，点电荷的电场中，各点场强与形成电场的点电荷的电量成正比，而与该点到点电荷的距离二次方成反比。

（8.4）式还告诉我们，电场强度的大小只与建立电场的点电荷的大小及距离该点电荷多远有关，与检验电荷的大小和有无没有关系。

（8.2）式和（8.4）式虽然都表示电场中某一点的电场强度，但它们的意义是不同的。（8.2）式是场强的定义式，对任何电场都适用。（8.4）式只适用于点电荷在真空中建立的电场。

如果有几个点电荷同时存在，它们的电场就会互相叠加，这时某点的场强就等于各个点电荷在该点产生的场强的矢量和。例如图 8.3 中，P 点的场强 E 就等于 Q_1 在该点产生的场强 E_1 和 Q_2 在该点产生的场强 E_2 的矢量和。

电场线 对电场的研究，最重要的是要知道电场中各点的电场强度的大小和方向。为了形象地描述电场，下面给大家介绍用电场线来图示电场的方法。

电场中每一点都有一定的方向，我们可以在电场中作一系列的曲线，使曲线上的每一点的切线方向都与该点的场强方向一致，这些曲线称为电场线

(图 8.4)。

根据电场线我们就可以知道每个点的场强方向，因而也就知道电荷在该点的受力方向。通常我们还可以用电场线的疏密来定性地描述场强的强弱，哪个区域电场线密，那个区域的场强就强，反之就弱。图 8.5、图 8.6、图 8.7 是几种典型电场的电场线分布图形。

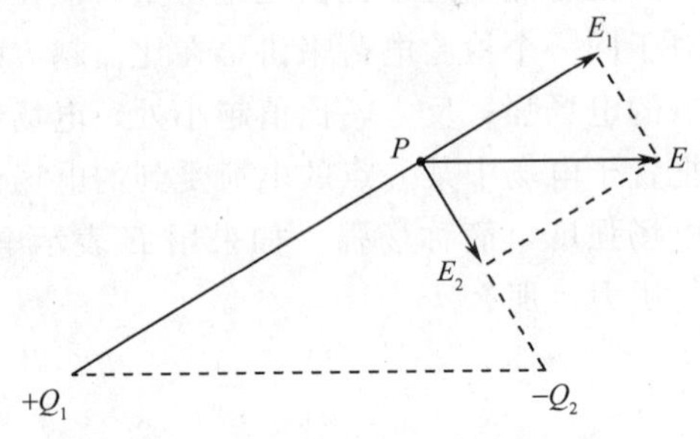

图 8.3　电场的叠加

从这些电场线的分布图可以看出：电场线总是起始于正电荷，终止于负电

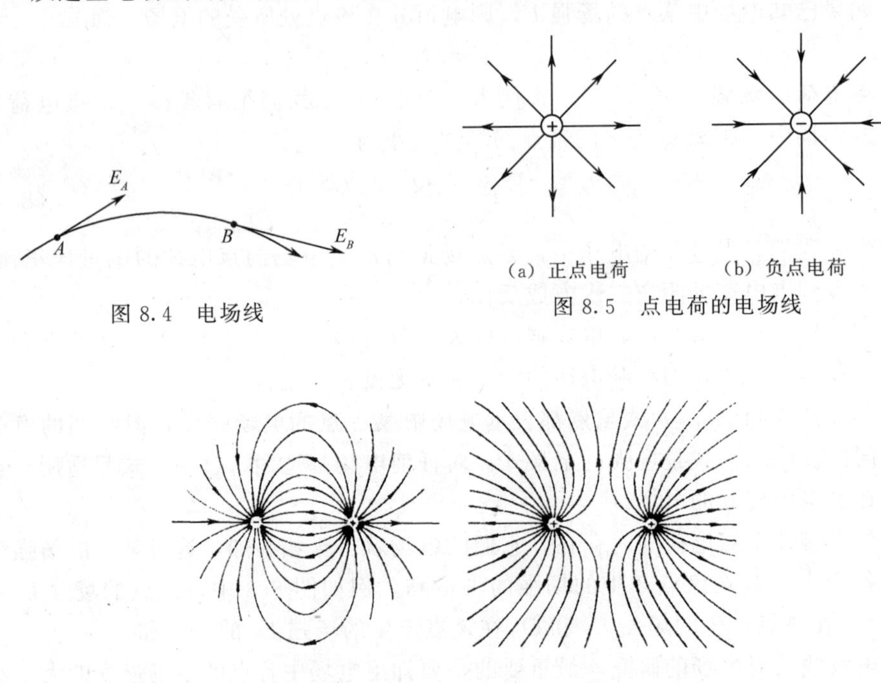

图 8.4　电场线

(a) 正点电荷　(b) 负点电荷

图 8.5　点电荷的电场线

(a) 两个等量同种点电荷　(b) 两个等量异种点电荷

图 8.6　两个等量点电荷的电场线

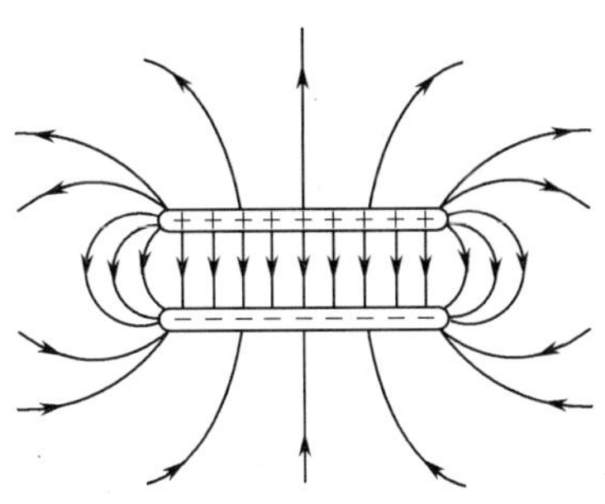

图 8.7 带等值异种电荷的两平行板间电场的电场线

荷，是不闭合、不相交的曲线。电场强的地方电场线密集，电场弱的地方电场线稀疏。图 8.7 所表示的带等值异种电荷的两平行板间电场的电场线，是疏密均匀，方向相同的平行线。这说明，这个区域各点的场强的大小和方向都相同，这样的电场称为**匀强电场**。

应当指出，电场线是人们为了描述电场人为地画出来的，真实的电场线是不存在的。

【例 3】 一个点电荷为 2.0×10^{-7}C，距它 0.10m 处的场强的大小是多少？在该点放一个电量为 1.57×10^{-7}C 的电荷，受的电场力是多少？

解 由公式

$$E=k\frac{Q}{r^2}$$

得

$$\begin{aligned}E&=9.0\times10^9\times\frac{2.0\times10^{-7}}{0.10^2}\\&=1.8\times10^5\text{N/m}\end{aligned}$$

由公式
$$E=\frac{F}{q}$$

得

$$\begin{aligned}F&=qE\\&=1.57\times10^{-7}\times1.8\times10^5\\&=2.8\times10^{-2}\text{N}\end{aligned}$$

【例 4】 如图 8.8 所示，两个点电荷相距 20cm。q_1 为 4.0×10^{-9}C，q_2 为 -9.0×10^{-9}C，求：

(1) 两电荷连线中点处的电场强度；

(2) 在这两个电荷产生的电场中，电场强度为零的点在什么位置？

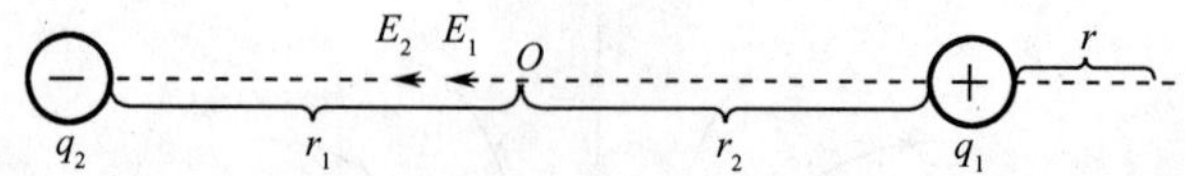

图 8.8　两点电荷的场强

解　(1) 如图 8.8 所示，q_1 在两电荷连线中点产生的场强是

$$E_1=k\frac{q_1}{r_1^2}$$

$$=9\times10^9\times\frac{4.0\times10^{-9}}{0.10^2}$$

$$=3600\text{N/C}$$

q_2 在两电荷连线中点产生的场强是

$$E_2=k\frac{q_2}{r_2^2}$$

$$=9\times10^9\times\frac{9.0\times10^{-9}}{0.10^2}$$

$$=8100\text{N/C}$$

又因 E_1 和 E_2 的方向相同，故

$$E=3600+8100=1.17\times10^4\text{N/C}$$

(2) 从电场线的图示看，电场强度为零之点只能在两电荷的连线上。又因两电荷间连线各点的场强方向相同，故其合场强不可能为零，所以该点一定在两电荷连线的延长线上。又根据矢量合成时只有在两分矢量大小相等，方向相反的条件下才能使合矢量为零，故此位置在电量小的电荷的外侧，设此点到 q_1 的距离为 r，则

$$k\frac{q_1}{r^2}=k\frac{q_2}{(r+0.20)^2}$$

化简并代入数据，可得

$$\frac{4.0\times10^{-9}}{r^2}=\frac{9.0\times10^{-9}}{(r+0.20)^2}$$

解上式得

$$r=0.40\text{m}$$

习题 8.2

1. ________________________________叫做检验电荷。

2. ________________________________称为电场强度。电场强度的大小是________，单位是________，方向是________________。点电荷电场的电

场强度的大小是＿＿＿＿＿＿＿，单位是＿＿＿＿，方向是＿＿＿＿＿＿＿＿。

3. ＿＿＿＿＿＿＿＿＿＿＿＿＿＿＿＿＿＿＿称为匀强电场。它的电场线是＿＿＿＿＿＿＿＿＿＿＿＿＿＿。

4. 电场中某点不放检验电荷，则关于该点场强的说法正确的是（　　）。

(1) 电场强度变为零，因为电场力为零

(2) 电场强度变为无穷大，因为检验电荷为零

(3) 电场强度不变，因为电场强度跟检验电荷的存在与否无关

5. A，B 两点分别放置同种电荷 q_1 和 q_2，其合场强为零的点在（　　）。

(1) A，B 连线上，B 点外侧

(2) A，B 连线上，A 点外侧

(3) A，B 连线上，A，B 点之间

(4) 在 A，B 连线的上方或下方

6. 试回答下列问题：

(1) 某人根据 $E=F/q$，说："电场强度与检验电荷 q 所受的电场力成正比，与检验电荷的电量成反比。"这种说法对吗？

(2) 某带电体附近的任一点，若没有把检验电荷放进去，这点的场强是否为零？

(3) 在以点电荷 Q 为中心，r 为半径的球面上各处的电场强度是否相同？

(4) 某点的电场强度 $E=F/q$，点电荷的电场中某点的场强 $E=kQ/r^2$，从前式看 E 和 q 成反比，从后式看 E 和 Q 成正比，这是否自相矛盾？

7. 在电场中作一条电场线，分别在线上的 a，b 点位置放 q 和 $-q$，在图 8.9 上画出电荷受力的方向，并指出该点的场强方向。

图 8.9　画出电荷受力的方向

8. 有人说，点电荷在电场中一定是沿电场线运动的，电场线就是电荷的运动轨迹，这样说对吗？

9. 一个 $q=-2.0\times10^{-9}$C 的电荷，放在电场中的 A 点，它所受到的电场力大小为 7.0×10^{-5}N，方向竖直向下，求该点的场强。

10. 一个小球带有电量 Q，在距离球心 30cm 处的 A 点放一个电荷 $q=-1.0\times10^{-10}$C，q 受到电场力为 1.0×10^{-8}N，方向指向球心，求：

(1) A 点的场强等于多少？

（2）如果从 A 点取走 q，A 点的场强有无变化？

（3）把 q 放在距球心 60cm 处的 B 点，所受电场力等于多少？

（4）带电小球的电量 Q 是正的还是负的？等于多少？

11. 图 8.10 中分别表示了两个电场的电场线图形，试比较每个图中 A、B 两点的电场强度。

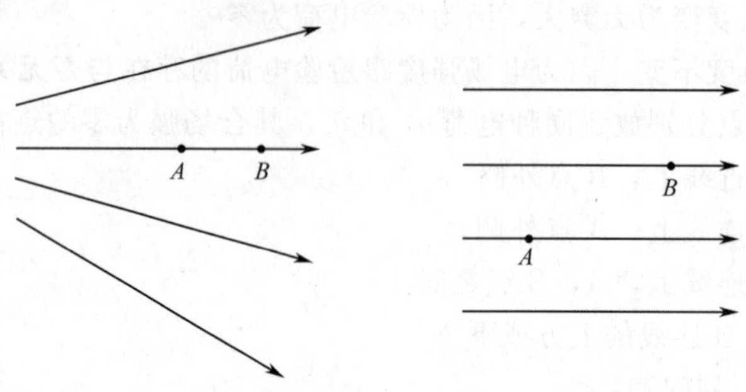

图 8.10　比较场强的大小

12. 一个点电荷 $q_1=1.0\times10^{-1}$C，另一个点电荷 $q_2=4.0\times10^{-6}$C，它们相距 0.18m，试求在此两点电荷的连线上场强为零的点的位置。

13. 一个匀强电场，场强 E 为 1.0×10^{3}N/C，方向竖直向下，有一带电微粒，质量是 1.0×10^{-6}kg，在电场中处于平衡状态，这个微粒带何种电荷？电量是多少？

8.3　电势能　电势　电势差

电势能　我们在力学中学过，由于物体与地球之间有吸引力，物体在地球表面附近某一点就具有一定的势能，叫做重力势能。同样，电荷与电荷之间有力的作用，电荷在电场中某一点也具有一定的势能，这种势能叫做电势能，通常简称为电能，用符号 E_P 表示，它的 SI 单位也是 J。

我们知道，重力对物体做正功则重力势能减少，重力对物体做多少正功则重力势能减少多少；重力对物体做负功则重力势能增加，重力对物体做多少负功则重力势能增加多少，重力势能的改变量可用重力做功来量度。与此相似，电荷在电场力的作用下，从一点移动到另一点时，电场力对电荷做正功，电荷的电势能就减少，电场力对电荷做了多少正功，电荷的电势能就减少多少；电场力对电荷做负功，电荷的电势能就增加，电场力对电荷做了多少负功，电荷的电势能就增加多少。若电荷在电场中 A 点的电势能为 E_{pA}，在 B 点的电势能为 E_{pB}，用 ΔE_p 代表电荷电势能的改变量，用 W_{AB} 表示电荷从 A 到 B 时电场力做的功，则

$$W_{AB}=E_{pA}-E_{pB}=\Delta E_p \tag{8.5}$$

电势能和重力势能一样有相对意义，只有选定了电荷在某一位置的电势能为零时，电荷在其他位置的电势能才有确定的数值。在理论计算中，一般规定电荷在无限远处的电势能为零。

由于电荷从某点移到零势能点处，电场力可能做正功，也可能做负功，所以电荷所具有的电势能可能是正值，也可能是负值。

电势　实验表明，电荷在电场中具有的电势能不仅与电荷的位置有关，还与它的电量有关。例如在电场中 A 点的检验电荷 q，它具有电势能为 E_{pA}，当检验电荷电量增大为 $2q$，$3q$，…时，它具有的电势能也将增大为 $2E_{pA}$，$2E_{pA}$，…，因此，检验电荷在某点处具有的电势能与它的电量之比值 E_{pA}/q 为一常量，跟它的电量无关。把检验电荷 q 放在另一点 B 处，它具有的电势能 E_{pB} 与它所带电量的比值 E_{pB}/q 也是跟它的电量无关的常量（但比值 E_{pA}/q 与 E_{pB}/q 一般并不相同）。可见这个常量是由电场本身决定的，它反映了电场本身的一种性质。

检验电荷在电场中某点所具有的电势能与它的电量的比值称为这一点的电势，如果用 V 表示电势，用 E_p 表示电荷 q 的电势能，就有

$$V=\frac{E_p}{q} \tag{8.6}$$

电势的 SI 单位是伏特，符号是 V，中文符号是伏。

$$1\text{V}=1\text{J}/1\text{C}=1\text{J}/\text{C}$$

现在我们知道，电场中各点都有电势，各点电势的数值具有相对性，基准点（零电势点）选择不同，各点电势的数值就不同。在理论计算中，常规定无限远处的电势为零。实际应用中，通常取地球的电势为零。例如，照明电路的电压为220V，就说明它的电势比地球的电势高220V。

电势是标量，只有大小和正负，没有方向。

在电场中，电势相等的点组成的曲面称为**等势面**。在点电荷的电场中，等势面是一组以点电荷为球心的同心球面。匀强电场的等势面是一组垂直于电场线的平面（图8.11中实线为电场线，虚线表示等势面）。

电势差　电势差就是我们在初中物理中学过的电压。它是电学中一个非常重要的物理量。

电场中某两点的电势差就等于这两点的电势之差，常用 U 来表示，即

$$U_{AB}=V_A-V_B \tag{8.7}$$

由式（8.6）可得

$$U_{AB}=\frac{E_{pA}-E_{pB}}{q}$$

因为 $W_{AB}=E_{pA}-E_{pB}$，所以

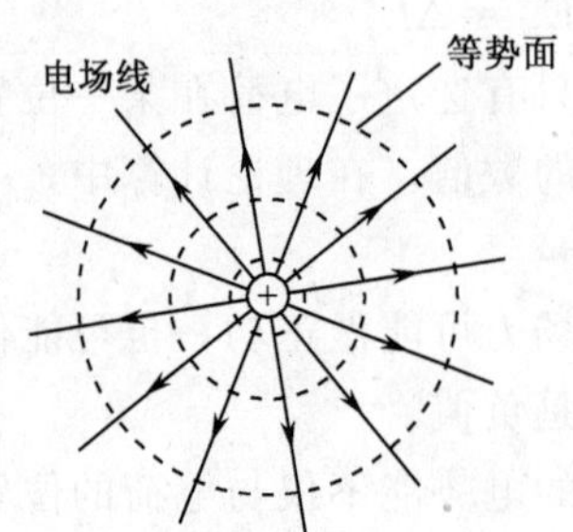

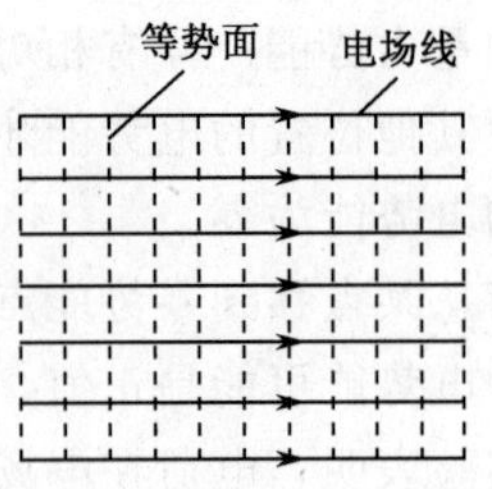

图 8.11 等势面

$$U_{AB}=\frac{W_{AB}}{q} \tag{8.8}$$

电势差的 SI 单位是伏特，简称伏，符号是 V。

需要注意的是，在应用式（8.6）、式（8.7）、式（8.8）进行计算时，必须考虑各物理量的正负号，不能用绝对值。

【例 5】 在匀强电场里，一电量为 2.0×10^{-19}C 的电荷从 A 点移动到 B 点，电场力对它做功为 3.2×10^{-18}J，求（1）A，B 两点的电势差 U_{AB}；（2）电荷的电势能减少了多少？

解 （1）$U_{AB}=\frac{W_{AB}}{q}=\frac{3.2\times10^{-18}}{2.0\times10^{-19}}=16\text{V}$

（2）因为电荷电势能的减少量等于电场力对它做的功，即

$$\Delta Ep=W=3.2\times10^{-18}\text{J}$$

【例 6】 4.0×10^{-7}C 的正电荷从 a 点移动到 b 点，电场力做负功 2.0×10^{-5}J，求：

（1）a，b 两点的电势差是多少？哪一点的电势较高？

（2）如果规定 b 点的电势为零，a 点的电势是多少？

解 （1）由式（8.6）得

$$U_{ab}=\frac{W_{ab}}{q}=\frac{-2.0\times10^{-5}}{4.0\times10^{-7}}=-50\text{V}$$

由 $U_{ab}=V_a-V_b$ 可以判断 b 点的电势较高，比 a 点高 50V。

（2）由式（8.7）得

$$U_{ab}=V_a-V_b$$

$$V_b=0$$

$$V_a=U_{ab}=-50\text{V}$$

习题 8.3

1. 电场力对电荷________________，电荷的________________就减少；电

场力对电荷________，电荷的________就增加。

2. 电势等于____________________，单位是______。

3. 电势差是____________________，单位是______。

4. 下面说法是否正确？

(1) 电场强度大的地方，检验电荷的电势能肯定大；

(2) 检验电荷放在电势高的地方，它的电势能一定大；

(3) 沿电场线的方向是电势降低的方向；

(4) 电场强度为零的地方，电势一定为零；

(5) 检验电荷在静电场沿圆周移动一周，电场力对检验电荷做的功一定为零。

5. 沿电场线上依次有 A，B 两点，下列说法正确的是（　　）。

(1) 正检验电荷从 B 点移动到 A 点，电场力做负功，检验电荷的电势能增加

(2) 负检验电荷从 A 点移动到 B 点，电场力做正功，检验电荷的电势能减少

(3) 负检验电荷从 B 点移动到 A 点，电场力做负功，检验电荷的电势能增加

6. 一个带电量为 5.0×10^{-8}C 的电荷，在沿着电场线穿过两块平行金属板间的匀强电场时，电场力做 6.0×10^{-3}J 的功，金属板之间的电势差是多少？

7. 电子伏特是研究原子物理时常用的能量单位。1eV 等于电子通过 1V 电势差所获得的动能。试计算 1eV 等于多少 J？

8. A 点电势是 60V，先后把电量分别是 3.0×10^{-8}C 和 -2.0×10^{-9}C 的点电荷放在 A 点，求它们的电势能。

9. 电量为 5.0×10^{-8}C 的正点电荷，从电场中电势为零的 O 点移到 M 点，电场力所做的功为 1.0×10^{-6}J，求 M 点的电势。如果把这个电荷从电场内 N 点移到 O 点，电场力所做的功是 -2.0×10^{-6}J，求 N 点的电势。

10. 电场中 A，B 两点的电势分别为 800V 和 -200V，把 -1.5×10^{-8}C 的点电荷从 A 点移到 B 点，电场力做了多少功？是正功还是负功？

8.4　匀强电场中电势差与电场强度的关系

匀强电场中电势差与电场强度的关系　场强和电势都是用来表征电场性质的物理量，它们从不同的方面描述了电场的特性，那么，它们之间是否存在着一定的联系呢？我们以匀强电场为例来讨论它们之间的联系。

在图 8.12 所示的匀强电场中，沿着电场线方向有 A，B 两点，它们的电势

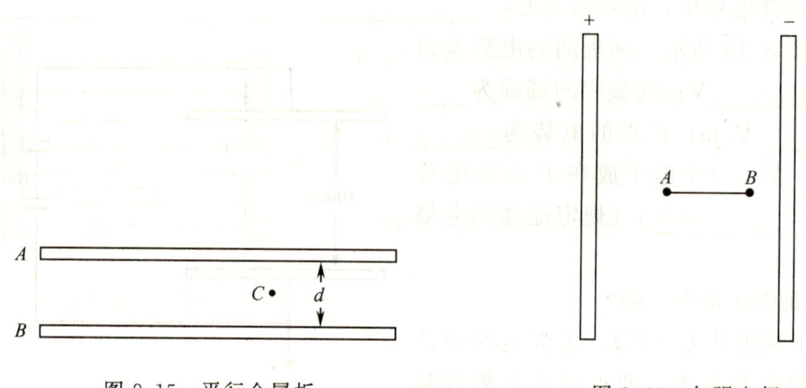

图 8.15　平行金属板　　图 8.16　匀强电场

电粒子在电场中的运动问题。

带电粒子在电场中运动时，因为受到电场力的作用而获得加速度，所以它的速度将发生变化。

在匀强电场中，如果带电粒子的初速度方向与场强方向平行，那么带电粒子的速度大小就要发生变化，带电粒子将作匀变速直线运动；如果带电粒子的初速度方向与场强方向垂直，带电粒子的速度大小和方向都要发生变化，带电粒子将作曲线运动。因为带电粒子在电场中受的电场力通常远大于粒子的重力，所以在下面的讨论中都忽略重力的作用。

带电粒子在匀强电场中的加速　如图 8.17 所示，在匀强电场中，如果带正电的粒子 q 的初速度 v_0 方向与场强方向一致，那么，它所受到的电场力 F 与初速度 v_0 方向也一致，粒子作匀加速直线运动，其加速度的大小为

$$a=\frac{F}{m}=\frac{qE}{m}$$

如果带正电的粒子的初速度方向与场强方向相反，那么它所受到的电场力 F 与初速度 v_0 的方向也相反，粒子作匀减速直线运动。

如果带电粒子带有负电荷，那么其加速情况刚好相反。

在上述各种情况中，粒子在任意时刻的速度，可应用匀变速直线运动的规律求出。

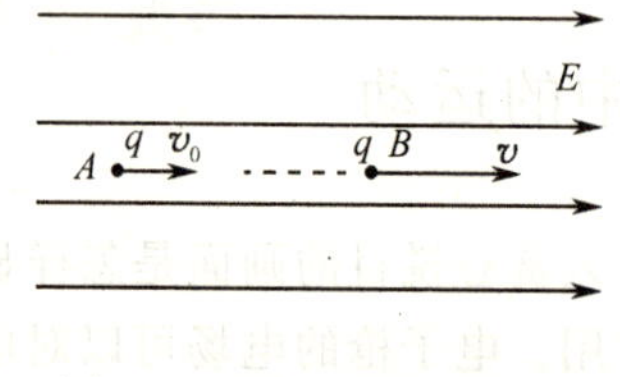

图 8.17　带电粒子的加速

对于非匀强电场，因为带电粒子所受到的电场力不是恒力，所以其加速度也不再是恒定的，带电粒子将作一般变速运动，不能再用匀变速直线运动的规律求解。这种情况下，我们可利用动能定理求其任意时刻的速度。

设带电粒子在电场中 A 点时的速度为 v_A，到

达 B 点时的速度变为 v_B，A，B 两点的电势分别为 V_A 和 V_B，在电粒子由 A 点运动到 B 点的过程中，电场力所做的功为

$$W_{AB}=q(V_A-V_B)=qU_{AB}$$

式中 U_{AB} 为 A，B 两点间的电势差，也称为加速电压。由动能定理有

$$W_{AB}=\frac{1}{2}mv_B^2-\frac{1}{2}mv_A^2$$

所以

$$qU_{AB}=\frac{1}{2}mv_B^2-\frac{1}{2}mv_A^2 \tag{8.10}$$

由上式可以看出，如果已知带电粒子的质量 m 和电量 q，以及运动到 A 点的初速度 v_A 和 A，B 两点的电势差 U_{AB}，就能求出运动到任意点 B 处粒子的速度 v_B。

$$v_B=\sqrt{\frac{2qU_{AB}}{m}}$$

带电粒子在匀强电场中的偏转 在真空中，放置一对板面水平的金属板，如图 8.18 所示，板间的距离为 d，板间电压为 U。两板间有匀强电场，其场强的大小为 $E=U/d$。若有一初速度为 v_0、电量为 $+q$ 的带电粒子沿水平方向进入电场，则由于受到垂直方向的电场力作用，粒子的运动情况跟平抛物体的运动相似。也就是说，在水平方向保持匀速运动，而在竖直方向上作初速度为零的匀加速运动，粒子的轨迹为一抛物线。

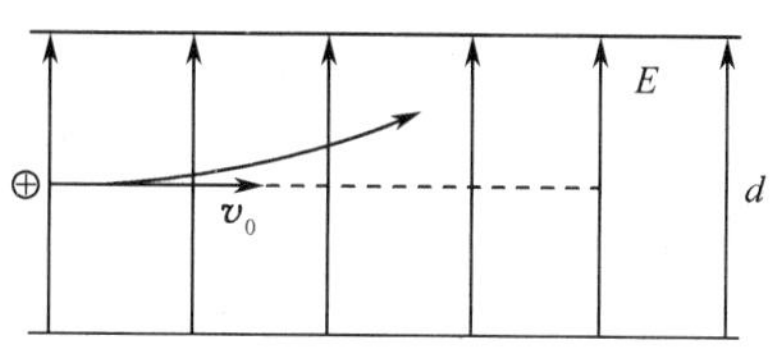

图 8.18 带电粒子的偏转

粒子在电场力下的加速度为

$$a=\frac{F}{m}=\frac{qE}{m}$$

经过一段时间 t，水平方向的位移为 x，则

$$x=v_0t$$

同一时间内，在竖直方向的位移为 y，则

$$y=\frac{1}{2}at^2=\frac{1}{2}\frac{qE}{m}t^2$$

消去以上两式中的 t 可得

$$y=\left(\frac{qE}{2mv_0^2}\right)x^2 \tag{8.11}$$

由式 (8.11) 可以看出，当 x 一定时，带电粒子的偏转量 y 与场强 E 成正比。考虑到 $E=U/d$，也可以说，当 x 一定时，y 与 U 成正比，即粒子的偏转

量受偏转电压 U 的控制。

图 8.18 所示的一对板面水平的平行金属板能使带电粒子产生竖直方向的偏转；同样，一对板面竖直的平行金属板能使带电粒子产生水平方向的偏转。

如果粒子带负电荷，那么上述结论仍然适用，只是它们的偏转方向相反。

由于带电粒子在电场中将被加速或发生偏转，电子技术中经常使用的各种电子射线管，就是以此为基本原理制成的。

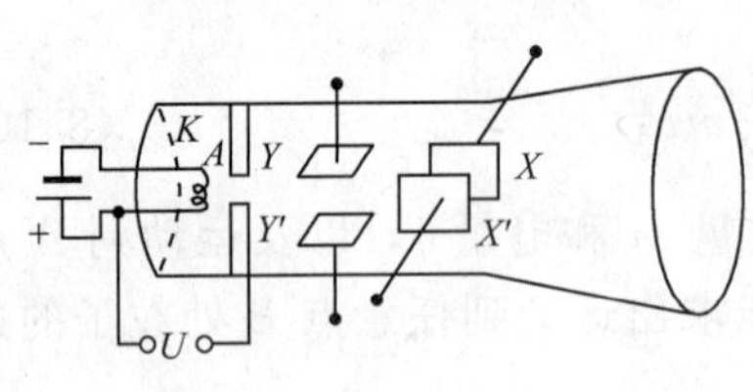

图 8.19　示波管

电子射线管是能产生阴极射线的电子器件。示波器中的示波管、电视机里的显像管等都是电子射线管。示波器是进行科学研究、生产和检修电子设备的常用仪器，它的核心部件就是示波管。如图 8.19 所示，示波管主要由电子枪、偏转电极和荧光屏三个部分组成。

示波管被抽成高度真空。电子枪由发射电子的热金属丝 K 和带孔的金属板 A 组成。在 K 和 A 之间为加速电子的电场。从 K 极发射出的电子从 A 板的小孔穿出，成为高速电子束。电子束打在右端涂有荧光物质的荧光屏上，就出现一个亮点。

偏转电极在电子枪的前面。一对是 YY' 偏转电极，由于它的电场方向是竖直的，所以称为竖直偏转板。XX' 的电场方向是水平的，称为水平偏转板。在 YY' 上加电压，使 Y 板电势高于 Y' 板，场强方向由 Y 指向 Y'。由 A 孔穿出的高速电子流将向 Y 板偏转，在荧光屏上亮点将偏向上方。若穿出时速率 v_0 不变，则亮点偏移的大小与加在 YY' 两端的电压成正比，所以示波管可用来测量电压。如果 YY' 上电压变化，那么屏上的亮点就会在竖直方向随电压的变化而改变位置。当电压变化很快，而且是周期变化时，亮点位置的移动就难以察觉，看起来仿佛是一条不动的亮线。为了便于观察电压随时间的变化，在水平偏移板 XX' 上加一扫描电压，可使亮点从左向右沿水平方向匀速移动，称为扫描。这样，在 YY' 上加随时间而变化的电压，在 XX' 上加扫描电压，则亮点在屏上所描绘出的曲线就可以显示出 YY' 上电压随时间变化的情况。

习题 8.5

1. 带正电的粒子的初速度与电场线方向一致飞入匀强电场，粒子将被__________，粒子将作__________运动。

2. 带正电的粒子的初速度与电场线方向垂直飞入匀强电场，粒子将被__________，粒子将作__________运动。

3. 一个静止的电子，经 1.0×10^3 V 的加速电压加速后，电子的速度为______

__________。

4. 质子和α粒子（电量和质量分别为质子的2倍和4倍）以相同的速度沿与电场方向垂直方向飞入偏转电场，离开电场时，其偏转量的比为(　　)。

(1) 2∶1　　(2) 1∶2　　(3) 1∶1　　(4) 1∶4

5. 静止的质子和α粒子经过相同电压加速后，它们获得的速度之比为(　　)。

(1) 2∶1　　(2) 1∶2　　(3) $1:\sqrt{2}$　　(4) $\sqrt{2}:1$

6. 在真空中，两平行金属板相距6.2cm，加上90V的电压，一个两价的氧离子由静止从一板运动到另一板时，它的动能是多少？它受到的电场力多大？

8.6　电容器　电容

电容器　两个彼此绝缘而又互相接近的导体就组成电容器。电容器是容纳和储存电荷的装置，是电工和电子设备的重要元件。按电容器介质的不同可分为真空电容器、空气电容器、云母电容器、纸质电容器、涤纶电容器和电解电容器等等（图8.20）。按其容量改变与否分为固定电容器、可变电容器、半可变电容器等。两块互相平行、相隔很近、彼此绝缘的金属板，就组成最简单的电容器，叫做平行板电容器。

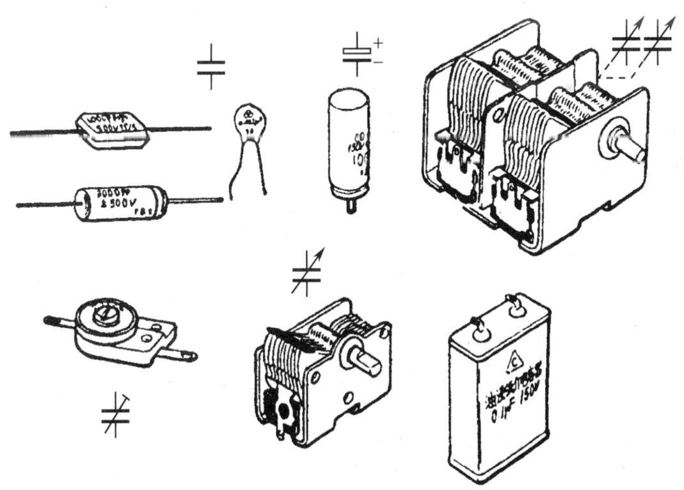

图8.20　各种电容器

把电容器的两极板分别与电源两个极相连接，使电容器两极板分别带上等量异号电荷，这个过程叫做电容器充电。充电过程一直进行到两极板间电势差与电源两极电势差相等，自由电荷定向运动停止，充电结束。若用导线把充了电的电容器两极板连结起来，则两极板上的电荷将通过导线而中和，这个过程叫做电容器放电。

电容　当电容器带的电量改变时，两个极板间的场强也随着改变，因而两极板电势差也要改变。由理论和实验证明，对同一个电容器，其任一极板上所带的电量与两极间的电势差之比值 Q/U 是一恒量，即比值 Q/U 与电容器极板上所带的电量无关，仅与电容器的结构、形状有关。对于不同的电容器，这个比值一般来说是不同的，因此比值 Q/U 反映了电容器在一定电势差下贮存电荷的能力。

电容器任一极板上所带的电量的绝对值 Q 与两极板之间电势差 U 之比值，叫做电容器的电容，用符号 C 表示，即

$$C=\frac{Q}{U} \tag{8.12}$$

电容的 SI 单位是法拉，中文符号为法，国际符号是 F，由式（8.12）可得 $1\text{F}=1\text{C}/1\text{V}$。在实用中，法拉这个单位太大，常用微法（μF）和皮法（pF）作为电容的单位。它们之间的关系是

$$1\text{F}=10^{6}\mu\text{F}=10^{12}\text{pF}$$

平行板电容器　实验和理论证明：平行板电容器的电容与两极板的正对面积成正比，与两极板的距离成反比，并且与两极板间电介质（绝缘物质）有关。设真空时的电容为 C_0，实验得出真空中平行板电容器的电容公式：

$$C_0=\frac{\varepsilon_0 S}{d} \tag{8.13}$$

式中，S 为一块板的正对面积，d 为两极板间的距离，ε_0 称为真空电容率，当 S，d，C_0 都采用 SI 单位时，实验得出 $\varepsilon_0=8.9\times10^{-12}\text{F/m}$。

实验表明，当平行板电容器的板中间充满某种电介质时，它的电容 C 就由真空（或空气）时的电容 C_0 增大至 ε_r 倍，即

$$C=\varepsilon_r C_0 \tag{8.14}$$

式中 ε_r 称为电介质的相对电容率。

从（8.13）式可看出，如果改变两极板的正对面积或极板间距，就可以改变电容器的电容。收音机中用来选择电台的可变电容器就是根据这个原理制成的。可变电容器由两组金属片制成，固定不动的一组叫做定片，可以转动的一组叫做动片。我们转动旋钮调台时，转动的就是电容器的动片，改变它和定片的正对面积就可以改变电容器的电容。为什么改变电容器的电容就能调台呢？在第 12 章中我们将研究这个问题。

【例 8】　一个电容器当它加上 300V 电压时，每一极板上所带电量为 $1.32\times10^{-8}\text{C}$，问当电压增到 600V 时，这个电容器的电容量改变了没有？此时它带

的电量是多少？

解 电容器的电容量

$$C=\frac{Q}{U}=\frac{1.32\times10^{-8}}{300}=44\text{pF}$$

当电压增加时，电容器电容量不会改变，但带电量增加到

$$\begin{aligned}Q&=CU\\&=4.4\times10^{-11}\times600\\&=2.64\times10^{-8}\text{C}\end{aligned}$$

习题 8.6

1. ________________叫做电容器。电容器的电容等于________________，单位是______、______和______，它们之间的换算关系是________________。

2. 真空中平行板电容器的电容等于________________，其中 ε_0 叫做________________，它的大小和单位是________________。

3. 板间有电介质的平行板电容器的电容等于________________，其中 ε_r 叫做________________。

4. 有人根据公式 $C=Q/U$，认为电容器的电容与极板上的电量成正比，与加在两极板间的电压成反比，这个看法对吗？

5. 某一电容器带电 1.0×10^{-5}C，两板间的电势差为 200V，如果其他条件不变，只将电量增加 1.0×10^{-5}C，电势差变为多少？在这个过程中，电容器的电容有没有变化？等于多少？

6. 电容量为 100pF 的平行板电容器，电势差为 500V，求各板上的带电量。

8.7 静电场中的导体 静电屏蔽

容易导电的物体叫做导体。导体容易导电的原因是在它们内部有大量的自由电荷，各种金属及酸、碱、盐的水溶液内都存在这种自由电荷，因此都是导体。对于金属导体来说，它内部的自由电荷是电子。

导体的静电平衡 如果把一块金属导体放在场强为 E_0 的电场中，在极短的时间内，导体中的自由电子在电场力的作用下，逆着电场方向作定向运动（图 8.21（a）），结果在导体两端就出现正、负电荷（图 8.21（b）），这种电荷重新分布的现象称为**静电感应**。随着导体两端出现正、负电荷，导体中就产生一个附加电场，场强为 E'。E' 和 E_0 方向相反。随导体两端所积累的电荷逐渐增多，附加场强就逐渐增大，导体中的合场强就逐渐减小，最后，当导体中合场强为零时

（图 8.21（c）），导体中的自由电子不再受电场力的作用，因而不再作定向运动。

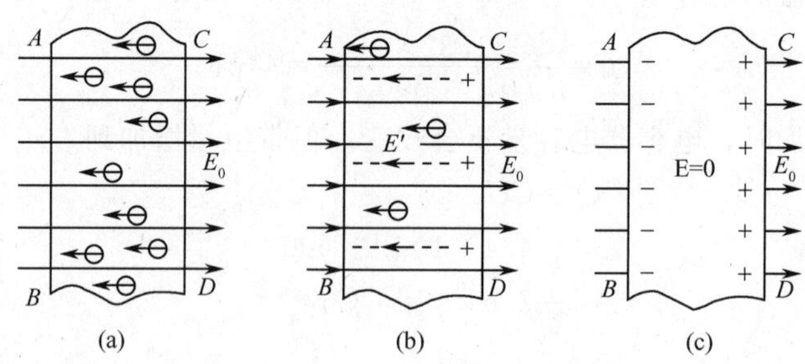

图 8.21 静电平衡

导体中（包括表面）没有电荷定向移动的状态称为**静电平衡状态**。处于静电平衡状态的导体，内部的场强处处为零，导体表面各点的场强方向都与导体表面垂直。否则，导体内部的自由电子就会在电场力作用下在导体内作定向运动，导体表面的自由电子也将在电场力的作用下，沿导体表面作定向运动，这就违背了导体处于静电平衡状态的前提。

由于导体处于静电平衡状态时，内部场强为零，表面场强方向与表面垂直，所以在导体内部或导体表面上任意两点间移动电荷时，电场力都不做功。因此，导体任意两点间的电势差都等于零。由此可见，当处于静电平衡状态时，整个导体是等势体，其表面为等势面。

理论分析指出，处于静电平衡状态的导体，其静电荷（未被中和的电荷）只分布于导体的外表面。这个结论已为实验所证实。

静电屏蔽 据报道，美国阿波罗 12 号宇宙飞船升空后不久，曾两次遇到空中雷电的闪击，而飞船中的宇航员却安然无恙，各种电子仪表也工作正常。为什么强烈的闪电对飞船内部没有影响呢？原来，是飞船的金属外壳阻隔了闪电对飞船内部的影响，这就是下面我们要讨论的静电屏蔽问题。

静电平衡时，电荷只分布在导体外表面和内部场强为零的性质，在技术上得到了广泛的应用，如图 8.22（a）所示，当带正电的金属球接近验电器时，由于静电感应，验电器的小球带负电，箔片带正电而张开一定角度。如果用金属网把验电器罩起来，当带电的金属球再去接近验电器时，验电器的箔片就不张开，如图 8.22（b）所示。由此可见，金属网能使网内不受外电场的影响。

除此以外，我们还可以做这样的实验：把一个带电体放在金属网罩内，将验电器移近网罩，验电器的金箔张开一定的角度，但如果把网罩接地，再将验电器移近网罩，我们发现，验电器的金箔不再张开，这个实验表明，一个接地的金属网罩，除了能使网内空间不受外电场的影响外，还能使网外空间不受网内电场的

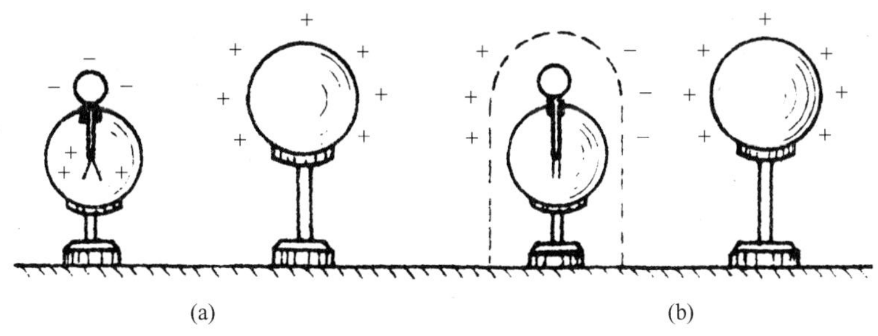

图 8.22　静电屏蔽

影响。

一个接地的金属网罩，可以隔离内外电场的相互影响，这就是静电屏蔽。在通讯电缆外面包上一层铅皮；在电子仪器外面安装金属外壳；在高电压设备外围设置金属罩等，都是静电屏蔽现象的实际应用。

习题 8.7

1. 判断下面说法是否正确？

(1) 静电平衡时，导体内部的场强处处为零；

(2) 静电平衡时，导体表面上的场强大小和电势处处相等；

(3) 静电平衡时，导体表面上任何一点的场强方向和该点处的表面垂直。

2. 如图 8.23 所示，将带正电的导体 A 靠近不带电的导体 B，将导体 B 的右端瞬间接地后移去导体 A，这时导体 B 将（　　）。

(1) 带正电　　(2) 带负电　　(3) 不带电

3. 如图 8.24 所示，一个空心的绝缘金属球 A 带 $+4.0\times10^{-6}$C 的电荷，一个绝缘金属小球 B 带有 -2.0×10^{-6}C 的电荷，把 B 球与 A 球的内壁接触，则 A，B 球所带的电荷依次为________C 和________C。

4. 一个带电量为 Q 的孤立导体球，其表面场强方向如何？导体内任意一点的场强是多大？导体是不是等势体？为什么？

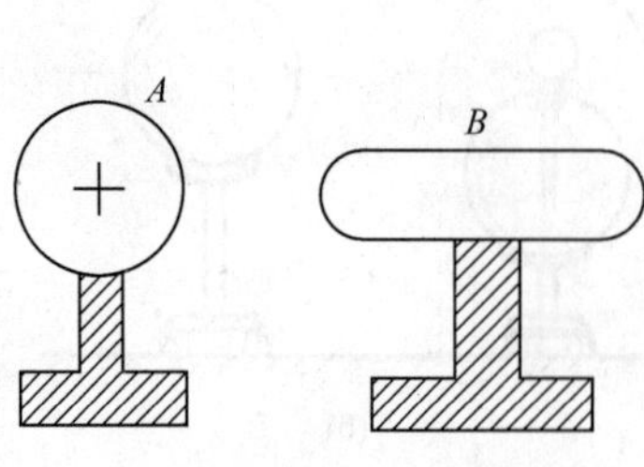

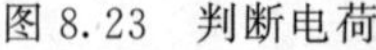

图 8.23 判断电荷

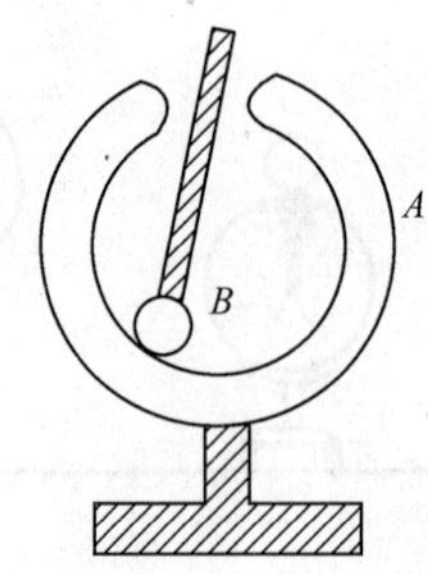

图 8.24 判断电量

5. (1) 如图 8.25 所示，将一个带正电的金属小球 B 放在一个开有小孔的绝缘金属壳内，但不与金属壳接触。将另一带正电的检验电荷 A 移近时（图 8.25 (a)），A 是否受电场力作用？

(2) 若使小球与金属壳内部接触（图 8.25 (b)），A 是否受电场力作用？这时再将小球 B 从壳内移去，情况如何？

(3) 如情况 (1)，使小球不与壳接触，但金属壳接地（图 8.25 (c)），A 是否受电场力作用？将地线拆掉后，再把小球 B 从壳内移去，情况如何？

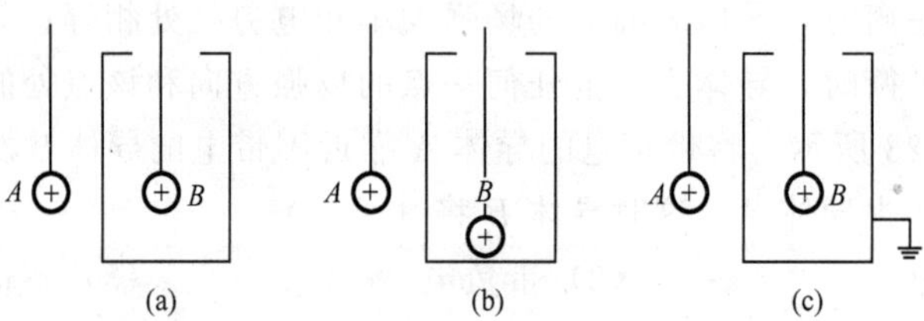

图 8.25 静电感应

阅读材料

高压带电作业

当高压输电线路发生某些故障时，如果停电维修，就会造成大面积的停电而影响工农业生产。利用静电平衡下导体表面等电势和静电屏蔽的原理，在高压输电线路的维护检修工作中，可以采用高压带电作业的技术。下面我们就高压线路上带电作业的物理原理做一些分析。

在初中物理中有这样一个思考题：小鸟站在高压电线上为什么电不死呢？现在我们知道，这是因为小鸟此时与高压线等电势，它们之间电势差为零，所以小鸟身上没有电流通过。当检修人员登数十米高的铁塔，接近高压电线时，由于人体连接铁塔，并与大地相通，因此，人体与高压线间有很高的电势差，它们之间存在很强的电场，致使周围的空气电离而放电，危及人身安全。为解决这个困难，通常用高绝缘性能的梯架，作为人从铁塔走向导线的过道。这样，人在梯架上，就完全与地绝缘。当与高压电线接触时，人体与高压电线等电势，不会有电流通过人体流向大地。

但是，问题还没有解决。因为输电线上通的是交流电，在电场周围，有很强的随时间变化的电场。因此，只要接近高压线，人体上感应的正负电荷的分布也在不断地交替变化，从而在人体中就有较强的感应电流而危及生命。在工程实际中是利用静电屏蔽的原理，用细铜丝（或导电纤维）制成导电性能良好的工作服（通常叫屏蔽服），它把手套、帽子、衣裤和袜子连成一体，构成一个导体网壳。穿上它，就相当于把人体用导体网罩起来。这样电场就不能深入到人体，感应电流也只能在屏蔽服上流通，从而避免感应电流对人体的危害。即使在触电的瞬间，放电也只是在手套和电线之间产生，这使人体与电线有相等的电势，检修人员就可以在不停电的情况下，安全、自由地在高压输电线上进行带电维修工作了。

阅读材料

静电的危害和应用

在生产和生活中，经常可以看到静电现象。静电常常是由摩擦产生的。当两个物体相互摩擦时，它们带上了异种电荷，它们之间产生了电势差。电荷积累到一定数量，电势差到一定数值时，带电体之间发生放电现象，我们就能看到火花，听到响声。脱毛衣时，有时会听到响声，看到微弱的火花，就是这个道理。随着人们对静电知识的不断增加，静电在现代科学技术和生产中得到广泛的应用，同时对静电造成的危害也已引起高度重视。

静电最大的危害是引起火灾或爆炸事故。柴油、汽油等可燃液体在管道中流动，与管壁摩擦、撞击，以及在注入油灌时形成的涡流、飞溅等都会产生静电。粮食加工、茶叶加工过程中的研磨、筛滤、传送等也都会产生静电。静电积累可达几千伏，甚至几万伏，击穿周围空气，产生火花，在易燃易爆场所引起火灾、爆炸。静电还是大规模集成电路的大敌，极微弱的静电都可能使之损坏。电唱机中，因唱针和唱片的摩擦产生静电，使唱片吸附大量灰尘，音质变差。

防止静电的危害，首先是防止静电的积累。例如用导线将设备可靠接地，把电荷引入大地。我们经常看到油罐车都有一根铁链子拖在地上就是这个道理。为了减少摩擦起电，可燃液体在管道中的流速一般限制在 4m/s 以下。调节空气的湿度也是消除静电积累的有效方法。

静电的应用也是非常广泛的，例如应用静电屏蔽可使电子仪器不受外界电场的干扰。原子物理研究中应用静电加速器可使带电粒子获得很大的能量。在生产中，如大家所知道的静电喷漆、静电除尘、静电植绒等就是使绒屑、漆雾、烟尘等带电，然后让这些带电粒子在电场力作用下作定向运动。

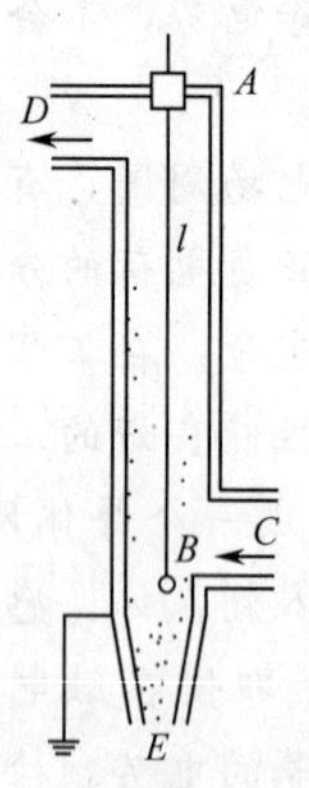

图 8.26 静电除尘

例如，工厂、发电厂排放的烟携带着大量煤粉尘，这不仅浪费燃料，而且造成严重的环境污染。如图 8.26 所示，静电除尘器可以使烟中的煤粉尘带电，煤粉尘在电场力的作用下到达电极而被收集起来。利用静电除尘，可以有效地静化空气，保护环境。

另外，根据各种不同物体在静电场中表现不同，可把它们区分开来，这就是静电分选。利用静电分选可以去米糠，可以分选种子、茶叶、矿石，还可对城市的垃圾进行分类处理。

静电技术还应用于摄影、复印等方面。下面介绍一下静电复印机的工作原理。

如图 8.27，静电复印机里面装有一个可旋转的表面镀

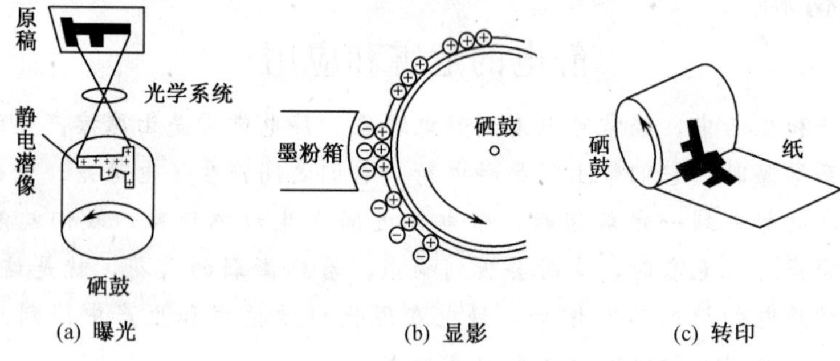

图 8.27 静电复印机的工作原理

硒的硒鼓。硒是一种半导体，没有光照射时是很好的绝缘体，能保存一定的电荷；受光照射时立即变成导体，由于使用时它是接地的，所以其电荷立即被导走。

静电复印经过以下几个步骤：①充电，由电源使硒鼓表面带上正电荷；②曝光，利用光学系统将原稿上字迹的像成在硒鼓上，硒鼓上被字迹遮光的地方保持正电荷，而其他地方的正电荷被导走，形成了由正电荷组成的“静电潜像”（见图 8.27 (a)）；③显影，带负电的墨粉被带正电的“静电潜像”吸引，并吸附在潜像上（见图 8.27 (b)）显示墨粉组成的字迹；④转印，带正电的转印电极使

输纸机构送来的白纸带正电，带正电的白纸与硒鼓表面墨粉组成的字迹接触，将带负电的墨粉吸到白纸上（见图 8.27（c）)，墨粉经高温融化而渗入纸中，形成牢固的字迹。

静电技术的应用仍在不断发展，许多新的课题有待人们进一步探索研究。

第 9 章　恒定电流

9.1　电流　部分电路欧姆定律

电流　电荷的定向移动形成电流。在一般情况下，导体中是没有电流的，虽然导体内部的自由电荷在作热运动，但是没有电荷的定向移动。如果导体两端有电势差，导体内部的场强就不等于零。在电场力的作用下，自由电荷除了作热运动外，还发生定向移动，于是导体内部就有了电流。所以，导体产生电流的条件是导体两端存在电势差（电压）。

电流强度　电流有强有弱，电流的强弱用电流强度表示。通过导体某横截面的电量 q 跟所用时间 t 的比值为通过该截面的电流强度，简称电流。如果用 I 表示电流强度，那么

$$I=\frac{q}{t} \tag{9.1}$$

电流强度的 SI 单位是安培，其符号为 A，中文符号为安。

$$1\text{A}=1\text{C/s}$$

电流强度常用的单位还有毫安（mA）、微安（μA）。它们之间的关系是

$$1\text{A}=10^3\text{mA}=10^6\mu\text{A}$$

为了分析问题方便，习惯上常把电流看成是由正电荷流动形成，并且规定正电荷的流动方向为电流的方向。这样，由静电力驱动的电流总是沿着场强方向，从高电势处流向低电势处，所以当导体中有电流时，导体两端的电势差又称为电势降落（或电势降）。由于金属导体中的电流是由自由电子的定向移动形成的，因此金属导体中的电流的方向跟自由电子的定向移动相反。

电流强度是标量，通过某横截面电流的方向，只是指电荷从该截面的一侧流向另一侧或是相反。电流强度跟力、速度等矢量不同，不遵从矢量合成法则，所以电流强度不是矢量。

方向不随时间改变的电流称为直流电。电流强度的大小和方向都不随时间而改变的电流，叫恒定电流，通常所说的直流电就是指恒定电流。

部分电路欧姆定律　德国物理学家欧姆（1787～1854）在 1827 年通过精确实验得出：通过一段导体的电流强度跟导体两端的电压成正比，跟导体的电阻成反比。这个结论称为部分电路的欧姆定律，即

$$I=\frac{U}{R} \tag{9.2}$$

式中 R 为导体的电阻，它是由导体本身的性质和几何形状所决定的。电阻的 SI 单位是欧姆，中文符号是欧，国际符号为 Ω。

常用的电阻单位有千欧（kΩ）和兆欧（MΩ）。

$$1\ \text{k}\Omega = 10^3\ \Omega$$

$$1\ \text{M}\Omega = 10^6\ \Omega$$

实验表明，欧姆定律适用于金属导体，也适用于电解液（酸、碱、盐的水溶液），但对于气体导体（如日光灯中的水银蒸气）和某些导体器件（如晶体管），欧姆定律不适用。

导体中的电流强度与电压的关系，可用以电压为横坐标，以电流强度为纵坐标画出的曲线表示。这种曲线称为伏安特性曲线。

遵从欧姆定律的导体的伏安特性曲线都是过坐标原点的直线（图 9.1），直线斜率的倒数表示该导体的电阻。斜率大的表示电阻小，斜率小的表示电阻大。

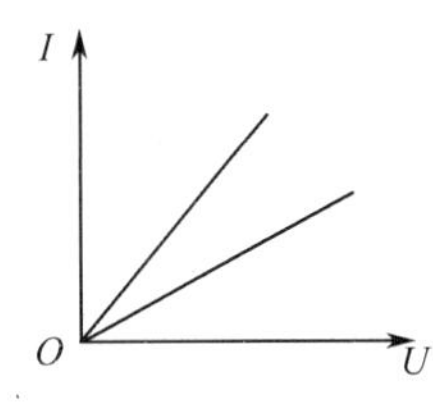

图 9.1 伏安特性曲线

【例 1】 通过某一电阻的电流强度是 2.0mA 时，测得电阻两端的电压是 60mV，通过它的电流强度是 20mA 时，它两端的电压多大？

解 因为

$$R = \frac{U_1}{I_1} = \frac{60 \times 10^{-3}}{2.0 \times 10^{-3}} = 30\Omega$$

所以

$$U_2 = I_2 R = 20 \times 10^{-3} \times 30 = 600\text{mV}$$

习题 9.1

1. 形成电流的条件是______________________________。

2. ______________________________称为电流强度，它的单位有________、________、________，其换算关系是__________________________________。

3. ______________________________称为部分电路欧姆定律。

4. 下面说法是否正确？

（1）如果电流是电子定向移动形成的，则电子的运动方向就是电流的方向；

（2）因为 $R=U/I$，所以导线电阻跟电压成正比，跟电流强度成反比；

（3）伏安特性曲线斜率大的电阻小，斜率小的电阻大。

5. 某电阻的伏安特性曲线如图 9.2 所示，这个电阻为（　　）。

（1）2.0Ω　　　（2）0.5Ω　　　（3）1.0Ω

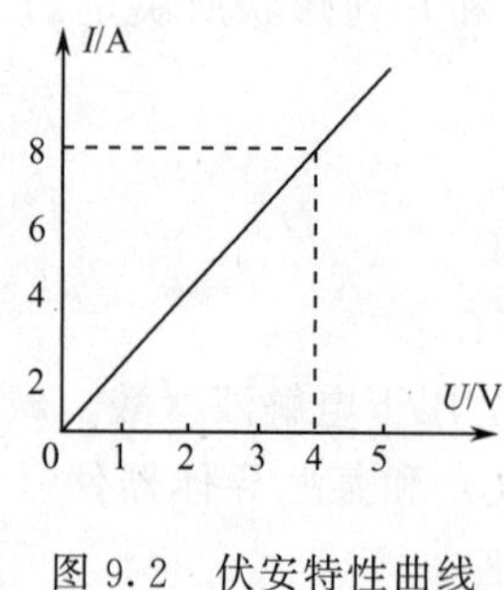

图 9.2 伏安特性曲线

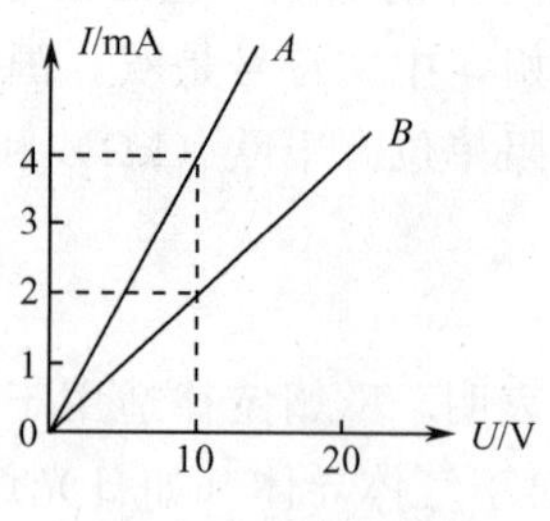

图 9.3 判断电阻

6. 图 9.3 中的两条伏安特性曲线分别与 A，B 两个电阻相对应，请回答：（1）哪个电阻大？（2）电阻各是多少？

9.2 电阻定律

电阻定律 金属导体中的电流是自由电子的定向移动形成的，电子在运动中要跟金属正离子频繁碰撞，每秒钟的碰撞次数高达 10^{15} 次左右。这种碰撞阻碍自由电子的定向移动，表示这种阻碍作用的物理量，叫做导体的电阻，不但金属导体有电阻，其他导体材料也有电阻。

导体的电阻是由它本身的物理条件决定的。实验表明，在温度不变的条件下，当导体的材料均匀，横截面积相同时，导体的电阻 R 跟它的长度 L 成正比，跟它的横截面积 S 成反比，即

$$R=\rho\frac{L}{S} \tag{9.3}$$

式（9.3）叫做电阻定律，式中比例系数 ρ 由导体的材料和温度决定，它能反映材料的导电性能，把它叫做导体的电阻率。电阻率的 SI 单位是欧·米（$\Omega\cdot m$）。工程上常用单位是欧·毫米²/米（$\Omega\cdot mm^2/m$）。

不同的材料有不同的电阻率，电阻率越大的材料，表示导电性能越差。常将电阻率小于 $10^{-6}\Omega\cdot m$ 的材料称为导体，电阻率大于 $10^7\Omega\cdot m$ 的材料称为绝缘体，电阻率介于这两者之间的材料称为半导体。表 9.1 列出了几种材料在 20℃ 时的电阻率。

电阻率随温度的变化 各种材料的电阻率都随温度变化。实验表明，在温度变化范围不大时，纯金属的电阻率与 0℃ 时的电阻率之间近似地有如下线性关系：

$$\rho=\rho_0(1+\alpha t) \tag{9.4}$$

式中 ρ 表示 t℃时的电阻率，ρ_0 表示 0℃时的电阻率，α 叫做电阻的温度系数，单

位是 1/℃，利用电阻率随温度而改变的特性，可制成灵敏电阻温度计和自动控制元件。也有一些合金，如康铜和锰铜，电阻温度系数较小，因此常用这种合金制造标准电阻。

表 9.1　几种材料 20℃ 时的电阻率

	材　　料	ρ（Ω·m）
导体	银	1.6×10^{-8}
	铜	1.7×10^{-8}
	钨	5.3×10^{-8}
	铁	1.0×10^{-7}
	康铜（铜 54%×镍 46%）	5.0×10^{-7}
半导体	碳	3.5×10^{-5}
	锗	0.60
	硅	2300
绝缘体	塑料	$10^{15}\sim10^{16}$
	陶瓷	$10^{12}\sim10^{13}$
	云母	75×10^{16}

【例 2】　有一条铜导线长 300m，横截面积是 12.75mm^2，导线两端的电压是 8.0V，求导线中通过的电流强度。

解　查表知铜的电阻率是 $\rho=1.7\times10^{-8}\Omega\cdot\text{m}$。求出该导线的 R：

$$R=\rho\frac{L}{S}=1.7\times10^{-8}\times\frac{300}{1.275\times10^{-5}}=0.40\Omega$$

进而求 I：

$$I=\frac{U}{R}=\frac{8.0}{0.40}=20\text{A}$$

【例 3】　一根粗细均匀的导线，电阻为 R，如果把它均匀拉长到原来长度的 50 倍，而体积不变，则拉长后导线的电阻是多少？

解　因为拉长后体积不变，所以

$$V=S_1L_1=S_2L_2$$

$$S_1L_1=S_2\times50L_1$$

所以

$$S_1=50S_2$$

由电阻定律得

$$R_1=\rho\frac{L_1}{S_1}$$

$$R_2=\rho\frac{L_2}{S_2}$$

将 $L_2=50L_1$，$S_1=50S_2$ 代入上两式，得

$$R_2=2500R_1$$

习题 9.2

1. ________________称为电阻定律，用公式表示为________，公式中各物理量的单位分别是________________。

2. 电阻率随温度的变化关系是________________。

3. 白炽灯灯丝断了再把它搭上，灯将比原来更亮些，这是为什么？

4. 已知导体 A 的电阻小于导体 B 的电阻。能否做出“构成导体 A 的物质比构成导体 B 的物质的导电性能好”的结论？为什么？

5. 加在电灯上的电压是 220V，通过灯丝的电流是 0.18A，求灯丝电阻。断电后，把灯泡取下，用多用表测一下灯丝的电阻，发现两者不等，试说明其原因。

6. 横截面积是 0.63mm^2、长是 200mm，电阻率是 $0.017\Omega\cdot\text{mm}^2/\text{m}$ 的铜导线，它的电阻是多大？

7. 用横截面积是 0.40mm^2 的锰铜丝，制成一个 1.1Ω 的电阻，问所需锰铜丝的长度是多少？

8. 一段导线的电阻是 4.0Ω，把它对折起来，并为一根导线使用，电阻变为多少？如果把它均匀拉长到原来长度的 2 倍，那么电阻又变为多少？

9. 电阻丝长 10m，横截面积是 0.20mm^2，两端加上 10V 电压时通过的电流是 0.20 A. 电阻丝材料的电阻率多大？它是什么材料？

物理与高科技

超导技术

1911 年，荷兰物理学家卡麦林·昂内斯曾做过这样一个实验：首先将水银冷却到－40℃，使它凝固成一条线，然后继续冷却到 4.2K 以下，再通以几个 mA 的电流，并测量它两端的电压。他惊奇地发现，所测电压为零，这意味着导体电阻为零。这种奇怪的现象当时轰动了科技界，卡麦林·昂内斯也因为这一发现获得了 1913 年诺贝尔奖。

后来人们认识到：此时物质已经转变成一种新的物态——超导态。某些金属或合金随着温度的降低电阻逐渐减少，当温度降到一定程度时，其电阻突然消

失，这种现象叫做超导现象。具有超导性能的物质叫做超导体，而电阻消失时的温度，称为临界温度或转变温度。如水银在温度为－269.01℃时就变为超导体。

若在超导体中激发电流，由于电阻为零，电荷在流动中没有能量消耗，电流能一直维持下去，这种电流称为持久电流。曾有人在超导圆环中激发了几万安培的电流，在持续两年的时间内没有发现电流的变化。如果不是撤掉了维持低温的装置，可能到今天电流还在流着。

现已发现近30种金属元素具有超导特性。另外有一些元素在一般状态下没有超导性，而在高压下（如锗）或薄膜状态（如铋）却呈超导态。另外，有数百种合金和化合物以及有机物是超导体。

目前，世界各国的科学家都在研究和寻找转变温度高的超导材料，从而实现高温超导的目标。早在1987年，中国科学院物理研究所就获得了转变温度为93K的超导体。中国在超导技术的研究上已处在世界领先地位。我国是世界上独立发现液氮温区超导体的国家之一。最先公布了这种超导材料是钇-钡-铜-氧化合物。随后，我国还开展了一系列高温超导材料研究，有的材料临界温度达132K，至今保持着世界最高纪录。被以为是衡量材料水平重要指标之一的电流通过超导体最大密度，国内已达到的水平是在77K和1T的磁场下，临界电流密度接近7×10^{4} A/cm^{2}，也是目前国际上的最高水平。此外，在超导领域其他方面，我国也取得了一系列优秀成果。

近来，由于超导材料工艺、超导理论和超导实验技术的迅速发展，并与其他学科互相渗透，在很多诸如受控热核反应、高能物理、电机与发电输电、电子仪表、航天技术、计算机以及超导列车等科学技术的几乎所有领域，已取得了有重大意义的进展。

据中央电视台2004年7月11日报道：我国第一组实用型高温超导电缆在位于云南昆明的普吉变电站正式并网运行，使我国成为继美国、丹麦以后，世界上第三个将高温超导电缆投入电网运行的国家。

这种电缆的运行总损耗只是常规电缆的一半，电流输送能力却是常规电缆的3～5倍。电缆额定电压35kV，额定电流2kA，超导体采用液氮循环冷却，主要性能指标优于已投入运行的美国和丹麦的两组电缆系统，展现了巨大的产业化前景。该电缆组并网后，将向昆明西郊的主要厂矿和几万户居民每天提供1.5×10^{6} kW·h的电量。

由于一般材料的转变温度很低，所以使它的应用受到限制。目前我国和世界各国都在积极进行研究，寻找较高转变温度的超导材料。

9.3 电阻的串并联 直流电桥

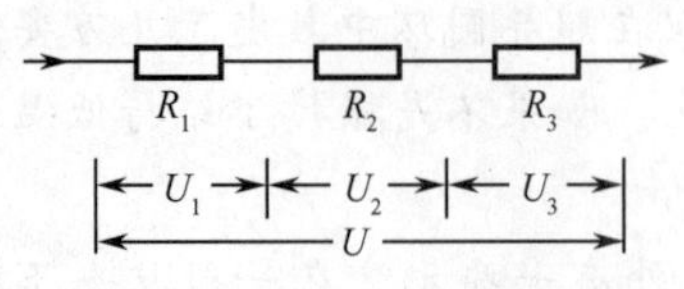

图 9.4 串联电路

串联电路的性质 把 n 个电阻不分支地连接起来，使电流只有一条通路，这样的连接方式称为电阻的串联。图 9.4 就是由 3 个电阻组成的串联电路。

我们已经知道，串联电路的性质是：

(1) 电路中各处的电流强度相等，即

$$I_1 = I_2 = \cdots = I_n \tag{9.5}$$

(2) 电路两端的总电压等于各电阻两端的电压之和，即

$$U = U_1 + U_2 + \cdots + U_n \tag{9.6}$$

(3) 串联电路的总电阻等于各电阻之和，即

$$R = R_1 + R_2 + \cdots + R_n \tag{9.7}$$

串联电路的分压作用 在串联电路中，由于通过各电阻的电流强度相等，所以

$$\frac{U_1}{R_1} = \frac{U_2}{R_2} = \cdots = \frac{U_n}{R_n} = I \tag{9.8}$$

由 (9.6) 式和 (9.8) 式可知，串联电路的总电压分配给了每个电阻，而各电阻上的电压则与它的电阻成正比，这就是串联电路的分压作用。当电源的电压超过用电器的额定电压时，可以串联适当的电阻，分去一部分电压，使用电器得到合适的电压。

在电学实验中，常用滑动变阻器作为分压器，以便调节用电器或工作电路两端的电压。如图 9.5 所示，变阻器的固定端 A，B 连接在电源上，其中 B 和滑动端 P 与用电器或工作电路的两端连接，改变 P 的位置，电压 U_{CD} 就可以在 $0 \sim U_{AB}$ 之间连续变化。

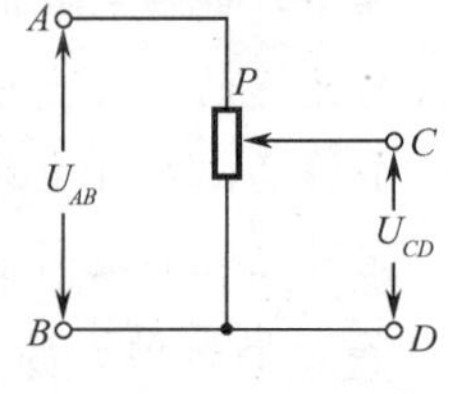

图 9.5 分压器

利用串联电阻的分压作用，还可以扩大伏特计的量程。

【例 4】 一个量程为 1.5V 的伏特计，其内电阻为 300Ω，若将其量程扩大为 300V，应在伏特计上串接多大的附加电阻？

解 根据欧姆定律 $I = U/R$ 知，总电流为

$$I = \frac{U_0}{R_0} = \frac{1.5}{300} = 5 \times 10^{-3}\,\text{A}$$

附加电阻 R_f 两端的电压为

$$U_f=U-U_0=300-1.5=298.5\text{V}$$

所以

$$R_f=\frac{U_f}{I}=\frac{298.5}{5\times10^{-3}}=5.97\times10^4\Omega$$

并联电路的性质　把 n 个电阻的一端连接在一起，另一端也连接在一起，使电路有 2 个连接点和 n 条电流通路，这样的连接方式称为电阻的并联。图 9.6 就是 3 个电阻组成的并联电路。

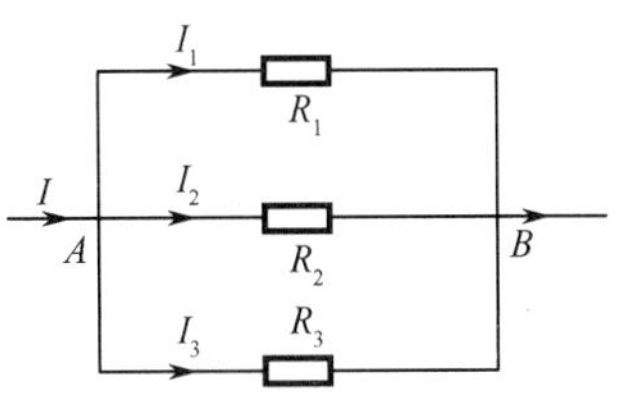

图 9.6　并联电路

我们已经知道并联电路的性质是

(1) 并联电路中各支路两端的电压都相等，即

$$U_1=U_2=\cdots=U_n=U \tag{9.9}$$

(2) 并联电路中的总电流强度等于各支路电流强度之和，即

$$I=I_1+I_2+\cdots+I_n \tag{9.10}$$

(3) 并联电路总电阻的倒数等于各电阻的倒数之和，即

$$\frac{1}{R}=\frac{1}{R_1}+\frac{1}{R_2}+\cdots+\frac{1}{R_n} \tag{9.11}$$

如果有 n 个相同的电阻并联，每个电阻皆为 r，就有

$$R=\frac{r}{n} \tag{9.12}$$

对于两个电阻的并联，有

$$R=\frac{R_1R_2}{R_1+R_2} \tag{9.13}$$

并联电路的分流作用　在并联电路中，各支路两端的电压相等，因此有

$$I_1=\frac{U}{R_1},\ I_2=\frac{U}{R_2},\ \cdots,\ I_n=\frac{U}{R_n} \tag{9.14}$$

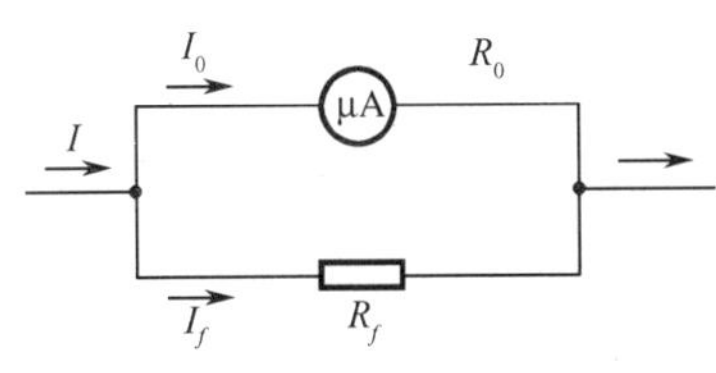

图 9.7　扩大安培计量程

由 (9.10) 式和 (9.14) 式可知，并联电路的总电流分配给了各个电阻，而各电阻上的电流强度则与它的电阻成反比，这就是并联电路的分流作用。当电路中电流强度超过某个元件所能允许通过的电流强度时，给它并联一个适当的电阻，就可使通过它的电流减少到所允许的数值。

此外，利用并联电阻的分流作用，还可以扩大安培计的量程，见图 9.7。

【例 5】　一个量程为 100μA 的安培计，表头的内电阻为 0.90Ω，要把此表的量程扩大为 1.0mA，应并联多大的电阻？

解 根据并联电路的分流作用，有

$$\frac{R_f}{R_0}=\frac{I_0}{I_f}$$

于是

$$R_f=\frac{I_0}{I_f}R_0=\frac{10^{-4}\times 0.90}{10^{-3}-10^{-4}}=0.10\Omega$$

所以并联一个 0.10Ω 的电阻可使安培计的量程扩大到 1mA。

混联电路 实际应用中经常遇到比较复杂的电路，其中既有串联又有并联，这种电路称为混联电路。在计算混联电路的等效电阻时，一般采用电阻逐步合并的办法。关键在于认清总电流的输入端和输出端以及公共连接端点，由此分清各个电阻的连接关系，再根据串、并联电路的基本性质，逐步把电路简化，最后可求出总电阻。

【例 6】 如图 9.8（a）所示，电阻 $R_1=2.0\Omega$，$R_2=4.0\Omega$，$R_3=6.0\Omega$，$R_4=8.0\Omega$。求 A，B 之间的等效电阻 R_{AB}。

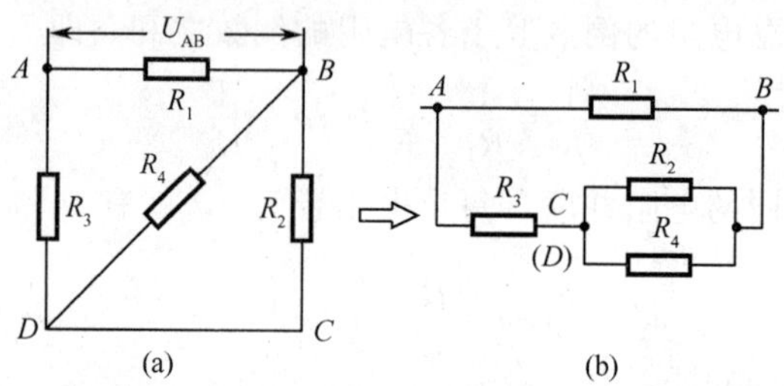

图 9.8 求等效电阻

解 以 A，B 为电路的两个端点，将电路等效变换为图 9.8（b），则 R_2 和 R_4 并联，其等效电阻是

$$R_{24}=\frac{R_2R_4}{R_2+R_4}=\frac{4.0\times 8.0}{4.0+8.0}=\frac{8}{3}\Omega$$

R_{24} 与 R_3 串联，其等效电阻是

$$R_{234}=R_{24}+R_3=\frac{8}{3}+6.0=\frac{26}{3}\Omega$$

R_{234} 再与 R_1 并联，R_{AB} 为

$$R_{AB}=\frac{R_1R_{234}}{R_1+R_{234}}=\frac{2.0\times\frac{26}{3}}{2.0+\frac{26}{3}}=1.625\Omega$$

直流电桥 它是精确测量电阻的重要仪器，其电路如图 9.9 所示。它由 4 个电阻 R_1，R_2，R_3，R_4 组成，每一边叫做电桥的一个臂。在一个对角线 AC 的两

点间加上电压 U，在另一对角线 BD 两点间接一灵敏电流计 G，B，D 间架起一座“桥”，称为桥支路。合上电键 K，当 B，D 间的电流 $I_g=0$，G 的指针不偏转，我们称这种状态叫做电桥平衡。

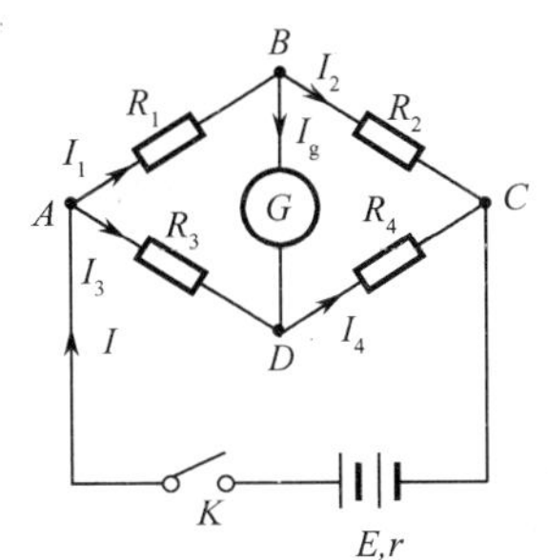

图 9.9 直流电桥

4 个电阻满足什么条件，电桥才能平衡呢？由 $I_g=0$ 知，B，D 两点的电势相等，则有

$$U_{AB}=U_{AD}, \quad U_{BC}=U_{DC}$$

此时，B，D 间相当于断路。因此，通过 R_1，R_2 的电流相等，即

$$I_1=I_2$$

通过 R_3，R_4 的电流也相等，即

$$I_3=I_4$$

根据欧姆定律，有

$$U_{AB}=I_1R_1, \quad U_{AD}=I_3R_3$$
$$U_{BC}=I_2R_2, \quad U_{DC}=I_4R_4$$

由上述各式可得

$$I_1R_1=I_3R_3$$
$$I_2R_2=I_4R_4$$

上两式相除，且由 $I_1=I_2$，$I_3=I_4$ 得

$$\frac{R_1}{R_2}=\frac{R_3}{R_4}$$

或

$$R_1R_4=R_2R_3$$

所以电桥的平衡条件是：相对臂的电阻乘积相等。由上式还可以得到

$$R_1=\frac{R_3}{R_4}R_2$$

若已知 R_2，R_3，R_4 的值，则可求出未知电阻 R_1 的值，这就是电桥测量电阻的原理。在收音机、电视机等电子仪器工厂里，对大量的电阻进货要进行严格的检测和筛选，这一般是用直流电桥进行检测的。

直流电桥除了测量电阻外，还广泛用于自动控制中。如测量空气中可燃气体（如乙炔、汽油蒸汽等）的含量的测爆仪就利用了直流电桥。

习题 9.3

1. 串联电路的电阻、电流、电压的基本性质为____________、____________、____________。

2. 并联电路的电阻、电流、电压的基本性质为__________、__________、__________。

3. 两个相同电阻并联的总电阻为__________。n 个相同电阻并联的总电阻为__________。

4. ________________称为电桥平衡，此时 4 个臂的电阻关系是__________。

5. 用 5.0Ω、10Ω 和 20Ω 的电阻，适当组合得到的最小电阻 R 是(　　)。

(1) $5.0\Omega < R < 10\Omega$　　(2) $10\Omega < R < 15\Omega$

(3) $R < 5.0\Omega$　　(4) $15\Omega < R < 20\Omega$

6. 用一电阻 R 与 700Ω 的电阻并联，其总电阻减为 R 的 1/3。R 的电阻值为(　　)。

(1) 300Ω　　(2) 1400Ω　　(3) 500Ω　　(4) 333Ω

7. 用彩色电珠来装饰广告牌，如每只电珠的额定电压是 8V，使用 220V 电源，问需要将多少只彩珠灯泡串联后才能接在电源上？

8. 为测量一高值电阻，把它与量程为 150 V、内电阻为 20 kΩ 的伏特计串联后接在 110V 的电路上，若伏特计的示数是 5V，求高值电阻的电阻值。

9. 灵敏电流计的内电阻为 1000Ω，满刻度时的电流为 100μA，要把它改装成量程为 1.5V 的伏特计，需串接多大的附加电阻？

10. 为减小电动机的启动电流，需串联一个启动电阻 R（图 9.10），待启动后再将 R 逐渐减小。如果电源电压 $U=220\text{V}$，电动机的线圈电阻 $r_0=2.0\Omega$。求：

(1) 不串联电阻 R 时的启动电流；

(2) 为使启动电流减小为 20A，电阻 R 应为多大？

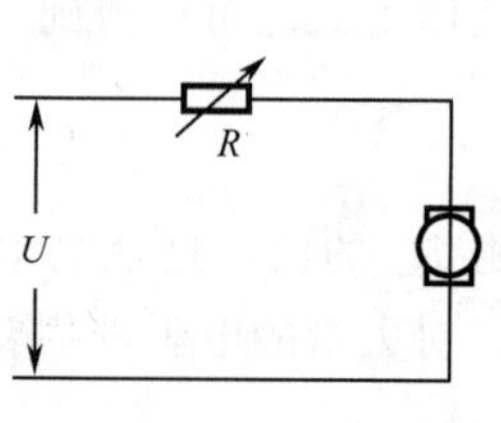

图 9.10　电动机启动电阻

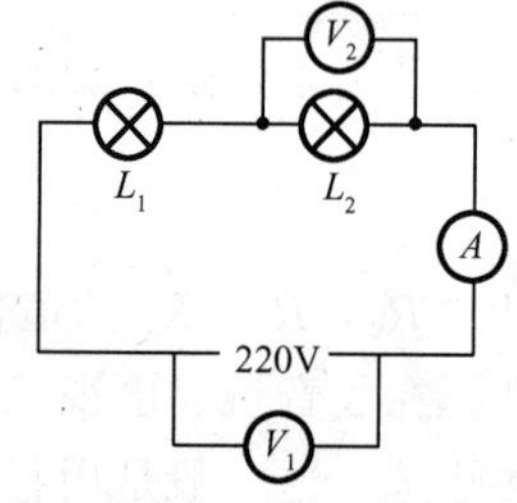

图 9.11　判断灯泡故障

11. 如图 9.11 所示，L_1，L_2 是相同的灯泡，在下列情况下可能是哪个灯泡出了毛病？

(1) 两灯不亮，伏特计 V_1 和 V_2 的示数都是 220V，安培计 A 的示数是零；

(2) 两灯不亮，伏特计 V_1 的示数是 220V，伏特计 V_2 和安培计 A 的示数均为零。

12. 在图 9.12 所示的电路中，L 是与 R_2 并联的一条导线，下列说法哪些是正确的？

（1）通过电阻 R_1、R_2 的电流强度相等；

（2）电阻 R_1 的电压 $U_1=R_1I$，电阻 R_2 上的电压 $U_2=R_2I$，导线 L 中电流为零；

（3）电阻 R_1 上的电压 $U_1=U$，电阻 R_2 上的电压为零；

（4）电阻 R_1 中电流强度等于导线 L 中电流强度，电阻 R_2 中电流为零；

（5）电阻 R_2 去掉后，电路的总电阻和电流强度不发生变化。

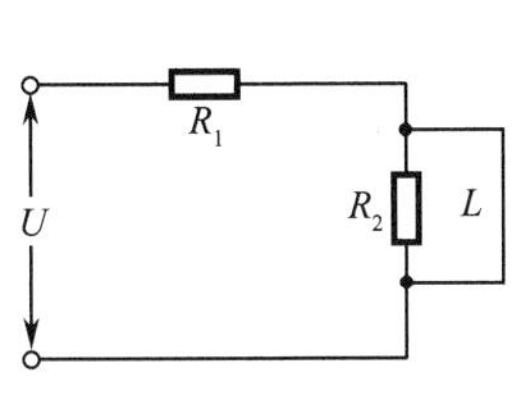

图 9.12　判断电路

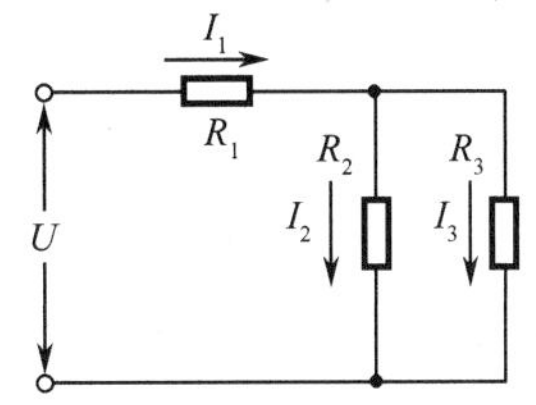

图 9.13　电路计算

13. 如图 9.13 所示，$U=30\text{V}$，$R_2=10\Omega$，$R_3=30\Omega$，通过电阻 R_2 的电流为 0.60A，求各电阻上的电压、电流及电阻 R_1。

14. 欲将一内电阻为 10Ω，量程为 100μA 的安培计，改装成能测 1A 的安培计，需并联多大的分流电阻？

15. 求图 9.14 所示的两个电路的总电阻各多大？

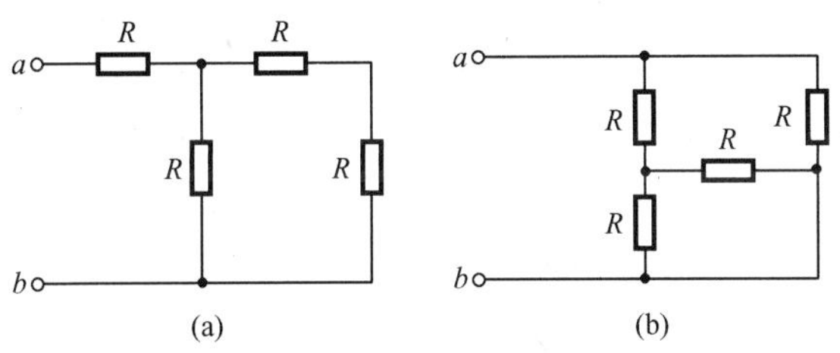

图 9.14　电阻计算

9.4　电功　电功率　焦耳定律

电功　电流通过导体时，电场力对电荷做的功也称为电流做的功，简称电功。电流做功过程是电荷的电势能减小的过程，也是电能转化为其他形式能的过程。例如，电流从灯丝中通过时，电能就转化为内能和光能；电流从电动机中通过时，电能就转化为机械能；电流通过电解槽时，电能就转化为化学能。在上述能量转化过程中，同样遵守能量守恒定律，电流做多少功，就消耗多少电能，也就有多少电能转化为其他形式的能。

若导体两端的电压为U，在时间t内通过导体横截面的电量为q，则电场力所做的功W为

$$W=qU$$

因为$q=It$，所以

$$W=IUt \tag{9.15}$$

式中I，U，t的SI单位分别是A，V，s，W的SI单位是J。

$$1\text{J}=1\text{A}\cdot\text{V}\cdot\text{s}$$

由（9.15）式可知，电流在一定电路上所做的功，与这段电路两端的电压、电路中的电流强度和通电时间的乘积成正比。

电功率 电流所做的功与做这些功所用时间的比值称为电功率。由于$P=W/t$，所以把$W=IUt$代入可得

$$P=UI \tag{9.16}$$

由此可见，一段电路上的电动率，与这段电路两端的电压和电路中的电流强度的乘积成正比。式中，P，U，I的SI单位分别是W，V，A。

$$1\text{W}=1\text{V}\cdot1\text{A}$$

用电器正常工作时的电压和功率分别叫额定电压和额定功率。用电器上所标的电压和功率的数值就是指的额定值。例如，标有“220V、40W”字样的灯泡，接在220V的电源上，它的功率就是40W。如果用电器两端的电压不等于它的额定电压，用电器就不能正常工作，也就不能发出额定功率。

利用电功率单位可以构成电能的非国际单位制的法定计量单位kW·h（千瓦·时）。额定功率为1kW的用电器正常工作1h所消耗的电能就是1kW·h，也就是我们平时常说的1度电。

$$1\text{kW}\cdot\text{h}=3.6\times10^6\text{J}$$

焦耳定律 电流通过导体时要产生热量，使导体温度升高，这就是电流的热效应. 通电发热是电能转化为物体内能的过程。

英国物理学家焦耳（1818～1889）通过实验总结出了电流热效应的规律：电流通过导体时所产生的热量与电流强度的二次方、导体的电阻和通电时间的乘积成正比，这个结论叫做焦耳定律。用Q表示产生的热量，就有

$$Q=I^2Rt。 \tag{9.17}$$

在国际单位制中，I，R，t的SI单位分别为A，Ω，s，Q的单位就是J。式中的热量Q常称为焦耳热。

应当注意 $W=IUt$ 和 $Q=I^2Rt$ 两式的区别。前者表示电流所做的功，即所消耗的电能；后者则仅是所消耗电能中转化为内能的那一部分。对于纯电阻电路来说，由于电路中仅含电阻，所消耗的电能将全部转化为内能，因此有 $Q=W$。对于非纯电阻电路，例如含有电动机、电解槽的电路，所消耗的电能除转化为内能外，还转化为机械能或化学能，因此有 $Q<W$。

【例 7】 加在内电阻为 $r=2.0\Omega$ 的电动机上的电压为 110V，其电流为 1.0A，问该电动机的电功率、热功率和机械功率各是多少？

分析 电动机的电功率为 $P=IU$，它是由电源提供的。热功率是电动机产生热量的功率。由焦耳定律可以知道，热功率为 $P_{热}=I^2r$。由能量守恒定律可以知道，电动机的机械功率为 $P_{机}=P-P_{热}$。

解 $P=IU=1.0\times110=110\text{W}$

$P_{热}=I^2r=1.0^2\times2=2.0\text{W}$

$P_{机}=P-P_{热}=110-2=108\text{W}$

习题 9.4

1. ________________称为电功，单位是______。

2. ________________称为电功率，单位是______。

3. 焦耳定律的公式是________________。

4. 在图 9.15 中，A，B，C，D 是 4 个相同的小灯泡，KL 接上适当的电压，则（ ）。

(1) C 比 D 亮　　(2) A 比 C 亮

(3) A 和 B 一样亮　　(4) A 和 C 一样亮

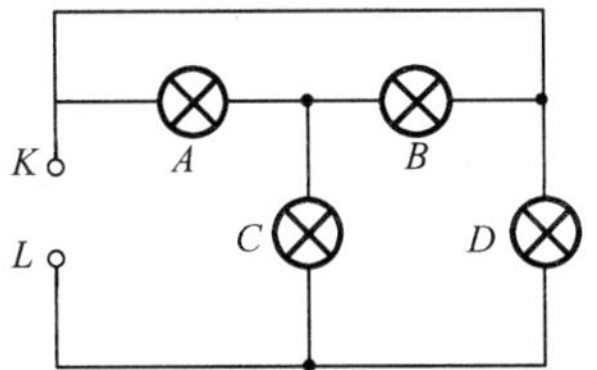

图 9.15 比较灯泡亮度

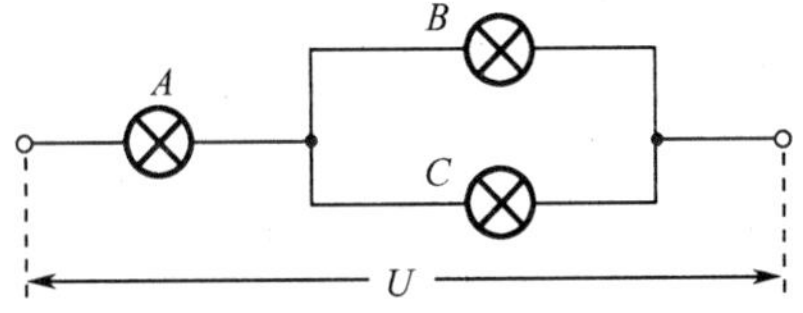

图 9.16 计算灯泡电阻

5. 如图 9.16 所示，A，B，C3 盏灯消耗的电功率一样，则 A，B，C3 盏灯的电阻之比是（ ）。

(1) 1∶1∶1　　(2) 4∶1∶1　　(3) 1∶4∶4　　(4) 1∶2∶2

6. $P=I^2R$ 和 $P=U^2/R$ 都可以用来计算纯电阻用电器的功率。从前式看，P 与 R 成正比；从后式看，P 与 R 成反比。两种说法是否矛盾？请你说明理由。

7. 两个灯泡分别标有“220V、100W”和“220V、40W”字样。把它们串联后接入220V的电路上，哪只灯泡更亮一些？

8. 某电度表的额定电流为2.5A，能否将功率为1200W的取暖器接在这个电路中？为什么（电源电压为220 V）？

9. 一个标有“220 V110W”的电灯泡，正常工作时电流多大？点亮1h需消耗多少电能？

10. 输电线的电阻共计1.0Ω，输送的电功率为100kW，用400V的低压送电，线路损失功率是多少？改用10^4V电压送电呢？

11. 某家庭电冰箱功率100W，平均每天工作6小时；电视机功率40W，平均每天工作3小时；20W日光灯3只，平均每天工作3小时。若每月按30天计算，每1kW·h电费0.30元。每月要付多少电费？

12. 有两根铜导线，长度比是2∶3，横截面半径之比是3∶5，通过的电流的比是5∶4，求在相等的时间内，两根导线产生的热量之比。

阅读材料

物理学家　焦耳

焦耳是英国物理学家。1918年12月24日诞生于英国曼彻斯特附近索尔福德的一个酿酒厂老板的家庭。从童年时代起，焦耳就在家里接受父母的启蒙教育。后来，他一边跟父亲学习酿酒技术，一边自学文化知识。1984年，父亲把近70岁的著名化学家道尔顿请到家里，给16岁的焦耳当家庭教师，指导他学习初等数学、自然哲学、化学。从1837年开始，焦耳对物理学产生了浓厚的兴趣。1839年，他把酿酒厂的一间房子布置成实验室，在里面做了一系列物理实验，取得不少重要成果。这为他建立“热的动力学说”打下了坚实的基础。

1847年，焦耳有幸会见了英国著名的物理学家威廉·汤姆逊，和他建立了友谊，合作进行能量守恒等问题的研究。1866年，由于他在热力学和热学方面的贡献，皇家学会授予他柯普利奖章。

焦耳在物理学中的主要贡献是第一次提出了机械功和热等价的概念，精确测定了热功当量，为发现和建立能量守恒定律作了奠基性的研究。1804年开始，焦耳多次进行通电导体发热的实验。他把通电金属丝浸没在水中，测算水吸收热量的情况，结果发现，通电导体产生的热量同电流强度的二次方、导体的电阻和通电时间的乘积成正比。从1849年到1878年，焦耳反复做了400多次实验。通过实验，他测得的热功当量值，与现在的公认值相比较，只小了0.7%。

焦耳是一位主要靠自学成材的科学家，他对物理学做出重要贡献的过程不是一帆风顺的。1845年，在剑桥召开的英国科学协会学术会议上，焦耳作热功当量的研究报告，宣布热是一种能量形式，各种形式的能量可以互相转化。但焦耳的观点遭到与会者的否定，英国伦敦皇家学会拒绝发表他的论文。1847 年 4 月，焦耳在曼彻斯特作了一次通俗演讲，充分地阐述了能量守恒定理，但是地方报纸不理睬。在进行了长时间的交涉之后，才有一家报纸勉强发表了这次演讲。同年 6 月，在英国科学协会的牛津会议上，焦耳再一次提出热功当量的研究报告，宣传了自己的新思想。会议主席只准他作简要的介绍。只是由于威廉·汤姆逊在焦耳报告结束后作即席发言，他的新思想才引起与会者的重视。

焦耳于 1889 年 8 月 11 日，在英格兰紫郡的塞尔去世，终年 71 岁。后人为了纪念他，把能量的单位命名为焦耳。

9.5　电源　电动势　全电路欧姆定律

电源　要使电路有电流，必须使它的两端保持电压，电源就是能使电路产生和保持电压的装置。现在我们来研究电源是怎样工作的。

图 9.17 是一个简化了的电路示意图，AB 表示电源，R 是用电器，ARB 因在电源外部，叫做外电路。电源内部的电路叫做内电路。当有电流过时，电源内部对电流也有阻碍作用，叫做电源的内电阻。内电路和外电路交接地方叫电源的极，其中电势较高的一个电极叫做电源的正极（图中 A），电势较低的一个电极叫做源的负极（图中 B）。外电路和内电路合在一起就成为一个闭合的电流通路，这种含有电源的闭合电路叫做全电路。如果电源能提供稳定的电压，电路里会产生大小和方向都不随时间改变的电流，叫做恒定电流，俗称直流电。

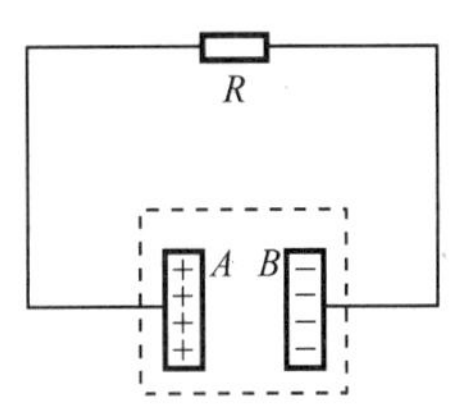

图 9.17　电路示意图

电动势　用伏特计测量电源两极的电压，我们会发现，干电池是 1.5V，铅蓄电池却是 2V。可见，电源两极间的电压大小，是由电源本身的特性决定的。为了反映这种特性，我们把没有接入电路的电源两极间的电压叫做电源的电动势，用 E 表示。

电动势的 SI 单位和电势差的单位一样，也是 V。

电动势是标量，但它和电流一样规定有方向，并和电源内部的电流方向一致，从负极指向正极。

全电路欧姆定律　如图 9.18 所示，当全电路接通时，$U=IR$ 是外电路的电势降落，叫外电压，也就是电源两端的电压，又叫路端电压。$U'=Ir$ 是电源内部的电势降落，叫内电压。实验表明，电源电动势等于全电路内、外电压之和。即

$$E=U+U'=IR+Ir \tag{9.18}$$

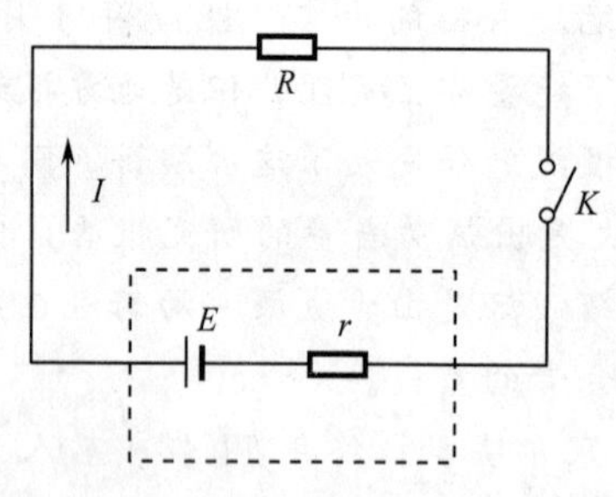

图 9.18　全电路欧姆定律

或

$$I=\frac{E}{R+r} \tag{9.19}$$

上式表明：闭合电路的电流强度，与电源的电动势成正比，与电路的总电阻成反比，这就是全电路欧姆定律。它是我们分析全电路的重要定律。

下面，我们用全电路欧姆定律分析几个问题。

（1）路端电压随着外电路电阻的增大而增大，随着外电路电阻的减小而减小。因为对于一定的电源，通常认为电动势和内电阻是不变的，所以路端电压只决定于外电阻。当外电路总电阻 R 增大时，I 要减小，内电压 $U=Ir$ 也要减小，于是路端电压 U 增大。反之，当 R 减小时，I 随之增大，内电压 $U=Ir$ 也增大，所以路端电压 U 减小。

（2）当外电路断开时（开路），$R\rightarrow\infty$（不是没有电阻），$I\rightarrow 0$，则 $Ir\rightarrow 0$，此时 $U=E$，所以开路时路端电压等于电源的电动势。

因伏特计的内阻很大，可将伏特计直接接到电源的两极，所测得的电压近似等于电源的电动势。

（3）当外电路短路时，$R\rightarrow 0$，路端电压 $U\rightarrow 0$，这时 $I\rightarrow\frac{E}{r}$，这种状态相当于电源两极用导线直接联起来。$I=\frac{E}{r}$ 叫短路电流，电源的内阻一般都很小，如铅蓄电池的内阻只有 0.005～0.10Ω，所以短路电流很大，可能烧毁电源甚至引起火灾。为防止此类事故，一般都在电路中加装保护装置（例如安装保险器等）。

（4）将公式 $E=U+U'$ 两端乘以电流 I，则得 $EI=UI+U'I$，式中 EI 是电源的总功率，IU 是电源向负载输出的功率，$U'I$ 是内电路消耗的功率。

由上面讨论可知，当负载电阻很小时，电流大而路端电压很小；反之，当负载电阻很大时，路端电压大，而电流也很小。因此这两种情况输出功率都不会很大。那么，电源的输出功率在什么条件下最大呢？实验和理论证明，只有当负载电阻等于电源内阻，即 $R=r$ 时，电源的输出功率最大，其值为

$$P_m=\frac{E^2}{4r} \tag{9.20}$$

这时称负载与电源匹配。

【例 8】　有一电池，当外电阻为 14.0Ω 时，电流为 0.20A，当外电阻为 9.0Ω 时，电流为 0.30A，问电池的电动势和内电阻各是多少？

解 设电动势为 E，内电阻为 r。

根据全电路欧姆定律得

$$I_1=\frac{E}{R_1+r}$$

$$I_2=\frac{E}{R_2+r}$$

解上面两式得 $I_1(R_1+r)=I_2(R_2+r)$，所以

$$r=\frac{I_2R_2-I_1R_1}{I_1-I_2}=\frac{0.30\times9.0-0.20\times14.0}{0.20-0.30}=1.0\Omega$$

$$E=I_1(R_1+r)=0.20\times(14.0+1.0)=3.0\text{V}$$

我们可以用本例题的方法测量电源电动势和内电阻。

【例9】 四个标有220V、100W的灯泡，并联后接入电动势为220V，内阻为2.0Ω的电源上，问：

（1）开一盏灯时，此灯两端的电压是多少?

（2）同时开四盏灯，两端电压又是多少?

（3）比较（1），（2），说明路端电压随负载电阻变化的情况。

解 根据灯泡上的额定电压和功率，计算每盏灯的电阻：

$$R=\frac{U^2}{P}=\frac{220^2}{100}=484\Omega$$

四盏灯并联后的电阻：

$$R_{并}=\frac{R}{4}=121\Omega$$

根据 $U=E-Ir$ 得

（1）开一盏灯时，

$$U_1=E-I_1r=E-\frac{E}{R+r}\cdot r$$

$$=220-\frac{220\times2.0}{484+2.0}=219.1\text{V}$$

（2）同时开4盏灯时，

$$U_4=E-I_4r=E-\frac{E}{R_{并}+r}\cdot r$$

$$=220-\frac{220\times2}{121+2}=216.4\text{V}$$

（3）比较（1），（2）中的 U_1 和 U_4 可知，路端电压（即本题灯泡两端的电压）随负载电阻的减小而减小。

相同电池的连接 为了得到一定的电压或电流，我们经常要把相同的电池进行串并联或混联。

如图 9.19，把几个相同的电池正负极依次连接起来，就组成了串联电池组。设每个电池的电动势为 E_0，内电阻为 r_0，则 n 个电池组成的串联电池组的总电动势和总内阻为

$$E_{总}=nE_0 \tag{9.21}$$

$$r_{总}=nr_0 \tag{9.22}$$

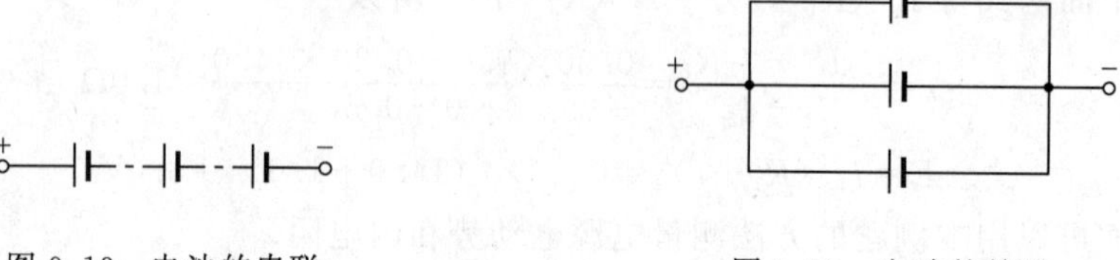

图 9.19 电池的串联　　图 9.20 电池的并联

如图 9.20，把几个相同的电池正极和正极连接在一起，负极和负极连接在一起，就组成了并联电池组。则 n 个电池组成的并联电池组的总电动势和总内阻为

$$E_{总}=E_0 \tag{9.23}$$

$$R_{总}=\frac{r_0}{n} \tag{9.24}$$

很明显，串联电池组可以提供大的电动势。并联电池组可以提供大的电流。当我们既需要大的电动势又需要大的电流时，还可以把电池进行混联连接。

习题 9.5

1. ______________叫做电源电动势，其单位是________，方向是__________。

2. ______________称为全电路欧姆定律。用公式表示为__________。

3. 电源电动势等于__________与__________之和。

4. 简答：

(1) 在什么情况下路端电压升高？

(2) 在什么情况下路端电压等于电动势？

(3) 在什么情况下路端电压小于电动势？

(4) 在什么情况下路端电压等于零？

5. 有一电路，其中电源的电动势是 1.5V，内电阻是 0.12Ω，外电阻是 1.08Ω，求：

(1) 电路中的电流强度、路端电压和内电阻两端的电压；

（2）假如外电路发生短路，电流强度的最大值是多少？

6. 电源的电动势是1.5V，外电路的电阻是3.5Ω，连在电源两极上的伏特计的示数是1.4V，求电源的内电阻。

7. 如图9.21所示，K断开时，伏特计读数为1.5V。若电源内阻为1.0Ω，外电路电阻为5Ω时，K闭合，伏特计读数是多少？若外电路电阻变为2.0Ω，读数是多少？

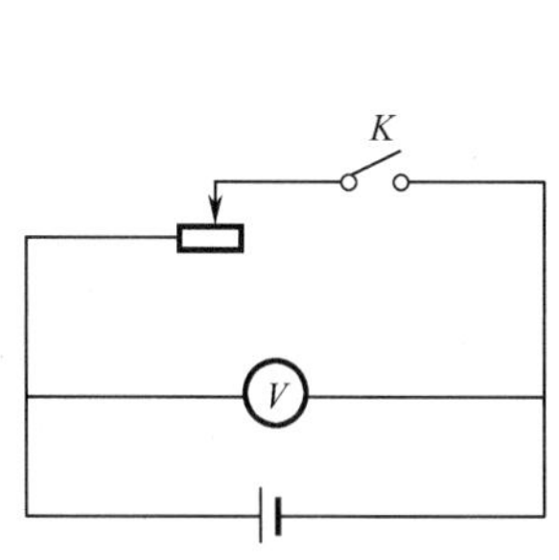

图9.21　求伏特计的读数

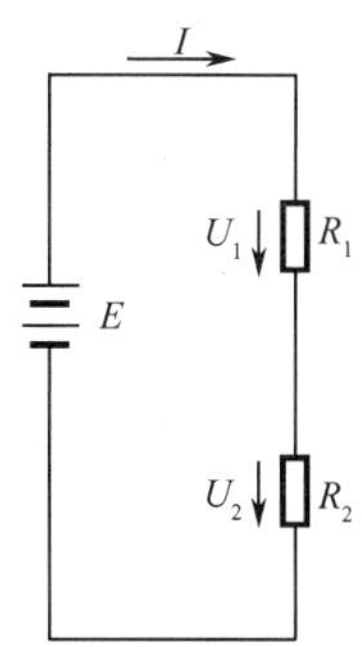

图9.22　计算电流和电压

8. 如图9.22所示，已知$E=20V$（电源内阻可忽略不计），$R_1=10k\Omega$，在以下三种情况下，分别求出电流I，电压U_1和U_2。

（1）$R_2=30k\Omega$；

（2）$R_2=0$；

（3）$R_2\to\infty$（开路）。

9. 如图9.23所示，电阻$R_2=15\Omega$，$R_3=10\Omega$，电源的电动势$E=10V$，内电阻$r=1.0\Omega$，安培计的读数是0.75A，求电阻R_1的阻值和它消耗的功率。

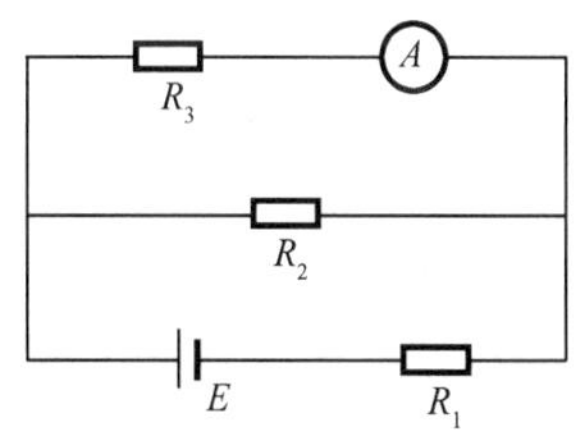

图9.23　求电功率

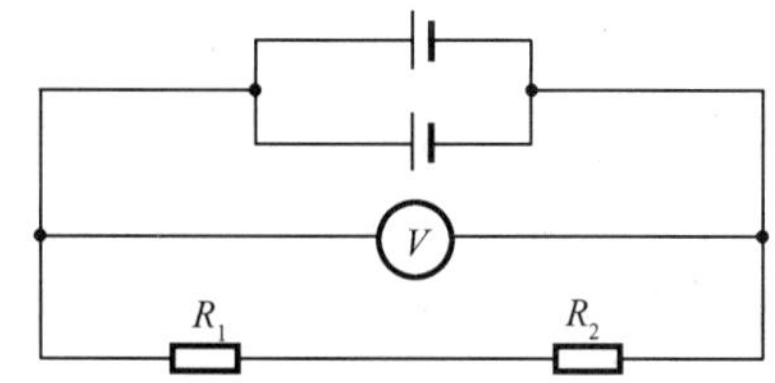

图9.24　求伏特计的示数

10. 有一电源，当外电阻为14Ω时，测得路端电压为2.8V，当外电阻为2.0Ω时，测得路端电压为2V，求电源发生短路时的电流和开路时的路端电压。

11. 如图9.24所示，两个相同的电池并联，每个电池的电动势为1.5V，内电阻为 0.10Ω，$R_1=2.5\Omega$，$R_2=3.5\Omega$，伏特计的示数是多少？

12. 如图 9.25 所示，每个电池的电动势为 2.0V，内电阻为 0.10Ω，变阻器的最大值为 5.0Ω。

(1) 当变阻器为最大值时，伏特计的示数为 7.8V，求这时安培计的示数；

(2) 灯泡的电阻是多少？

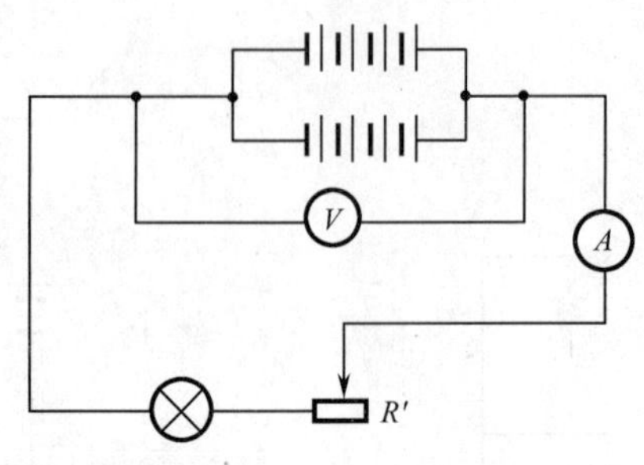

图 9.25　电池混联

阅读材料

直流输电

自从三相交流发电机、变压器和感应电动机问世后，尤其是在输电距离增大的情况下，交流输电方式就完全取代了历史上最早使用的直流输电。

随着电力工业的迅猛发展，要求电力输电线路的长度不断增加，交流输电的弱点和弊病也就逐渐表现出来。首先是对频率为 50Hz 的交流电来说，输电导线的电感和电容影响已不能忽略，尤其是需要跨海输电，采用水下电缆或通过大城市采用地下电缆时，电缆的金属芯线隔着绝缘外层包皮与水（或大地）构成电容，部分电能将散失到海水或大地中去，电能的损失随着电缆长度的增加而增多。另外，现代供电系统通常是把方圆数百公里内的电厂连成一个电力网，并要求如此大范围的发电机组都同步运行，输送出的电流步调严格一致，这在技术上难度很大。另外，采用三线制远距离交流输电，输电线路的投资费用是非常巨大的。直流输电只需两根导线，在输送相同功率和距离的条件下，直流输电线路的投资费用是交流输电的三分之二。

随着大功率可控硅电子器件的研制以及附属设备的问世，使高压直流输电以它独特的优越性逐渐进入各国的输电工程。我国葛洲坝至上海 500kV 高压直流输电系统自 1987 年建成已经运行多年。三峡水利枢纽至广东和常州的两条 500kV 高压直流输电系统已经投产运行。三峡水利枢纽至上海正在建设 500kV 直流输电系统，该系统设计输电容量 3000MW，额定电流 3000A。标志着我国远距离、大功率的高压直流输电技术已经跨入世界先进行列。

高压直流输电的工作原理是将发电厂发出的交流电升压后，经过整流器整流变成高压直流电，通过高压线路远距离输送到受电端，在受电端再用逆变器将直流电变成交流电，送入受电端的交流电网使用。如图 9.26 所示，发电厂处的交流系统 A，包括升压变压器 T_1 和 T_2，整流器 H_1 和 H_2；受电端的交流系统 B，包括逆变器 H_3 和 H_4（将直流电转换为三相交流电），降压变压器 T_3 和 T_4。

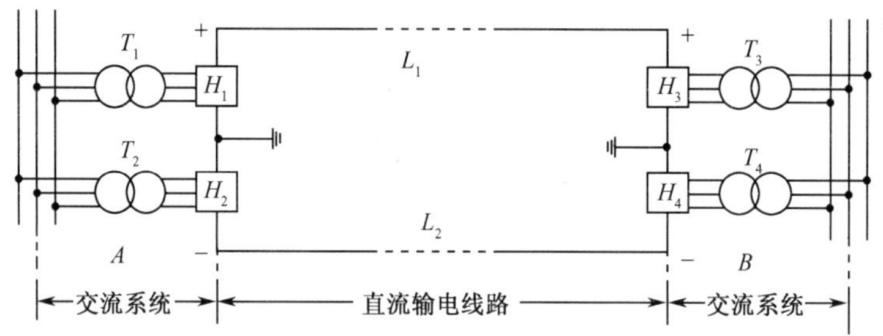

图 9.26　直流输电

直流输电比交流输电有很多优势：直流输电的两端交流系统无需同步运行，两侧的交流电网能以各自的频率和步调运行；高压直流电缆远距离输电时，电缆的芯线与海水或大地等构成的电容，对直流电无旁路作用，减少了能量损失；两线制的两极直流输电线路代替了多线制的交流输电线路，节省了输电导线，减少了线路中的电能的损耗；减少了架空的输电导线对通信设备的干扰。

第10章 磁 场

10.1 磁场 磁感应线 磁感应强度

我国人民远在春秋战国时期就发现了天然磁石和磁现象。四大发明之一的指南针代表了我们祖先对世界科学进步所作出的重要贡献。

磁场 我们知道，在电现象中，电荷间的相互作用是通过别的物质作媒介而发生的，这种物质就是电场。同理，在磁现象中，磁体与磁体间，磁体与电流间，同样存在着相互作用，它是通过磁体周围的一种特殊物质作媒介而发生的，这种特殊物质称为磁场。

磁感应线 在电场中可以用电场线来描述电场的强弱和方向，在磁场中可以用磁感应线来描述磁场的强弱和方向。如图10.1所示，所谓磁感应线，是在磁场中画出一些有方向的曲线，曲线上任何一点的切线，都与该点磁场的方向相同，这样的曲线叫做磁感应线，简称磁感线，又称磁力线。我们通常还用磁感应线的疏密来表示磁感应强度的大小。

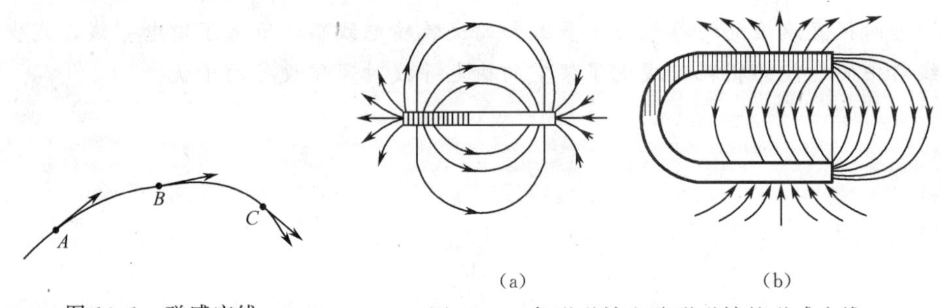

图10.1 磁感应线

图10.2 条形磁铁和蹄形磁铁的磁感应线

图10.2 (a)，(b) 是条形磁铁和蹄形磁铁的磁感应线的分布情况，每一根磁感应线都是由N极出发，经外部空间到达S极，再由S极经磁铁内部回到N极，形成闭合曲线。

直电流的磁场 直电流磁场的磁感应线，是一些以导线上各点为圆心的同心圆，这些同心圆都在与导线垂直的平面内，如图10.3所示。直电流磁感应线方向与电流方向间的关系可用右手螺旋定则来判定。

图10.4是环形电流磁场的磁感应线，是一些环绕环形导线的闭合曲线。环

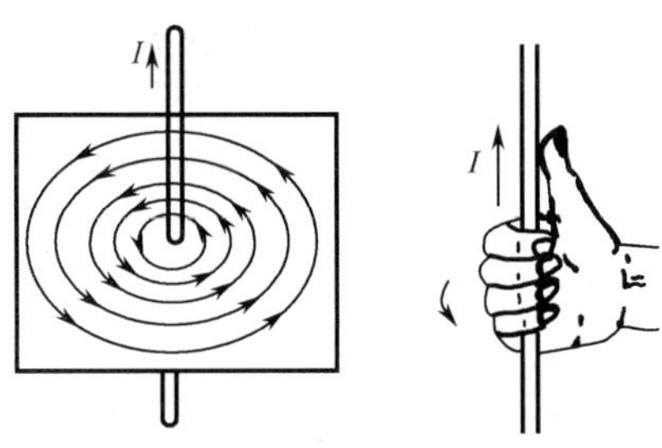

图 10.3 直流电的磁感应线

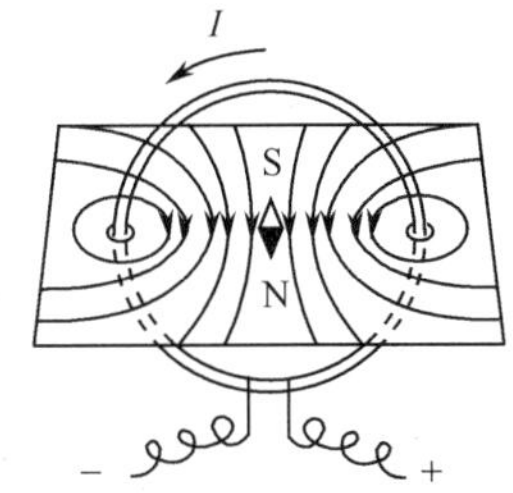

图 10.4 环形电流的磁感应线

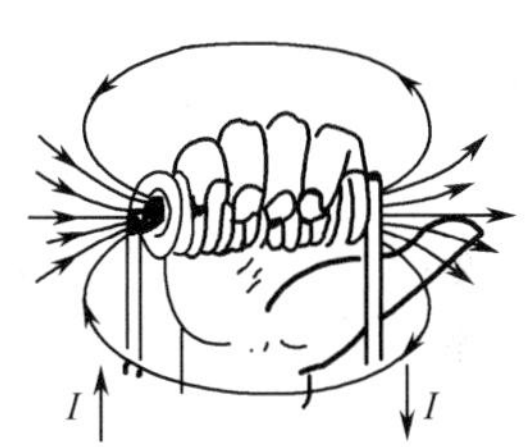

图 10.5 通电螺线管的磁感应线

形电流的磁感应线方向与电流方向之间的关系，也可以用右手螺旋定则来判定。

通电螺线管的磁场 通电螺线管的磁感应线，很像是根条形磁铁的磁感应线，通电螺线管一端相当 N 极，一端相当 S 极，其磁感应线的方向与电流间的方向关系可以用右手螺旋定则判定，如图 10.5 所示。

磁感应强度 放入电场中的电荷会受到电场力的作用。放入磁场中的通电导线也会受到磁场力的作用。下面我们就从磁场力的角度来研究磁场。

如图 10.6 所示，在永久磁铁的磁场中，放入一长为 L 的直导线，导线中通入电流 I，这时导线将受到磁场给它的力 F，这种磁力叫做安培力，其方向由初中学过的左手定则判断。精确的实验表明，当通电导线与磁感应线垂直时，磁场对通电导线的作用力 F 与乘积 IL 的比值 F/IL 是一个与 I，L 的大小无关的恒量。在不同磁场，或同一磁场的不同地点，这一比值一般不同，比值大处表示磁场强，比值小处表示磁场弱，所以我们用这个比值来表示磁场的强弱。

在磁场中垂直于磁感应线的通电导线，受到的磁场作用 F 与电流强度 I 和导线长度 L 的乘积 IL 的比值，叫做通电导线所在处的磁场的磁感应强度，用符号 B 表示磁感应强度，即

$$B=\frac{F}{IL} \tag{10.1}$$

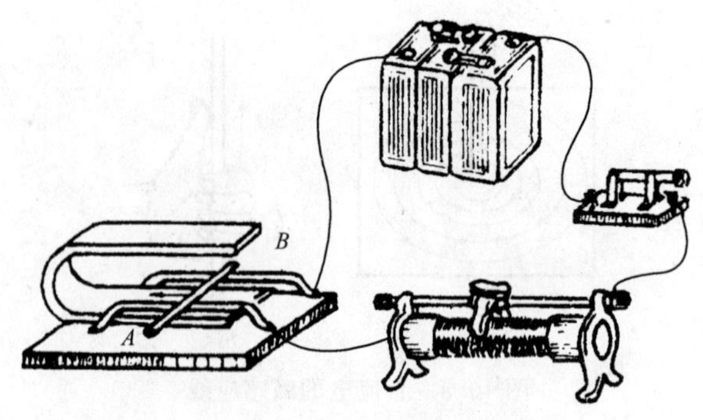

图 10.6 磁感应强度实验

磁感应强度的 SI 单位为特斯拉，中文符号为特，国际符号为 T。

$$1T=1N/(A\cdot m)$$

磁感应强度是矢量。某点磁感应强度的方向与放在该点小磁针 N 极所指的方向一致，此方向也称为该点磁场的方向。

为了使磁感应线能定量地表示磁感应强度的大小，物理学中规定在垂直于磁场方向的单位面积（$1m^2$），磁感应线的条数和该面积处的磁感应强度的数值相等。例如，磁感应强度为 10T，垂直穿过 $1m^2$ 面积的磁感应线的条数就是 10 根。这样，我们就可以用磁感应线的疏密来表示磁感应强度的大小了。

匀强磁场 磁感应强度的大小和方向处处相同的磁场称为匀强磁场。通电长螺线管内部的磁场，距离很近而且相互平行的两个异名磁极间的磁场（边缘附近除外），都可以看做是匀强磁场。匀强磁场的磁感应线是分布均匀且互相平行的直线。如图 10.7 所示。

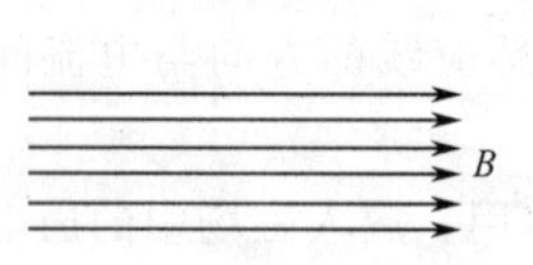

图 10.7 匀强磁场的磁感应线

习题 10.1

1. ________________叫做磁感应线。

2. ________________称为磁感应强度，用公式表示为________，单位是________，方向与________________相同。

3. 磁感应线是________曲线，在磁铁的外部由____极发出，通过空间进入____极。在磁铁的内部由____极回到____极。

4. 磁感应线的疏密表示________________。

5. 下面说法是否正确？

(1) 一小段长 L 通以电流 I 的导线在磁场中某点所受的磁场力为 F，则该点

的磁感应强度 B 的大小一定等于 F/IL；

(2) 磁场中某点处的磁感应强度的方向，就是一小段通电导线在该点处所受的磁场力的方向；

(3) 若一小段通电导线在磁场中某处所受的磁场力为零，则该点处的磁感应强度也一定为零；

(4) 若磁场中某点处的磁感应强度为零，则一小段通电导线在磁场中该处所受的磁场力一定为零。

6. 如图 10.8 所示，当导线 ab 中有电流通过时，导线下面的磁针的 S 极转向读者，请画出导线 ab 中电流方向和磁感应线。

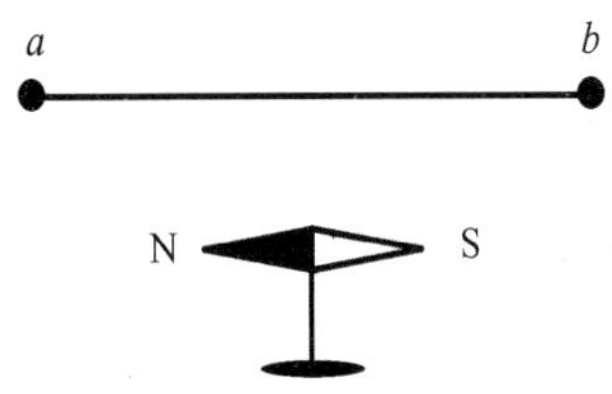

图 10.8　判断电流方向

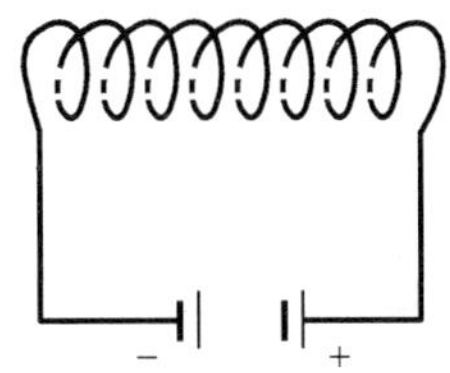

图 10.9　画磁感应线

7. 试确定图 10.9 中的通电螺线管的 N 极和 S 极。并画出它的磁感应线。

8. 有人说："由公式 $B=F/IL$ 可知，磁场中某点处的磁感应强度的大小与磁场力成正比，与电流强度和导线长度的乘积成反比。"这样的说法正确吗？

9. 将长度为 20cm 的直导线放在匀强磁场中，并与磁场的方向垂直，导线中的电流为 10A，导线所受的力为 10N，试求磁感应强度。如欲使导线所受的力减小到 0.5N，问导线中的电流应该是多少？

10. 图 10.10 是放在磁场中的小磁针，磁场方向如图中所示。说明小磁针怎样转动并停在什么位置。

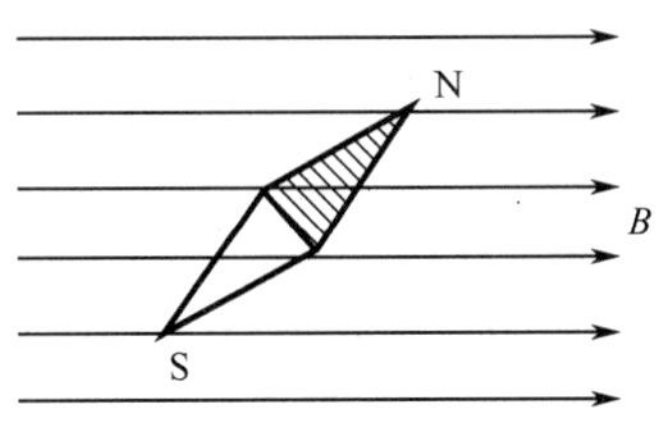

图 10.10　判断小磁针的转向

11. 请指出图 10.11 中，通电直导线的磁场符合右手螺旋定则的图形（　　）。

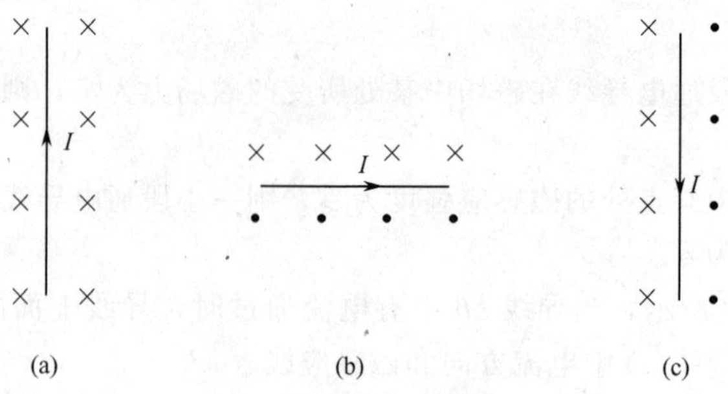

图 10.11　判断通电直导线的磁场

12. 请指出图 10.12 中，通电螺线管的磁场符合右手螺旋定则的图形（　　）。

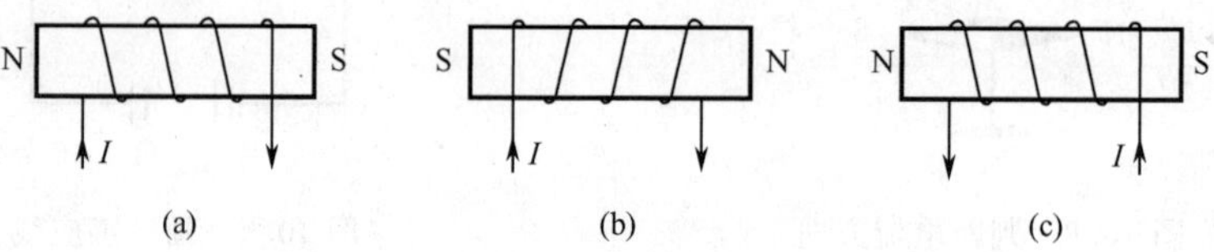

图 10.12　判断通电螺线管的磁场

13. 请指出图 10.13 中，通电螺线管的磁场符合右手螺旋定则的图形（　　）。

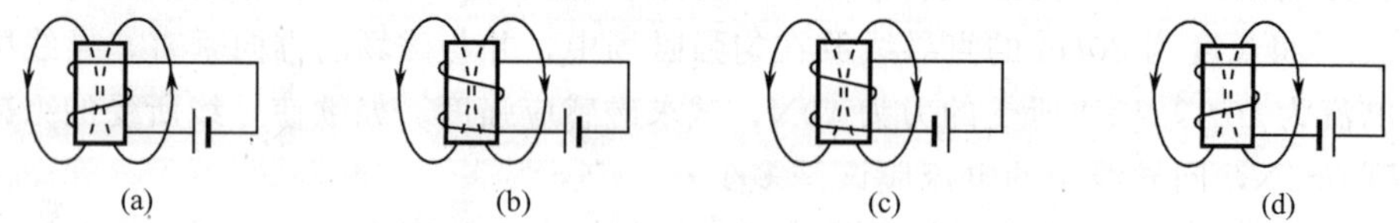

图 10.13　判断通电螺线管的磁场

10.2　磁场对电流的作用

安培力　在匀强磁场中，若已知磁感应强度，那么，放在磁场中与磁场方向垂直的一段通电导线受到的安培力，可由（10.1）式求出，即

$$F=ILB \tag{10.2}$$

如图 10.14，如果电流的方向不与磁场方向垂直，而与磁场方向成夹角 θ，那么磁感应强度垂直于电流方向的分量为 $B\sin\theta$，这时通电导线所受到安培力的

大小是

$$F=ILB\sin\theta \tag{10.3}$$

式中，F，I，L，B 的单位分别是 N，A，m，T。

(10.3) 式表明，匀强磁场对一段通电导线的作用力 F 的大小，等于导线长度 L、通过导线的电流 I、它所在位置的磁感应强度 B 以及电流方向与磁感应强度方向之间夹角的正弦的乘积，这叫做**安培定律**。显然，$\theta=90°$时，F 最大；当 $\theta=0°$时，即导线与磁场方向平行时，安培力为零。

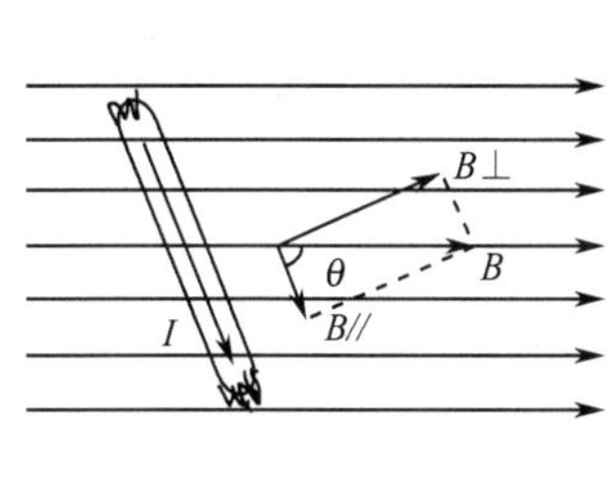

图 10.14　安培力

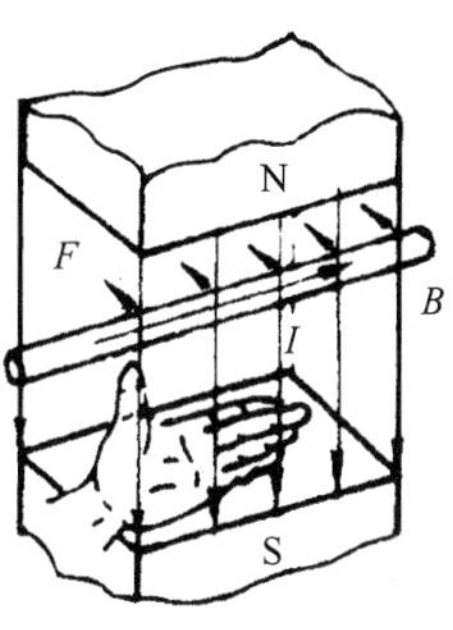

图 10.15　左手定则

左手定则　实验表明，电流所受安培力的方向总是垂直于磁感应线和通电导线所确定的平面。安培力的指向可以用左手定则来判定：伸开左手，使大拇指与其余四指垂直，并且都和手掌在一个平面里。把手放入磁场中，让磁感应线垂直穿入手心，使四指指向电流的方向，那么大拇指所指的方向，就是通电导线所受磁场力的方向。

【例 1】　如图 10.16 所示，长 $L=0.50$m，通电流 $I=20$A 的导线，在 $B=0.20$T 的匀强磁场中，与磁感应线夹角 $\theta=30°$，求导线受的安培力 F 的大小。

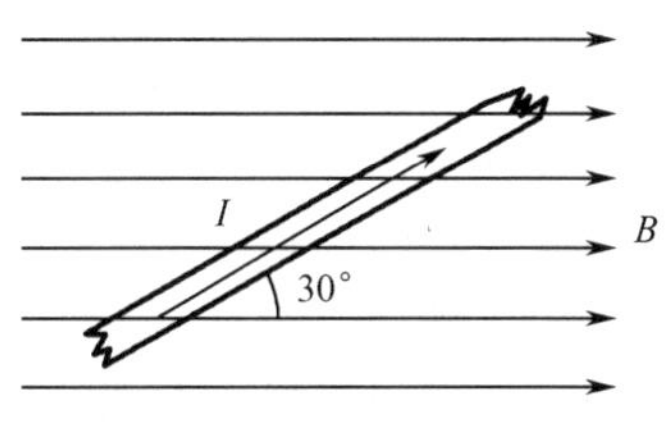

图 10.16　计算安培力

解　$F=ILB\sin\theta$

$=20\times0.50\times0.20\times\sin30°$

$=1.0\text{N}$

【例 2】 如图 10.17 所示，一边长 $L=0.30\text{m}$ 的矩形线圈，线圈平面与磁场方向平行，匀强磁场的磁感应强度 $B=1.2\text{T}$，线圈通以 $I=2.0\text{A}$ 的电流，求磁场对线圈 OO' 轴的转动力矩。

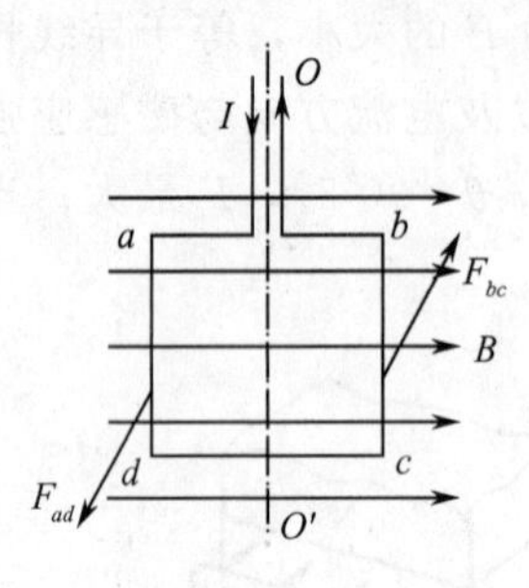

图 10.17　求转动力矩

分析　此时线圈的 ab 边和 dc 边与磁感应线平行，所以不受磁场力的作用。线圈的 ad 边和 bc 边与磁感应线垂直，所受磁场力都是 $F=BIL$。用左手定则判定，ad 边受力垂直于线圈平面向外，bc 边受力垂直于线圈平面向里，它们对 OO' 轴的转动力矩的力臂都等于 $L/2$。

解
$$M=2BIL\frac{L}{2}$$
$$=1.2\times2.0\times0.30\times0.30$$
$$=0.216\text{N}\cdot\text{m}$$

习题 10.2

1. ____称为安培定律。

2. ____称为左手定则。

3. 下面说法正确的是(　　)。

(1) 放在匀强磁场中的通电直导线一定受安培力的作用；

(2) 当 L 与 B 不垂直时，F 的方向一定与 L 垂直，但不一定与 B 垂直；

(3) 不论 L 与 B 成什么角度，F 总是与 B 和 L 所决定的平面垂直；

(4) 只有 L 与 B 垂直时，F 的方向才与 B 和 L 所决定的平面垂直。

4. 关于垂直于磁场方向的通电直导线所受磁场作用力的方向，下面说法正确的是(　　)。

(1) 与磁场方向垂直，与电流方向平行；

(2) 与电流方向垂直，与磁场方向平行；

(3) 既与电流方向垂直，又与磁场方向垂直；

(4) 既不与电流方向垂直，又不与磁场方向垂直。

5. 图 10.18 中各图已分别标出磁感应强度、电流和安培力三个物理量中的两个方向，请标出第三个量的方向。

6. 指出图 10.19 中，能正确表示磁场、电流和安培力三者关系的图形(　　)。

7. 在磁感应强度为 1.0T 的匀强磁场中，放一根与磁场方向垂直的长度为 0.50m 的通电导线。导线在与磁场方向垂直的平面内移动 20cm，如果导线中的

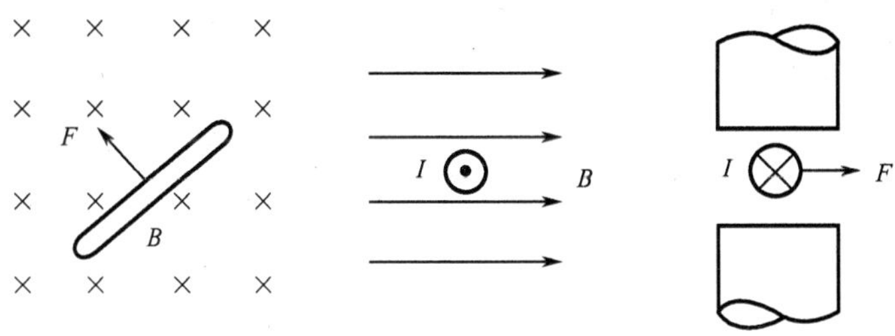

图 10.18　画出物理量的方向

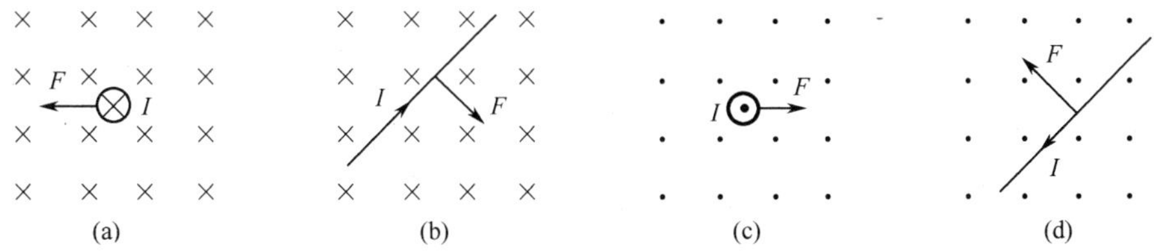

图 10.19　判断正确图形

电流强度为 10A，求安培力对通电导线所做的功。

8. 有一根长为 0.50m，通有 0.50A 电流的直导线，放在磁感应强度为 0.80T 的匀强磁场中，试分别求出当导线与磁感应线平行、垂直和相交 30°角时，所受安培力的大小。

9. 一个 30 匝的矩形线圈边长 0.15m，通有 0.20A 的电流。匀强磁场的磁感应强度为 0.50T。当线圈平面与磁场方向平行时，线圈受到的磁力矩多大？

阅读材料

直流电动机

用导线绕一个矩形线圈，把它的两端焊在彼此绝缘且与轴也绝缘的两个半环上，使它能在磁铁的两极间自由旋转，就制成了一个直流电动机模型（图 10.20）。

它的转动部分叫做电枢，也叫转子，是由电枢绕组（即线圈），换向器（即两个铜半环）和转轴组成的。它的固定部分叫做定子，主要部分是磁极。为了把电流引入电枢，在底座上装两个电刷，分别与换向器保持弹性接触。我们知道，如果没有换向器，当线圈转到它的平面与磁感应线垂直的位置（这个位置叫做中性面）时，磁场对线圈的合力和合力矩都是零。有了换向器，线圈在依靠惯性越过中性面后，电刷所接触的铜半环发生交换，改变了线圈中的电流方向，也就改

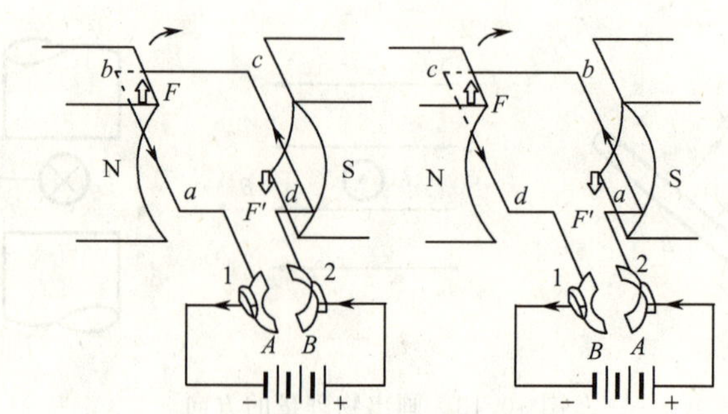

图 10.20 直流电动机模型

变了磁场力的方向，于是线圈又受到使它继续转动的力矩作用，就可以继续转动。

实用的直流电动机为了保持平稳地运转，它的线圈有许多组并均匀地分布在转子铁芯槽里，换向器也由互相绝缘的许多铜片组成。定子的磁场是由电磁铁产生的。

小型直流电动机广泛应用在儿童玩具、剃须刀、家用电器以及各种小型设备中。大型直流电动机的启动转矩大，调速平滑，调速范围大，所以广泛应用在电车、电力机车、龙门刨床、轧钢机以及各种起重设备中。

阅读材料

磁电式电表

我们在实验中使用的电流计、电压表和多用表，都是磁电式电表。这种电表利用通电线圈与永久磁铁产生的磁场的相互作用，使线圈受力矩作用而带动指针转动。它的磁场是由蹄型永久磁铁 1 产生，如图 10.21 所示。绕在铝框架上的线圈 4 放在永久磁铁两极之间，支持框架的轴上附有指针 6 和螺旋弹簧 5。被测量的电流通过螺旋弹簧 5 进入线圈 4，线圈 4 在力矩的作用下，带动轴和指针一起转动。线圈 4 旋转的角度，亦即指针偏转的角度，与线圈内所通过的电流成正比。指针在刻度上指出的示数，就是电流的数值。如改变电流方向，磁场作用在线圈上的力也就反向，指针就朝相反的方向偏转。当线圈 4 中没有电流时，调整校正器 7 就能使指针恰好指向零位置。

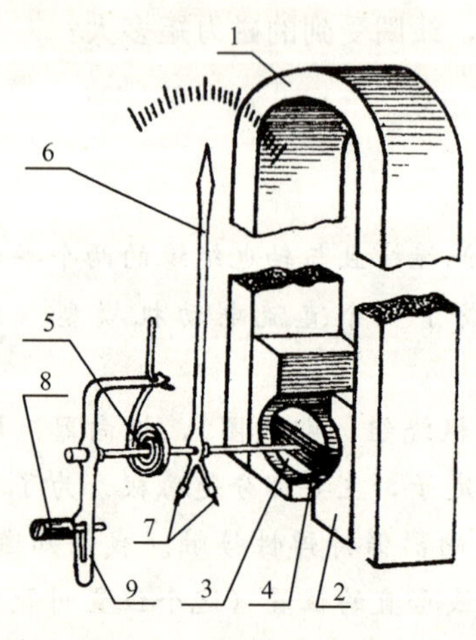

图 10.21 磁电式电表

由于指针偏转的方向与电流方向有关，所以磁电式仪表只能用来测量直流电。通常磁电式电表的灵敏度比较高，能够测出微安级的电流，也比较准确。但是绕制线圈的导线很细，所允许通过的电流值很小，过载能力差，容易被烧坏。

10.3　磁通量　电磁感应现象

磁通量　为了表示磁场在空间的分布情况，我们不仅用磁感应线表示磁场的方向，而且用磁感应线的疏密表示某一区域磁感应强度的大小。在这里我们引入一个新的物理量——磁通量。

在匀强磁场中，磁感应强度 B 和与它垂直方向的面积 S 的乘积，叫做通过该面积的磁通量（图 10.22），用符号 Φ 表示。即

$$\Phi = BS \tag{10.4}$$

磁通量的 SI 单位是韦伯，中文符号为韦，国际符号为 Wb。

$$1\text{Wb} = 1\text{T} \cdot \text{m}^2$$

根据（10.4）式可知，在匀强磁场中，磁感应强度为

$$B = \frac{\Phi}{S} \tag{10.5}$$

即磁感应强度 B 在数值上等于单位面积的磁通量，所以在电工技术中，磁感应强度也叫磁通密度，单位也可以用 Wb/m^2 表示。

通常我们规定：垂直通过单位面积磁感应线的条数，等于该处的磁感应强度的数值。这样，通过某一面积的磁感应线总数就等于该面积的磁通量。磁感应线的疏密就可以定量地表示磁场的强弱了。

如果所研究的平面 S 与匀强磁场的方向不垂直（图 10.23），那么它的磁通量应该多大呢？从图 10.23 可以看出，S 的磁通量与它在垂直于磁场方向上的投影平面 S' 上的磁通量相等。所以有 $\Phi = BS'$，但 $S' = S\cos\alpha$，故

$$\Phi = B\,S\cos\alpha \tag{10.6}$$

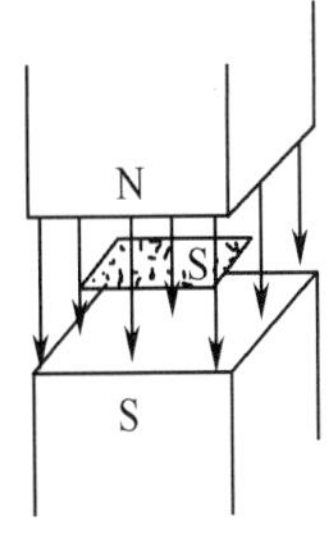

图 10.22　磁通量

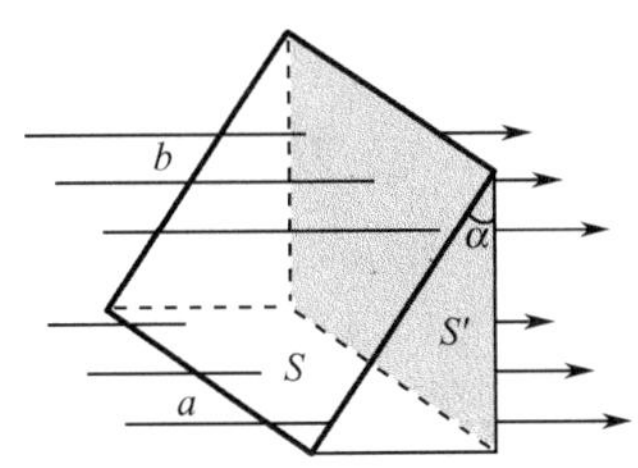

图 10.23　磁通量的计算

电磁感应现象　在初中物理中我们已经学习过简单的电磁感应现象：当闭合回路的一部分导体切割磁感应线时，回路中就会产生电流。像这样利用磁场来产生电流的现象叫做电磁感应现象，产生的电流叫做感应电流。感应电流的方向可以用右手定则判定。

下面我们再从磁通量的角度研究电磁感应问题。我们首先做几个简单的实验。如图 10.24（a）所示，把条形磁铁插入线圈时。安培计的指针就发生偏转，这说明线圈中有电流。当条形磁铁在线圈内不动，则安培计的指针也不动，说明线圈内没有电流。若再把条形磁铁从线圈抽出来，指针向相反方向偏转，说明电流方向与磁铁插进去时相反。

当用通电线圈代替条形磁铁重做上述实验，如图 10.24（b）所示，可得到类似的结果。

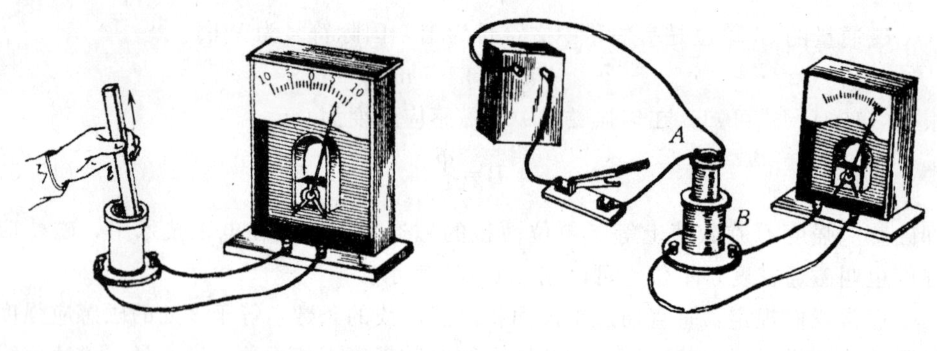

(a)　　(b)

图 10.24　电磁感应

总结上述实验，我们找到了产生电磁感应的条件：穿过闭合回路的磁通量发生变化。

【例 3】　一电磁铁，铁芯横截面积为 25cm^2，已知垂直通过该面积的磁通量为 50×10^{-4} Wb，求铁芯内的磁感应强度。

解　由公式 $\Phi=BS$，有

$$B=\frac{\Phi}{S}=\frac{50\times10^{-4}}{25\times10^{-4}}=2.0\text{T}$$

习题 10.3

1. ________________________称为该面积的磁通量，用公式表述为__________，其单位是__________。

2. ________________________称为电磁感应现象。

3. 下面说法是否正确？

(1) 在磁场中，某一面积上的磁通量一定不为零；

(2) 导体在磁场中运动时，导体内一定产生感应电流；

(3) 闭合电路的任何一部分都不作切割磁感应线的运动时，电路中一定没有感应电流；

(4) 只有当闭合回路中的磁场发生变化时，电路中才有感应电流；

(5) 闭合线圈内放置一磁铁不动，线圈内不产生感应电流。

4. 在图 10.25 所示的匀强磁场中，磁感应强度为 8.0T，S 为垂直于磁场方向的一个平面，其边长 $a=4.0$cm，$b=6.0$cm，求通过该面积的磁通量。

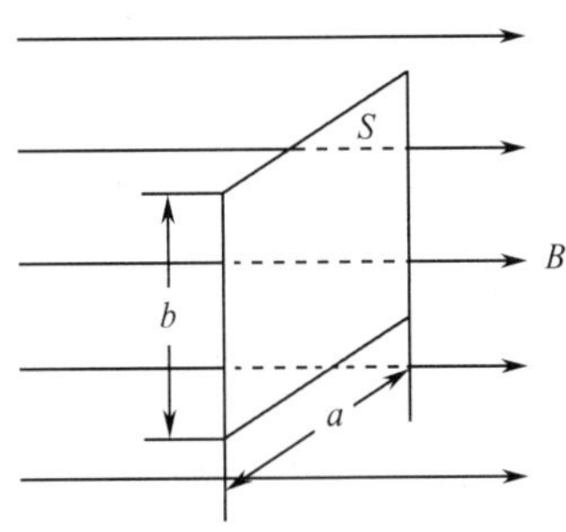

图 10.25 求磁通量

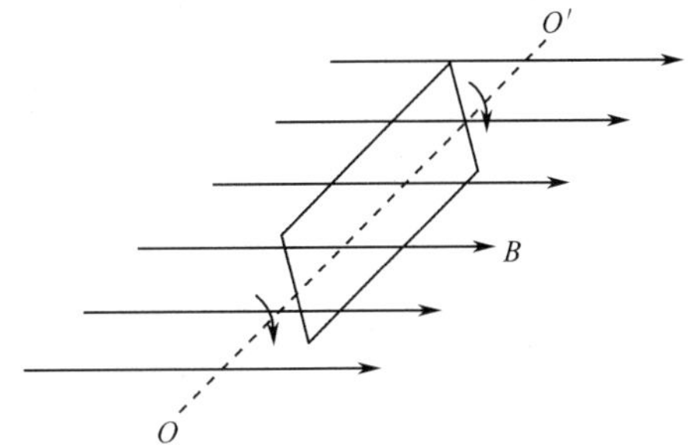

图 10.26 求感应电流

5. 如图 10.26 所示，线圈在匀强磁场中绕 OO' 轴转动时，线圈里是否有感应电流？为什么？

6. 如图 10.27 所示，一长方形线圈与磁感应线平行移动时；垂直移动时；以 ac 或 cd 为轴旋转时，各是否产生感应电流？

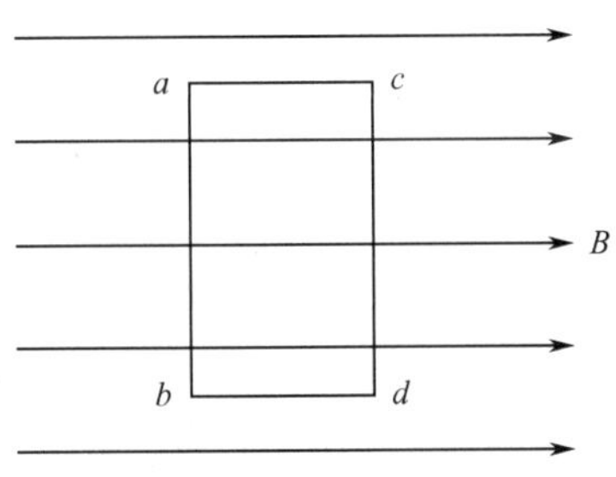

图 10.27 求感应电流

7. 指出图 10.28 中导线内能产生感应电流的图形。

8. 如图 10.29 所示，一矩形线圈的平面与匀强磁场方向垂直，线圈作何种

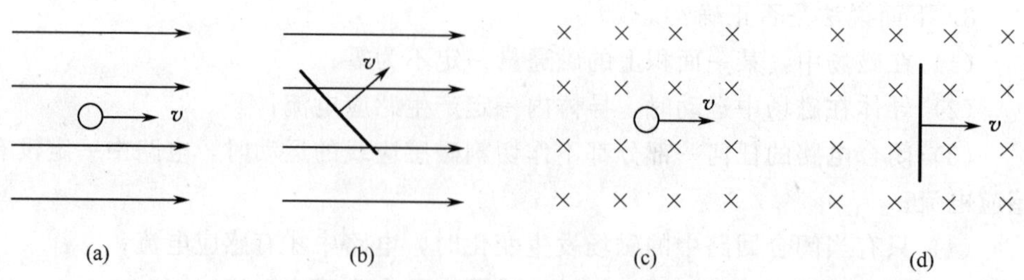

图 10.28　感应电流

运动时，产生感应电流？

（1）线圈沿垂直磁场方向移动；

（2）线圈在纸面内绕中心点转动；

（3）线圈沿磁感应线方向移动；

（4）线圈以 ab 边为轴转动。

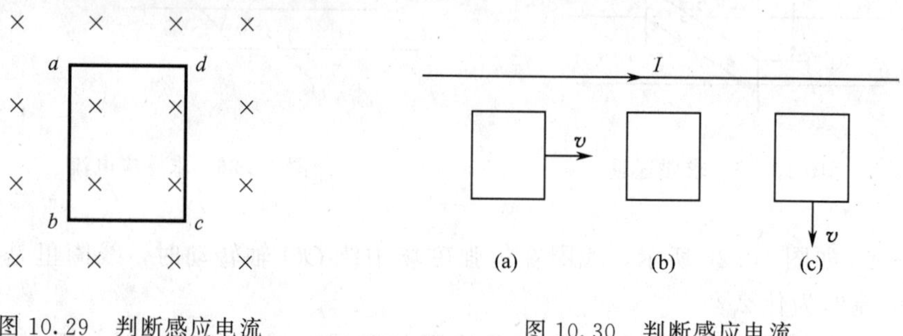

图 10.29　判断感应电流

图 10.30　判断感应电流

9. 如图 10.30 所示，长直载流导线下有一矩形线圈，下面哪种情况下，线圈中产生感应电流？

（1）线圈平行导线向右移动；

（2）线圈以导线为轴转动；

（3）线圈垂直导线向下移动。

10.4　楞次定律

用右手定则判断闭合回路中一部分导体做切割磁感应线运动时所产生感应电流的方向，有时是非常方便的，但是对于任意形状的闭合回路内有磁通量变化而产生感应电流，其方向就难以用右手定则判定了。

下面我们研究判断感应电流方向的更普遍的规律——楞次定律。

楞次定律　首先，我们做图 10.31 的实验，图为一个线圈接在安培计上，我们来观察当条形磁铁插入或抽出线圈时安培计的指示情况。其中，图 10.31（a）是把 N 极插入线圈时的情形，这时磁铁的磁场方向向下，线圈内的磁通量增加。由安培计的指针偏转方向可以判断出感应电流的方向，再用右手螺旋法则判断出感应电流所产生的磁场方向向上，与磁铁的磁场方向相反，其作用可看成是阻碍线圈中磁通量的增加。图 10.31（b）是把 N 极拔出线圈时的情形，这时磁铁的磁场方向仍向下，线圈内磁通量减少，而感应电流产生的磁场方向向下，与磁铁的磁场方向相同，其作用可看成是阻碍线圈中磁通量的减少。

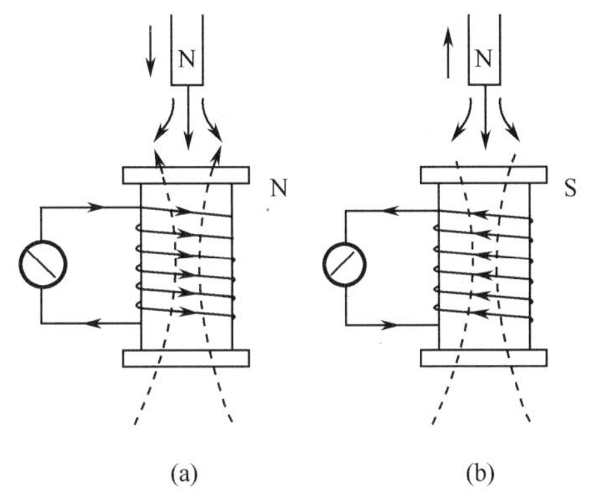

图 10.31　楞次定律

再分析其他电磁感应实验，我们发现，当穿过闭合电路的磁通量增加时，感应电流的磁场方向总是与原来的磁场方向相反，阻碍磁通量的增加；当穿过闭合电路的磁通量减少时，感应电流的磁场总是与原来的磁场方向相同，阻碍磁通量的减少，因此可得出这样的结论：闭合电路中感应电流的磁场总是阻碍引起感应电流的磁通量的变化。这个结论称为楞次定律。

根据楞次定律确定感应电流的方向，其方法可分三步：第一步，明确原磁场的方向及其在回路中磁通量的变化情况（增加或减少）；第二步，根据楞次定律确定感应电流的磁场方向；第三步，利用右手螺旋定则确定感应电流的方向。

【例 4】　如图 10.32 所示，当条形磁铁的 S 极向右运动时，判断电阻 R 中的电流方向。

解　第一步，判断磁铁在线圈内的磁场方向是向右。由于磁铁向右运动，所以它在线圈里的磁通量是减少的。

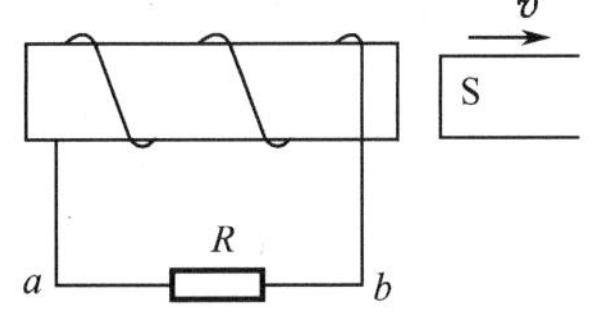

图 10.32　判断电流方向

第二步，由于线圈里的磁通量是减少的，所以线圈里就会产生感应电流。感应电流的磁场要阻碍磁铁在线圈里磁通量的减少，所以感应电流的磁场方向就和磁铁的方向相同，也是向右。

第三步，根据线圈中感应电流的磁场方向向右，运用右手螺旋定则判定电阻 R 中的电流方向是 $b \to a$。

习题 10.4

1. ______________________称为楞次定律。运用楞次定律判断感应电流的方向的三个步骤是：__________；__________；__________。

2. 判断下面说法是否正确。

(1) 感应电流的磁场总是与引起感生电流的磁场方向相反；

(2) 感应电流的磁场总是与引起感生电流的磁场方向相同；

(3) 感应电流的磁场总是阻碍引起感生电流的磁通量的变化。

3. 在图 10.33 所示的电路中，把滑动变阻器的滑动片向左移动，试确定 A，B 两线圈内的感应电流方向。

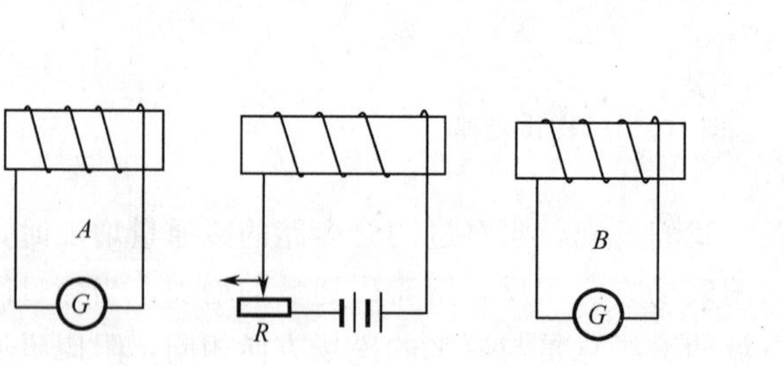

图 10.33 感应电流的方向

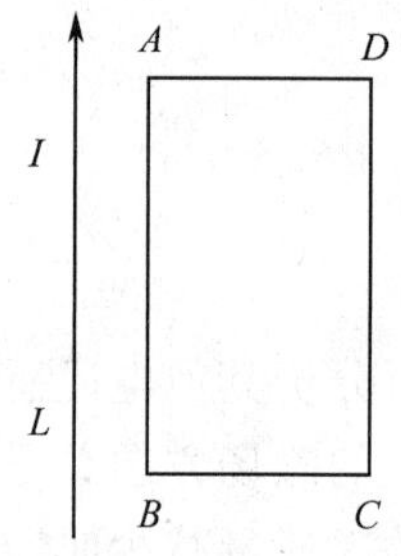

图 10.34 感应电流方向

4. 如图 10.34 所示，在一长直导线 L 中通有电流 I，$ABCD$ 为矩形线圈，试确定在下列情况下，$ABCD$ 上的感应电流的方向：

(1) 矩形线圈在纸面上向右移动；

(2) 绕 AD 轴转动；

(3) 以 L 为轴转动。

5. 如图 10.35 所示，导线 AB 和 CD 互相平行，试确定开关闭合时导线 CD 中感应电流的方向。

6. 如图 10.36 所示，导线 ab 可沿金属导轨左右滑动，能产生图示感应电流的原因是（ ）。

(1) ab 向左滑动 (2) ab 向右滑动 (3) ab 不动，磁场减弱

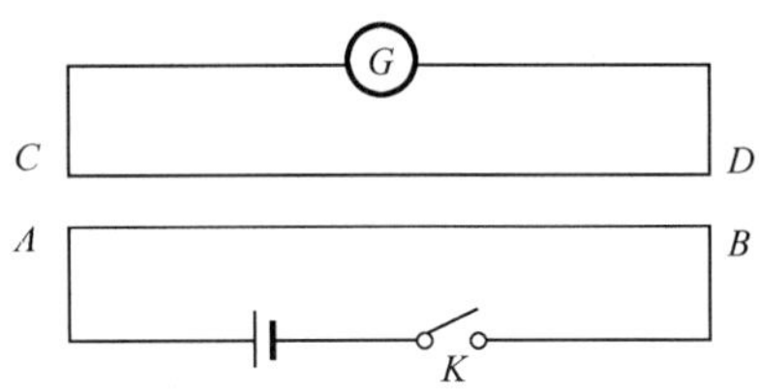

图 10.35　感应电流的方向

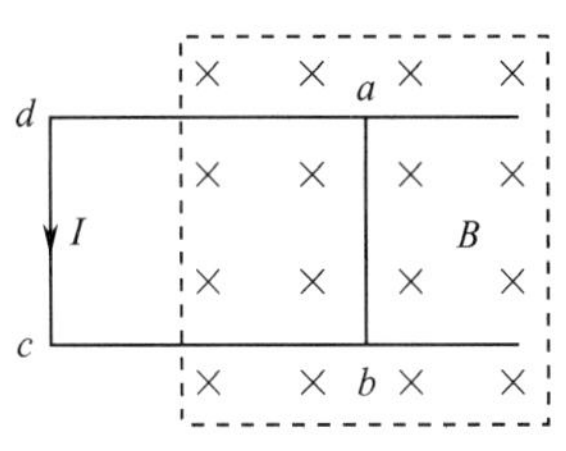

图 10.36　导线滑动

7. 图 10.37 中能满足楞次定律的是哪个图?

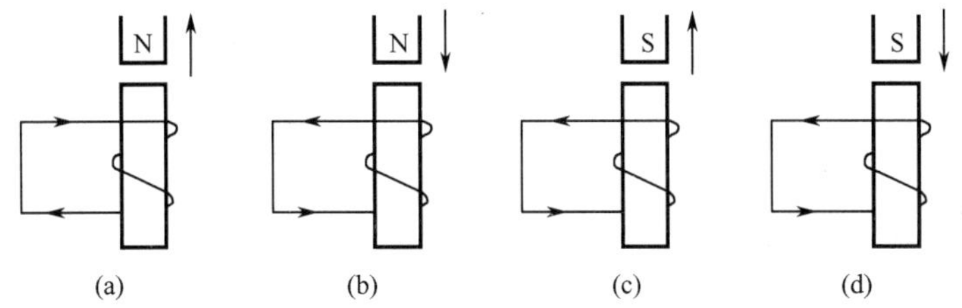

图 10.37　判断图形

8. 在图 10.38（a）中，通电时检流计指针右偏。将检流计接在图 10.38（b）电路中，检流计指针左偏，这是因为（　　）。

（1）磁铁 N 极插入线圈

（2）磁铁 S 极插入线圈

（3）磁铁 S 极由线圈拔出

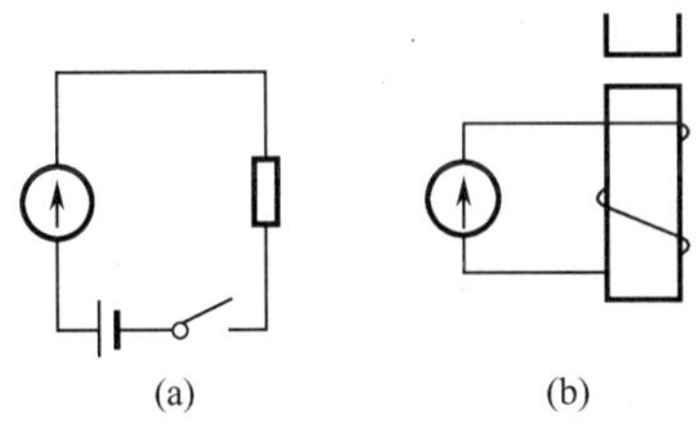

图 10.38　判断磁铁运动

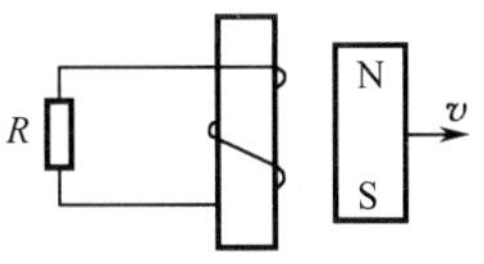

图 10.39　判断感应电流

9. 如图 10.39 所示，当磁铁远离线圈时，电阻 R 中的感应电流（　　）。

（1）为零　　（2）由下向上　　（3）由上向下

10.5 感应电动势

感应电动势 我们知道，在电磁感应现象里，既然在闭合回路中能产生感应电流，则电路中必然有电动势，在电磁感应现象里产生的电动势叫做感应电动势，产生感应电动势的导体就相当于电源。

感应电动势的大小由哪些因素决定呢？在图 10.24（a）所示的实验中，条形磁铁慢慢插入线圈时安培计偏转小，快速插入时安培计偏转大。这个实验说明，感应电动势的大小跟穿过闭合回路的磁通量改变快慢有关，也就是和磁通量的变化率有关。经实验测出：电路中感应电动势的大小与穿过该回路的磁通量的变化率成正比。这个规律是由英国科学家法拉第首先发现的，所以叫做法拉第**电磁感应定律**，即

$$E=K\frac{\Delta\Phi}{\Delta t} \tag{10.7}$$

式中 K 为比例系数，它的数值与单位的选择有关。$\Delta\Phi$，Δt，E 的 SI 单位分别是 Wb，s，V。由于 1Wb/s ＝1V，所以这时 K 等于 1，上式可写成：

$$E=\frac{\Delta\Phi}{\Delta t} \tag{10.8}$$

为了获得较大的感应电动势，可采用多匝线圈，对于 N 匝线圈，有

$$E=N\frac{\Delta\Phi}{\Delta t} \tag{10.9}$$

式中的 N 为线圈的匝数。

由法拉第电磁感应定律，可以推导出导体切割磁感应线运动时感应电动势的大小。设在磁感应强度为 B 的匀强磁场中，有一金属框 $CDGH$，其平面与磁感应线垂直如图 10.40 所示。长为 L 的导线 CD 以速度 v 向右匀速运动，速度方向

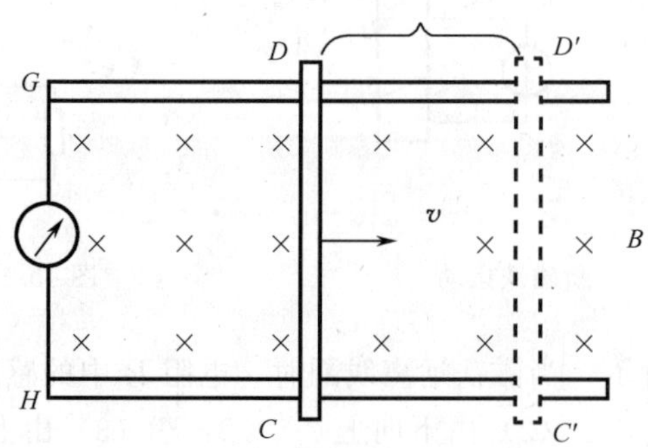

图 10.40 计算感应电动势

与磁感应线垂直，在 Δt 时间内，导线从 CD 移到 $C'D'$，闭合回路的磁通量增加了

$$\Delta\Phi = B \cdot \Delta S = BLv\Delta t$$

产生的感应电动势为

$$E = \frac{\Delta\Phi}{\Delta t} = BLv \tag{10.10}$$

式（10.10）表明：导线切割磁感应线产生感应电动势的大小与磁感应强度 B、导线长度 L、运动速度 v 成正比。E，B，L，v 的 SI 单位分别是 V，T，m，m/s。

该式的使用条件是导线的运动方向、导线以及匀强磁场的磁感应线三者互相垂直。

【例 5】　螺线管由 150 匝线圈组成，如果在 0.010s 的时间内，线圈中磁通量的变化量为 3.0×10^{-5} Wb，求螺线管感应电动势的大小。

解　由式（10.9）得，150 匝线圈的感应电动势为

$$E = N\frac{\Delta\Phi}{\Delta t} = 150\times\frac{3.0\times10^{-5}}{0.010} = 0.45\text{V}$$

【例 6】　在图 10.40 中，磁感应强度为 0.010T，CD 为 0.70m，以 0.30m/s 的速度向右滑动，求感应电动势的大小。

解　因为 CD 作垂直切割磁感应线运动，所以

$$\begin{aligned} E &= BLv \\ &= 0.010\times0.70\times0.30 \\ &= 2.1\times10^{-3}\text{V} \end{aligned}$$

习题 10.5

1. ________________称为法拉第电磁感应定律。用公式表示为________。导线切割磁感应线产生感应电动势的计算公式是________。

2. 关于感应电动势的大小，下面说法是否正确？

（1）与穿过闭合电路的磁通量有关系；

（2）与穿过闭合电路的磁通量变化的大小有关系；

（3）与穿过闭合电路的磁通量变化的快慢有关系。

3. 在图 10.40 中，B 为 0.50T，线框的电阻为 0.20Ω，可动边 CD 的长度为 20cm，当可动边以 4.0m/s 的速度向右运动时，求线圈内的感应电动势和感应电流的大小。

4. 有一个 50 匝的线圈，穿过它的磁通量在 2.0s 内由零均匀地增加到

0.040Wb，求线圈中感应电动势的大小。

5. 有一个1000匝的线圈，在0.40s内穿过它的磁通量从0.020Wb增加到0.090Wb，求线圈中的感应电动势。如果线圈的电阻是10Ω，与一个990Ω的电阻串联组成闭合回路时，求通过电阻的电流是多少？

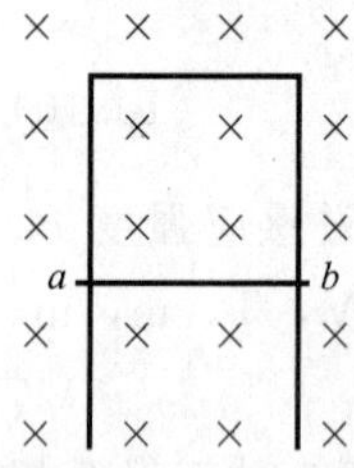

图10.41　求速率

6. 长0.50m的直导线在均匀的磁场中运动，设磁感应强度B为1.0T，导线的运动方向与磁场垂直也与导线本身垂直，导线内产生2.0V的感应电动势，试求导线的运动速度。

7. 如图10.41所示，匀强磁场的磁感应强度为0.20T，矩形金属框的ab边可以无摩擦地上下滑动，ab边的质量为4.0g，长度为10cm，电阻为0.10Ω（金属框的其余电阻忽略不计），求ab在下滑过程中的最大速率（g取10m/s^2）。

10.6　互感和自感

互感　根据电磁感应现象，当某一线圈中的电流发生变化时，会在另一个线圈中产生感应电动势，这种电磁感应现象叫做互感，它在电子技术和各种仪表中应用非常广泛。

用于测量交变电流的钳形电流表、互感器及变压器等，都是利用互感原理做成的。

感应圈　感应圈是实验室中和技术上常常用来获得高电压的一种仪器，实际上它是一种特殊形式的升压变压器。

图10.42是实验室中常用的一种感应圈，它的构造原理如图10.43所示。

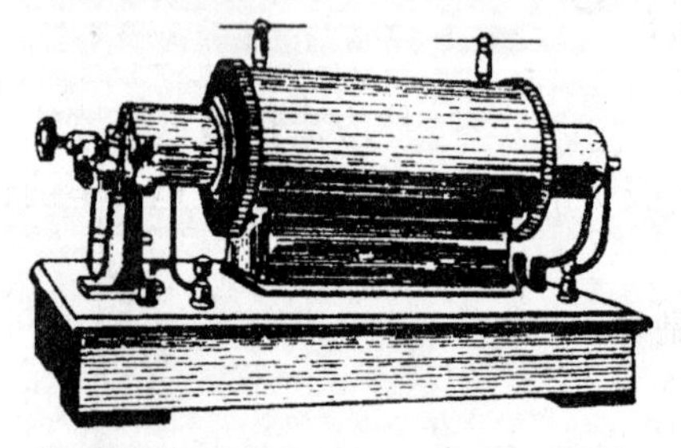
图10.42　感应圈

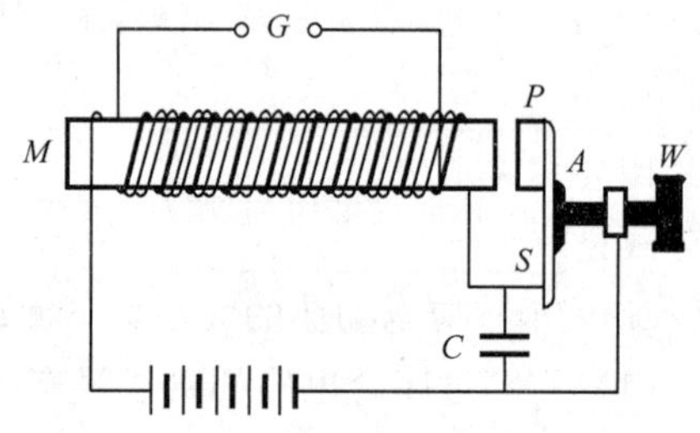

图10.43　感应圈构造原理图

在绝缘的铁丝束组成的铁芯M上，套着两个由绝缘导线绕成的线圈。其中通入电流的线圈，常称为原线圈。而在原线圈外面套着的一个产生感应电动势的线圈，称为副线圈。原线圈是由较粗的绝缘导线绕成的，匝数不多。副线圈则由绝缘细导线绕成，匝数很多。它的两端分别接到两根绝缘的金属棒上，在棒端小球间形成空气间隙 G。原线圈电路的接通和断开是由断续器自动完成的。断续器由螺旋弹簧片 S 和软铁 P 组成。当接通电路时，铁芯被磁化，吸引软铁 P 使它和接触点 A 分开，于是电源被切断，这时铁芯的磁性消失，软铁 P 受弹簧片 S 弹力的作用重新和螺旋 W 接触，电路又被接通。这样，原线圈中的电流就时通时断，发生变化。

由于原线圈中电流发生变化，就产生了磁通量的变化，这个变化的磁通量也穿过副线圈，因此在副线圈中产生感应电动势。由于副线圈的匝数很多，所以产生的感应电动势数值很大，因而副线圈两端的电压非常高，能在小球间隙中引起火花放电。在接触点 A 处常并联一个电容器 C，这是为了保护断续器，防止断续器因在接触点 A 处发生电弧而被烧坏。

自感现象 当线圈中的电流发生变化时，在该线圈中将引起磁通量的变化，从而产生感应电动势。这种由于线圈中的电流的变化而产生的感应电动势叫做自感电动势。

自感现象可通过图 10.44 所示的实验来观察。图中 A_1 和 A_2 支路的电阻完全相等，当 K 闭合的瞬间，可以观察到 A_2 比 A_1 先亮。这是由于 K 闭合的瞬间，A_1 支路中电流从零开始增加，线圈将产生自感电动势，其方向与电流方向相反，从而阻碍了电流的增加，因此 A_1 支路中电流的增加要比没有线圈只有电阻的支路中电流增加的缓慢一些，所以 A_2 要比 A_1 先亮。

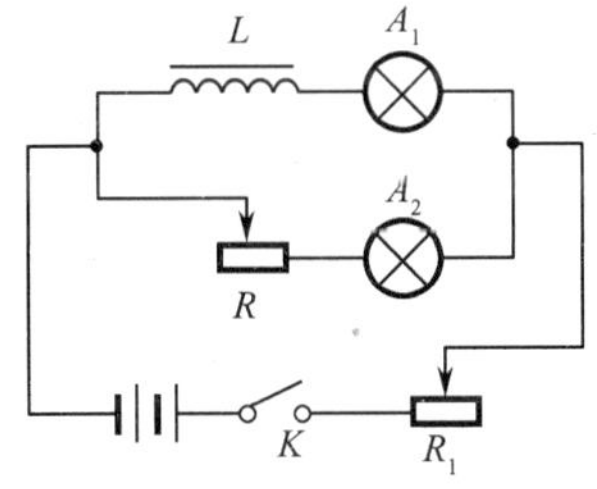

图 10.44 通电自感现象

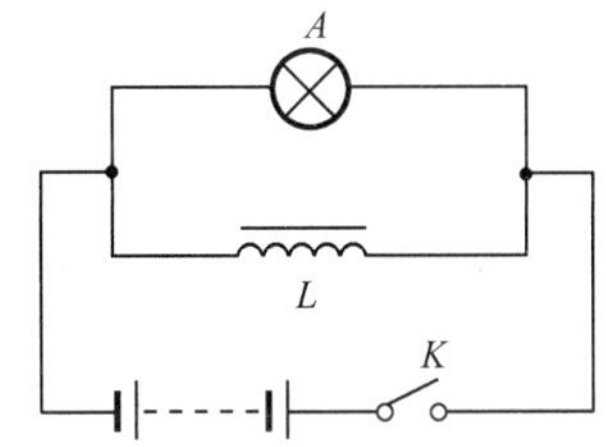

图 10.45 断电自感现象

在图 10.45 所示的实验中，当断开电源时，与线圈并联的灯泡 A 不会立即熄灭，说明灯泡中的电流不会立即消失。这是因为当断开电源时，线圈中的电流要变为零，线圈中就会产生自感电动势来阻碍电流的消失，所以这个自感电动势的方向是与原来的电流方向相同的。它在线圈与灯泡组成的闭合回路中产生电流，所以灯泡不会在断开电源时立即熄灭。

自感系数 自感电动势和其他感应电动势一样，是与穿过线圈的磁通量的变化率成正比的。但在自感现象中，因为磁通量的变化是电路本身中的电流变化引

起的，所以线圈的自感电动势也与电流的变化率成正比，即

$$E=\frac{\Delta \Phi}{\Delta t}=L\frac{\Delta I}{\Delta t} \tag{10.11}$$

式中比例系数 L 叫做线圈的自感系数，简称自感或电感，它只与线圈本身的结构有关。线圈越长，截面积越大，单位长度上的匝数越多，自感系数就越大。同一个线圈，带铁芯的比不带铁芯的自感系数大得多，所以自感线圈很多是带铁芯的。

根据（10.11）式可以规定自感系数的单位，自感系数的SI单位是亨利，中文符号是亨，国际符号为H。如果线圈里的电流强度在1.0s内变化1.0A，线圈里产生的自感电动势是1.0V时，那么，这个线圈的自感系数就是1.0H。常用的单位还有毫亨（mH）和微亨（μH），其关系是

$$1\text{H}=10^3\text{mH}=10^6\mu\text{H}$$

【例 7】 通过一线圈的电流0.01s内有0.20A的变化时，产生了50V的自感电动势，求线圈的自感系数。如果通过线圈的电流变化率为50A/s，自感系数和自感电动势有无变化？

解 由（10.11）式得

$$L=\frac{E\Delta t}{\Delta I}=\frac{50\times 0.01}{0.20}=2.5\text{H}$$

当电流变化率为50A/s时，线圈自感系数不变，自感电动势为

$$E=L\frac{\Delta I'}{\Delta t'}=2.5\times 50=125\text{V}$$

在电工电子技术里常用的日光灯镇流器及扼流圈，都是自感现象的具体应用。图10.46是日光灯的工作原理图，我们用它讲一下日光灯的工作原理。

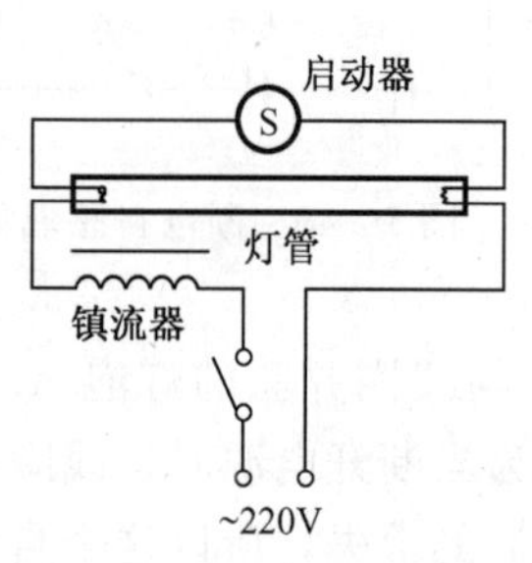

图 10.46 日光灯

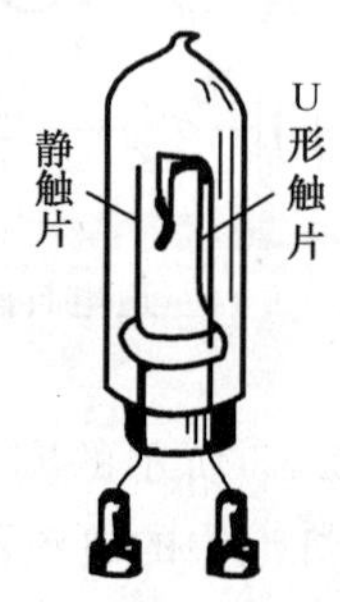

图 10.47 启动器

日光灯是一种荧光灯（图10.46），它主要是由灯管、镇流器和启动器组成的。镇流器是一个带铁芯的线圈。启动器的构造如图10.47所示，它是一个充有

氖气的小玻璃泡，里面装上两个电极，一个固定不动的静触片，还有一个双金属片制成的U形触片。日光灯的灯管内充有稀薄的水银蒸气，当水银蒸气导电时，就发出紫外线，使涂在管壁上的荧光粉发出柔和的白光。由于激发水银蒸气导电所需的电压比220V的电源电压高得多，因此日光灯在开始点燃时需要一个高出电源电压很多的瞬时电压。在日光灯点燃后正常发光时，灯管的电阻变得很小，只允许通过不大的电流，电流过强就会烧毁灯管，这时又要使加在灯管上的电压大大低于电源电压，这两方面的要求都是利用与灯管串联的镇流器来达到的。

当开关闭合后，电源把电压加在启动器的两极之间，使氖气放电而发出辉光，辉光产生的热量使U形触片膨胀弯曲，与静触片接触而把电路接通，于是镇流器的线圈和灯管的灯丝中就有电流通过，电流接通后，启动器中的氖气停止放电，U形触片冷却收缩，两个触片分离，电路自动断开在电路突然中断的瞬间，在镇流器两端产生一个瞬时高压电，这个电压加上电源电压加在灯管两端，使灯管中的水银蒸气开始放电，于是日光灯管成为电源的通路开始发光。在日光灯正常发光时由于交变电流不断通过镇流器的线圈，线圈中就有自感电动势，它总是阻碍电流变化的，镇流器起着降压限流作用，保证日光灯的正常工作。

自感现象也有不利的一面，在自感系数很大而电流很强的电路（如大型电动机的定子绕组）中，在切断电源的瞬间，由于电流在很短时间里发生很大的变化，会产生很高的自感电动势。它可以使开关的闸刀和固定夹片之间的空气电离而形成电弧，引起十分危险的电火花，导致烧坏开关，甚至造成人身事故。所以要特别注意加以防范。因此，切断这类电路时一般采用特制的具有灭弧装置的安全开关。

有一种开关就是把开关放在绝缘性良好的油中，防止了电弧的产生。电工通过开关壳外的杠杆手柄进行操作，非常安全。

习题 10.6

1. ________________________________称为互感。

2. ________________________________称为自感。自感电动势总是阻碍________________的变化。

3. 下面说法是否正确？

（1）两个互相靠近的线圈，若其中一个线圈中的电流很大，则另一个线圈中的互感电动势一定很大；

（2）一线圈中的电流改变量很大，线圈中的自感电动势一定很大；

（3）线圈中的自感电动势的大小跟线圈中的电流的变化率成正比；

（4）若电流的变化率相同，则自感系数大的线圈产生的自感电动势一定大；

（5）自感电动势的方向总是跟引起自感电动势的原电流的方向相反。

4. 什么是线圈的自感系数？在直流电路中，当电流恒定时，线圈有没有自感系数？有没有自感电动势？

5. 如图 10.48 所示，M 和 P 线圈绕在同一铁芯上，在 K 闭合的一瞬间，P 线圈是否产生互感电动势？为什么？

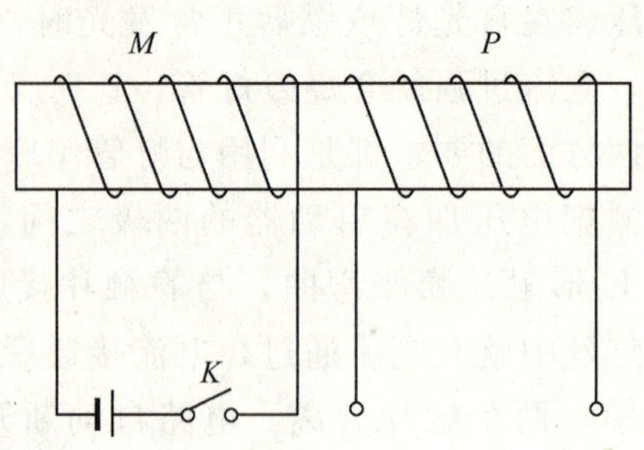

图 10.48　互感电动势

6. 自感系数为 0.12H 的线圈，在 0.50s 内电流自 0.50A 均匀地增加到 2.0A，求线圈内产生的自感电动势。

7. 在自感系数为 1.0×10^{-3}H 的线圈中产生自感电动势 2.0V，问线圈中电流变化率应为多大？

8. 在图 10.49 中，K 断开的瞬间，判断一下灯泡中的电流方向。

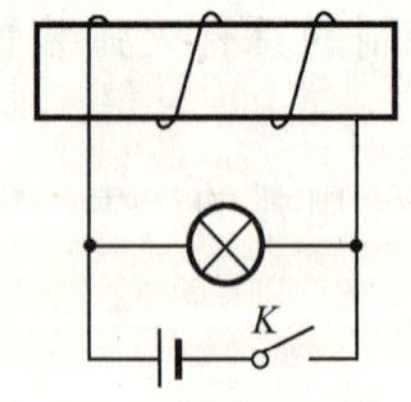

图 10.49　判断电流方向

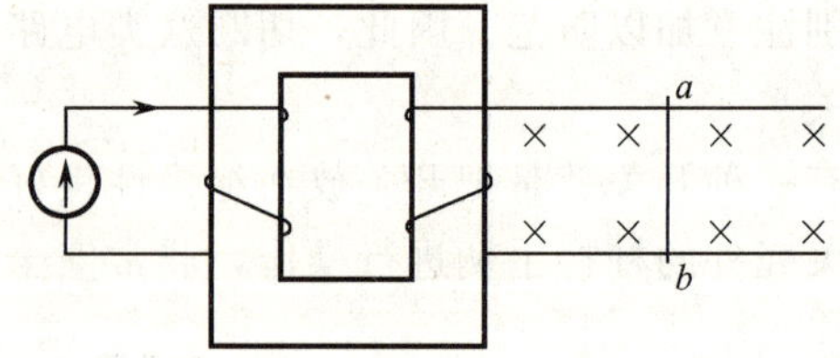

图 10.50　判断导线的运动

9. 如图 10.50 所示，当左侧电路获得图示电流时，右侧导线 ab 正在（　　）。

(1) 向右匀速运动　　(2) 向右加速运动

(3) 向左匀速运动　　(4) 向左加速运动

10.7　带电粒子在磁场中的运动

洛伦兹力　我们知道，磁场对电流有安培力的作用，而电流是电荷定向运动形成的，因此磁场对通电导线的作用实质上是对运动电荷的作用。

我们可以通过阴极射线管实验来观察电子束在磁场中的受力情况。如图 10.51 所示，在没有外磁场时电子束是沿直线前进的。如果在射线管中部放置一个蹄形磁铁，我们可以看到电子束运动的轨迹发生了弯曲。这表明，运动电荷在磁场中确实要受到力的作用。

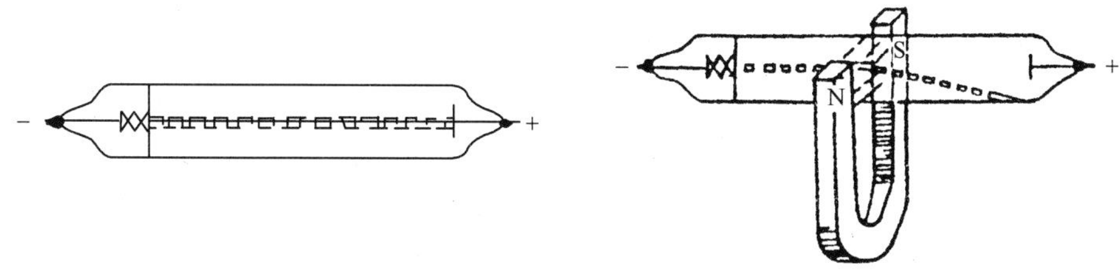

图 10.51　阴极射线管实验

荷兰物理学家洛伦兹（1853～1928）首先提出了运动电荷在磁场中要受到力作用的观点，所以人们把运动电荷在磁场中受到的力称为洛伦兹力。

洛伦兹力的大小可以由安培定律推导出来，其大小为

$$f = qvB\sin\theta \tag{10.12}$$

式中 θ 是运动电荷速度方向与磁场方向之间的夹角。

洛伦兹力的方向总是垂直于磁场方向和速度方向所决定的平面。它的指向可以用左手定则来确定。必须注意，正电荷运动方向与电流方向一致；负电荷运动方向与电流方向相反（如图 10.52）。

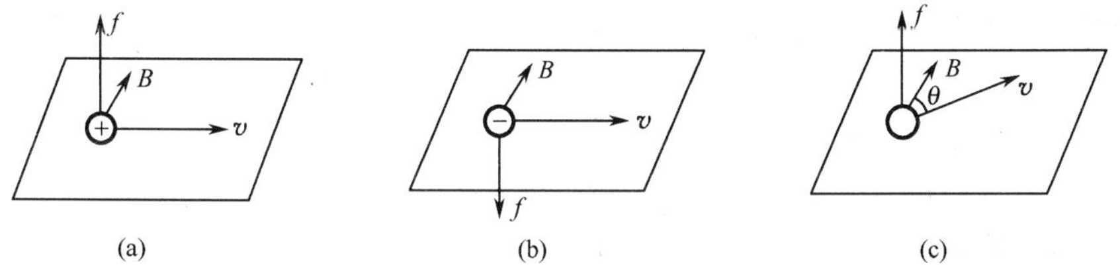

图 10.52　洛伦兹力

带电粒子在匀强磁场中的运动　当带电粒子的速度方向与磁场方向垂直时，由（10.12）式可以计算出，此时带电粒子受到的洛伦兹力达到最大，其大小为 $f = qvB$。

由于洛伦兹力的方向总是与带电粒子的速度方向垂直，不改变带电粒子的速度大小，只改变带电粒子速度的方向。因为 q 和 B 是定值，所以 f 的大小是不

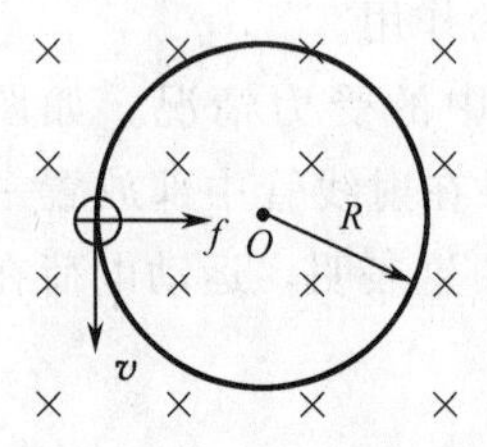

图 10.53　匀速圆周运动

变的。由力学规律可知，此时洛伦兹力将充当向心力，使带电粒子在匀强磁场中作匀速圆周运动（图 10.53）。

带电粒子的轨道半径和运动周期　下面我们来计算带电粒子作圆周运动的轨道半径。由于带电粒子所受到的洛伦兹力就是它作匀速圆周运动所需的向心力，所以有

$$f=qvB=\frac{mv^2}{R}$$

由此可得其轨道半径为

$$R=\frac{mv}{qB} \tag{10.13}$$

该式表明，在匀强磁场中作匀速圆周运动的带电粒子，其轨道半径跟粒子的质量和运动速率有关。质量一定时，轨道半径跟运动速率成正比。

由式（10.13）还可求出粒子的运动周期公式为

$$T=\frac{2\pi m}{qB} \tag{10.14}$$

由（10.14）式可知，带电粒子在磁场中作匀速圆周运动时，其周期跟轨道半径和速率无关。这表明，m 和 q 相同的带电粒子在磁场中作匀速圆周运动时，速度大的运动半径大，速度小的运动半径小，而它们的运动周期相同。回旋加速器就是根据这个原理制成的。

在前面所叙述的电子射线管实验中，为了使电子束发生偏转，除可用电场外，还可用磁场。前者称为静电偏转，后者称为磁偏转。当一束自电子枪射出的电子以垂直于磁场方向的初速度进入偏转磁场区后，由于洛伦兹力的作用，电子将沿着圆弧轨道运动。当电子离开磁场区后，将沿圆弧的切线方向打到荧光屏上，于是电子束发生了偏转。

电视接收机中的显像管，通常采用磁偏转，它的偏转磁场由偏转线圈产生。为了获得平面图像，显像管有垂直（帧扫描）和水平（行扫描）两对偏转线圈，整个偏转装置套在显像管的颈口上。

利用磁偏转的原理，可以制造示波管、显像管、质谱仪和磁流体发电机等。

习题 10. 7

1. ________________________叫做洛伦兹力，它的大小用公式__________计算。

2. 带电粒子在磁场中作匀速圆周运动时，__________充当向心力，带电粒子在磁场中作匀速圆周运动的回转半径为__________，周期为__________，周期与________、________无关。

3. 带电粒子以速度 v 沿磁感应线方向飞入匀强磁场，粒子将作__________

运动。

4. 带电粒子以速度 v 垂直于磁感应线方向飞入匀强磁场，粒子将作____________运动。

5. 两个电子分别具有跟匀强磁场垂直的速度 v 和 $2v$，它们在磁场中作匀速圆周运动的周期之比为（　　）。

(1) $1:2$　　(2) $1:1$　　(3) $1^2:2^2$　　(4) $1:\frac{1}{2}$

6. 动能为 5.3×10^6 eV 的 α 粒子（$q=2e$，$m=6.64\times10^{-27}$ kg）垂直进入磁感应强度为 2.0T 的匀强磁场中，求 α 粒子所受的磁场力和它的轨道半径（$1\text{eV}=1.6\times10^{-19}$J）。

阅读材料

回旋加速器

在研究物质的微观结构时，常要用几百万、几千万电子伏特的高动能粒子去轰击各种原子核，使它们产生反应。单纯使用高电压使带电粒子一次得到巨大速度是很困难的，因为电压太高，绝缘体也会产生明显的导电现象。1932 年，美国物理学家劳伦斯带领他的学生，成功研制了回旋加速器，可以用较低的高频电流，使粒子重复加速而获得巨大速度。

回旋加速器中有一对挂在真空容器里、轮廓像 D 的金属空盒，因其外形而被称为 D 型盒，然后将它们放置在电磁铁产生的强大磁场中。这对 D 型盒之间有一个窄小缝隙，如图 10.54 (a) 所示，它们接上交变电压，极性变化很快(每秒可达千万次以上)，所以在缝隙间的电场方向不断变化。由于金属壳的屏蔽作用，盒内部是电场强度为零的区域，但那里却存在着强大的匀强磁场，磁场方向与盒子底面垂直。

在缝隙中心附近有一产生离子的离子源，比如质子源。设在某一时刻，质子

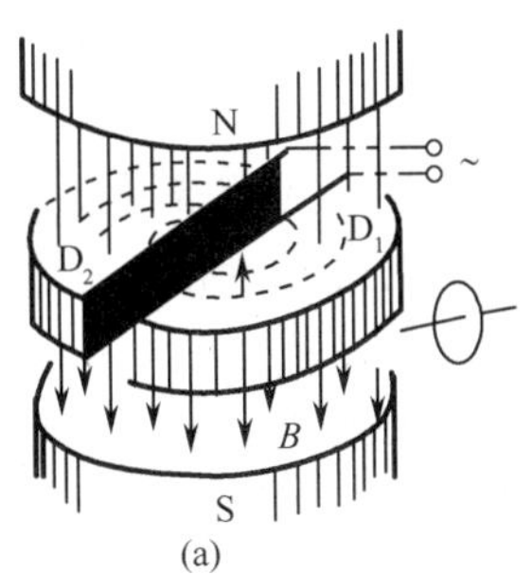

(a)

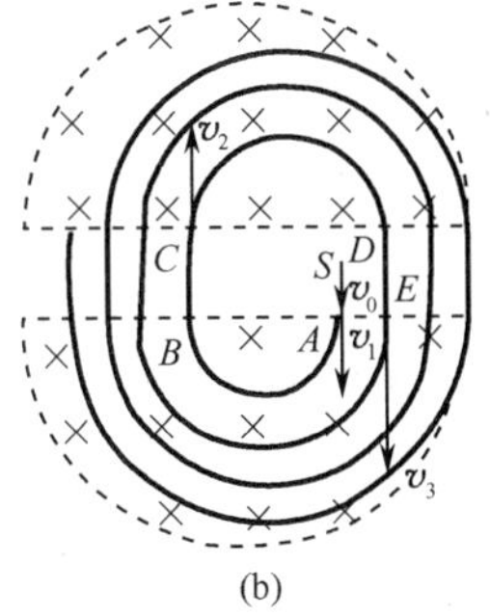

(b)

图 10.54　回旋加速器

源发射出一个质子，此时 D_2 盒电势高于 D_1 盒，质子在电场作用下以速度 v_1 进入 D_1 盒，如图 10.54（b）所示。在磁场作用下，它作圆周运动，经很短时间走完了半个圆周时，交变电压刚好反向，使 D_1 盒电势高于 D_2 盒，质子在电场作用下经过缝隙，速度已增至 v_2，它在 D_2 盒内又作圆周运动，但半径加大了。当它到达缝隙时，交变电压刚好完成一周期变化，D_2 电势又高于 D_1，质子再一次经缝隙间的电场不断加速，最后到达边缘而被引出。我们知道，只要磁场的磁感应强度及粒子的质量不变，粒子在盒中每走半圈的周期总是不变的，因而可以调节电源的周期来配合粒子走半圈的时间，达到获得高动能粒子的目的。

目前世界上最大的同步加速器，能使质子的能量达到 10^{12}eV。

我国 20 世纪 80 年代研制成功 30MeV 强流回旋加速器。1988 年在兰州建成我国最大的重粒子加速器，它可以加速元素周期表中钽之前的 73 种元素的离子。这台加速器和北京正负电子对撞机以及合肥同步辐射光源三大工程，标志着我国高能物理以及加速器技术已接近国际先进水平。

阅读材料

磁记录技术

磁记录技术是利用磁场进行声音、数码、图像等信息记录、存储、取出的技术。下面我们以磁带录音机为例介绍磁记录技术。

磁带录音机主要由机内微音器（话筒）、录放磁头、放大电路、扬声器（喇叭）、传动机构等组成。

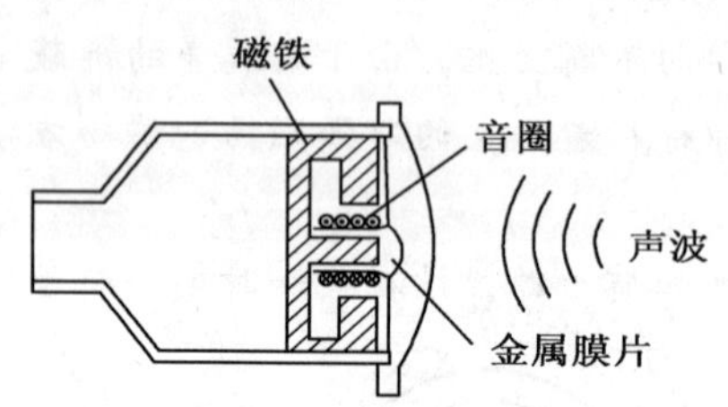

图 10.55 动圈式话筒

微音器一般是动圈式话筒，它的工作原理如图 10.55 所示。当声波使金属膜片带动可动线圈一起振动时，线圈将切割磁感应线而产生感应电动势，这个感应电动势的变化规律由声波来决定。线圈中的信号电流经过放大后可以录音，传递给扬声器，就可以还原为声音。

如图 10.56 所示，在录音时，经过放大的音频电流信号传送到录音磁头的电流线圈中，线圈中的带有很小空气隙的磁芯便会受到线圈中电流的磁化，而在磁芯的空气隙中产生与音频电流相对应的磁场。这一磁场便使紧贴着空气隙移动的磁带上的磁粉发生磁化。当磁带离开磁头后，上面的剩磁就记录下了声音信号。

在放音时，磁带通过放音磁头的空气隙，磁带上的剩磁变化在空气隙中产生同剩磁相对应的磁场变化，因而在放音磁头的电流线圈中产生相对应的电流变化。这个音频电流经过放大器的放大后送入扬声器发出声音。显然，放音过程是录音的逆过程。

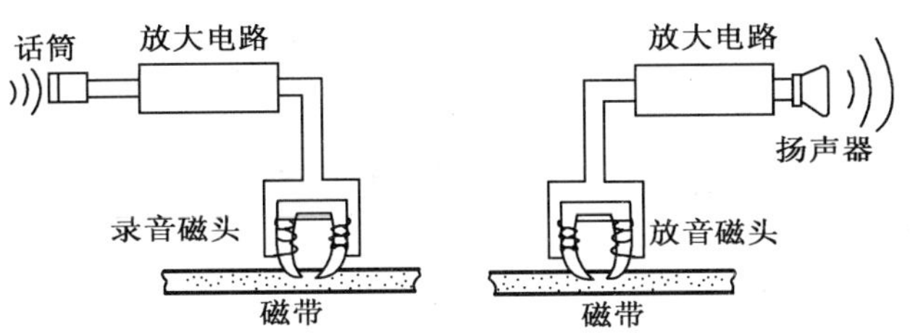

图 10.56　录音机工作原理

录像机同录音机的工作原理很相似。它们之间的主要差异是：录音机为声—电—磁之间的转换，而录像机是光—电—磁之间的转换，正像收音机与电视机之间的差异一样。

第 11 章　交 变 电 流

11.1　交变电流的产生

交变电流的产生　如图 11.1 所示，将放在匀强磁场中的矩形线圈 $abcd$ 匀速转动，观察安培计的指针，可以看到，指针随着线圈的转动而摆动，并且线圈每转一周，指针左右摆动一次。这表明，线圈里产生了感应电流，并且感应电流的强度和方向都随时间作周期性变化，这种强度和方向都随时间作周期性变化的电流称为交变电流，俗称交流电。目前在工业生产和日常生活中所用的都是从发电厂输送出来的交流电。

图 11.1 是一个交流发电机模型。由图可知，转动轴 OO' 跟磁感应线垂直。

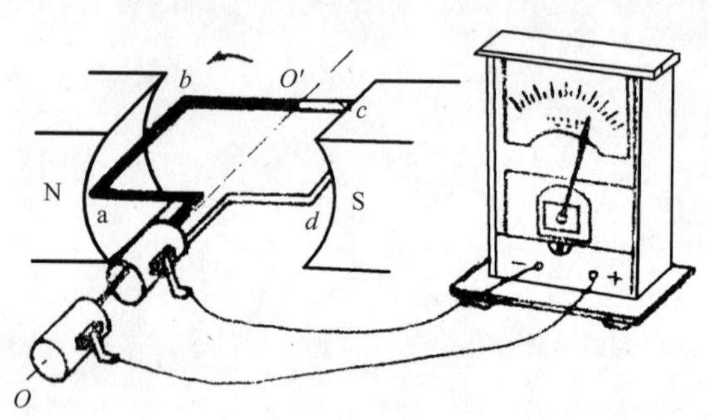

图 11.1　交流发电机模型

当线圈绕轴匀速转动时，bc 边和 da 边始终不切割磁感应线，因而其中不产生感应电动势。而平行于 OO' 轴的 ab 边和 cd 边都能周期性地切割磁感应线，产生感应电动势。它们好像两个串联着的电源，在闭合电路里形成感应电流。可见，交流电可以利用矩形线圈在匀强磁场中做匀速转动时切割磁感应线而产生。产生的电流可以由滑环和电刷引出。

上面讲到的是交流发电机的工作原理。在工程实际中，发电机一般分两种：线圈转动、磁极不动的叫做旋转电枢式发电机。线圈不动、磁极转动的叫做旋转磁极式发电机。大型交流发电机都采用旋转磁极式。因为线圈不动，输出电流可以不用滑环和电刷，所以能产生高压交流电。

正弦交流电的变化规律　图 11.2 中标有 a、d 的小圆圈分别表示线圈 ab 边和

cd 边的横截面。假定线圈平面从与磁感应线垂直的平面（这个面叫做中性面）开始以角速度 ω 逆时针匀速转动。经过 t 时间后，线圈转过的角度是 ωt。这时，ab 边的线速度 v 的方向跟磁感应线方向夹角也等于 ωt。设 ab 边的长度为 L，磁场的磁感应强度是 B，则 ab 边中感应电动势的瞬时值为

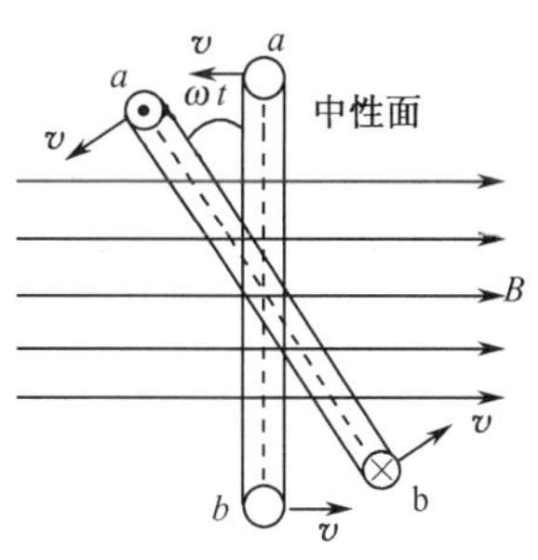

图 11.2　交流电的产生

$$e = BLv\sin\omega t$$

cd 边中的感应电动势跟 ab 边中大小相同，而且又是串联，所以这一瞬间整个线圈中的感应电动势是

$$e = 2BLv\sin\omega t$$

当线圈平面转到跟磁感应线平行时，ab 边和 cd 边的线速度方向都跟磁感应线垂直，即 $\omega t = 90°$，$\sin\omega t = 1$，此时感应电动势达到最大值，用 E_m 表示，即 $E_m = 2BLv$，把它代入上式得

$$e = E_m\sin\omega t \tag{11.1}$$

由式（11.1）可知，在匀强磁场中匀速转动的线圈里所产生的感应电动势是按正弦规律变化的。

如果把线圈和电阻组成闭合电路，则电路中就有感应电流通过。若整个电路的电阻是 R，根据全电路欧姆定律可得感应电流的瞬时值为

$$i = \frac{e}{R} = \frac{E_m}{R}\sin\omega t$$

式中 $\frac{E_m}{R}$ 是电流的最大值，用 I_m 表示，所以

$$i = I_m\sin\omega t \tag{11.2}$$

可见感应电流也是按正弦规律变化的，这种按正弦规律变化的交流电叫正弦交流电。

正弦交流电的图像　交流电的变化规律还可用图像直观地表示出来。

由（11.1）式和（11.2）式知道，正弦交流电的感应电动势 e 和感应电流 i 都是时间 t（或角度 ωt）的正弦函数，它们的图像必然是正弦曲线。图 11.3（b）和（c）分别表示 e 和 i 的图像。图中的时间 t 是以线圈平面转过中性面的瞬间开始计算的。

在这一瞬间（即 $t=0$，$\omega=0$），ab 边和 cd 边都不切割磁感应线，所以线圈中不产生感应电动势，电路中没有电流。图 11.3（a）表示对应于 e，i 等于零或正、负最大值时的线圈位置。从图 11.3 可以看出，线圈平面每经过中性面一次，感应电动势和感应电流的方向就改变一次，因此线圈转动一周，e 和 i 方向改变

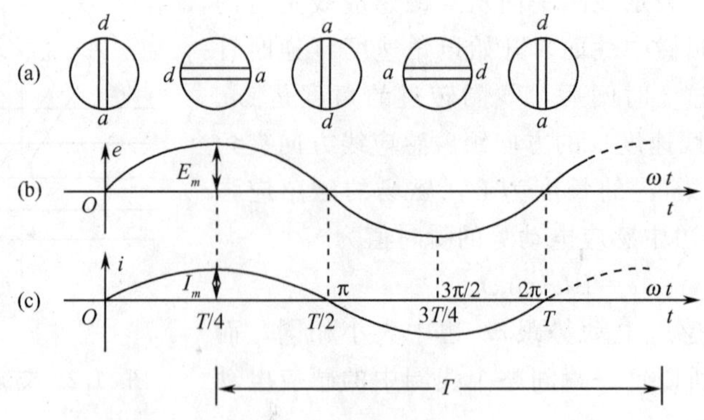

图 11.3 正弦交流电的图像

两次，且e和i的大小和方向都恢复到开始的情况。在以后的转动中，e和i将周期性地重复以前的变化。

交流电的周期和频率 交流电完成一次周期性变化所需的时间叫交流电的周期，用T表示，单位为s，交流电在1s内完成周期性变化的次数，叫做交流电的频率，用f表示，单位是Hz。

根据定义，周期和频率的关系是

$$T=\frac{1}{f} \tag{11.3}$$

我国工农业和生活用的交流电，周期是0.02s，频率是50Hz，电流方向每秒改变100次。

交流电的有效值 交流电的瞬时值随时间而变化，没有一个恒定的数值，交流电的最大值虽然恒定，但不适于用来表示交流电产生的效果。因此，在实际应用中常用交流电的有效值来表示交流电的大小。

交流电的有效值是根据电流的热效应来确定的，让交流电和直流电通过同样阻值的电阻，如果它们在跟交流电的周期相等的时间内产生的热量相等，那么这一直流电的数值就叫做这一交流电的有效值。例如，在一个周期内，某一交流电通过一段电阻产生的热量，与5A的直流电通过相同电阻经历相同的时间产生的热量相等，那么这一交流电的电流强度的有效值就是5A。

通常用E，U，I分别表示交流电的电动势、电压和电流强度的有效值，实验和计算指出，按正弦规律变化的交流电的有效值与最大值之间存在着如下的关系：

$$E=\frac{E_m}{\sqrt{2}}\approx 0.707E_m \tag{11.4(a)}$$

$$U=\frac{U_m}{\sqrt{2}}\approx 0.707U_m \qquad (11.4(b))$$

$$I=\frac{I_m}{\sqrt{2}}\approx 0.707I_m \qquad (11.4(c))$$

我们通常说照明电路的电压是220伏特，便是指有效值。各种使用交流电的电气设备上所标的额定电压和额定电流的数值，一般交流电流表和交流电压表测量的数值，也都是有效值，我们以后说的交流电的数值，凡没有特别说明的，都是指有效值。

习题 11.1

1. ____________________________称为正弦交流电。

2. 正弦交流电电动势的最大值是________，瞬时值是________。电流强度的最大值是________，瞬时值是________。

3. 正弦交流电的电动势、电压和电流强度的有效值分别是________，________，________。

4. 正弦交流电的周期是____________，频率是____________。在我国，它们的数值分别是______和______。

5. 交流电是怎样产生的？产生的感应电动势的大小与哪些物理量有关？

6. 在图11.1中，线圈ab边长0.30m，bc边长0.20m，匀强磁场的磁感应强度B为0.50T，线圈的转速为每秒50转。

(1) 求线圈中感应电动势的最大值E_m；

(2) 设线圈从中性面开始转动，写出感应电动势的表示式。

7. 一交流电源的输出电压$u-180\sin 314t$V，求它的频率、周期及有效值。

8. 照明用交流电的电压是220V，动力供电线路的电压是380V，它们的有效值、最大值各是多少？

11.2　三相交流电

三相交流电的产生　三相交流电是由三相发电机产生的，图11.4是三相交流发电机的示意图。电枢上装有三个相同的绕组AX，BY，CZ，称为A，B，C三相绕组。绕组的一端A，B，C叫绕组的始端；X，Y，Z叫终端。三相绕组在电枢表面的圆周上彼此相隔120°的角，当电枢沿图示方向以角速度ω匀速旋转时，各组线圈中就产生频率相同、幅值相等的感应电动势，只是三者达到零值或最大值的时间依次落后1/3周期。若以图11.4所示的瞬间为时间起点，则这三个电动势的图像如图11.5所示。像这样三个电动势，叫做**三相电动势**，它们的电流叫做**三相电流**。

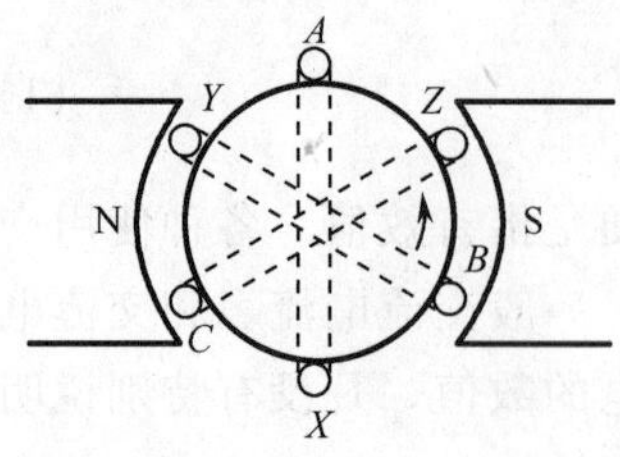

图 11.4　三相交流发电机

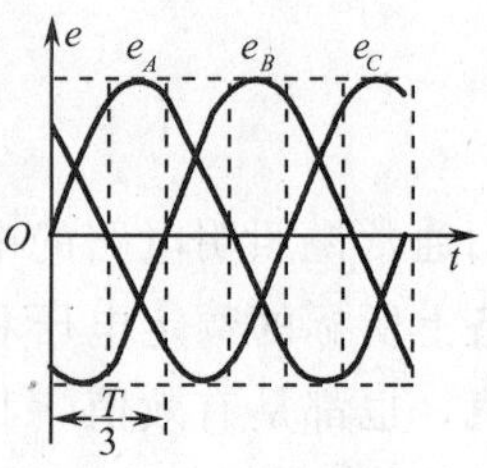

图 11.5　三相电动势

三相电动势和电流统称为三相交流电，能提供三相交流电的设备称为三相电源。

三相电源的连接　三相电源的连接通常采用的是星形连接和三角形连接两种方式。若把三相绕组的终端 X，Y，Z 连接在一起，并引出一条连接线；以三相绕组的始端 A，B，C 各引出一条连接线，这种连接方式，叫做星形连接，也称为 Y 形连接，如图 11.6 所示。

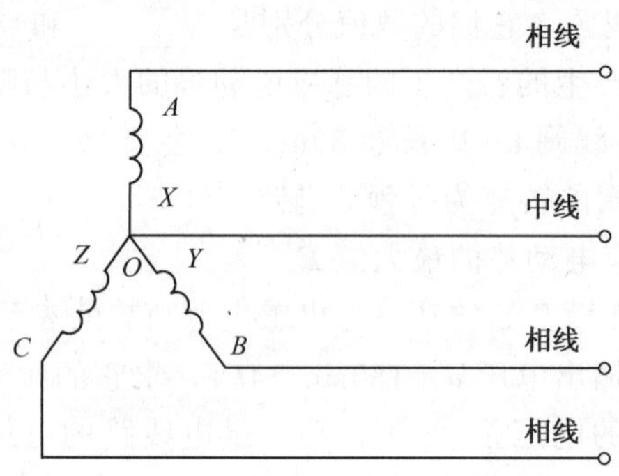

图 11.6　电源的星形连接

从三相绕组始端引出的导线称为相线或端线，在照明电路里俗称火线。三相绕组终端连接在一起的公共点 O 称为电源的中性点或零点，从中性点 O 引出的导线称为中性线。在照明电路中中性线是接地的，叫零线。火线和零线可以用测电笔来判断，当笔尖与火线接触时，笔内氖泡发红光，当笔尖与零线接触时，笔内氖泡不发光。具有中性线的三相供电系统称为三相四线制。每一条相线与中性线之间的电压称为**相电压**，每两根相线之间的电压称为**线电压**。

在三相电源的星形连接中，用伏特计测量会发现，线电压是相电压的$\sqrt{3}$倍，即

$$U_{线}=\sqrt{3}U_{相} \tag{11.5}$$

在发电机三相绕组中，若把一相绕组的终端与相邻一相绕组的始端依次连接成一闭合三角形，再以连接点引出输送线，这种连接方法叫做三角形连接。如图 11.7 所示。由图可明显看出，三相绕组连成三角形时，线电压等于相电压。

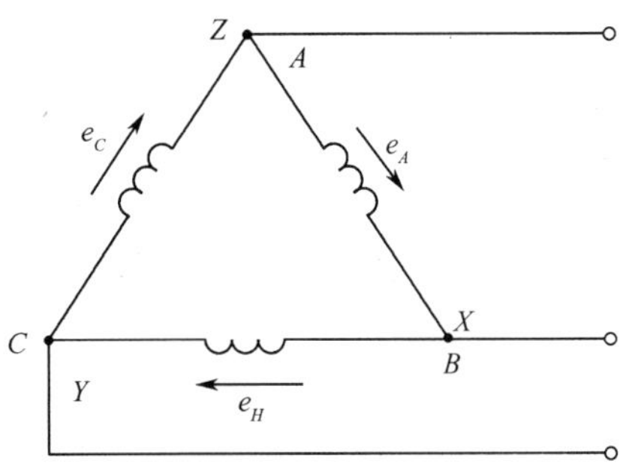

图 11.7　电源的三角形连接

三相负载的连接　在三相电路中，负载的连接也有星形连接和三角形连接两种形式。

把三个负载 Z_A，Z_B，Z_C 的一端接在一起，并且接在三相电源的中性线上，各相负载的另一端分别与三根相线连接，这种接法叫做星形连接，如图 11.8 所示。

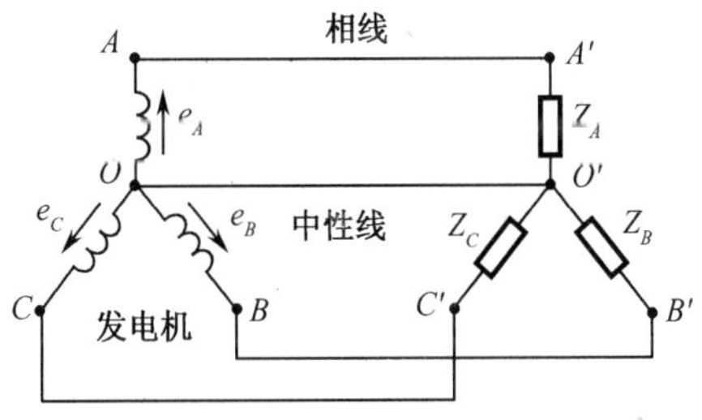

图 11.8　负载的星形连接

在这种接法中，加在每相负载上的电压都是相电压。流过负载的电流叫做相电流。中性线是三相负载的公共线，通过的电流是三个负载电流的总和，在三相负载相同时，这个总和在任何时刻都等于零，即中性线没有电流通过，因此可省去中性线，这就成为三相三线制。若三相负载不相同，必须用三相四线制。例如照明电路，在使用时三相负载总是参差不齐，负载是不对称的，所以负载的星形连接必须采用三相四线制。为了避免中线断开，在中线上不允许安装保险丝和闸刀开关。图 11.9 就是四线制照明电路的接法图。

此外，负载可以如图 11.10 那样连接起来，这种接法叫三角形连接，在这种接法中，由于各相负载直接接在两根相线上，所以加在每相负载上的电压就等于电源的线电压。进一步推导证明，三相对称负载作三角形连接时，线电流的有效值为相电流有效值的$\sqrt{3}$倍。

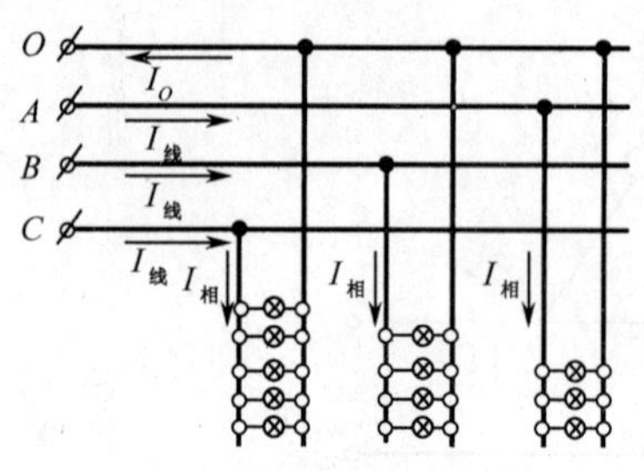

图 11.9　四线制照明电路的接法图

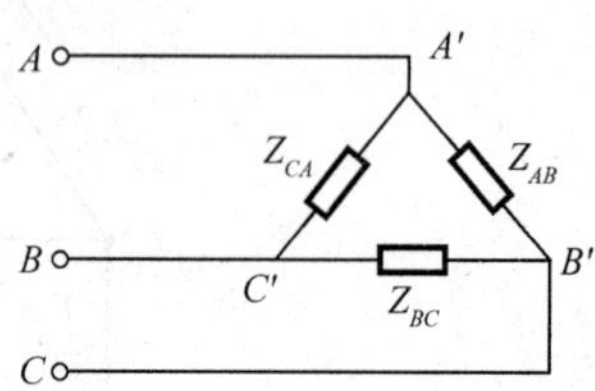

图 11.10　负载的三角形连接

习题 11.2

1. 三相交流电是由__________产生的。
2. 三相电源的连接有________和________两种方式。
3. 三相交流电的负载连接有________和________两种方式。
4. __________________叫做相电压，____________________________叫做线电压。
5. 一星形连接三相对称的负载，每相电阻为 20Ω，接在三相三线供电电源上，线电压为 380.3V，求每相负载的电流强度。
6. 在图 11.11 中，假定三相负载电阻相同。已知连接在电路中的安培计 A_1 的读数是 15A，那么安培计 A_2 的读数是多少？
7. 在图 11.12 中，已知三相负载电阻相同，连接在电路中的伏特计 V_2 的读数是 380V，那么伏特计 V_1 的读数是多少？

11.3　感应电动机

三相交流感应电动机是依据载流导体在磁场中受力的原理而制成的。它的磁场不是永磁体产生的，而是由三相交流电通入三相绕组而产生的旋转磁场，它的转子电流也不是直接通入的，而是由电磁感应产生的，下面我们简单介绍一下三相交流感应电动机的工作原理。

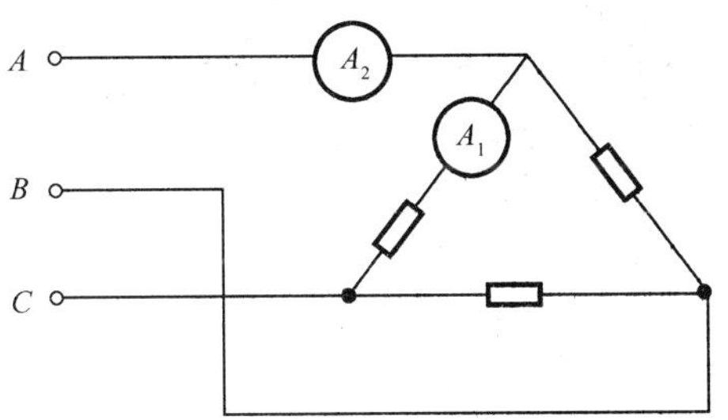

图 11.11　求交流电的电流

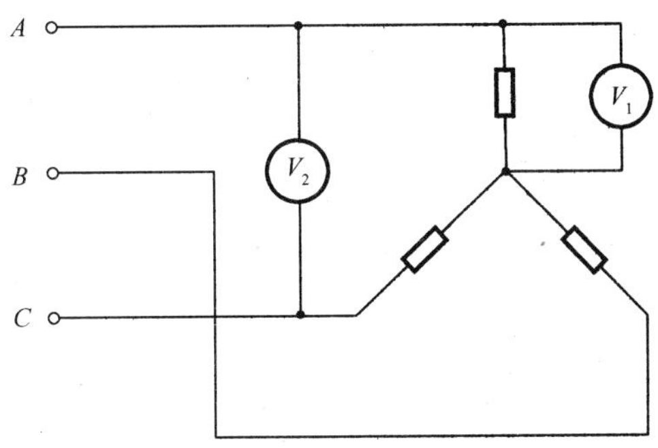

图 11.12　求交流电的电压

旋转磁场　如图 11.13 所示，在磁铁中间放一个闭合的小铝框，当使磁铁转动时，造成一个旋转磁场，铝框就随着转动起来．这因为磁铁转动时，铝框切割磁感应线，而在其中产生了感应电流。由楞次定律知道，感应电流的磁场和磁铁磁场的相互作用，要阻碍磁铁和铝框的相对运动。因为磁铁是在外力作用下转动的，故铝框将顺着磁场旋转方向转动。

不仅转动磁铁可以产生旋转磁场，三相交流电也可以产生旋转磁场，在三个

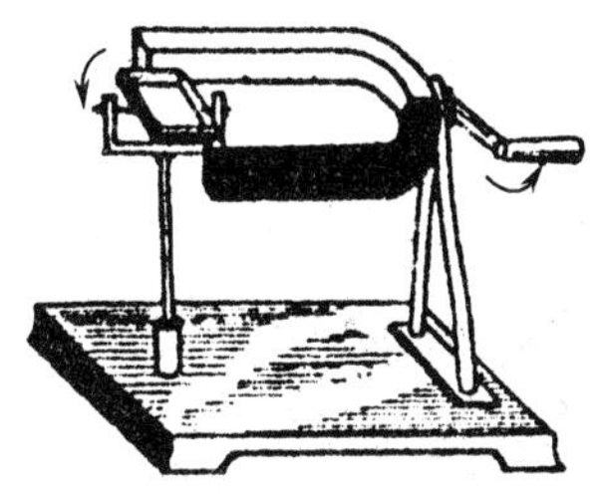
图 11.13　磁铁的旋转磁场

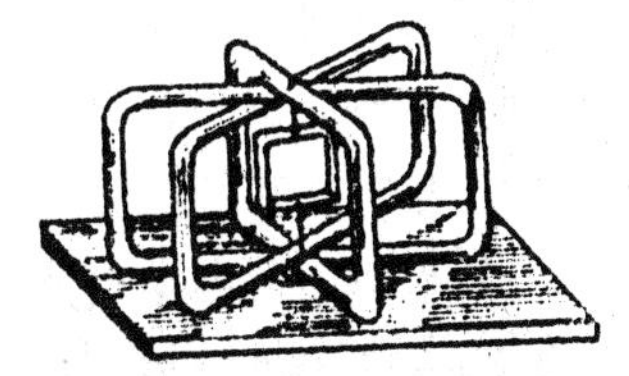
图 11.14　三相电的旋转磁场

完全相同的线圈中通以三相交流电，中间的小铝框就像被转动着的磁铁带着一样转动起来（图 11.14），这说明三相交流电也能产生旋转磁场。

感应电动机 如图 11.15 所示，感应电动机的主要组成部分是一个定子和一个转子。在定子内侧的沟槽内嵌着互成 120°角的三相线圈，这三相线圈中通入三相交流电，在定子内部空间就产生一个旋转磁场。转子是可以转动部分，它由铁芯和嵌在铁芯沟槽内的短路铜（或铝）条组成（图 11.16（a）），沟槽内铜（或铝）条是由装在铜（或铝）条两端的两个铜（或铝）环加以短路的，它们构成的一个鼠笼形状的笼子（图 11.16（b））。所以这种电动机又叫鼠笼式感应电动机。这个闭合导体相当于图 11.13 中的铝框，有了旋转磁场，它就转动起来。

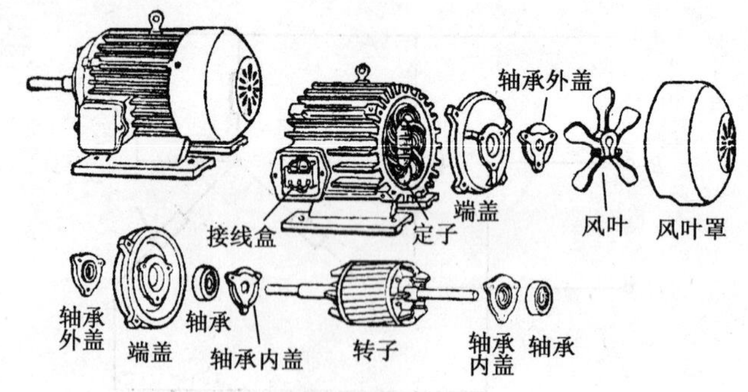

图 11.15 三相交流感应电动机的构造

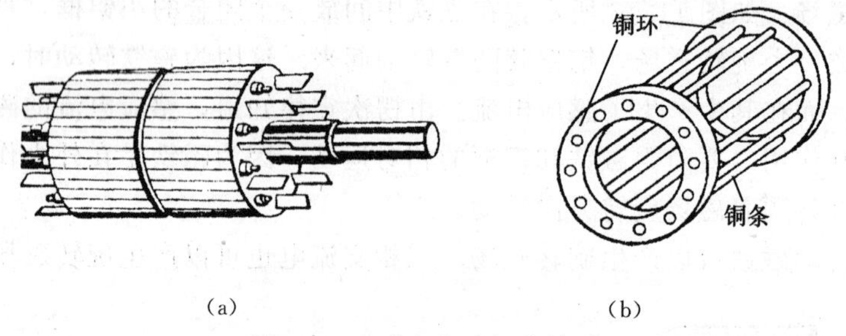

图 11.16 感应电动机的转子

电动机的铭牌 每一台电动机在机座外壳上都装有一块铭牌，上面标注着电动机的一些主要规格和性能，这对于我们选购、使用、检查和修理电动机都很重要。图 11.17 就是一台电动机的铭牌。

电动机的接线 电动机的机壳上都有一个接线盒，三个定子绕组的六个引出头在接线板上排列成两行。两种不同的连接方式可以实现电动机定子线圈的星形或三角形连接（图 11.18）。

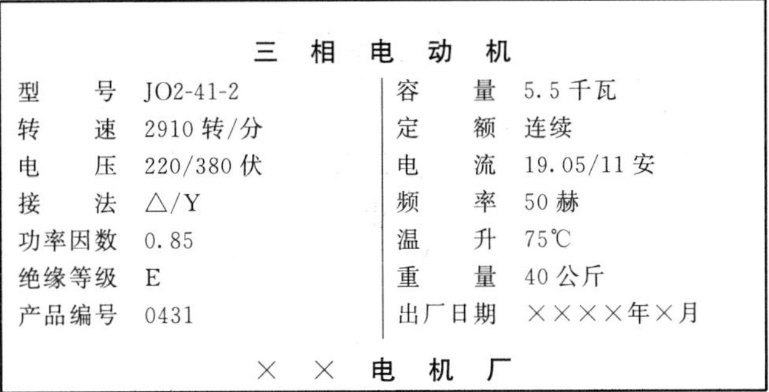

三　相　电　动　机

型　　号	JO2-41-2	容　　量	5.5 千瓦
转　　速	2910 转/分	定　　额	连续
电　　压	220/380 伏	电　　流	19.05/11 安
接　　法	△/Y	频　　率	50 赫
功率因数	0.85	温　　升	75℃
绝缘等级	E	重　　量	40 公斤
产品编号	0431	出厂日期	××××年×月

×　×　电　机　厂

图 11.17　电动机的铭牌

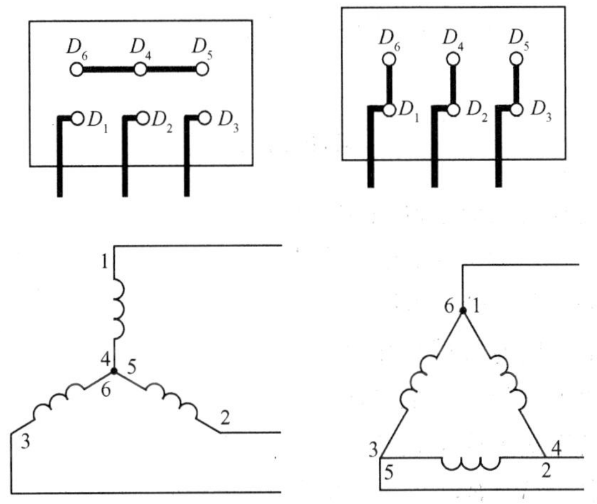

图 11.18　电动机的接线

当我们将电动机的接线中的任意两根交换一下位置，就可以改变电动机的转向。很多机械在工作时需要经常改变电动机的转向，所以在电源线上加装一个倒顺开关进行控制。

电动机的启动　电动机的启动电流会达到电动机额定电流的 5～7 倍。这样的启动电流对于小型电动机来说，危害不大，所以可采用直接启动的方法。图 11.19 就是直接启动的示意图。

当电动机的功率比较大时，必须采取降压启动的方法。

三相交流鼠笼式感应电动机具有结构简单，运动可靠，使用保养方便等优点，所以它被广泛应用于工农业生产中。

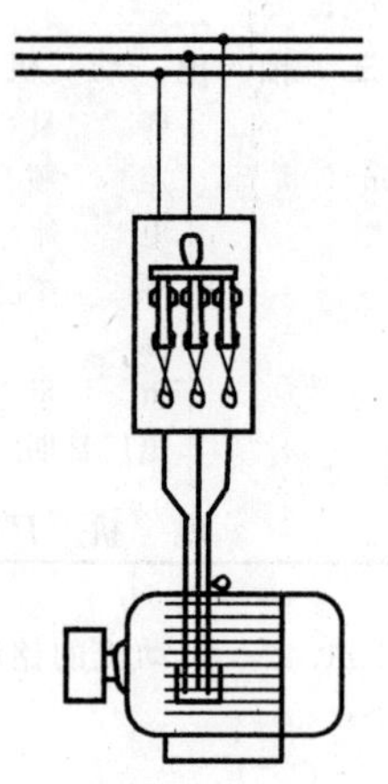

图 11.19 电动机的启动

习题 11.3

1. 三相交流鼠笼式感应电动机主要由__________和__________两部分组成。定子中装有__________，它的作用是产生__________。转子是由____________________组成的。它的作用是____________________________。

2. 简述三相交流鼠笼式感应电动机的工作原理。

3. 请你对电动机铭牌所列的各项指标进行说明。

4. 三相交流鼠笼式感应电动机是如何接线的？

5. 图 11.20 中的 A，B，C 是三相交流发电机的三个线圈，线电压是 380V，相电压是 220V。图中 E 是电动机，其定子线圈是三角形连接，问电动机每个线圈上的电压是多少？加在图中每盏电灯上的电压是多少？

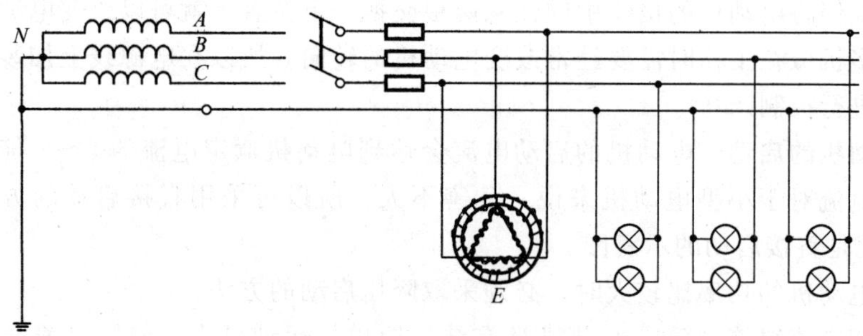

图 11.20 计算电压

11.4　变　压　器

变压器的原理　变压器是利用互感原理制造的一种变换交流电电压和电流的装置，图 11.21 是变压器的示意图。它是由闭合铁芯和绕在铁芯上的两个线圈组成，跟电源连接的线圈叫做原线圈；跟负载连接的线圈叫做副线圈。铁芯由涂有绝缘漆的硅钢片叠合而成。

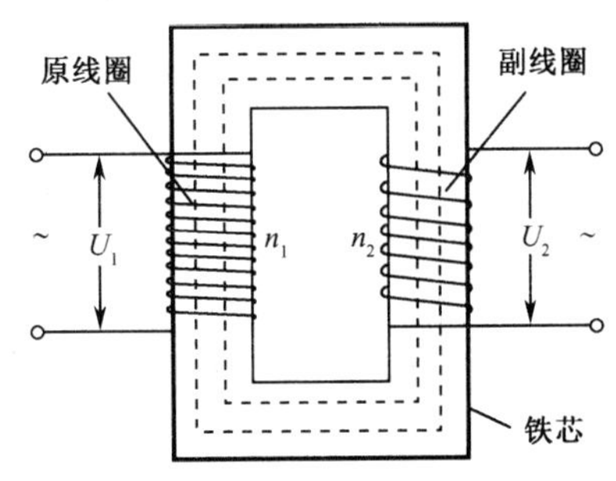

图 11.21　变压器

在原线圈上加交流电压 U_1，原线圈就有交流电流通过。它在铁芯中就产生了交变的磁通量。这个交变的磁通量既穿过原线圈又穿过副线圈，它在副线圈中就要产生感应电动势，这时的副线圈就成为一个电源。如果把用电器接在副线圈上，就有电流通过。用电器上的电压就是副线圈的端电压 U_2，实际测量表明，如果忽略能量损失（这种变压器叫做理想变压器），原线圈的端电压 U_1 跟副线圈的端电压 U_2 之比等于原、副线圈的匝数 n_1、n_2 之比，即

$$\frac{U_1}{U_2}=\frac{n_1}{n_2} \tag{11.6}$$

由此可见，只要适当地选择原、副线圈的匝数比，就可做成升压或降压变压器。

另有一种变压器只有一个线圈，而把这个线圈的一部分用抽头引出作为另一个线圈，这样可以节省材料提高效率，这种变压器称为自耦变压器。如果使线圈中间抽头与线圈滑动接触，那么就可以连续改变输出电压，这样的自耦变压器常称为调压器，它的工作原理如图 11.22 所示，在实验室和控制舞台灯光等方面都有广泛的应用。

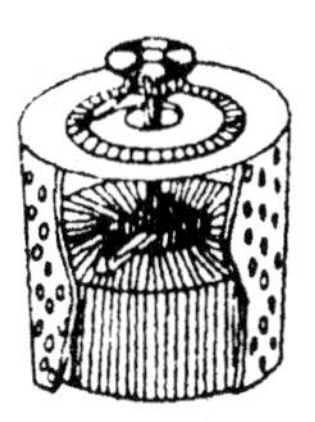

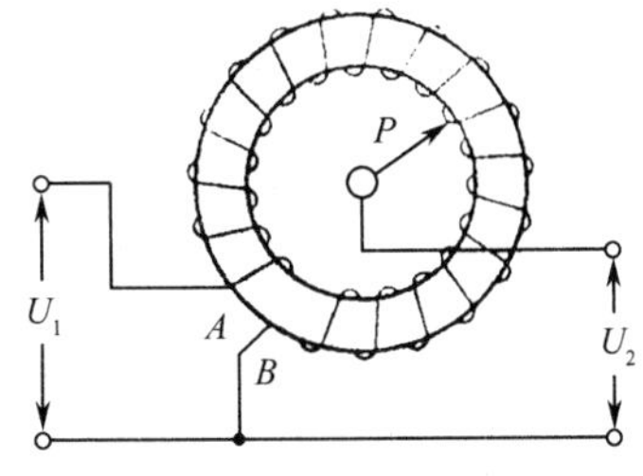

图 11.22　自耦变压器及工作原理图

原、副线圈中的电流关系 变压器不仅能改变电压，而且在改变电压的同时，也起了改变电流的作用。

对于理想变压器，可认为变压器输入电功率等于其输出电功率，即

$$U_1 I_1 = U_2 I_2$$

由上式和（11.6）式可得

$$\frac{I_1}{I_2} = \frac{n_2}{n_1} \tag{11.7}$$

由上式可知，变压器工作时原、副线圈中的电流强度跟线圈的匝数成反比。变压器的高压线圈匝数多而通过的电流小，可用较细的导线绕制；低压线圈匝数少而通过的电流大，应当用较粗的导线绕制。

互感器 电力系统的电压、电流都非常大。用一般电表直接测量会受到量程的限制，而且会危及设备及检测人员的安全。互感器能用小量程的电压、电流表测量大的电压和电流。互感器也是一种变压器，分为电流互感器和电压互感器（图 11.23）。

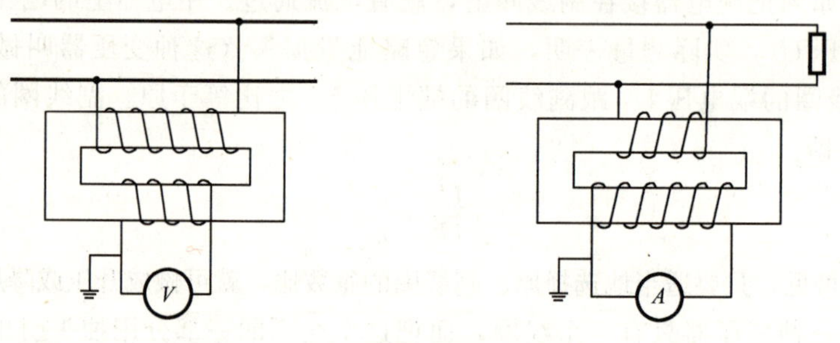

图 11.23 电压和电流互感器

互感器都是利用变压器的原理，利用原、副线圈的匝数比例把高电压、电流变成低电压、电流进行测量的。

为了保证安全，互感器的铁芯和副线圈都要接地。

小型变压器在收音机、电视机等家电产品中应用广泛。而大型变压器则是电力工业最重要的设备之一。

习题 11.4

1. 理想变压器原、副线圈的电压关系是____________，电流关系是____________，电功率关系是____________。

2. 变压器为什么不能改变直流电压？

3. 一变压器的原线圈为 660 匝，它有两个副线圈，分别是 30 匝和 900 匝，

当原线圈接在220V交流电压上时，两个副线圈的端电压各是多少？

4. 收音机的变压器，原线圈有880匝，接在220V的交流电源上。要得到3V，6V和300V三种输出电压，三个副线圈的匝数各是多少？

5. 为了安全用电，机床上的照明电灯的电压是36V，它是用变压器由220V降压得到的。如果变压器的原线圈为1100匝，副线圈应为多少匝？

6. 在图11.23的两种互感器示意图中，请你分析一下原、副线圈的匝数多少的关系，并请说明其中的道理。

11.5　涡　　流

涡电流　前面讨论感应电动势和感应电流时，都是在由导体组成的闭合回路中产生的。但是有许多电器设备中常常遇到大块的金属（如发电机、变压器和电磁铁的铁芯等）在磁场中运动或者处在不断变化着的磁场中，此时，在金属体内也会产生感应电流。

如图11.24所示，有一矩形截面的铁芯，外面绕着线圈与交变电源相联，这个铁芯可以看成是由许多薄筒组成，每个薄筒都是一个闭合回路。当线圈中通有交变电流时，穿过各薄筒的磁感应通量不断变化，从而在每个薄筒中形成了一圈圈绕铁芯轴线流动的感应电流，看起来好像水中的旋涡一样，所以这种在大块金属中产生的感应电流就叫作涡电流，简称涡流，而且交流电的频率越高，涡电流就越强。

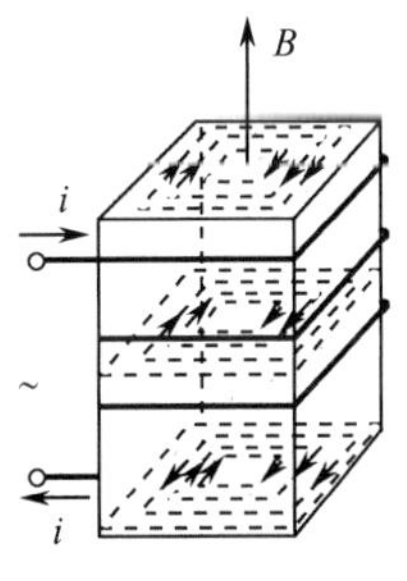

图11.24　涡流

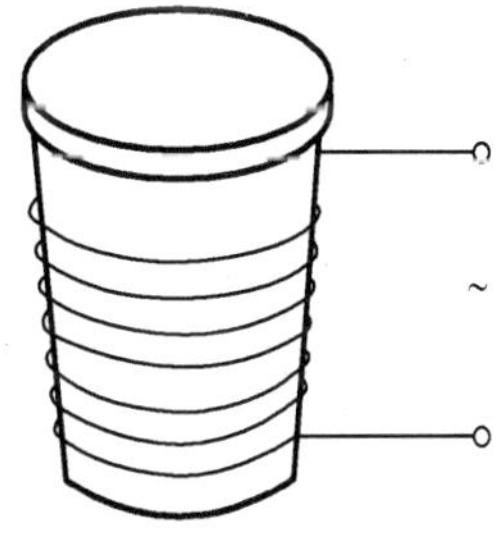

图11.25　高频感应炉

由于大块金属的电阻很小，所以涡电流的强度往往很大，因而能释放大量的焦耳热。在产生和科学研究中利用这种热效应制成高频感应炉来冶炼金属。高频感应炉的结构如图11.25所示，在坩锅的外面绕有线圈，当线圈与大功率高频交变电源接通时，交变电流在线圈内激发起很强的交变磁场，这时放在坩锅里被冶炼的金属因电磁感应而产生涡流，释放出大量焦耳热，结果使金属自身熔化。例如，在冶金工业中，熔化容易氧化的或难熔的金属（如：钛、钽、铌、钼等）以及冶炼特种合金材料，常常采用这种感应加热方法。在家电产品中，涡流的热效应也有广泛的应用，电磁炉就是根据涡流的热效应原理制成的。

在真空技术上，也利用感应加热的方法，隔着管子的玻璃加热，使被抽空的仪器（如电子管、示波管、显像管等）的金属部分的温度升高，放出残存在金属表面上的少许气体，由抽气机抽出。

涡流产生的热效应虽然有着广泛的应用，但在有些情况下也会带来很大的危害，所以必须设法减小它。例如，变压器、电动机及其他一些电器设备中的铁芯，如果是块状的，那么当它在不断变化的磁场中工作时，由于电阻很小，就会产生很强的涡流，消耗大量电能，产生大量的热量，而使整块铁芯急剧升温。这样，不仅白白地消耗电能，而且会因线圈升温导致导线间绝缘材料的性能下降，甚至烧坏电机、电器，致使它们不能正常工作。为了减小涡流，变压器和电机的铁芯通常不用整块材料制做，而采用涂有绝缘漆或表面有绝缘介质膜的薄硅钢片叠压而成。硅钢的电阻率较大，所以硅钢的涡电流损耗只有普通钢的1/5～1/4。叠片时要使硅钢片正好切断涡流的通路，而又不阻断磁感应线。这样，由于薄硅钢片中涡流通路的截面积小，使回路的电阻增大，涡流减弱，从而使涡流损耗大为减小。

更有效的办法是用粉末小颗粒压制而成的铁芯，粉末颗粒间互相绝缘，在高频变压器中就常采用这种铁芯。

涡流除了热效应外，它所产生的机械效应在实际中也有很广泛的应用。为了说明这一点，我们进行下列实验，设有一金属片做成的摆，悬挂于电磁铁的两极之间，使它们能在两极之间摆动，如图 11.26 所示。在电磁铁未通电时，金属片可自由摆动，要经过很长时间才会停下来。当电磁铁通电后，金属片很快就停了下来，看起来好像铜片不是在空气中运动，而是在某种粘稠液体中运动似的。为什么会出现这种现象呢？这是因为金属片在磁场中摆动时，穿过它的磁通量不断变化，而引起涡流。我们知道，磁场对通电导体有力的作用，所以金属片中有涡

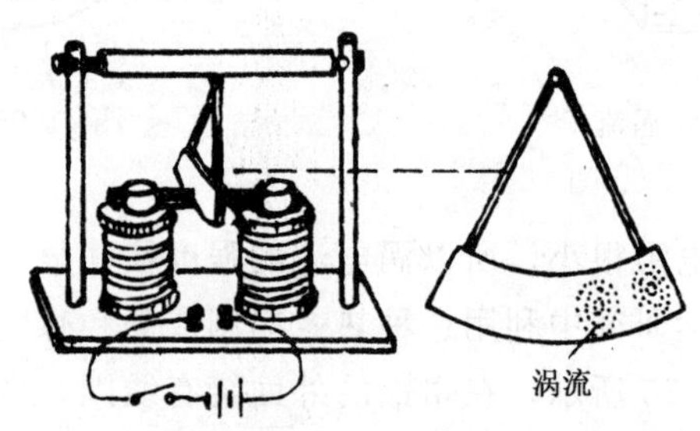

图 11.26　电磁阻尼

流时，它也必定受到磁场的作用。根据楞次定律，磁场对金属片的作用力总是反抗金属片的摆动，就好像金属片摆动时总受到阻力作用，所以金属片很快就会停下来。这种阻力起源于电磁感应，所以，称为电磁阻尼。

在一些仪表中，常利用电磁阻尼效应。电表通电后，指针偏转，由于惯性的作用，指针偏转后将在新的平衡位置附近来回摆动，这样便会影响读数。为了使指针能较快的停下来，一般在指针的转轴上装一块金属片作阻尼器。这样，仪表指针在电磁阻尼作用下，就会迅速地停止在它所要指示的位置上。

另外，电气火车和电车中所用的电磁制动器，也是根据电磁阻尼的原理制成的。

阅读材料

远距离输电

坑口火力发电厂一般建在煤矿资源丰富的地区，水力发电厂则要建在水利资源丰富的地方，要满足电力需求量大的城市和地区的用电需求，就需要远距离输电。

根据焦耳定律 $Q=I^2Rt$，由于电流的热效应，在输电线路上因发热要损失一部分电能，输送距离越远，损失就越多。要减少输电中的电能损失，一种方法就是减小输电导线的电阻，另一种方法就是减小输送电流。根据电阻定律，在输电距离一定的情况下，要减小输电导线的电阻，就要选用电阻率小、横截面积大的导线。

目前一般采用铜或铝作输电线材料。要增大横截面积，耗费金属太多，导线重量增加，会给架设输电线路带来很大困难。所以远距离输电的导线不可能太粗。由此可以看出，要想减小输电的电能损失，就必须减小输送电流。

由于电能转化的热能与电流强度二次方成正比，所以在电阻不变的条件下，电流强度若减小到原来的十分之一，电能转为热能的损失就减小到原来的千分之一。由电功率的公式 $P=IU$ 可知，当发电厂输出的电功率一定时，要减小输送电流，就必须提高输电电压。

大型发电机发出的电压等级一般在 10.5kV～18.0kV 之间，都不符合远距离输电的高电压的要求。所以在发电厂端，要用升压变压器将电压升高再进行远距离输电。在用电端，各级高压变电所要用降压变压器将高电压经过 2～3 次降压输送给用户。图 11.27 是从发电到用电的输电过程示意图。

目前远距离输电通常采用 110kV，220kV，500kV 等高电压。世界上正在实验的输电电压高达 1000kV。我国三峡电站到上海等地的远距离输电工程采用的是 500kV 超高压输电技术。

随着三峡输变电系统的建设，向广东输电 1000 万千瓦工程的实施，以及西

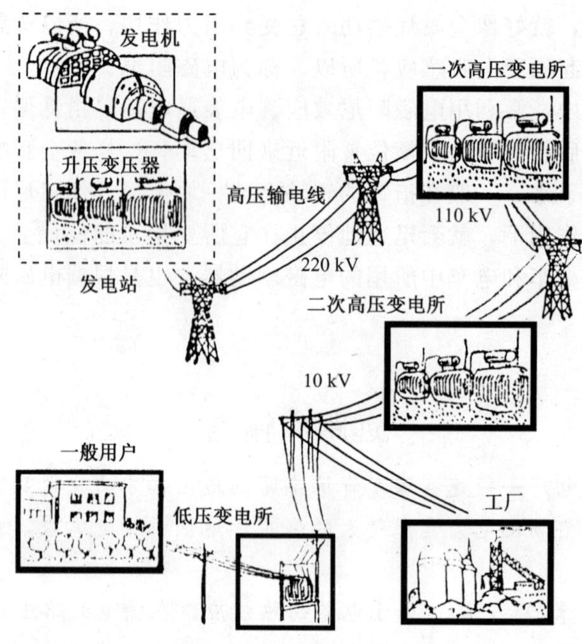

图 11.27　远距离输电线路

南和黄河上中游大容量水电及坑口大机组火电的开发，我国在“十五”期间将逐步形成全国电网联网的格局。一个远距离、大容量、实现西电东送和南北互补的全国互联电网将出现在世人面前。

第 12 章　电磁振荡和电磁波

12.1　电磁振荡　电磁波

大家知道，机械波的形成都需要有一个能做机械振动的振源。电磁波跟机械波相似，它的产生也需要有一个类似振源的装置，这个装置最基本的部分叫做振荡电路。

电磁振荡的产生　图 12.1 中由电感线圈 L 和电容器 C 组成的电路就是一种简单的振荡电路。

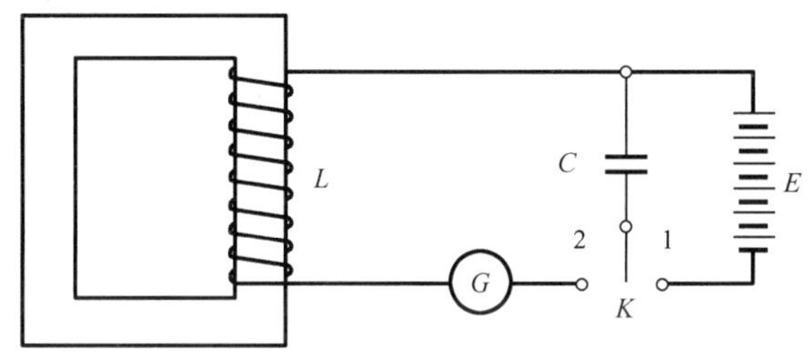

图 12.1　LC 振荡电路

我们先通过实验装置来观察振荡电路中电流流动的情况。如图 12.1 所示，先将开关 K 接通 1，电源给电容器 C 充电。稍后再把 K 扳到位置 2，使振荡电路接通，让电容器通过线圈 L 放电。这时可以看到安培计指针左右摆动，指针摆动的幅度逐渐减小，摆动几次以后便停在零点。这表明电路里产生了大小和方向都作周期性变化的电流。这种电流叫做振荡电流，能够产生振荡电流的电路叫做振荡电路。

在振荡电路里产生振荡电流的过程中，电容器极板上的电荷，通过电路的电流，以及跟电流和电荷相联系的磁场和电场都发生周期性的变化，这种现象叫电磁振荡。

电磁振荡的过程跟单摆振动的过程相似。单摆振动的过程是重力势能和动能相互转化的过程；电磁振荡的过程是电场能和磁场能相互转化的过程。

阻尼振荡和无阻尼振荡　在电磁振荡中，如果没有能量损失，振荡电流的振幅就会保持不变，振荡将永远持续下去。图 12.2（a）所示振荡叫做无阻尼振荡或等幅振荡。

但是，由于任何电路都有电阻，振荡电路中的能量要逐渐损耗，振荡电流的振幅逐渐减小，直到振荡停下来，这种振荡叫阻尼振荡或减幅振荡，如图 12.2(b) 所示。

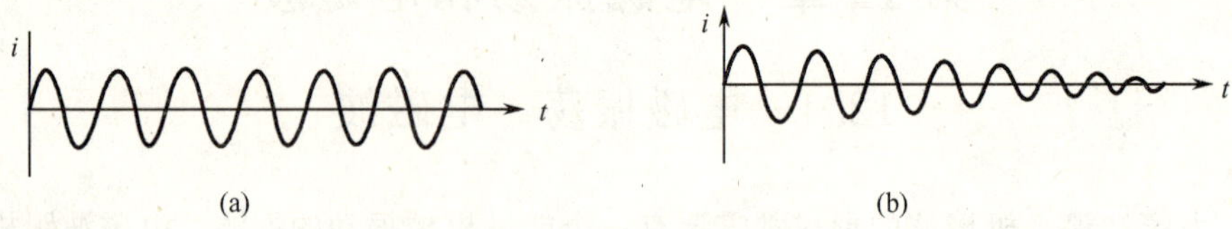

图 12.2　无阻尼振荡和阻尼振荡

如果能够适时地把能量补充到振荡电路中，用来补偿电路中的能量消耗，那么在振荡电路中也可以得到等幅振荡。

电磁振荡的周期和频率　电磁振荡完成一次周期性变化需要的时间叫做电磁振荡的周期，用 T 来表示。一秒钟内完成的周期性变化的次数叫做电磁振荡的频率，用 f 来表示。

当电磁振荡没有能量损失也不受其他外界的影响，这时电磁振荡的周期和频率叫做振荡电路的固有周期和固有频率，简称振荡电路的周期和频率。

LC 振荡回路的周期和频率跟哪些因素有关呢？

实验和理论证明，周期 T 和频率 f 跟电感器的自感系数 L 和电容器的电容 C 的关系是

$$T = 2\pi\sqrt{LC} \tag{12.1}$$

由于频率 f 跟周期 T 互为倒数，所以

$$f = \frac{1}{T} = \frac{1}{2\pi\sqrt{LC}} \tag{12.2}$$

上面两式中的 T，L，C，f 的 SI 单位分别是 s，H，F，Hz。

从上面的结果可以知道，振荡电路的固有周期和固有频率决定于电路中线圈的自感系数和电容器的电容。因此，用可变电容器和线圈组成的电路，改变电容器的电容时，就可以改变振荡电路的周期和频率。当你调整收音机的旋钮选择电台时，就是调整可变电容器的电容来得到不同的振荡频率的。

电磁波　机械振动可以产生机械波，电磁振荡可以产生电磁波。

19 世纪 60 年代，英国物理学家麦克斯韦（1831～1879）在总结前人研究电磁现象成果的基础上，建立了完整的电磁场理论。这个理论不仅全面地说明了当时已知的电磁现象，而且成功地预言了电磁波的存在。在这里我们简单地介绍一下麦克斯韦的这个理论。

麦克斯韦认为，在电磁感应现象中，变化的磁场周围的闭合回路中所以能产

生感应电流是因为变化磁场周围空间能产生电场。变化的电场周围，同样也能产生磁场。他又进一步预言，变化的电场和变化磁场是相互联系着的，形成一个不可分离的统一体，这就是电磁场。

这种变化的电场和变化磁场总是交替产生，并且由发生的区域向周围空间传播。电磁场由发生区域向远处的传播就叫做电磁波。

电磁波的传播速度和光速相同。显然，波速 v 、频率 f 和波长 λ 的关系是

$$v = f\lambda \tag{12.3}$$

无线电技术中使用的电磁波称为无线电波，波长从几毫米到几十公里，通常根据波长或频率把它分成几个波段，如表 12.1 所示。

表 12.1　无线电波波段划分表

波段	波长	频率	主要用途
长波	3000m 以上	低于 100kHz	远洋长距离通信，电报通信
中波	200m～3000m	100kHz～1500kHz	无线电广播，航海及航空定向
中短波	50m～200m	1500kH～6000kHz	无线电广播，电报通信
短波	10m～50m	6MHz～30MHz	无线电广播，电报通信
微波	1mm～10m	30MHz～300MHz	广播，电视，导航等

电磁波的传播　收音机和电视机收到的声音和图像信号，是从广播电台和电视台发射的电磁波接收来的。无线电波的传播方式有三种，分为地波、天波和空间波（图 12.3）。

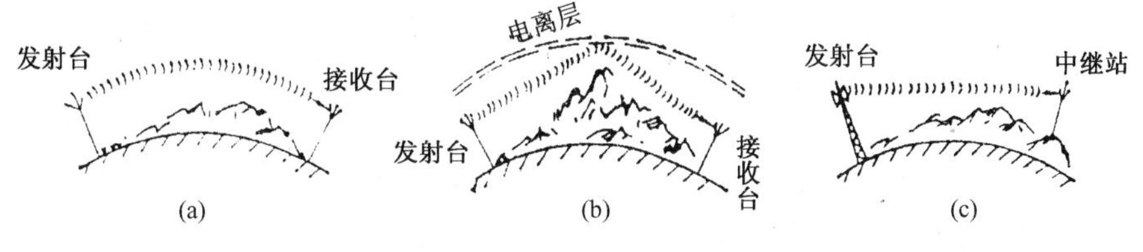

图 12.3　电磁波的传播

沿着地球表面空间进行传播的无线电波叫做地波（图 12.3(a)）。长波和中

波主要是靠地波传播的。由于地面能吸收地波的能量，所以地波的传播距离受到一定限制。目前多用于近距离中波无线电广播。

靠大气中的电离层反射返回地面接收地点的无线电波叫天波（图 12.3 (b))。短波无线电广播就是靠天波传播的。由于电离层不稳定，所以短波广播时强时弱，很不稳定。

微波（又称为超短波）能穿过大气电离层而不被反射，它可以在空间直线传播，这种沿直线传播的无线电波称为空间波（12.3 (c))。空间波的传播距离较近，一般只有几十公里，一般用于短距离的通信、电视、雷达等。如果要实现远距离微波通信，就要利用同步通信卫星和地面微波中继站来扩大它的传播范围。在地球赤道上空约 36000 公里的高空，对称地布置三颗同步通信卫星，就可以把微波信号传遍世界各地。

目前，电视转播、雷达等大都采用微波。

习题 12.1

1. ____________________________叫做电磁振荡。________________叫做振荡电路，它由__________和__________组成，其振荡频率的计算公式为______________。

2. ____________________________称为电磁波，波速、波长和频率之间的关系是______________，单位分别是____________。

3. 某振荡电路选用 290pF 的电容，要使电路能够产生频率为 520kHz 的振荡电流，则电路中应用自感系数为多大的线圈？如果这个线圈跟一个 30pF 的电容组成振荡电路，求此电路的振荡频率？

4. LC 回路中的可变电容器的电容可从 30pF 变到 15pF。要使这个回路的最低固有频率为 1000Hz，线圈的自感系数应为多大？这个回路的最高固有频率是多大？

5. 什么是电磁场？什么是电磁波？

6. 电磁波主要有哪几种传播方式？各有什么特点？

7. 从地球向月球发射电磁波，地球与月球间的距离为 3.84×10^5km，要经过多长时间才能在地球上接收到反射回来的电磁波？

8. 我国第一颗人造地球卫星采用 20.009MHz 和 19.995MHz 的频率发送无线电信号，这两种频率的电磁波的波长各是多少？

9. 我国广播电台发射的电磁波的频率范围为 535～1605Hz，波长范围是多少？

12.2 晶体管

晶体二极管　取一个电阻 R 和一个晶体二极管 D，分别接成如图 12.4（a）和（b）的电路。

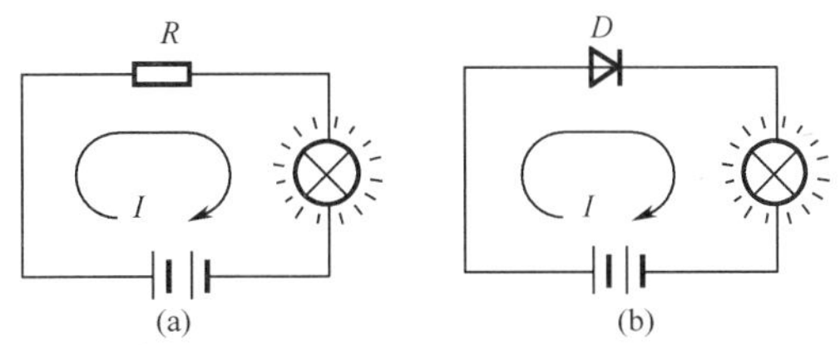

图 12.4　晶体二极管的单向导电性（正接）

可以看到，两个电路中的灯泡都同样发光。但是，我们把电池的正负极互相调换，如图 12.5 所示，就会看到，接有电阻 R 的电路中的灯泡亮度不变，而接有晶体二极管 D 的电路中的灯泡却不亮了。可见，电阻的导电性与电流的方向无关，而晶体二极管的导电性却与电流的方向有关。像图 12.4（b）那样连接叫正接，电流能通过晶体二极管，因此灯泡亮，像图 12.5（b）那样连接叫反接，电流不能通过晶体二极管，因此灯泡不亮。晶体二极管的这种特性叫做单向导电性。

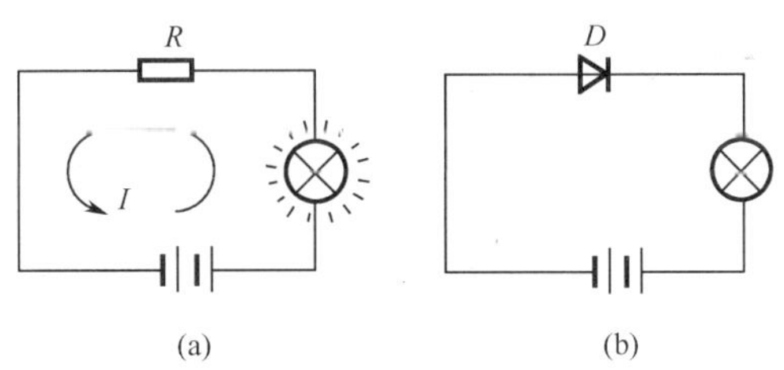

图 12.5　晶体二极管的单向导电性（反接）

晶体二极管之所以具有单向导电性，是因为晶体二极管内有一小块特殊的半导体。这块半导体一边制成 P 型，另一边制成 N 型，在 P 型和 N 型的交界处形成一个具有特殊性质的区域，叫 PN 结。

在一个 PN 结上加上两根电极引线，再装上管壳，就制成了一个晶体二极管，P 区引线是正极，N 区引线是负极，如图 12.6 所示。

晶体三极管　晶体三极管简称晶体管，它由两个 PN 结、三根电极引线和管壳构成，分为 PNP 型和 NPN 型两类。图 12.7 是 PNP 型的结构和符号，图

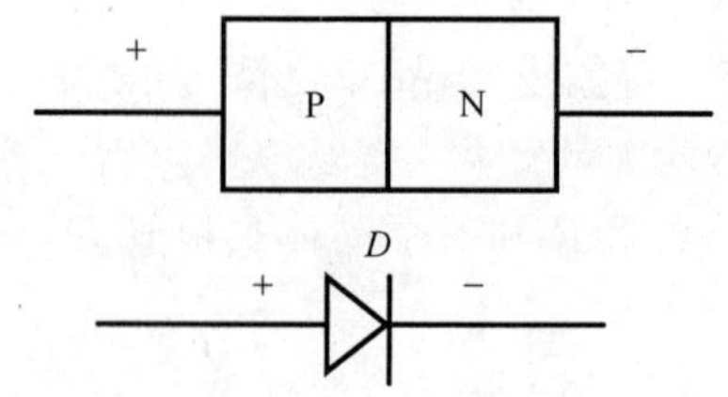

图 12.6　晶体二极管

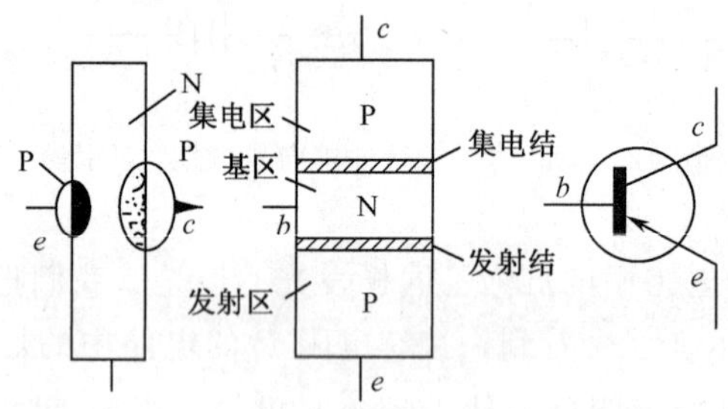

图 12.7　PNP 型晶体管的结构和符号

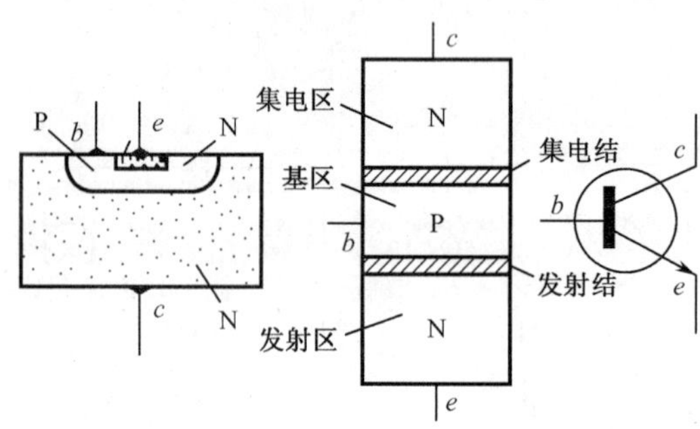

图 12.8　NPN 型晶体管的结构和符号

12.8 是 NPN 型的结构和符号。

从图可以看出，晶体管内分三个区：发射区、基区、集电区，它们各有一条电极引线，分别叫发射极 e、基极 b 和集电极 c。图中的箭头方向表示电流方向。发射区与基区之间的 PN 结叫做发射结，集电区与基区之间的 PN 结叫做集电结。由于各个区域的结构特点不同，所以晶体管并不等于两个二极管的简单组合，而有许多新的性能。最主要的是它具有放大作用。

把一个 NPN 型晶体管如图 12.9 所示连接起来，只要 R_b 取值适当，三个极都有电流流过，这些电流分别称为发射极电流 I_e，集电极电流 I_c 和基极电流 I_b。从串联在电路中的毫安计和微安计的示数可以发现，I_e 最大，I_c 略小于 I_e，I_b 最小，且比 I_e 小很多。它们之间的关系是

$$I_e = I_c + I_b \tag{12.4}$$

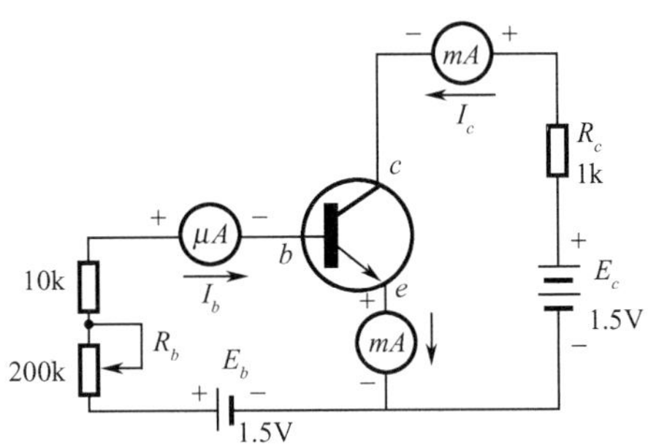

图 12.9　三极管工作原理图

我们还可以发现，I_c 受到 I_b 的控制。调整 R_b 使 I_b 变大时，I_c 也变大；I_b 变小时，I_c 也变小。而且 I_b 有微小的改变，就会引起 I_c 的很大变化，晶体管的这种作用叫做它的电流放大作用。我们把 I_c 的改变量 ΔI_c 与 I_b 的改变量 ΔI_b 之比叫晶体管的电流放大系数 β，即

$$\beta = \frac{\Delta I_c}{\Delta I_b} \tag{12.5}$$

电流放大系数表明了晶体管的放大能力，不同晶体管的 β 值不同。同一晶体管，β 值又随 I_c 的增减而有所变化。在实用上，β 值往往看成一个常数。在粗略计算时，可以认为 β 值近似等于 I_c 与 I_b 之比，即

$$\beta = \frac{I_c}{I_b} \tag{12.6}$$

习题 12.2

1. 二极管的主要功能是＿＿＿＿＿＿＿＿＿＿＿＿。

2. 三极管的主要功能是＿＿＿＿＿＿＿＿＿＿＿＿。

3. 三极管的三个极的名称分别是＿＿＿＿＿＿、＿＿＿＿＿＿、＿＿＿＿＿＿。通过三个极的电流分别用符号＿＿＿、＿＿＿、＿＿＿表示。

4. 把一个 1.5V 的干电池与二极管直接反向连接行不行？直接正接行不行？为什么？

5. 用 β 值为 60 的 NPN 型晶体管，如图 12.9 所示接入电路，若改变电阻

R_b，使 I_c 为 800μA，I_e 为 50μA，求 I_b 多大？

6. 在图 12.9 电路中如果 I_b 变化 10μA，计算 I_c 变化多少（β 值为 60）？

12.3 电磁波的接收

调谐电路 电磁波在空间传播时，如遇到导体，它就把自己的一部分能量传给导体，使导体中产生感应电流，感应电流的频率跟激起它的电磁波的频率相同，因此利用放在电磁波传播空间中的导体，就可以接收到电磁波。用来接收电磁波的导体叫做接收天线。在无线电技术中，用天线和地线组成的接收电路来接收电磁波。

世界上有许许多多无线电台，它们发射的电磁波的频率各不相同。为了接收到我们需要的电台信号，就必须从这些电台发出的各种频率的电磁波中，把我们需要的选择出来，这个过程通常叫做选台。

选台的原理是电谐振，类似力学中的共振现象，也就是设法使我们需要的电磁波在接收天线中激起最强的感应电流。使电路产生电谐振的过程叫做调谐，能够调谐的接收电路叫做调谐电路。

图 12.10 是一种常用的调谐电路。调节可变电容器的电容来改变调谐电路的频率，使它跟我们要接收的电台发出的电磁波的频率相同。由于电谐振现象，只有这个频率的电磁波才在调谐电路里激起较强的感应电流，这样，我们就可以选出需要的电台。

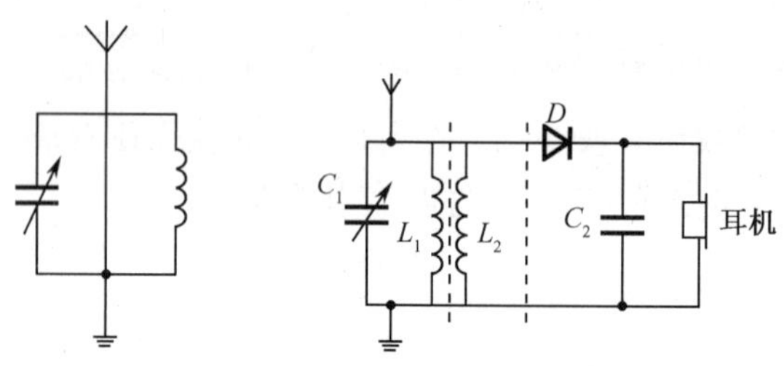

图 12.10 收音机调谐电路

在接收电路中产生的感应电流是载有信号的高频振荡电流，还不能使我们直接收听到我们需要的信号。例如在收音机或电视机中，接收到的是用声音信号调制过的高频振荡电流，使振幅按信号规律变化的叫**调幅**，一般收音机都可以接收。使频率按信号规律变化的叫**调频**，电视伴音信号就是调频信号。高频振荡电流还不能使扬声器的振动片振动发声。要听到声音，就必须把其中的高频成分清除掉，只留下声音信号电流，使扬声器的振动随声音信号振动。从高频振荡电流中“检”出声音信号电流叫做**检波**。检波装置的主要器件是二极管。在收音机中，如果想使音量增大，还需要安装放大装置，放大装置的主要器件是晶体管放大器。

图 12.11 表示收音机的接收过程。由天线和调谐电路接收到的高频调幅信号，先进行高频放大，再进行检波和低频放大，最后由扬声器发声。

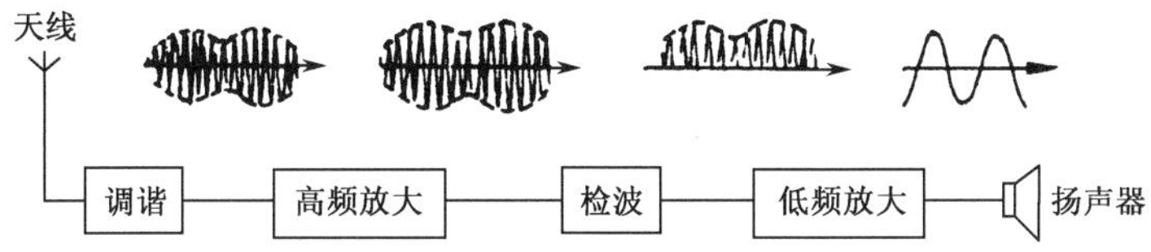

图 12.11　收音机原理图

图 12.12 是一个有两个三极管的收音机电路图。它包括调谐、高频放大、检波和低频放大四个部分。在图中已经用虚线把这四部分分开。

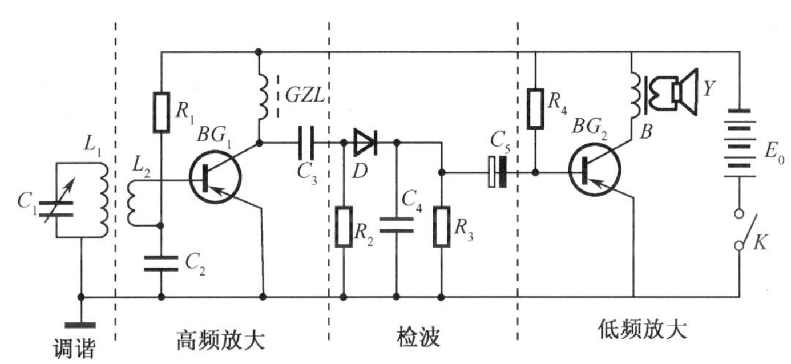

图 12.12　两管收音机电路图

习题 12.3

1. ________________称为调谐。
2. ________________叫做调谐电路。
3. 调频和调幅有什么不同？
4. 收音机一般由几大部分电路组成？
5. 二极管和三极管在收音机中分别起什么作用？

阅读材料

电磁波的应用

电磁波在现代通信、科学技术等方面的应用十分广泛。下面我们将介绍电磁波在雷达、无线传真、电视和微波炉中应用的基本原理。

图 12.13 雷达天线

雷达 雷达是利用电磁波的反射特性来探测目标位置的装置。电磁波的波长越短，反射性能越强，直线传播特性越好，因此，雷达通常使用的是波长只有 1m 的微波。

雷达有一个可以转动的天线（图 12.13），用来发射和接收电磁波。雷达天线可向某个方向发射不连续的微波，每次发射时间只有 10^{-6} s，两次发射间隔的时间约为发射时间的 100 倍。这样，发射出的微波遇到障碍物后，能在这个时间间隔内反射回来被天线接收。只要测出从发射至接收到微波所用的时间，就可确定障碍物到雷达处的距离。实际上，这个距离直接显示在雷达的荧光屏上。再根据发射微波的方向和仰角，通过电脑系统的计算，可迅速确定目标的位置和运动情况。

雷达用途极为广泛，现代雷达可探测飞机、舰艇、导弹及其他军事目标。在交通运输方面，可利用雷达为飞机、轮船导航；在气象方面，利用雷达来探测台风、雷雨、云层等。

无线传真 无线传真是利用无线电波传送文字、图表、照片、文件等图像的一种技术。它在现代通信中得到越来越广泛的应用。

图 12.14 是滚筒式光电扫描传真机的示意图。图（a）为发射部分，它的基本原理是利用光电管把图像变为电信号。图（b）为接收部分，它的基本原理是利用辉光管把电信号变为图像。

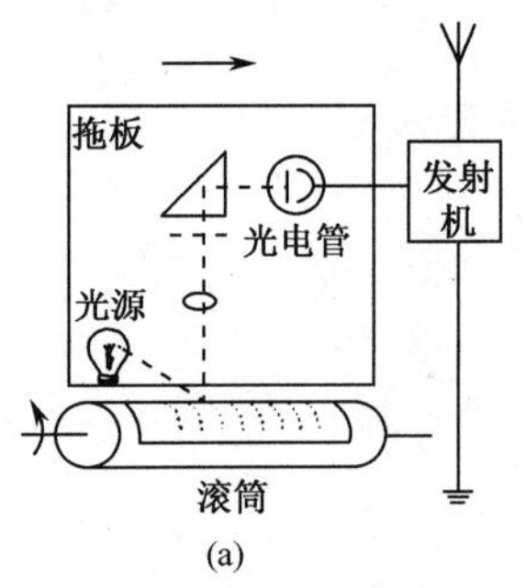

(a)

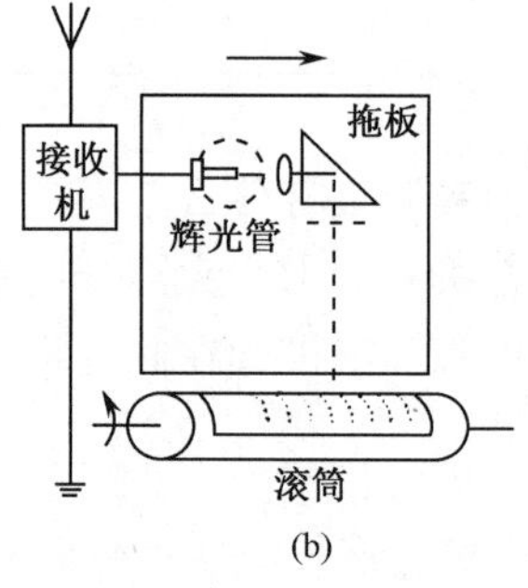

(b)

图 12.14 滚筒式光电扫描传真机

光电管可以把照射在它上面的明暗变化的光，转换成强弱变化的电流。在发射端，把需要传送的图像贴在滚筒上，在滚筒快速旋转的同时，装有光源、光学系统和光电管的拖板也沿着滚筒轴的方向缓慢移动，滚筒每转一周，从光源发出的光束就在图像上扫描一行，这样，由图像上反射出的光束就一行一行依次射入光电管。光电管根据反射光的明暗程度，将光信号转换成强弱变化的电信号，这个电信号经过发射机的加工处理后就发射出载有传真信号的无线电波。

在接收机里，把接收到的无线电波进行加工处理后，取出带有传真信号的电流输入辉光管。辉光管是一种充气管，它的发光强度随着通过的电流强弱而变化。辉光管根据接收电流的强弱程度，将电信号转换成不同明暗的光信号后，通过光学镜头会聚于滚筒上的感光纸上。由于接收端用的滚筒跟发射端相同，转动和移动的情况完全一样，于是，就按照发射端扫描的情况，使感光纸一行一行依次曝光，再经过显影、定影后，就得到与发射端一样的传真图像。

电视　传真所传送的是静止的图片，而电视则要传送活动的影像。电视的活动影像是怎样形成的呢？

在电视的发射端装有一只摄像管（图 12.15），它的作用是将景物反射的光信号转换成电信号。摄像时，摄像镜头将景物成像于摄像管的屏上，利用电子枪发出的电子束对屏上的图像进行逐点逐行扫描，将一幅图像各部分的阴暗情况逐点变成强弱不同的信号电流，这样就实现了光—电转换。我国广播电视制式规定，在$\frac{1}{25}$s 内，每幅图像要扫 625 行。将图像扫描得到的电信号与相应的伴音信号一起，经过加工处理后用天线发射出去。

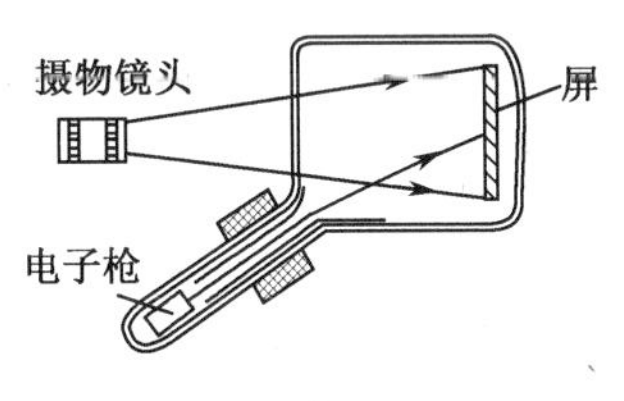

图 12.15　摄像管

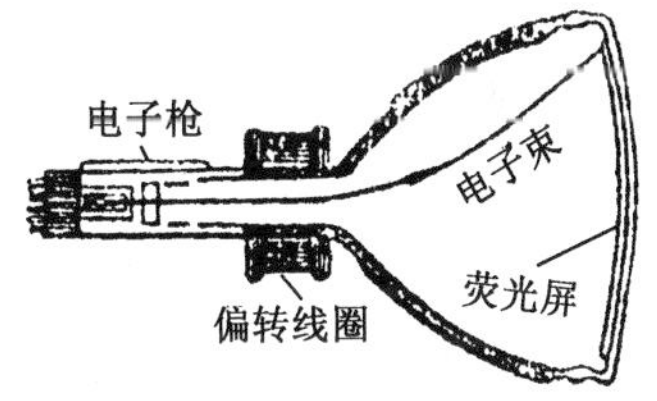

图 12.16　显像管

在电视机里，通过天线接收到载有电视信号的无线电波，经加工处理后，分别将伴音信号和图像信号输送到扬声器和显像管（图 12.16）。在显像管里，电子枪发射电子束的强弱受图像信号的控制，并按照与摄像管的电子枪相同的方式扫描。这样，电子束射到显像管的荧光屏上，实现电—光转换，显像管的荧光屏上就出现与摄像管屏上相同的图像。

摄像机每秒要传送 25 幅图片，电视机也以相同的速度显现这些图片。由于视觉暂留效应，使人们对这些更换迅速的图片产生了连续活动的影像。

电视技术从开始试验以来有了很大的发展，它能接收由卫星传送来的节目，还能接收有线电视网传送的节目。现在已经有以液晶代替显像管的悬挂式液晶电视，未来电视正朝着数字化、立体化、超薄型等方向发展。电视技术除了用于电视广播外，在工业、交通、文化教育、国防等领域都有重要的应用。

图 12.17　微波炉

微波炉　微波炉（图 12.17）的能量是由微波发生器产生的，它的核心部件是磁控管。磁控管能发出微波，微波也是一种电磁波，它有三个特点：遇到金属后反射；能穿过玻璃、塑料和类似材料；能被食物吸收。微波在微波炉内来回反射，被食物吸收后，引起食物中分子特别是水分子的振动，它可以使食物的分子每秒钟内被颠倒 300 亿至 1000 亿次，从而使分子互相碰撞、摩擦产生热量。

家用微波炉的功能有烹调、加热、解冻、烘干、消毒和杀菌作用。

工业微波炉具有加热、干燥、杀菌、烧结、萃取、膨化等功能，在食品、药品、烟草、冶金、化工、陶瓷、印染等行业都有广泛的应用和相应的专用微波炉设备。

📖阅读材料

电磁污染及其控制

随着我国电力、电信事业的不断发展，各种电气设备、家用电器等日益增多。电脑、汽车、手机等也已快速地进入家庭。但是，这些电器在工作时，都要或多或少地辐射各种波长的电磁波，我们在享用这些现代化电气产品的同时，也在不知不觉地受到电气产品产生的电磁波的干扰和污染。

电磁污染可以使金属器件碰撞打火，引起可燃气体和液体的燃烧从而引发火灾。一定强度的短波特别是微波辐射长时间反复地作用于人体，会对皮肤、肌肉、内脏等含水分较高的人体组织加热，从而引起人体组织的损伤。另外，电磁污染能使人体组织内分子原有的电磁场发生变化，导致机体生态平衡紊乱，引起中枢神经系统的机能失调，表现为头昏、记忆力衰退、疲劳乏力、失眠、视力减退等临床症状，还对人的眼睛产生不良影响，导致白内障等病变，且对孕妇、儿童的影响尤其严重。此外，电磁污染能严重干扰其他电器正常信号的传递，使电波传送混乱甚至中断，导致某些电子产品性能下降，甚至造成设备停止工作或造成误动作，发生严重事故。

电磁污染问题日益受到世界各国的重视，它与空气污染、水污染并称为世界三大污染。早在20世纪30年代，国际上就开展了所谓电磁兼容技术的研究，成立了标准化组织并制定了许多国际标准。我国也十分重视电气产品电磁兼容性工作，先后成立了全国无线电干扰标准化委员会和全国电磁兼容联合工作小组。1988年，我国制定了《电磁辐射防护规定》。目前我国已颁发有关国家标准近50个，还有许多标准正在制定之中。1997年1月，欧洲市场正式实施电磁兼容指令和低压电指令，并以这两项指令为基础全面推行电气产品CE（合格认证）标记准入市场制度。我国对从事电气产品生产的企业提出了严格的质量要求，进一步加大对电气产品电磁兼容标准实施监督与认证工作的力度，将强制实施电磁兼容国家标准以保护广大人民群众的生产、生活安全。

要减少电磁污染的危害，就要控制辐射源辐射的电磁波的强度。例如，功率强大的调频广播和电视发射机是城市主要的电磁污染源。必须合理设计，尽量减小对辐射范围内人群的危害。另外，对电磁污染可以进行吸收防护。例如，微波炉的密封条和密封圈都是用吸收微波的铁氧体材料制成的。对电磁污染还可以进行屏蔽防护。因为金属导体可以反射大部分电磁波，所以可把电磁污染源用金属网等导体屏蔽起来。例如，微波炉的不锈钢外壳和炉门视窗中的金属网对微波就产生屏蔽作用。另外，要减少电磁污染的危害，除了需要国家对有关电气产品进行严格检测外，还需要人们对电磁辐射的危害有足够的认识，一旦发现某些电气产品对其他电器产生影响，应尽量停止使用，请有关人员进行检测。有条件的还可定期自测工作和居住场所的电磁场强度。

第13章 几何光学

13.1 光的直线传播 光速 光的反射

光现象与人类有着极其密切的关系。有了光，我们才能观察世界、认识世界。有了光，我们才有可能进行正常的生活和劳动。人类对光学的研究源远流长。例如，我国古代学者墨翟在公元前400多年的《墨经》中，已经有关于光的直进、影的形成、光的反射、球面镜和平面镜成像的记载，称得上是世界上最早的光学著作。

光的直线传播 在阳光下的物体，会投下边缘较清晰的影子，当月亮运行到太阳和地球之间时，会出现日食，电影放映室小窗口射出的强光，穿过混有烟尘的空气，将呈现出笔直的亮线。这些现象都说明，在同一均匀介质中，光是沿直线传播的。

我国古代学者墨翟，在2000多年前所做过的“小孔成像”实验，也证实了上述结论的正确。

光速 最初，人们曾认为光的传播是不需要时间的。实际上，这是一种误解。光的传播也需要时间，只不过光的传播速度很大，限于当时的认识和技术水平，人们还无法通过实验来测量，以致普遍认为，光以无穷大的速度传播。

1676年，丹麦天文学家罗默首次根据天文观察计算出光速。以后，法国的菲佐、美国的迈克耳逊等人，相继成功地对光速进行了测量。

目前，世界公认的真空中光速的最可靠值是$c=2.99792458\times10^8\text{m/s}$。在一般的计算中可以认为空气中的光速跟真空中的光速相等，都可取$c=3.00\times10^8\text{m/s}$。在水中的光速为$2.25\times10^8\text{m/s}$，在玻璃中的光速为$2.00\times10^8\text{m/s}$。

光速是物理学中重要的常数之一，光速的测定在物理学的发展中起了重要作用。根据相对论的理论，世界上任何物体的速度都不可能超过真空中的光速。

光的反射 在初中物理中我们已经学习过，当光由一种介质射向另一种介质时，在两种介质的分界面上，一部分光又返回到原来的介质中的现象称为光的反射。光的反射遵从反射定律：反射光线与入射光线在同一平面里；反射光线和入射光线分居法线两侧；反射角等于入射角。

平面镜成像是光的反射最普遍的应用，我们可以根据光的反射定律用作图法作出物体在平面镜中的像。

习题 13.1

1. 在＿＿＿＿＿＿＿＿＿中，光是沿直线传播的。

2. 光在真空中的传播速度为＿＿＿＿＿。

3. 我们总是先看到闪电后才听到雷声，这是因为＿＿＿＿＿＿＿＿＿＿＿＿＿。

4. 天文学上常用光年作为长度单位，它就是光在一年里通过的距离，一光年等于＿＿＿＿＿＿km。

5. 激光器向月球发出信号，270s 后收到返回的信号，则地球与月球之间的距离为＿＿＿＿＿km。

6. 织女星距离地球约 27 光年，我们看到的织女星的光实际上是它＿＿＿＿年前发出的。

7. 试举例说明光是沿直线传播的。

8. 太阳到地球的距离为 1.5×10^{11} m，太阳光射到地球上需多长时间？

9. 你能举出几个光的反射现象的实例吗？

10. 一个发光点距离平面镜 5.0cm，请你画出它在平面镜中成像的光路图。

13.2　光的折射

折射定律　光从空气斜射到玻璃上，在界面上一部分光线发生反射，回到空气中，另一部分光线射入玻璃中，并改变了原来的传播方向。光从一种介质射入另一种介质时，传播方向发生改变的现象叫做光的折射。在图 13.1 里，入射光线与法线间的夹角 i 叫入射角，反射光线与法线间的夹角 β 叫反射角，折射光线与法线间的夹角 γ 叫折射角。

实验指出，光的折射遵循以下规律：

(1) 折射光线在入射光线和法线所在的平面上，折射光线和入射光线分居在法线的两侧。

(2) 入射角的正弦跟折射角的正弦之比值，对于给定的两种介质为一常数，即

$$\frac{\sin i}{\sin r}=\text{常数} \qquad (13.1)$$

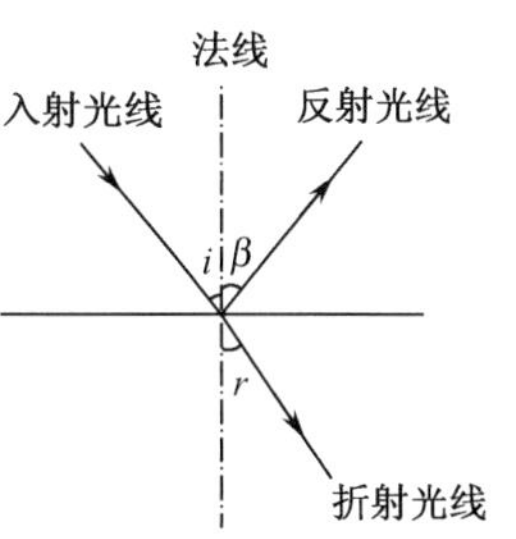

图 13.1　光的折射

值得注意的是，在折射现象中，光路也是可逆的。

折射率　光从一种介质射入另一种介质时，入射角的正弦与折射角的正弦之比值为一常数。但是对不同的介质来说，这个常数是

不同的。这个常数跟介质有关系，是一个反映介质光学性质的物理量。我们把光从真空射入某种介质时，入射角 i 的正弦与折射角 γ 的正弦的比值，称为这种介质的折射率，用 n 表示。

$$\frac{\sin i}{\sin \gamma} = n \tag{13.2}$$

理论和实验的研究都证明：某种介质的折射率，等于光在真空中的速度 c 跟光在这种介质中的速度 v 之比，即

$$n = \frac{c}{v} \tag{13.3}$$

由于光在真空中的速度 c 大于光在任何介质中的速度 v，所以任何介质的折射率都大于 1；光从真空斜射入任何介质时，入射角都大于折射角。

光在真空里的速度跟空气里的速度相差很小，可以认为光在空气里进入某种介质时的折射率就是那种介质的折射率。表 13.1 列出了几种介质的折射率。

表 13.1　几种介质的折射率

介质	折射率	介质	折射率
金刚石	2.42	岩盐	1.54
玻璃	1.5～1.9	酒精	1.36
水晶	1.54	水	1.33
二硫化碳	1.63	空气	1.00028

【例 1】　光从某种介质射入空气，测得入射角为 20°，折射角为 30°，求这种介质的折射率以及光在其中的传播速度。

解　由于光路是可逆的，所以当光从空气射入该介质时，入射角为 30°，折射角为 20°。由（13.2）式得

$$n = \frac{\sin i}{\sin \gamma} = \frac{\sin 30^\circ}{\sin 20^\circ} = \frac{0.50}{0.34} = 1.47$$

由（13.3）式得　$v = \frac{c}{n} = \frac{3.00 \times 10^8}{1.47} = 2.04 \times 10^8 \text{m/s}$

习题 13.2

1. ________________称为光的折射。
2. 折射定律是________________________________。
3. ________________称为介质的折射率，其大小等于__________，也等于__________。

4. 某介质的折射率为$\sqrt{2}$，光线由空气射入该介质，测得反射光线与折射光线的夹角为120°，求光线的入射角并画出光路图。

5. 光线从某种介质射入空气，入射角为45°，折射角为60°，求介质的折射率和光在该介质中的传播速度并画出光路图。

6. 水晶的折射率为1.54，金刚石的折射率为2.24，光从金刚石进入水晶的折射角为30°，求入射角。

13.3 全反射 光导纤维

全反射 两种介质相比较，折射率大的叫光密介质，折射率小的叫光疏介质。光密介质和光疏介质是相对的，例如水、玻璃和金刚石，三种物质相比较，玻璃对水来说是光密介质，对金刚石来说又是光疏介质。当光斜射到两种介质的界面时，通常既有反射又有折射。由折射定律可知，光线由光密介质进入光疏介质时，折射角大于入射角，入射角逐渐增大，折射角也跟着增大，而且折射光越来越弱，反射光越来越强。当入射角增大到某一角度时，折射光线完全消失，光线全部反射回原介质，这种现象叫全反射。

折射角等于90°时的入射角叫做**临界角**。光线从光密介质射入光疏介质，当入射角大于临界角时，就会发生全反射现象。

如果用α表示临界角，n表示介质的折射率，根据折射定律和临界角的定义得

$$\frac{\sin\alpha}{\sin 90^\circ}=\frac{1}{n}$$

由此可得

$$\sin\alpha=\frac{1}{n} \tag{13.4}$$

全反射现象是自然界里常见的现象。例如，水中或玻璃中的气泡，看起来特别明亮，就是因为光从水或玻璃射向气泡时，在界面发生全反射。露水珠或喷泉的水珠，在阳光照耀下格外明亮，也是因为射进水珠的光在水珠内发生全反射。最有趣的是“海市蜃楼”现象，它就是光线在密度不均匀的空气中传播时产生的全反射现象。

光导纤维 光导纤维简称光纤，是利用全反射使光线沿着弯曲的路径传播的新型光学材料。光纤是用纯度极高的石英玻璃拉制成的直径只有几微米到一百微米左右的细丝。每根纤维分为芯线和包层两层。内层芯线的折射率大于包层，光线在芯线和包层的界面上能够发生全反射。经反复的全反射，光就可以从光纤的一端几乎无损失地传至另一端。如果把许多光纤聚集成束，使其两端纤维排列的

相对位置相同，就能传递图像，如图 13.2 所示。

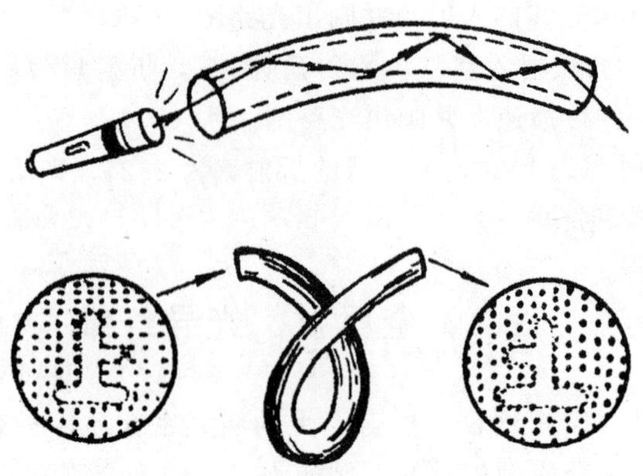

图 13.2　光导纤维传递图像

医学上用来观察人体内脏的内窥镜（如胃镜、鼻镜、肠镜等）就是用光导纤维制成的。

光导纤维在现代科学技术中有重要的应用，就像无线电技术中把信号调制到无线电波上一样，把要传递的信号调制到光波上，让光载着信号沿光导纤维传递出去，就可以实现光纤通信。光纤通信能够同时传递大量信号，对信息的传输能力很大，这是它的突出优点。一条头发丝粗细的光导纤维可以替代 25 万条标准的铜制电缆线。一条光缆同时传输两万路电话而互不干扰，可以同时传送上千套电视节目。

我国的光纤通信已进入迅速发展阶段。国内各大城市及西南、西北等边远地区都已铺设了光纤通信线路，巨大的光纤通信网络已经形成。

早在 1997 年，连接我国与英国、日本、韩国、意大利、埃及等 12 个国家的海底光缆就已经投入使用了。总长 4 万公里，由全球 92 个国际公司投资的世界上最长的国际通信海底光缆“法新欧亚三号”已于 2000 年投入使用。我国参与了这条海底光缆的投资并在上海和汕头设有登陆点。

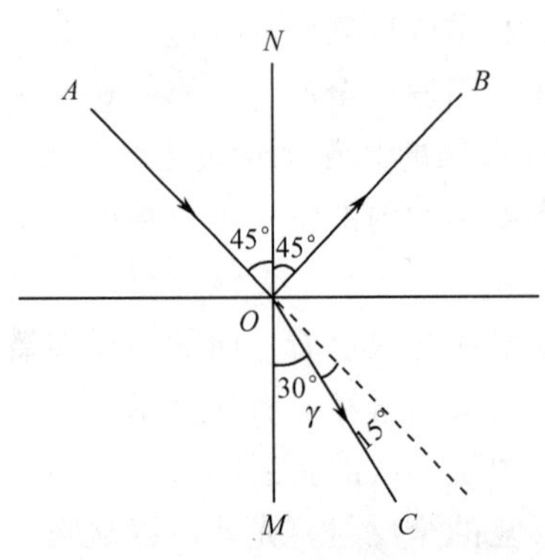

图 13.3　光的折射

【例 2】　如图 13.3 所示，一束光线从空气射入某介质，入射光线与反射光线互相垂直，折射光线与入射光线的延长线的夹角为 15°，求：

（1）此介质的折射率；

（2）光线在此介质中的传播速度；

（3）一束光线由此介质射向空气时，发生全反射的临界角。

分析　入射线与反射线垂直，即夹角 90°，根据反射定律，反射角等于入射角，所以各为 45°。由图 13.3 可知，$\gamma=45°-15°=30°$。

解　（1）$n=\dfrac{\sin i}{\sin\gamma}=\dfrac{\sin 45°}{\sin 30°}=\dfrac{\frac{\sqrt{2}}{2}}{\frac{1}{2}}=1.414$

（2）$v=\dfrac{c}{n}=\dfrac{3.0\times10^{8}}{\sqrt{2}}=2.12\times10^{8}\ \mathrm{m/s}$

（3）$\sin\alpha=\dfrac{1}{n}=\dfrac{1}{\sqrt{2}}=0.707$

查表可知临界角 $\alpha=45°$。

习题 13.3

1. 两种介质相比__________叫做光密介质，____________叫做光疏介质。
2. ______________________________________叫做全反射。
3. ________________________叫做临界角，它的大小等于____________。
4. 在什么条件下才能产生全反射？
5. 光从玻璃射入空气的临界角为 42°，有一束光线由玻璃射入空气中，入射角略小于 42°，问折射角应略小于多少度？
6. 光线从空气射入水中，要想使折射角等于 30°，入射角应为多大？
7. 分别计算水和金刚石对于空气的临界角。
8. 光线从某种介质射入空气，测得入射角为 18°，折射角为 30°，求这种物质的折射率和光在其中的传播速度。

13.4　透镜成像作图法

光学仪器中常用的棱镜是横截面为三角形的棱镜，通常简称为三棱镜。光从棱镜的一个侧面 AB 射入，从另一个侧面 AC 射出。射出的方向跟射入的方向相比，由于两次折射，明显地向着棱镜的底面偏折（图 13.4）。

透过棱镜看物体，将会看到物体的虚像，而且虚像位置向棱镜顶角偏移，见图 13.5。

横截面是等腰直角三角形的棱镜叫全反射棱镜，如果光线垂直射到 AB 面上就会沿原方向进入棱镜，以 45°的入射角射到 BC 面上。由于入射角（45°）大于

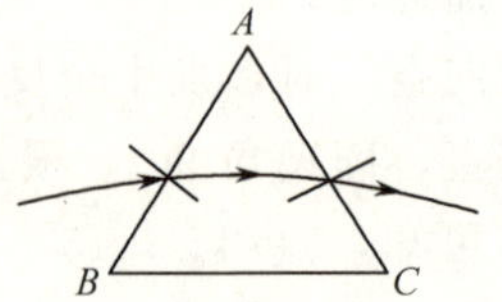

图 13.4　棱镜对光的折射

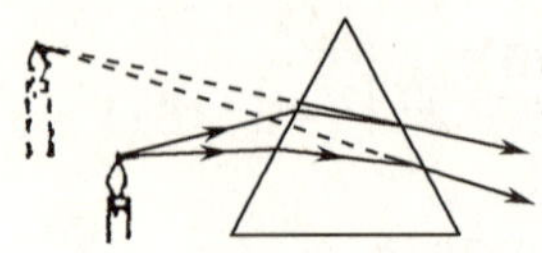

图 13.5　棱镜成的物体虚像

光从玻璃进入空气的临界角（42°），这条光线在 BC 面上发生全反射，反射光线从棱镜的另一个面 AC 垂直射出去，如图 13.6 所示。在潜望镜等光学仪器里，常用全反射棱镜来改变光的传播方向（图 13.7）。

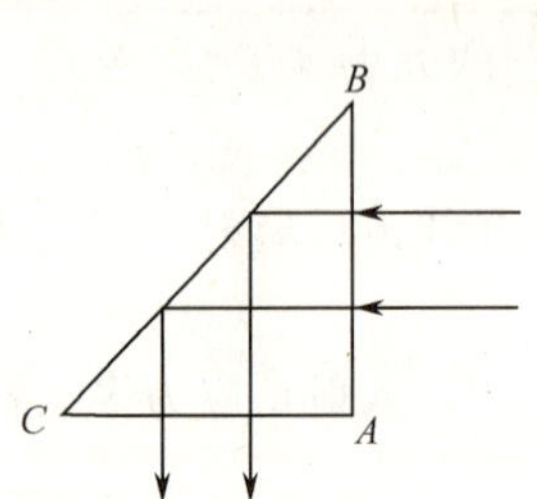

图 13.6　全反射棱镜

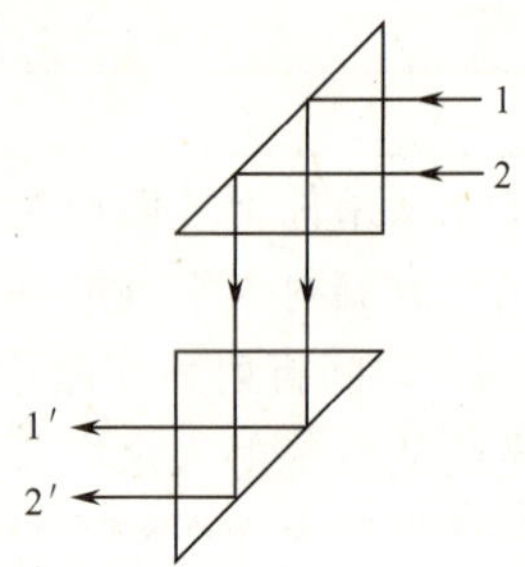

图 13.7　潜望镜的光学原理

光的色散　将一束平行白光投射到三棱镜上，经过三棱镜折射后投到光屏上，在光屏上会产生红、橙、黄、绿、蓝、靛、紫七种颜色组成的彩色光带。这种按一定顺序排列的彩色光带称为光谱。白光是复色光，它由许多单色光组成。复色光分解成单色光的现象称为色散（图 13.8）。

从光屏上的色散光谱看，由上向下红、橙、黄、绿、蓝、靛、紫七种颜色依次排列。说明各种单色光在玻璃中的折射率是不同的，紫色折射率最大，红光折射率最小。

透镜　在初中我们已经学过，两个侧面都磨成球面（或一面是球面，另一面是平面）的透明体叫做球面透镜，简称透镜。中央比边缘厚的透镜叫做凸透镜，凸透镜对光起会聚作用，又叫会聚透镜，如远视眼镜片；边缘比中央厚的透镜叫

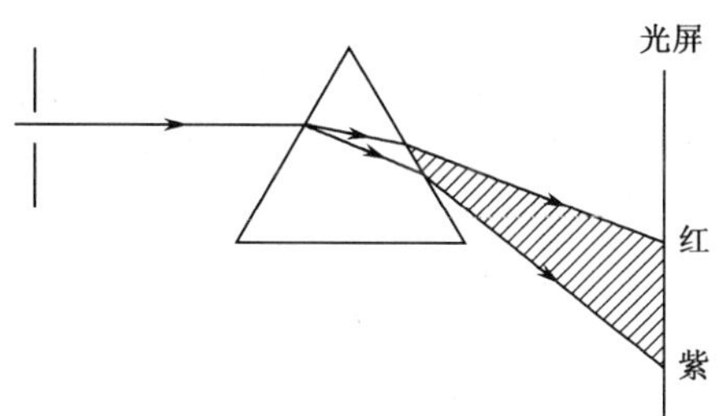

图 13.8　光的色散

做凹透镜，凹透镜对光起发散作用，又叫做发散透镜，如近视眼镜片。透镜一般是用玻璃制成的。

凸透镜可以设想为底面朝向透镜中央的许多棱镜的集合体。而凹透镜可以设想为底面朝向透镜边缘的许多棱镜的集合体。由于棱镜会使光线偏向它的底面，所以凸透镜会使光线偏向中央起会聚作用（图 13.9），所以我们常把凸透镜叫做会聚透镜。

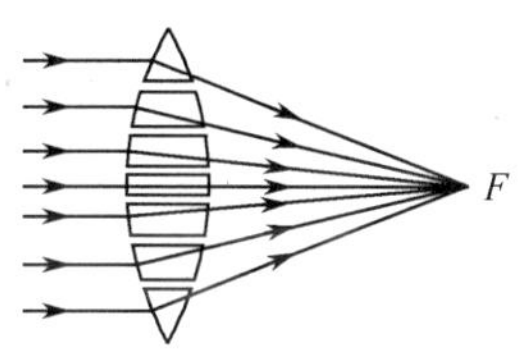

图 13.9　凸透镜的作用

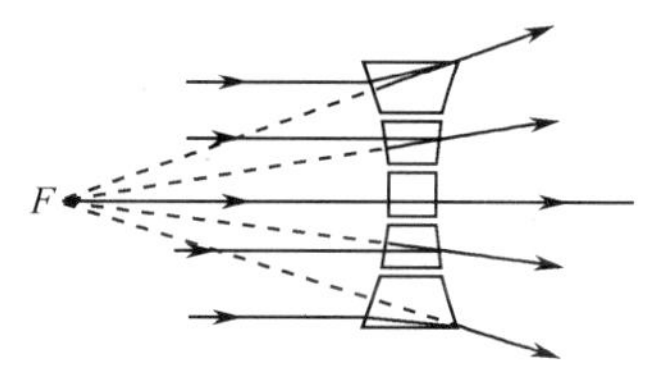

图 13.10　凹透镜的作用

凹透镜会使光线偏向边缘，对光线起发散作用（图 13.10），所以我们常把凹透镜叫做发散透镜。

透镜的光心、主轴、焦点和焦距　我们以后要研究的都是薄透镜，也就是中央部分的厚度 O_1O_2 比两个球面半径 O_1C_1 和 O_2C_2 小很多的透镜，如图 13.11。

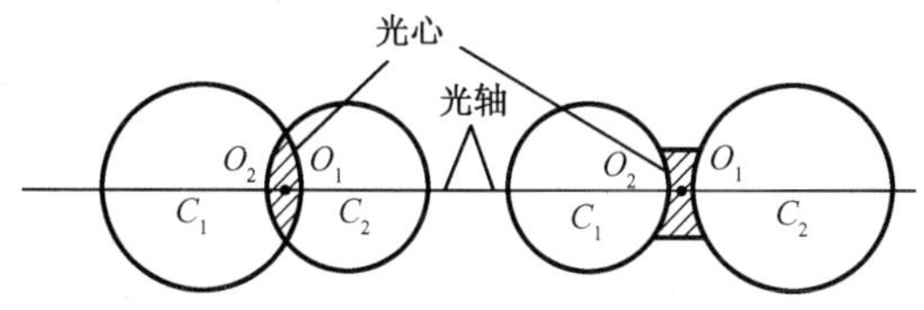

图 13.11　透镜的光轴和光心

在薄透镜里，O_1 和 O_2 两点实际上可以看成重合在一点 O 上，称为**光心**。凡通过光心的光线均不改变方向。通过两个球心 O_1O_2 的直线叫透镜的主光轴，简称**光轴**。平行于光轴的光线，经过凸透镜后会聚于光轴上的一点 F，这个点叫做透镜的**焦点**。平行于光轴的光线经过凹透镜后被发散，这些发散光线的反方向延长线也会交于一点，这个点叫做凹透镜的虚焦点。透镜的焦点与光心的距离叫**焦距**，用 f 来表示。

凸透镜成像　利用透镜可以得到发光体或被照明物体的像。物体到光心的距离叫做**物距**（u）。像到光心的距离叫**像距**（v）。现在用实验来研究透镜成像的各种情形。

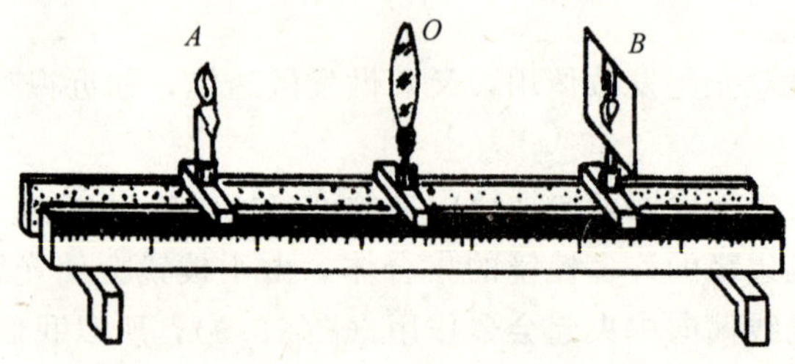

图 13.12　凸透镜成像的实验装置

在凸透镜 O 的一侧放置物体 A，另一侧放置光屏 B，如图 13.12 所示。这样的实验装置也叫光具座。

当 $u>2f$ 时，前后移动光屏到某一适当位置，在屏上就可以得到一个倒立缩小的实像。这时 $f<v<2f$，照相机就是利用这种原理来拍摄照片的。

当 $u=2f$ 时，$v=2f$，像是倒立的实像，大小跟物体相等。

当 $2f>u>f$ 时，$v>2f$，屏上得到放大倒立的实像。幻灯机、电影放映机就是利用这种原理把幻灯片、电影片上景物的像投射到屏幕上的。

当 $u=f$ 时，屏上无像。

当 $u<f$ 时，屏上无像，但我们从屏的一侧对着透镜观察时，可以看到一个和物体位于透镜同侧的、正立的、放大虚像。放大镜就是利用这种现象来观察物体的。

如果用凹透镜做实验，无论物体距透镜多远，都不能在屏上得到实像，而只能通过透镜看到物体同侧有一个正立缩小的虚像。

透镜成像作图法　透镜所成的像，可以用几何作图的方法求出来。我们常用图 13.13 所示的方法表示凸透镜和凹透镜。光源发出的无数条光线中，有三条特殊光线，它们通过凸透镜后，方向是完全确定的：

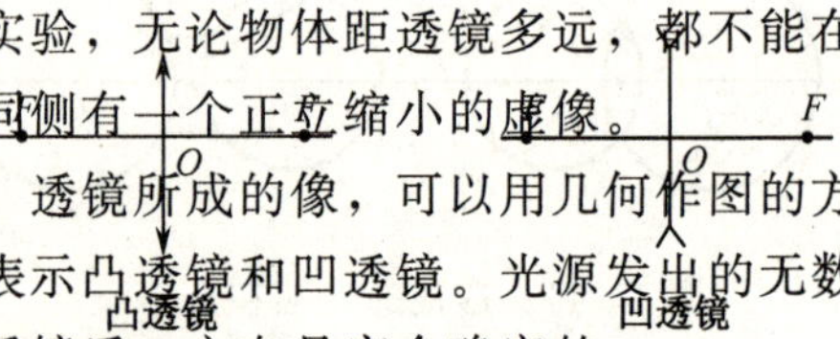

凸透镜　凹透镜

图 13.13　透镜的图示

(1) 通过光心的光线，经透镜后方向不变；

(2) 跟光轴平行的光线，经透镜后通过焦点；

(3) 通过焦点的光线，经透镜后跟光轴平行。

应用这三条光线中的任意两条，就可以作出一个发光点 S 的像 S'（图 13.14）。物体可以看做是由许许多多的点组成的，物体上每一个点都有自己的像，这些点的像合起来就是物体的像。

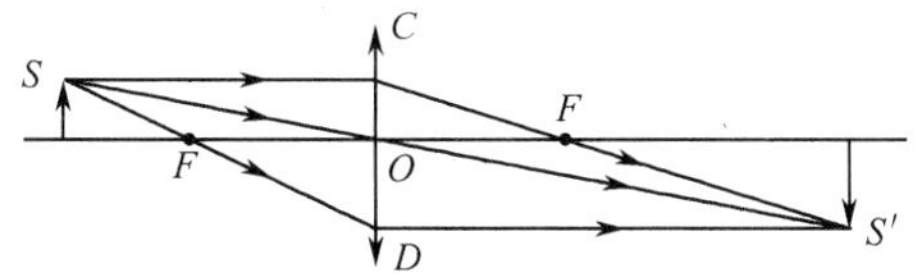

图 13.14 凸透镜成像的作图法

作图中，实际光线用带箭头的实线表示，光线的反向延长线用虚线表示，实像用实线画出，虚像用虚线画出。

用作图法可以确定像的虚实、倒正、大小和位置。概括来说，实像总是倒立的，物、像分居透镜两侧；虚像是正立的，与物体居于透镜同侧，凸透镜得到的虚像是放大的，凹透镜得到的虚像是缩小的。

【例 3】 凸透镜的焦距是 0.20m，有一物体放在距透镜 0.15m 的地方，作出它的成像光路图。如果把它换成焦距相同的凹透镜，物距不变，再作成像光路图，并比较成像有什么不同。

解 作图步骤：

(1) 先画出透镜符号，标明光心 O，按适当比例，根据已知焦距、物距，标出焦点 F、画出代表物体的 AB。

(2) 作物体端点的像，选平行于光轴和通过光心的两条光线，这两条光线通过透镜后的延长线交点 A_1，就是 A 点的像。

(3) 因物体垂直于光轴，且 B 点在光轴上，所以过 A_1 点作光轴的垂线，交光轴于 B_1，就是 B 点的像。A_1B_1 就是物体 AB 的像，如图 13.15 所示。

按照相同的步骤，可以作出凹透镜的成像图（图 13.16）。

从图中得知：凸透镜成正立、放大的虚像，像距透镜 0.30m；凹透镜成正立、缩小的虚像，像距透镜约 0.080m，物、像都在透镜同侧。

习题 13.4

1. 光的色散表明，白光是__________光，它是由许多__________光组成的，其中__________光的折射率最小，__________光的折射率最大。

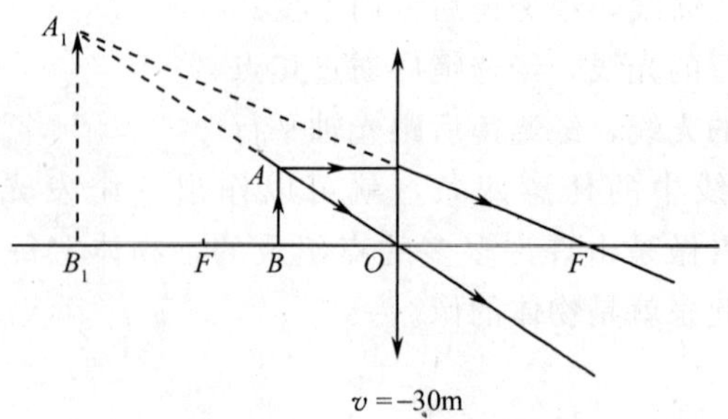

图 13.15　凸透镜成像图

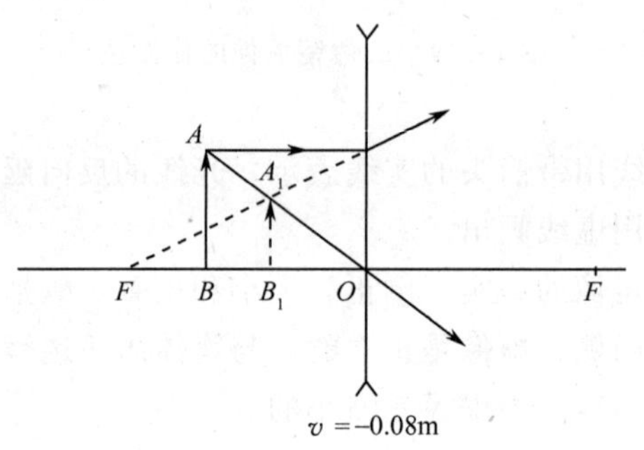

图 13.16　凹透镜成像

2. 凸透镜对光起________作用，是________透镜；凹透镜对光起________作用，是发散透镜。

3. 下列说法是否正确？

(1) 凸透镜所成的虚像总比物体大，凹透镜所成的虚像总比物体小；

(2) 实像总是正立的，虚像总是倒立的；

(3) 凹透镜所成的虚像总比物体离透镜远；

(4) 凸透镜所成的虚像总比物体离透镜近；

(5) 物体和像在透镜的两侧，像总是实像；

(6) 物体和像在透镜的同侧，像总是实像。

4. 凸透镜不能成（　　）。

(1) 放大倒立的实像

(2) 缩小倒立的实像

(3) 放大正立的虚像

(4) 缩小倒立的虚像

5. 利用点光源和凸透镜如何能得到平行光线？

6. 在光学仪器里，常用全反射棱镜来改变光线的方向，现利用全反射棱镜 a、b（图 13.17）使光线方向分别改变 90°，180°，应使入射光线从哪个面射入？画出光路图。

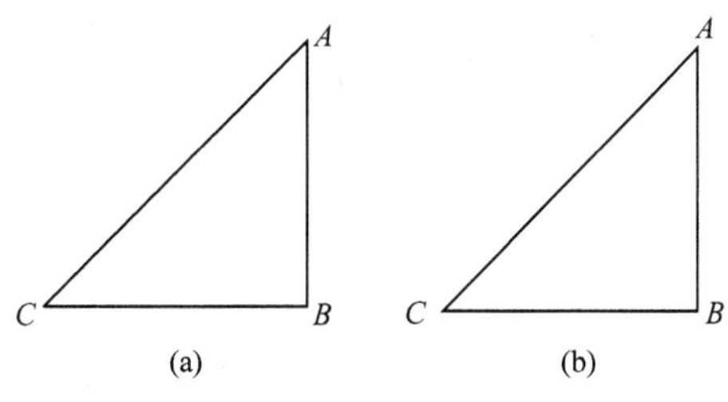

图 13.17　全反射棱镜

7. 在图 13.18 中，画出光线通过透镜后的传播方向。

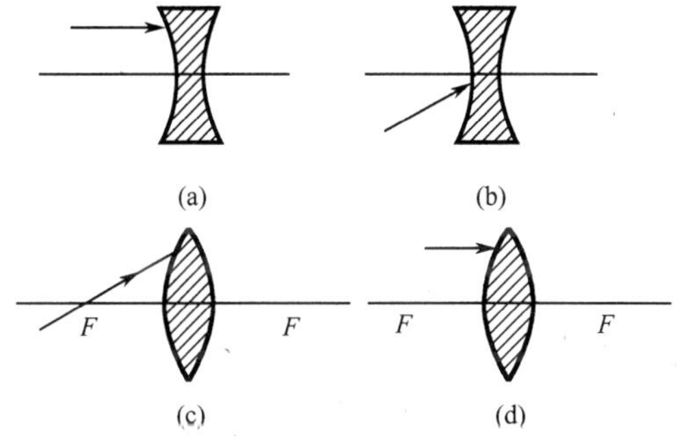

图 13.18　透镜作图

8. 在图 13.19 各小方框内填上适当的光学器件（凸透镜、凹透镜、三棱镜、全反射棱镜），并画出光路图。

9. 画出图 13.20 中光线经过透镜后的射出光线。

10. 图 13.21 中 S 是发光点，S' 是 S 经透镜后所成的像，MN 是透镜的主光轴，判定透镜的种类，并作光路图，找出光心和焦点。

11. 一个物体位于凸透镜前 0.15m，透镜的焦距为 0.10m，用作图法求出像到凸透镜的距离。

12. 一个凹透镜，它的焦距为 0.15m，用作图法求出距透镜 0.10m 的物体成像的位置。

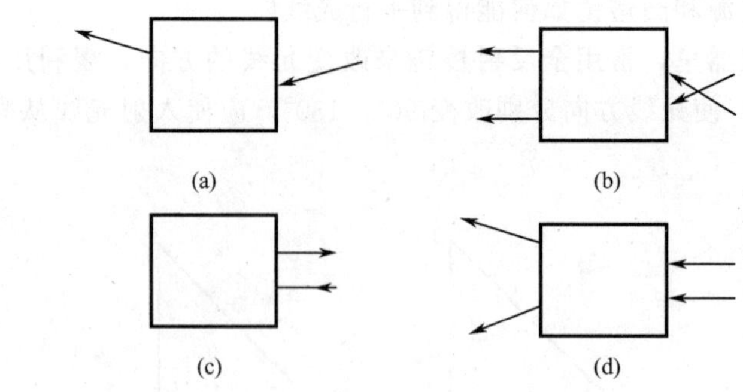

图 13.19 判断光学器件

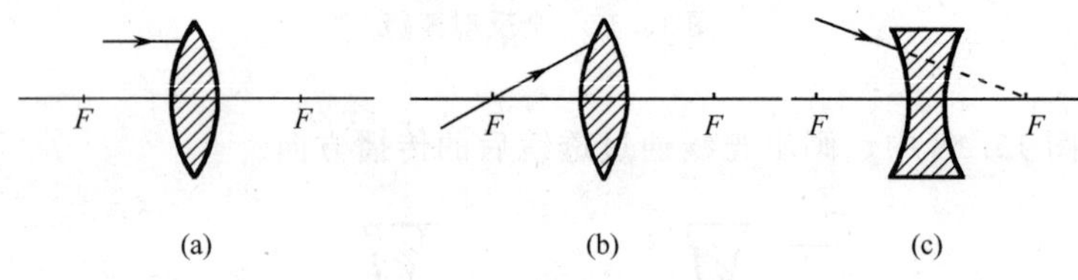

图 13.20 画光路图

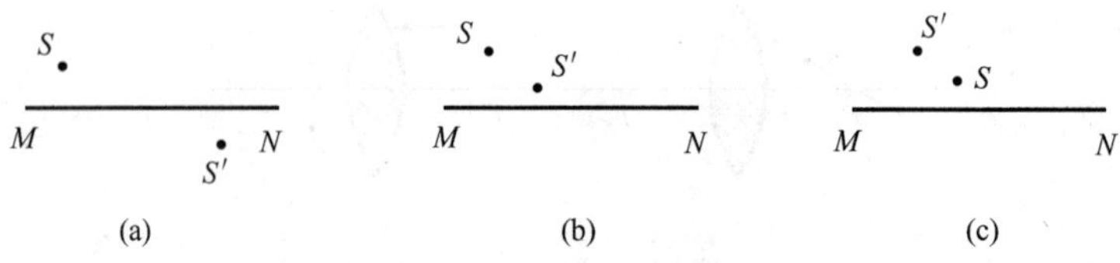

图 13.21 透镜成像作图

13.5 透镜成像的公式

透镜成像公式 透镜成像的物距、像距和焦距之间的关系，除了可以用作图法求出外，还可以用透镜公式计算出来，根据图 13.22 的几何关系，可以推导出透镜公式：

$$\frac{1}{f} = \frac{1}{u} + \frac{1}{v} \tag{13.5}$$

对凸透镜，公式里 u 和 f 是正值，实像的 v 取正值，虚像的 v 取负值；对凹透镜，公式里 u 取正值，f 取负值，v 也取负值。

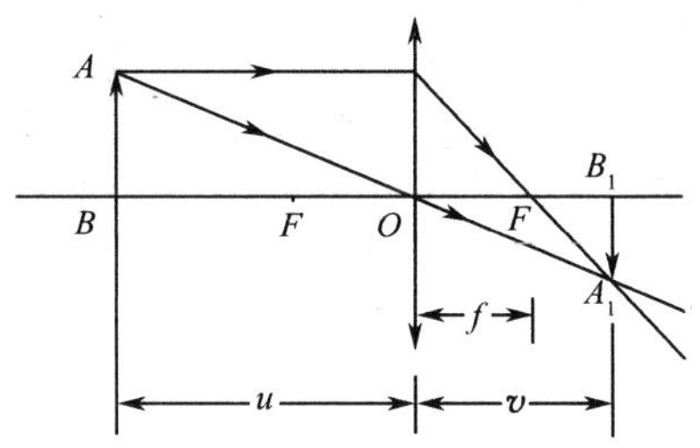

图 13.22　透镜成像公式

像的放大率　透镜成的像可以是放大的，也可以是缩小的，为了说明像的放大或缩小情况，我们把像与物的长度的比值叫做像的放大率，用 K 表示。由图 13.22 可知：

$$K=\frac{A'B'}{AB}=\frac{|v|}{u} \tag{13.6}$$

在计算时，放大率 K 始终取正值。

【例 4】　有一物体直立在凸透镜的光轴上，凸透镜的焦距为 0.040m，如果要得到一个放大 2 倍的像，求物距、像距各是多少？

解　对凸透镜，放大 2 倍的像，可能是实像，也可能是虚像，所以要分别对两种情况进行讨论。

（1）成实像，v 为正值。因为

$$K=\frac{|v|}{u}=2$$

所以 $v=2u$，代入公式 $\frac{1}{f}=\frac{1}{u}+\frac{1}{v}$，得

$$\frac{1}{u}+\frac{1}{2u}=\frac{1}{0.040}$$

解得

$$u=0.06\text{m}，v=0.12\text{m}$$

（2）成虚像，v 为负值。由公式 $\frac{1}{f}=\frac{1}{u}+\frac{1}{v}$，得

$$\frac{1}{u}-\frac{1}{2u}=\frac{1}{0.040}$$

解得

$$u=0.020\text{m}，v=-0.040\text{m}$$

通过本题的讨论可以看出，要熟悉透镜成像规律，才能正确、无遗漏地解答问题。

习题 13.5

1. 透镜成像的公式为__________，对凸透镜，3 个物理量的正负规定是________________；对凹透镜，3 个物理量的正负规定是________________________。

2. 像的放大率的计算公式是__________，也等于__________。

3. 已知一凸透镜的焦距为 0.20m，对下述两种情况，求某物体离透镜的距离：

(1) 所成之像为实像，其大小为该物体的一半；

(2) 所成之像为虚像，其大小为该物体的 2 倍。

4. 在凸透镜的主光轴上，垂直放置一物体 AB，在透镜的另一侧，得到一个大小相等的倒立实像，如果将物体 AB 向透镜移近 0.15m，在透镜同一侧得到一个放大 2 倍的正立虚像，求焦距的大小。

5. 飞机上装有供测地形用的照相机，要求飞机在 3000m 的高度飞行时，拍得地形照片的比例 R 是 1∶5000，问照相机镜头的焦距多大？

6. 高 0.050m 的物体，经发散透镜成一个高 0.025m 的像，且像与物相距 0.040m，求物距、像距和焦距。

7. 要用一个透镜在距物 0.080m 处，得到一个放大 3 倍的正立像，应选用哪种透镜？焦距多大？物距多大？像距多大？

13.6 常用光学仪器

光学仪器是由反射镜、透镜和棱镜等基本光学器件构成的，可分为两大类：一类是实像光学仪器，生成的实像投射到感光板和屏幕上，如照相机、投影机、幻灯机、电影机等，另一类是虚像光学仪器，这类仪器生成虚像，扩大人们的视觉能力，如放大镜、显微镜、望远镜等。

各种光学仪器都要与人的眼睛配合使用，人的眼球内有一个透明的晶状体，它相当于一个凸透镜。从这个凸透镜的光心 O 向物体 AB 两端所引两条直线间的夹角 ϕ，称为视角（图 13.23）。正常眼睛在合适的照明条件下，观察距眼睛 0.25m 的物体，不易感到疲劳，因此，把 0.25m 的观察距离叫做明视距离。

放大镜 放大镜是一个焦距比较短的（0.01～0.1m）左右凸透镜。使用时，把物体放在放大镜焦点以内，使物距小于焦距，通过放大镜可以看到物体放大、正立的虚像，如图 13.24 所示。

在明视距离处有一个小物体，直接用肉眼观察的视角 ϕ_1 很小，难以看清。把物体放在放大镜焦点以内，使物体放大、正立的虚像出现在明视距离时，这时

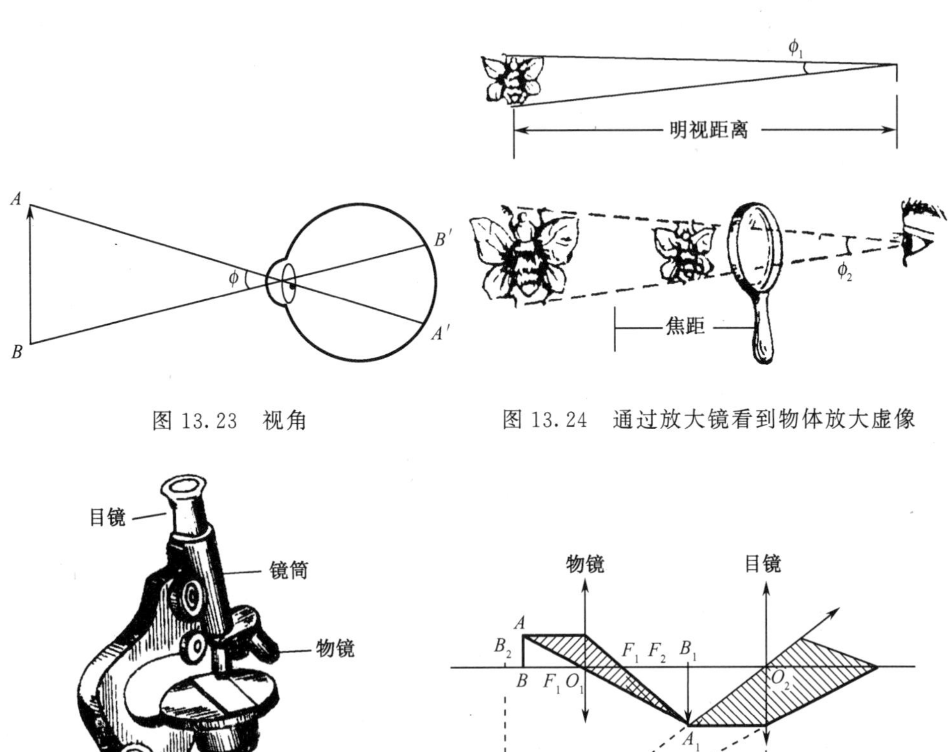

图 13.23　视角

图 13.24　通过放大镜看到物体放大虚像

图 13.25　显微镜

图 13.26　显微镜光路图

视角增大到 ϕ_2，物体被看清楚了。视角 ϕ_2 与 ϕ_1 的比值称放大镜的放大倍数，一般为 2.5～25 倍。

显微镜　放大镜的放大倍数较低，在观察微小的物体或者物体的微观结构时，就需要用放大倍数高得多的显微镜，如图 13.25。

显微镜主要是由两组透镜组成，每组透镜都相当于一个凸透镜，对着物体的一组叫物镜 O_1，它的焦距很短；对着眼睛的一组叫目镜 O_2，它的焦距较长。使用时，把物体 AB 放置在物镜焦点 F_1 以外靠近焦点的地方，如图 13.26 所示。通过物镜得到一个放大、倒立的实像 A_1B_1。它位于目镜焦点 F_2 以内，通过 O_2 又生成一个放大的虚像 A_2B_2。这样，AB 经过两次放大，并使像成在明视距离处，所以用显微镜可以看清非常微小的物体。

人眼只能看清 0.1～0.2mm 左右的细节，显微镜大大提高了人的观察能力。

很好的显微镜，可以把物体放大 2000 倍，可以观察到细胞的构造，如细胞质、细胞核、细胞膜等。但要观察更小的结构，光学显微镜就无能为力了，而电子显微镜可以看清万分之几微米的精细结构。扫描隧道显微镜的分辨率可达 0.01nm。

【例 5】 幻灯机中画片和镜头相距 0.40m 时所成的像距镜头 9.0m，现在要成像在距镜头 18m 的幕上，应怎样调节镜头？

解 由公式$\frac{1}{f}=\frac{1}{u}+\frac{1}{v}$，有

$$\frac{1}{f}=\frac{1}{0.40}+\frac{1}{9.0}$$

于是

$$f=\frac{18}{47}$$

第二次成像时由公式$\frac{1}{f}=\frac{1}{u}+\frac{1}{v}$，有

$$\frac{1}{u}+\frac{1}{18}=\frac{47}{18}$$

从上式得

$$u=0.39\text{m}$$

$$0.40-0.39=0.010\text{m}$$

即镜头应向画片移近 1.0cm。

习题 13.6

1. 火车轨道看起来越远越窄，为什么？

2. 幻灯机的镜头已调好，使画片在幕上成像，如果要使映出的画面增大些，应怎样调节？

3. 照相机镜头是什么透镜？若照相机焦距是 0.070m，镜头到底片的距离最短不能小于多少？

4. 某同学眼睛的明视距离为 0.25m，所用放大镜的焦距为 0.060m，透镜和字面间距离是多少时，才能得到清晰的像而且阅读时不易疲劳？放大倍数是多少？

5. 身高 1.6m 的人要照一张 0.040m 的全身像，照相机透镜的焦距是 0.15m，那么人应站在镜头前几米处？透镜跟感光片的距离是多少？如果照半身像，人应怎样移动？此时人应站在透镜前几米处？

阅读材料

照　相　机

照相机是日常生活和生产中常用的光学仪器之一，它主要由机身、镜头、光圈、快门、调焦装置和取景装置等几部分组成。

镜头　照相机的镜头是由几个透镜组合而成的。

镜头焦距用 f 表示，镜头边框上刻有焦距的毫米数。镜头按照焦距不同可分为标准镜头、远摄镜头和广角镜头等。镜头焦距和所用底片对角线的长度大体相等的镜头称为标准镜头。比如135相机，底片尺寸是24mm×36mm，镜头焦距在40～58mm的属于标准镜头。标准镜头约有45°的视角，它所拍的照片，其透视效果符合人们的视觉习惯，看起来比较舒服。焦距大于58mm的称为远摄镜头，用于拍摄距离远的景物，其视角小于45°。焦距小于40mm的称为广角镜头，视角在75°～110°之间，用来拍摄距离近且要求范围宽的景物。变焦距镜头的焦距可以连续变化，广泛使用于电视和电影拍摄中。

光圈　照相机的光圈是用来控制镜头通光量的装置。它安装在两组透镜之间，光圈由几片瓣状金属片组成，可以任意开大或缩小。

经过计算，到达感光底片上的光强度跟 d/f 有关，d 为光圈直径，f 为镜头焦距。由于 $d/f<1$，所以实用上取其倒数 f/d 表示光圈的大小，称为光圈数。照相机上刻有3.5，4，5.6，18，11，16，22等光圈数。光圈数越大，实际光圈直径越小，照在底片上的光强越小，像就暗些。拍照时要根据景物的明暗，适当选择光圈数。但光圈的另一个作用是调节景深，景深是指在底片上能获得清晰像的物体最远位置和最近位置间的距离。光圈数越小，景深也越小；反之，景深越大。拍照时需要远近物都清晰，就选用大光圈数（如11，16，22等），如需要突出所摄对象，就选用小光圈数（如3.5，4，5.6等）。

快门　快门是用来控制底片曝光时间的装置，它和光圈一起共同控制底片的曝光量。

各种快门分挡为1，1/2，1/5，…，1/500秒，在相机边框上简化为1，2，5，…，500。

大于1秒的拍摄可使用 T 门或 B 门。前者是手按下快门开启，再按一次关闭；后者是按下为开，手一松快门关闭。

调焦装置　调焦装置是用来调节镜头前后位置，使景物在底片上成像清晰的装置，最简单的调焦装置就是在镜头边框上刻上物距标尺，以m为单位，从1m到无限远为止，如1.3，1.7，…，10，20，∞。拍摄时，先估计景物到相机的距离，然后转动镜头，使物距标尺记号对准物距数，景物就会在底片上清晰成像。

取景装置 取景装置是用来选取景物，安排构图的装置。照相机的取景装置一般都和调焦装置在一起，取景的同时，显示出是否已完成调焦。

机身 机身式样很多，有折合式、暗箱式、拉管式等。它们的基本结构都是在镜头与底片间形成一部分遮暗了的空间，常称为暗箱，这部分空间的长度就是像距。

阅读材料

数码照相机

在摄影技术诞生至今的一个多世纪中，尽管照相机的外观和性能有了很大的变化，自动化程度越来越高，但它们仍沿用传统的摄像原理。

数码照相机也称为数字照相机。它是一种集光、机、电于一体的高科技产品，它的出现对传统的照相机是一个重大的突破。虽然数码相机也是靠取景器、光学镜头、快门摄取景物，但感光的媒介不是涂满感光剂的底片，而是用光电转换器。光电转换器通常由2048个光敏二极管组成，它可以直接将景物图像分解成密密麻麻深浅不同的像素，并把每个像素转换为电信号（一种数字信号），再作进一步的处理和存储。由于景物的影像已变成数字化信息，因此数码相机不用底片，而使用储存卡。一块储存卡内可储存多幅影像的数码信息，而且可以反复清除和储存。由于景物的影像已变成数字化信息，因此数码相机可以与计算机连通。在计算机里，可以对影像进行加工修整、编辑处理。有的数码相机还有录像功能。

数码相机的摄影过程可分为输入、处理与输出三部分。

影像的输入 对摄入的光学影像进行数字化处理是数字式摄影系统的特点，目的是为了将摄取的影像转换为可电脑处理的数字信息。数码相机本身就能对摄取的影像进行数字化，它采用光电转换器来接收和数字化处理影像信号。

影像的处理 影像处理主要是对进入计算机中的数码信息进行修整和编辑再创作。目前可采用Photoenhancer、Photoshop等软件对图像进行曝光、反差、色彩、色调、裁剪、图像缩放和翻转、拼接、合成、变形、背景交换等许多特殊技术处理。通过摄像处理可以达到与原来影像完全不同的效果。这些是传统摄影无法做到的。

影像的输出 影像的输出是指在数码摄影过程中通过某种设备来显示照片的过程。常用的显示设备有显示器、高分辨率激光或喷墨打印机。也可以在照相馆通过专用的数码胶片记录仪获取传统的彩色负片和彩色正片，或通过数码照片影像机（又称数码打印机）获取传统的彩色照片。

另外，数字影像可作为文件存储在磁盘内或刻录在光盘上，以便于保存。它还能以电子邮件形式通过互联网进行发送和传递。

目前，装有数码相机的手机已研制成功并进入市场。手机内置的数码相机有4倍变焦镜头180°全方位旋转功能以及20多光圈设置，可存储100余张照片。多屏幕显示功能可以一次浏览6个画面。这种手机支持媒体服务，人们可以随时用手机记录事件的具体细节，并通过手机方便迅速地传送出去。

第 14 章　光 的 本 性

14.1　光的波动性

光的本性问题很早就引起了人们的注意。到了 17 世纪，形成了两种学说。一种是牛顿主张的微粒说，认为光是从光源发出的物质微粒；另一种是惠更斯（1629～1695）提出的波动说，认为光是某种振动以波的形式向周围传播。由于牛顿的影响，致使微粒说在一百多年里占着主导地位，波动说到了 19 世纪才被确认。

光的干涉　1801 年英国物理学家托马斯·杨（1773～1829）让太阳光从一小孔 S 穿过，在 S 前放置一双孔屏，双孔屏的两小孔 S_1，S_2 相距很近且到 S 的距离相等。S_1 和 S_2 就成为两个频率和振动方向完全相同的波源，即相干波源。在 S_1，S_2 前的屏幕上会看到彩色的干涉条纹（图 14.1）。若用单色平行光（如红光）代替阳光，用狭缝代替小孔来做实验，会得到更清晰的明暗相间条纹（图 14.2）。

光的干涉现象，说明光具有波动性，光是一种波。当两束单色光由 S_1，S_2

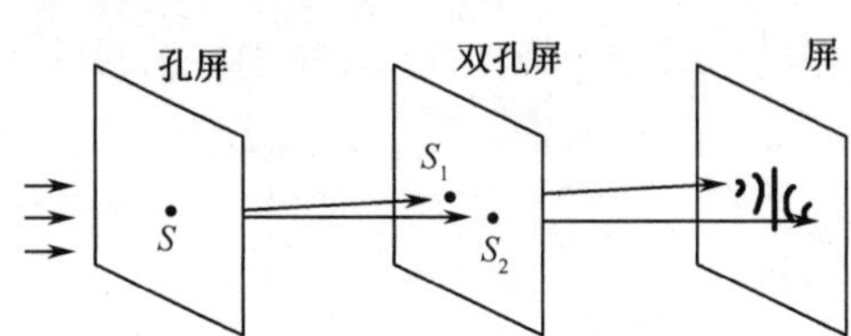

图 14.1　光的干涉试验

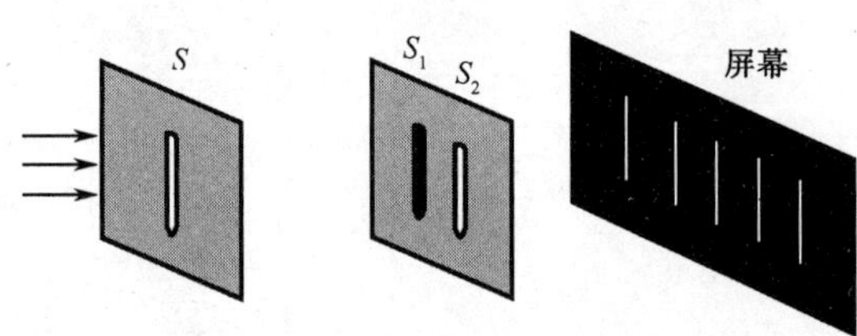

图 14.2　单色平行光的干涉实验

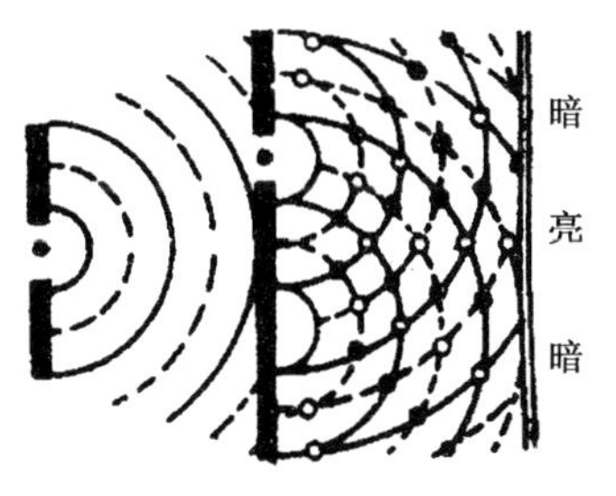

图 14.3　双缝干涉的示意图

传播到屏幕上某处叠加时，振动加强的点，成为亮点。振动减弱（或抵消）的点，成为暗点。屏幕上出现明暗相间的条纹（图 14.3）。由于太阳光是由多种单色光复合而成的，不同的单色光相干涉的位置不同，所以屏幕上出现的是彩色条纹。

由于光波波长很短，利用干涉现象测得的精度可达 10^{-6}cm，这种方法常被应用到精密测量和产品的检验中去。

光的衍射　光是一种波，应会产生衍射现象，即可以绕到障碍物后面传播。为什么我们平常看到的光却是沿直线传播的呢？这是因为光的波长很短，只有十分之几微米，通常的物体都比它大很多的缘故。

取一带有圆孔的屏，使得圆孔足够小（直径小于 0.1mm）。用单色光照射它时，光通过小孔后明显偏离了直线传播的方向，照到本来是阴影的地方。在适当的位置放一屏幕，在屏幕上就会出现清楚的明暗相间的同心圆环（图 14.4）。若用复色光代替单色光就会出现彩色圆环。

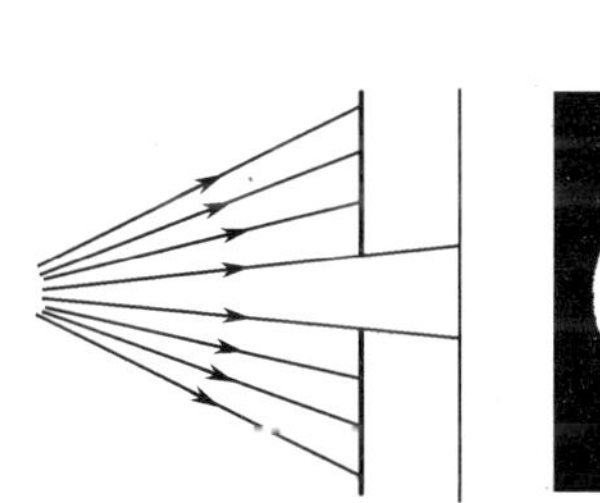

图 14.4　小孔衍射

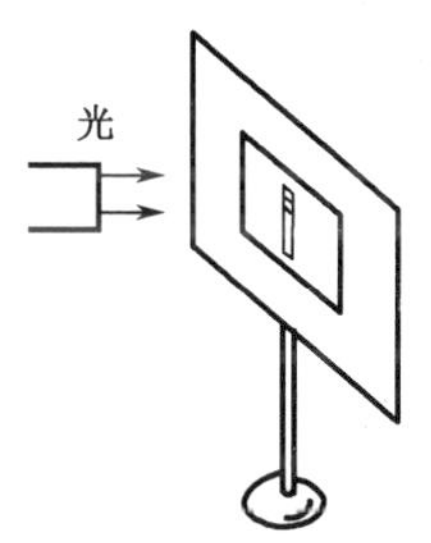

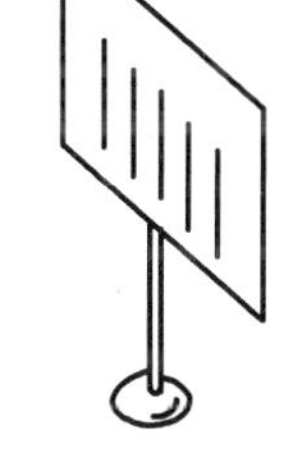

图 14.5　单缝衍射

若用狭缝代替小孔，屏幕上会出现明暗相间的衍射条纹或彩色衍射条纹（图 14.5）。

光的衍射进一步证明了光具有波动性，对推动光的波动说起了重要作用。

1818 年，当法国物理学家菲涅尔提出光的衍射理论时，著名数学家泊松根据菲涅尔的理论推算出：当光照射在很小的不透明的圆盘上时，在圆盘后面的阴影中心应该有一个亮斑。由于当时从来没有这样的实验报告，所以泊松宣称他驳倒了菲涅尔的荒谬的波动理论。但是，事隔不久，实验就证明了在圆盘后面的阴影中心果然有一个亮斑，这就是著名的泊松亮斑。光的波动理论就确切无疑地被证实了。

习题 14.1

1. ______实验给光的波动说提供了重要的实验依据。

2. 相干光源是______相同，______相同的两个光源。

3. 什么是光的干涉和衍射现象？为什么说这些现象说明了光具有波动性？

4. 为什么隔着墙能听到那边人的说话声却看不到人？

5. 透过并在一起的铅笔缝来观察阳光，你看到了什么现象？在铅笔前放一块有色玻璃，再来观察，这次看到现象跟上次有什么不同？

14.2 电磁波谱

光是一种什么性质的波呢？19 世纪 60 年代，麦克斯韦给出了清楚的回答：光是电磁波。

在电磁波这个大家族中，能够对我们眼睛引起视觉的可见光只是极小的一部分。在可见光范围以外还存在着大量的看不见的光——不可见光，如红外线、紫外线和伦琴射线等。

电磁波谱　无线电波、红外线、可见光、紫外线、伦琴射线及 γ 射线六大部分，构成了庞大的电磁波家族。为了便于比较，把它们按波长大小排列起来，就成为电磁波谱（图 14.6）。

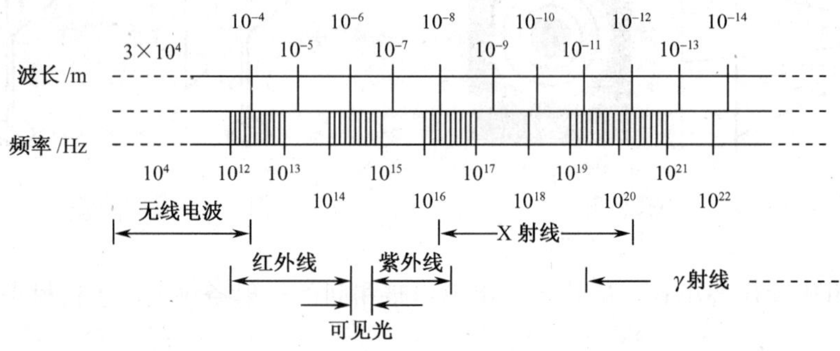

图 14.6　电磁波谱

从图中可以看出，最长的波长是最短的波长的 10^{21} 倍以上。各种电磁波的范围已衔接起来且发生了交错，可见光仅是电磁波谱中的一小部分。总的说来，从无线电波到 γ 射线，都是本质上相同的电磁波，它们的行为服从共同规律。另一方面，由于它们的波长不同而表现出不同的特性，如波长较长的无线电波，很容易表现出干涉、衍射等现象。而对波长较短的可见光、紫外线、伦琴射线、γ 射线，要观察到它们的干涉、衍射现象，就越来越困难了。

在可见光以外的各个波长区域，还存在许多不同的电磁波。它们各有特点并有特殊用途。

红外线 在大于红光波长的区域，存在着一种看不见的射线——红外线。

目前红外线已被应用到各个领域中去，发展成为一门现代技术学科。红外线最显著的作用是热作用，所以可以利用红外线来加热。红外线炉、红外线烤箱等，都是利用红外线来加热的。这种加热方法的优点是能使物体从内部发热，效率高，效果好。红外线波长比红光的还长，容易发生衍射。所以比可见光容易穿过云层或其他障碍物。利用对红外线敏感的底片，无论是白天还是漆黑的夜晚，都可以进行远距离或高空摄影。

一切物体都在不停地辐射红外线，并且不同的物体辐射的红外线的波长和强度不同，利用灵敏的红外线探测器吸收物体发出的红外线，然后用电子仪器对接收到的信号进行处理，就可以察知被探测物体的形态和性质，这种技术叫做红外线遥感。运用红外线遥感技术可以在飞机、卫星上勘测地热、寻找水源、监测森林火情、预报天气等。利用红外线望远镜、红外线跟踪导弹，可以提高军队的战斗力和防御力。随着科学技术的发展，红外线遥感技术将会有更大的发展和应用。

紫外线 在小于紫光波长的区域，也存在着看不见的射线——紫外线。一切高温物体，如太阳、弧光灯发出的光都含有紫外线，放电气体也可以激发紫外线。

紫外线的主要作用是化学作用。紫外线很容易使照相底片感光，用紫外线照相能辨别出细微差别，如留在纸上的指纹。紫外线还具有较强的荧光效应和较强的杀菌消毒作用。医院里常用紫外线来对病房和手术室消毒。适当地照射紫外线可以促进人的生理作用和治疗皮肤病、软骨病等。但太强的紫外线会伤害人的眼睛和皮肤。电焊工人作业时，穿工作服、带面罩，除防止强光直射眼睛和高温焊渣烫伤身体外，还防止电焊弧光中强烈的紫外线过多的照射。

人们把红外线、可见光和紫外线统称为光辐射。

伦琴射线 比紫外线波长还短的电磁波叫伦琴射线。德国物理学家伦琴（1845～1923）在1895年研究阴极射线的性质时，发现阴极射线的电子流射到玻璃管壁上，管壁会发出一种使包在黑纸里的照相底片感光的看不见的射线。伦琴当时也不知道它是什么射线，把它叫做X射线。伦琴也因此成为第一个获得诺贝尔物理学奖的人，后来人们做了大量的实验，发现高速电子流射到任何物体上，都会产生这种射线。为了纪念伦琴，就把这种射线叫做伦琴射线。

伦琴射线具有很强的穿透本领，当然穿透本领也跟物质的密度有关，在工业上可以利用它来检查金属部件有没有砂眼、裂纹等缺陷。在医学上可以用来透视人体，检查体内病变或骨折的情况。车站、码头、机场等用以检查集装箱、行李包裹的X射线检测装置，从荧光屏上可直接看出其中是否携带违禁物品。

此外，还有比伦琴射线更短的电磁波，那就是放射性元素放出的γ射线。

习题 14.2

1. 红外线最显著作用是什么？红外线在哪些方面有重要应用？
2. 紫外线主要作用是什么？
3. 伦琴射线最主要的性质是什么？这一性质在工业上、医学上有哪些应用？
4. 电磁波谱是哪几大部分组成的？
5. 对于同一个障碍物来说，电磁波中的哪一部分最容易产生衍射，为什么？

14.3 光电效应

光电效应 光被证明是电磁波后，光的波动理论发展到相当完善的地步。但是，还在赫兹用实验证实光是一种电磁波的时候，就已经发现了后来叫做光电效应的现象，这个现象使光的波动理论遇到了无法克服的困难。20世纪初，人们在新的实验事实的基础上建立了关于光的新的学说——光子说，对光的本性的认识又前进了一步。

如图14.7所示，用紫外线照射与验电器相连的不带电的锌板时，验电器的金属铂张开一定角度。这表明用紫外线照射锌板时，电子会从锌板表面发射出来，使锌板带了正电。我们把物体在光的照射下发射电子的现象叫做光电效应，所发射的电子叫做光电子。

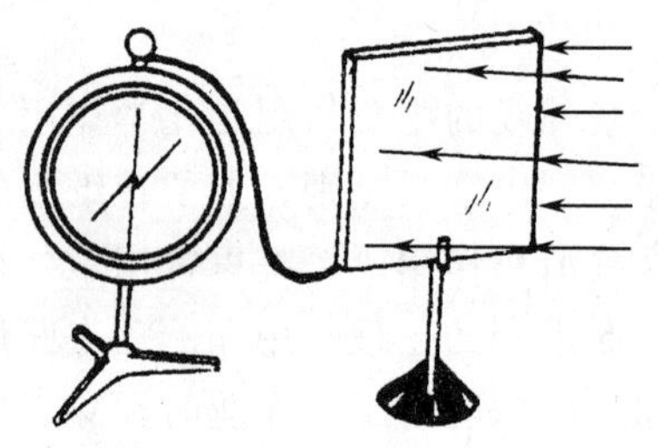

图14.7 光电效应

后来，人们对光电效应进行了更深入的研究，发现所有金属在光的照射下都可以发生光电效应现象，所有光电效应现象都服从如下规律：

(1) 任何金属，只有高于某一频率 ν_0 的光才能引起光电效应，这个频率叫做截止频率，不同金属的截止频率不同。如锌的截止频率为 8.065×10^{14} Hz，用可见光无法使它发生光电效应，而用紫外线照射锌板就可以产生光电效应。表14.1列出了几种金属的极限频率 ν_0 及其在真空中的波长 λ_0 的数值。

(2) 光电子具有的初动能与入射光的强度无关，只随入射光的频率增大而增大。

表 14.1　几种金属的极限频率 ν_0 及其在真空中的波长 λ_0 的数值

金属	铯	钠	锌	银	铂
波长 $\lambda_0/\mu m$	0.6600	0.5000	0.3720	0.2600	0.1962
频率 ν_0/Hz	4.545×10^{14}	6.000×10^{14}	8.065×10^{14}	11.53×10^{14}	15.29×10^{14}

（3）光一照射到金属上，光电子几乎立即发射出来，延迟时间不超过 10^{-9} s，光电效应具有瞬时性。

（4）光电子的定向移动而形成的电流叫做光电流。光电流的大小跟入射光的强度成正比。

光电效应规律与光的波动理论发生着尖锐的矛盾。按照波动理论，光的能量是由光的强度决定的，而光的强度又是由光的振幅决定的，与频率无关。因此，不论光的频率如何，只要光的强度足够大或照射时间足够长，都应该有足够的能量产生光电效应；光的能量分散在被照的金属的大量原子上，一个电子要吸收足够的能量必须经历一段时间，才能从金属表面逸出。这一些推论，与光电效应的现象恰恰相反。光的波动理论无法解释光电效应。

光子说　1905 年爱因斯坦（1879～1955）在普朗克（1858～1947）的量子论的基础上，提出了他的光子说：光是由大量以光速运动的粒子组成的粒子流，这些粒子叫做光子。每一个光子都具有一定的能量，光的频率越高，光子的能量越大，对于频率为 ν 的光，光子具有能量为

$$E = h\nu \tag{14.1}$$

式中，h 称为普朗克常量，实验测出 $h=6.626\times10^{-34}$ J·s 。从式子看出，不论光强或弱，频率为 ν 的光的能量都是 $h\nu$ 整数倍，$h\nu$ 是这种光的能量最小单元，这种情况叫做光的能量的量子化。显然，对于某一频率的光，光子的数目越多，光的强度就越大。

电子要从金属表面逸出，必须克服金属中原子核对它的引力作功，这个功就叫做逸出功 W。不同的金属，逸出功不一样。光照射在金属表面时，电子吸收一个光子，便获得加的能量。这份能量若大于逸出功，电子就能逸出金属表面，并获得初动能 $\frac{1}{2}mv^2$。爱因斯坦根据能量守恒定律，提出如下方程——爱因斯坦方程：

$$h\nu = W + \frac{1}{2}mv^2 \tag{14.2}$$

爱因斯坦的光子说和方程式，圆满地解释了光电效应：

（1）只有 $h\nu \geqslant W$ 时，才能发生光电效应，所以才会有截止频率（$\nu_0=W/h$）；

（2）电子的初动能与入射光频率有关，而与光强度无关；

(3) 由于光子能量是一次性地被电子吸收，不需要能量的积累时间，光电效应具有瞬时性；

(4) 光强度增加，也就使逸出的光电子数目增加，也就解释了光电流与入射光强度成正比的现象。

光电管 光电管是利用光电效应制成的光电元件，它主要是由封闭在球形玻璃泡内的阴极（K）和阳极（A）组成的（图 14.8）。泡内抽成真空或充入特定气体，泡中心的阳极用金属小球或小环制成。泡的半球面内镀有金属或金属氧化物以作为阴极，它的截止频率较低，在可见光照射下就会产生光电效应。

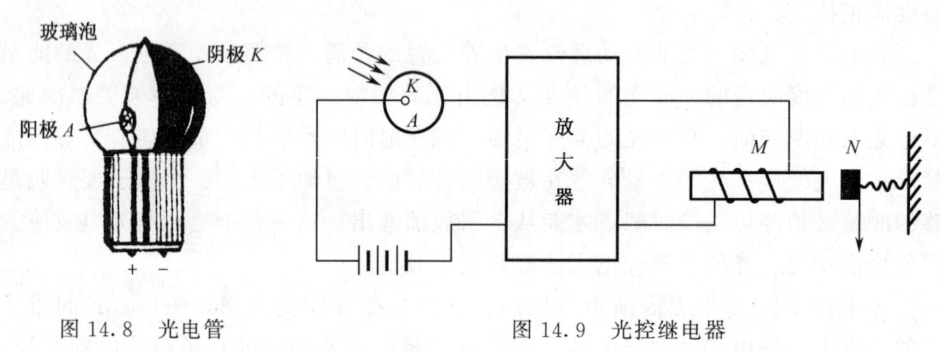

图 14.8 光电管　　图 14.9 光控继电器

把光电管接到光控继电器的线路中（图 14.9），当光照射在阴极时，阴极发射电子，被阳极吸收，在电路中形成电流——光电流。这个电流被放大器放大后，使电磁铁 M 吸引衔铁 N。没有光线照射时电路中没有电流，衔铁又松开了。把 N 与控制机构相接，可以进行自动计数、自动报警、自动跟踪等。这种自动控制装置灵敏迅速，被广泛应用于工业、国防和科研中，光电管可以把光信号转变为电信号，所以它还被应用于有声电影和无线电传真等技术装置上。例如，电影胶片一边，就印有按电影伴音变化的光信号（黑色的波浪曲线）。在电影放映时，放映机内的光电管就可以把这个光信号转换成声音电信号而放出电影伴音来。

习题 14.3

1. 什么叫光电效应？光电效应说明了什么？

2. 什么叫光子？光子的能量与哪些因素有关？

3. 爱因斯坦对光电效应的实验规律是怎样解释的？写出爱因斯坦光电效应方程式。

4. 光电管的构造和工作原理如何？

5. 已知黄光频率是 5.1×10^{14} Hz，使电子脱离金属钨的表面所作做的功是

7.2×10^{-19} J。现用黄光照射钨时，能否发生光电效应？

6. 试求波长为 6.00×10^{-7} m 的橙光的光子能量。

7. 用波长为 4.0×10^{-7} m 的紫光照射铯时，电子的最大初动能是多少？

阅读材料

物理学家 爱因斯坦

1879 年 3 月 14 日，爱因斯坦出生在德国古城乌耳姆的一个犹太人家庭。他 3 岁才开始讲话，在学校里，一些老师认为他是个反应迟钝、长大不会有出息的孩子。1894 年，他由于思维活跃，但不适应管理上呆板的中学教育体制而受到退学处分。他曾用下面的话来表达他以概念和图像来思维的终身习惯：“我几乎一点儿也不用语言来思维，思维涌上来，而后我也许试着用语言来表达。”

1905 年，26 岁的爱因斯坦在远离学术中心又无名师指导的伯尔尼专利局发表了 5 篇论文。在论文《关于光的产生和转化的一个启发性观点》中，他提出了光子的假设，并用以他的名字命名的爱因斯坦方程 $h\nu=W+\frac{1}{2}mv^2$，圆满解释了光电效应，因而获得了 1921 年的诺贝尔物理学奖。

也是在这一年，爱因斯坦发表了关于狭义相对论的论文《论动体的电动力学》。它深刻揭示了时间和空间的辩证关系，从本质上改变了牛顿力学的时空观，使力学研究产生了根本性的飞跃。

1916 年，爱因斯坦发表了重要论文《广义相对论的基础》，这是关于广义相对论的第一篇完整的论文。他在论文中提出的观点，得到了实验观测的证实。此外，爱因斯坦在物理的其他领域中，也有许多突出的成果。

爱因斯坦在科学发展中的贡献，得到了全世界科学界的一致肯定，获得了很高的荣誉。正如法国物理学家朗之万所说：“在我们这一代物理学史中，爱因斯坦的地位将在最前列。他现在是并且将来也是人类宇宙中有头等光辉的一颗巨星。”

1955 年 4 月 18 日，爱因斯坦病逝于普林斯顿。他那谦虚、纯朴的高尚品德，以及坚韧不拔地不断探索未知真理的精神，永为后人所敬仰。

14.4 光的波粒二象性

光的干涉、衍射现象表明了光具有波动性，而光电效应又证实了光具有粒子性。光既有波动性，又具有粒子性，称为光的波粒二象性。

在宏观现象中，波动性和粒子性是对立的、矛盾的。对于宏观物体来说，波粒二象性是不可想像的。但是对于光子等这样的微观粒子，却只有从波粒二象性出发，才能说明光的行为。光在传播过程中，它的波动性表现得比较显著，因而产生干涉、衍射等现象；而在光的辐射、吸收、光与物质相互作用过程中，光的粒子性表现得比较显著，因而产生光电效应。

在光具有波粒二象性启发下，法国物理学家德布罗意在 1924 年提出一个假设，认为波粒二象性不只是光子才有，一切微观粒子，如电子、质子和中子都具有波粒二象性。波粒二象性是一切微观粒子运动的基本特征。

我们对光的认识虽已逐渐深入，并且已初步接触到一些微观世界的特殊规律，但是关于光的本性的进一步认识还处在发展的过程中。完善、统一的关于光的本性的学说，随着科学的发展和人的认识能力的提高，必将更深刻地为人们所掌握。

习题 14.4

1. 什么叫光的波粒二象性？
2. 怎样正确理解光的波粒二象性？
3. 为什么光的波动性和粒子性都容易被观察到而其他电磁波只有波动性容易被观察到？

阅读材料

传　感　器

传感器概述　人是通过眼（视觉）、耳（听觉）、鼻（嗅觉）、舌（味觉）、身（触觉）五种器官而感知与接收外界信号，并将这些信号传送给大脑而感知外界事物与信息。大脑外理信息后，将执行命令传给肌肉以指挥人的行为。人的五官就是人类传递与感知外界信息的器官，是一种高级特殊的传感器。人类在认识和改造自然中认识到仅靠天然的五官获取信息还不够，便不断创造劳动工具，创造发明了能代替并补充、扩展五官功能的仪器——传感器，如 X 光机，微音器、温度计、光电探测器、雷达等仪器。

现代高新技术，特别是能模拟人的大脑某些功能的计算机技术的迅速发展，极大地推动了能模拟五官功能的传感器技术的发展，而传感器技术直接影响着自动化技术的发展。因此，许多发达的国家把传感器技术的发展放在现代高技术的关键位置。20 世纪 80 年代日本就将传感技术列为该国优先发展的十大技术之首，美国认为 20 世纪 80 年代是传感器的时代。各种高技术的智能武器、机器及家用电器的水平高低的分界就在于传感器的数量与水平不同。一架现代波音飞机的传感器竟达千只以上。“阿波罗 10”的运载火箭部分，用于检测运行中的加速度、声学参量、温度、压力、振动、流量及应变等动力学与环境参量的变化的传感器多达 2077 个；宇宙飞船部分的传感器达 1218 个。传感器是智能化高技术的前驱和标志，有其独特重要的地位。

传感器的组成与分类 传感器一般是由敏感元件、转换元件和其他辅助元件组成。有时将信号调节与转换电路及辅助电源做为传感器的组成部分。

敏感元件 直接感受被测量（一般为非电量），并输出与被测量成确定关系的其他量（一般为电量）的元件。如应变式压力传感器的弹性膜片就是敏感元件，它的作用是将压力转换成膜片的变形。

转换元件 又称变换器，一般情况下它不直接感受被测量，而是将敏感元件输出的量转换为电量输出的元件。如应变式压力传感器的应变片，它的作用是将弹性膜片的变形转换为电阻的变化。

信号调节与转换电路 一般是指能把传感元件输出的电信号转换为便于显示、记录、处理和控制的有用的电信号的电路。信号调节与转换的电路选择要视传感元件的类型而定，常用电路有弱信号放大器、电桥、振荡器、阻抗器等。

对传感器的分类方法很多，可以从不同特点来分，有的传感器可以同时测量多种参数，而对同一物理量又可用多种不同类型的传感器来进行测量。因此同一传感器可以分为不同类，有不同的名称。

(1) 将外界输入信号变换为电信号时采用的效应分类，有物理传感器、化学传感器、生物传感器，按将外界输入信号变换为电信号时采用的效应分类，有物理传感器、化学传感器、生物传感器。

(2) 按输入量分类（是厂家和用户常用的方法），即按被测量分类，有位移、速度、加速度、角位移、角速度、力、力矩、压力、真空度、温度、电流、射线、气体成分、浓度等传感器。

(3) 按传感器工作原理分类，有应变式、电容式、电阻式、电感式、压电式、热电式、与赫十涉仪式、光敏、热释电式、光电式等传感器。

(4) 按输出信号分类，有模拟式传感器（输出为模拟量），数字式传感器（输出为数字量）。

现代传感器的概念和内容与经典传感器相比，尽管有了较大的发展，但是，将被测量按一定规律转换为可用信号（一般是电信号）这一基本功能并未改变。过去的传感器往往是简单的敏感元件或变换元件，如一个热敏电阻，一只光电管，它们就能直接将被测量转换为电信号。随着现代科学技术的迅速发展，对客观世界认识的深入，对于某些深层次的待测量，如微形变、超细微粒、微量的气体成分，运动目标的三维坐标，动态温度等，若用单一的传感器不能将直接的被测量转换成可用的或可定量的量，而必须对信号经过一系列的变换，微弱信号放大，消除各种噪声干扰才能得到可用信号。因此我们常把完成从获取被测信号到输出可用信号这一整个系统称作为传感器（系统）。一台专用的精密测试仪器，就是一个传感器系统，尽管系统的结构复杂多样，但在功能上都是一种将被测量转换成可用信号的装置，如一台雷达，一台激光多普勒测速仪，一台微位移电子散斑仪，都是专用的传感器。如用于自主式车辆作视觉导引的视觉三维传感器就是一台结构复杂光、机、电、算多种高技术合一的三维激光成像雷达系统。

在经典电磁传感器的发展阶段，为了解决机械工程中各种力学量如位移、速度、加速度、力和热工程中的热力学量如压力、温度、体积等的精确测量，发展了以经典电磁学为理论基础的传感器，把不便于定量检测和处理的力学量转换成易于定量测试、便于作信息传输与处理的电学量，所以经典传感器基本上是以电磁学原理及物理定律为基础，研制成电阻式、电容式、电磁感应式等类传感器。

在半导体传感器的发展阶段，传感器技术跃上一个新的台阶。半导体材料与工艺不仅使经典传感器面目一新，而且发展了许多基于半导体材料的热电、光电特性的新型传感器。如各种红外、光电器件（探测器）、热电器件（如热电偶）等。这些器件在不同应用条件下可作为敏感器件，也可作为变换器件。因此半导体材料与工艺的进展，也引起了传感技术的一场革命，它承前启后地使传感技术由以电磁原理为基础的经典传感器发展到以热电、光电效应为基础的现代传感器阶段，使测试技术由接触测量向非接触测量发展，跃上一个新的台阶。

半导体光热探测器，不仅本身就是一种新的敏感或变换器件，即传感器，而且它带动了以光（红外光及可见光等）束（波）为信息载体、具有非接触和遥测特点，具有高灵敏度高精度的传感器的发展，即现代光学传感器。光学传感器是指敏感由红外到紫外的光能量，并将光能量转换成电信号的器件。在现代科学技术领域中，通常把以光为媒质的各种光电器件也视为光传感器，如红外传感器、激光传感器、光纤传感器及其他束射传感器等，形成现代传感器技术与学科。

第 15 章　原子和原子核

15.1　原子的核式结构

19 世纪以来，迅速发展的物理学有许多重大发现，诸如光电效应、阴极射线和天然放射性等现象。这些事实证明了原子并非是最简单、不可分割的粒子，而是一个具有复杂结构的系统。从此人们便开始了原子世界奥秘的探索，并取得了巨大进展。

卢瑟福的原子模型　1911 年，英国物理学家卢瑟福根据 α 粒子散射实验的研究，提出了原子的核式结构学说。他认为，原子中心有一个核心叫原子核，电子围绕着原子核在不停地旋转。原子质量的绝大部分以及原子内的全部正电荷都集中在原子核上。原子是呈电中性的，所以原子核所带的正电荷数量跟核外电子负电荷数量相等。原子的半径约为 10^{-10} m，根据散射实验可以计算出原子核半径约为 10^{-15}～10^{-14} m，即原子核的半径是原子半径的万分之一以下。原子好像缩小的太阳系，原子核相当于太阳，电子相当于绕太阳转动的行星。电子绕原子核作匀速圆周运动所受的力就是原子核对电子的静电力。因此，卢瑟福的原子模型又被称为行星模型。

卢瑟福的原子核式结构模型完全是用经典的概念研究原子世界的内部问题，因此在取得成功的同时，也遇到巨大的困难。例如，根据经典电磁理论知道，一个作加速运动的带电体，将以辐射的形式不断放射出电磁波。电子既然绕核运动具有一定的加速度，必然不断地放出能量。所以，电子能量将不断减少，最后落到带正电荷的核上，这样就不可能有稳定的原子存在。显然这是完全违背客观事实的。这是卢瑟福的原子模型遇到的一个问题，即原子的稳定性问题。

玻尔的原子模型　丹麦物理学家玻尔（1885～1962）在卢瑟福原子模型的基础上，于 1913 年提出了氢原子的玻尔模型。玻尔的氢原子模型概括为三个基本假设：

（1）原子只能处在一系列不连续的能量状态中（各个状态的能量值称为能级），在这些状态中的原子才是稳定的，这时电子虽然作加速运动，但并不向外辐射能量，这些状态叫做定态。

（2）原子从一种定态跃迁到另一种定态时，它辐射或吸收一定频率的光子，光子的能量是量子化了的，它由这两种定态的能量差来决定，即

$$h\nu = E_{高} - E_{低}, \tag{15.1}$$

(3) 原子的不同能量状态跟电子沿不同的圆形轨道绕核运动相对应。原子的定态是不连续的，电子的可能轨道半径的分布因而也是不连续的。

玻尔在这样的假设下，便给出了氢原子的结构模型：氢原子中的一个电子绕着原子核在作圆周运动。正常的状态下，这个电子在离核最近的可能轨道上稳定运动着，不向外辐射能量。这时，电子在轨道上运动的能量（包括动能和势能）是最小的，原子在这一定态所具有的能量值也是最低的，是最稳定状态，这个状态称为基态。其他的定态称为激发态。当原子吸收一定能量后，将由基态跃迁到能量较高的激发态，电子也跃迁到离核较远的轨道上运动。相反，原子由较高能级跃迁到较低能级时，原子就以光子形式向外辐射能量。玻尔根据其基本假设，还计算出了氢原子的电子在各个轨道运动的轨道半径以及相应的能量：

$$E_1=-13.6\text{eV},\ E_2=-3.4\text{eV},\ E_3=-1.51\text{eV},\ E_4=-0.85\text{eV},\ \cdots$$

这样，玻尔理论不但成功地解释了原子的稳定性问题，还成功地解释了卢瑟福模型所遇到的其他问题。

【例】 氢原子的电子从第四能级跃迁到基态时，辐射光子的频率是多少？

解 两能级之间的能量差为

$$\Delta E = E_4 - E_1 = -0.85-(-13.6) = 12.75\text{eV}$$

$$h\nu = \Delta E$$

$$\nu = \frac{\Delta E}{h} = \frac{12.75\times1.6\times10^{-19}}{6.63\times10^{-34}} = 3.077\times10^{15}\,\text{Hz}$$

但是任何反映自然规律的理论，总是有它的局限性的，都是要随着人类对客观事物的不断深入而不断向前发展的，对玻尔理论来说也是如此。当用玻尔理论来说明有两个以上电子的原子时，理论推导与实验差别很大，这就暴露了玻尔理论的局限性，其根本原因还是没有完全摆脱经典理论的束缚。

20 世纪 20 年代由薛定谔、海森伯等人在微观粒子波粒二象性的基础上建立起来的量子力学，不但成功地解释了玻尔理论所能解释的现象，而且能解释玻尔理论所不能解释的大量现象。量子力学已经成为研究微观世界的有力工具。

习题 15.1

1. 卢瑟福用__________实验，证明了__________。

2. 玻尔理论的三个假设是______________________________；__________________________；______________________________。

3. 什么是氢原子的能级？

4. 要把基态的氢原子激发到第 2 能级上去，需要供给多少能量？

5. 处于第二能级的氢原子，当吸收了频率为 6.17×10^{14} Hz 的光子时将被激发到哪个能级上去？

物理与高科技

激光技术

在爱因斯坦提出受激辐射概念 40 年后，激光器问世了。它不仅使古老的光学恢复了青春，而且对科学技术的各个领域产生了极其深刻的影响，它是 20 世纪最伟大的科技成就之一。

原子发光有两种情形，一种是自发辐射，一种是受激辐射。因加热、光照、电子碰撞等方式把能量传给原子，都可以把原子激发到较高的能级。处在高能级的原子是不稳定的，停留在高能级的平均时间约为 1.0×10^{-8}s，它们总是力图向低能级跃迁。在跃迁时辐射出一个光子。这种辐射是自发的，称为自发辐射。原子在自发辐射时，由于大量电子被激发到达的能级不同，以及各个原子都是独立发光体，它们跃迁到低能级的方式各不相同，因此所发射光子的频率，发射方向等都是十分杂乱的。而且每个原子每次发光后，下一次发光又会发出跟前次不同的光子，这种发出来的光就是自然光。我们日常接触到的普通光源，如白炽灯、日光灯、高压水银灯等发出的光，都是自发辐射产生的。

原子激发到较高能级 E_2 后，还没来得及自发辐射时，如果有一个能量为 $h\nu$ 外来入射光子，而且这一光子的能量恰好等于 E_2 与另一较低能级 E_1 之差，那么，在入射光的影响下，该原子便辐射一个与入射光子的频率、发射方向完全相同的光子而跃迁到 E_1 能级。

原子的这种辐射是在入射光子的激发下发生的，所以称为受激辐射。一个光子引起一个原子的受激辐射，便得到两个相同的光子，再引起受激辐射，便得到 4 个相同的光子……这样可以得到数量越来越多的相同光子，使光得到加强。这种由于受激辐射而得到加强的光，就是激光，这一过程称为光放大。

激光器按工作物质分为固体、液体、气体激光器。按输出方式可分为连续输出激光器和脉冲输出激光器等。

激光的主要特点是方向性好、亮度高、单色性好。

所谓方向性好，就是说激光是非常好的平行光源。它只向一个方向发射，发散角很小。例如，用探照灯把普通光束照射到月球上，光斑直径可达 3500km，竟能把整个月球罩住。而使用大功率氩离子激光器所产生的激光照到月球上，光斑直径小于 2km。

激光的亮度高是由于它的方向性好，可以把能量集中在一个很小的光束内，可以进一步提高激光的亮度，大型脉冲激光器的激光束亮度可达到太阳亮度的 100 亿倍。

激光具有很高的单色性（即颜色很纯），这也是普通光源所完全达不到的。在激光出现之前，单色性最好的光源是氪灯，而现在的氦氖激光器所产生的激光比氪灯的单色性要高 10 万倍。

激光的应用 激光的应用是极其广泛的。在工业加工方面，把功率较强的激光会聚成微小的光点投射到工件上时，能在工件上打出一个小孔。跟机械加工相比，激光加工不但速度快、质量好，而且还能加工某些机械不能加工的工件。

在医学上，激光是理想的手术刀。“光刀”所到之处不出血，无明显痛感，更可避免结扎血管的复杂操作。激光视网膜“焊接机”可以把脱落的视网膜重新“焊接”起来，从而解除了病人的痛苦。用激光破坏肿瘤，治疗某些癌症，也取得可喜的进展。

利用激光单色性好，产生的干涉非常清晰的特点，可以精确地测量物体的长度，精确度能达到 $0.1\mu m$ 以内。用激光可以准确地测量出构件各部分的微小变形量，从而全面了解它的受力分布，这对构件的设计、检验都有很大的帮助。

利用激光光束不易发散的特征还可以制成激光测距仪。它可以用来测量各种固定、运动目标的距离，并且精度很高。用激光测量地球到月球之间的距离，误差仅为 1.5m。

在科研方面，用激光可以产生千百万摄氏度的高温，引起热核反应。激光的发明使全息技术进入实用阶段。用激光光源可获得高质量的全息照片，和拍摄的物体相比，彩色全息照片的色彩、立体感方面都能达到以假乱真的程度。全息图还可微缩在一个很小的点上。

在军事方向，还可以利用激光对炸弹、鱼雷进行制导，从而大大提高了它们的命中率。

此外，激光在通信、电视、计算机等领域也正在发挥越来越大的作用。

15.2 天然放射性

天然放射性 1896 年法国物理学家贝克勒耳（1852～1908）发现用黑纸裹着的底片，与铀盐放在一起被感光，他断定是由于铀放射出某种肉眼看不见的射线对底片的作用。以后，法国物理学家彼埃尔·居里（1859～1906）和玛丽·居里（1867～1934）夫妇共同研究又发现了钋和镭等元素也能放射射线，这些射线也能够使底片感光。

我们把物质能够自发地放射射线的性质叫做天然放射性，具有放射性的元素叫做放射性元素。

为了进一步研究放射性元素发出的射线的性质，把镭放在如图 15.1 的装置中。由于在磁场内偏转情况不同，射线分成三束，分别取名 α、β、γ 射线。经实验分

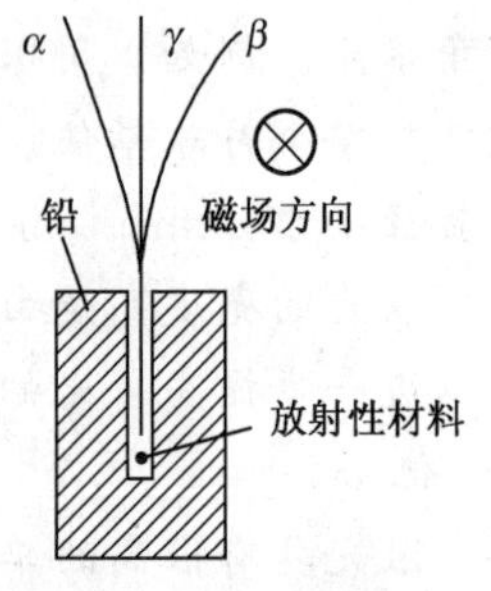

图 15.1 三种射线

析知道，这三种射线分别具有下列性质：

α 射线——带正电的氦核束，具有很大的能量，速度约 2×10^7m/s，电离作用强，贯穿本领小。

β 射线——带负电的电子束，速度可达光速的 99%，电离作用比 α 射线小，贯穿本领稍高。

γ 射线——波长很短的电磁波，速度与光速一样，电离作用最弱，贯穿本领最强。

原子核的衰变　多数放射性元素，通常只产生 α 射线或只产生 β 射线，并同时伴随着 γ 射线。放射性元素放出射线后，变成另一种元素的原子核。这种原子核自发变化的现象叫做原子核的衰变。放出 α 粒子的叫做 α 衰变，放出 β 粒子的叫做 β 衰变。

例如，镭经过一系列 α 和 β 衰变，最后转变成没有放射性的铅。

习题 15.2

1. ________________叫做放射性元素。

2. 三种射线是________；________；________，它们实质上分别是________；________；________。

3. 三种射线各有什么特性？

4. 在图 15.1 中，如果将磁场的方向改为自左至右，你能否指出射线的偏转方向？

5. 什么叫做原子核的衰变？有人说，β 衰变是原子放射了电子，你认为对吗？为什么？

15.3　人工核反应　原子核的组成

人工核反应　在天然放射性物质中，原子核的分裂都是自发产生的。最初，人们用加温、加压、加电磁场或光照都无法改变原子核。直到 1919 年英国科学家卢瑟福（1871～1937）使用放射性元素发出的 α 粒子去“轰击”氮的原子核，第一次使原子核人为地发生转变。

在实验中发现某些 α 粒子钻进了氮的原子核，并把核内的氢原子核——质子驱逐出去。在核内，α 粒子代替了质子而使自己稳定下来，变成了新的原子核。这种用人工方法使原子核产生转变，叫做人工核反应。

核反应方程式　原子核可用符号^A_ZX来表示，其中 Z 为核电荷数，即原子核所带的基本电荷的数量，也就是元素 X 在元素周期表中的原子序数。A 表示原子核的质量数，是原子量的近似整数。例如：

氮核——$^{14}_{7}N$（核电荷数 7，质量数 14）；

α 粒子——$^{4}_{2}He$（核电荷数 2，质量数 4）；

质子——$^{1}_{1}H$（核电荷数 1，质量数 1）；

电子——$^{0}_{-1}e$；

正电子——$^{0}_{+1}e$。

在核反应中，反应前后的核电荷数和质量数是守恒的。首次实现的人工核反应方程式：

$$^{4}_{2}He+^{14}_{7}N \longrightarrow ^{17}_{8}O+^{1}_{1}H$$

1932 年，用在加速器中得到的高能质子把锂核变成两个 α 粒子的核反应方程：

$$^{7}_{3}Li+^{1}_{1}H \longrightarrow ^{4}_{2}He+^{4}_{2}He$$

中子的发现 1930 年当科学家们用 α 粒子轰击铍时，发现了铍会放出一种穿透能力很强的新的射线。它在电场或磁场中不偏转，是一种中性粒子流，起初认为是 γ 射线，但用这种观点无法解释实验的结果，不得不放弃这种看法。

1932 年，英国物理学家查德威克（1891～1974）通过大量实验后发现，这种未知射线是质量与氢核差不多的粒子，它是中性的，所以叫做中子，用符号$^{1}_{0}n$表示。

α 粒子轰击铍原子核后，铍原子核变成碳原子核，同时放出一个中子，核反应式可写成

$$^{9}_{4}Be+^{4}_{2}He \longrightarrow ^{12}_{6}C+^{1}_{0}n$$

中子是一种轰击原子核的有力武器，如用中子去轰击氮核，能打出 α 粒子，并得到硼，核反应式为

$$^{14}_{7}N+^{1}_{0}n \longrightarrow ^{11}_{5}B+^{4}_{2}He$$

中子不带电，易于进入原子核内部，人们常利用中子轰击引起核反应，从而获得原子能。20 世纪 70 年代还用以制造中子弹，它是一种杀伤力很大的武器。

原子核的组成 自从中子被发现后，德国物理学家海森伯和前苏联物理学家伊凡宁柯都提出原子核是由中子和质子构成的假设，这两种组成核的粒子叫做核子。它解决了许多以前在原子结构理论的研究中遇到的问题，并与大量实验结果相符，因而为大家所公认。

前面讲到的原子核的质量数（A）就是它的核子数，原子核的电荷数（Z）就是原子核内所包含的质子数。如果用 N 表示原子核内所包含的中子数，那么，可得到下列关系式：

$$A=Z+N$$

例如铀 238，它的电荷数是 92，质量数是 238，记作$^{238}_{92}U$，则它的中子数 $N=A-Z=238-92=146$。又如氦核（$^{4}_{2}He$），质量数 $A=4$，质子数 $Z=2$，则中

子数 N=4－2=2。

旧的问题解决了，新的问题接踵而来。组成原子核的质子和中子，聚集在一个直径不到 10^{-15}m 的核内，质子都带有正电，相互的距离又是如此之小，它们之间的斥力该有多大，然而原子核不但不破裂，一般还非常稳定。那么又是什么力量来维持原子核的稳定呢？人们发现在原子核内，有着一种比静电力大得多的吸引力，叫做核力。核力是一种很强的力，只有在 10^{-15}m 的数量级的距离内才起作用，超过这个距离，核力就减小到零，因此是一种短程力。关于核力的本质，现在还在深入研究中。

还应指出，原子核并非是核子的简单堆砌。质子和中子也不是一成不变的，它们在不断地运动和变化，元素的放射性就是一个证明。例如，某些元素放出 β 射线就是核内的中子变成质子时放出电子所产生的。

习题 15.3

1. 什么是中子？中子的发现对原子核物理的研究有什么重大意义？
2. 什么是核子？是什么力量使核子结合成原子核？它有什么特点？
3. 核反应与化学反应有什么不同？在完成核反应式时要注意什么？
4. 质量数为 12，13，14，15，16 的氮核，其中含有多少个质子和中子？分别写出它们的原子核符号。
5. 完成下列核反应方程：

(1) ${}^{14}_{7}N+{}^{4}_{2}He \longrightarrow (\quad)+{}^{1}_{1}H$

(2) ${}^{10}_{5}B+{}^{4}_{2}He \longrightarrow (\quad)+{}^{1}_{0}n$

(3) ${}^{27}_{13}Al+(\quad) \longrightarrow {}^{24}_{11}Na+{}^{4}_{2}He$

(4) $(\quad)+{}^{4}_{2}He \longrightarrow {}^{27}_{13}Al+{}^{1}_{1}H$

15.4　放射性同位素及其应用

1934 年约里奥·居里夫妇用 α 粒子轰击各种物质时，发现由人工核反应产生的元素有许多是不稳定的，具有放射性。

这种用人工的方法产生的放射性元素的放射性叫做人工放射性。例如用 α 射线轰击铝片后，铝片有了放射性，这是因为一部分铝核俘获 α 粒子后，放出中子而变成了放射性元素 ${}^{30}_{15}P$，核反应式如下：

$${}^{27}_{13}Al+{}^{4}_{2}He \longrightarrow {}^{30}_{15}P+{}^{1}_{0}n$$

${}^{30}_{15}P$ 是磷 ${}^{31}_{15}P$ 的同位素，它是不稳定的，衰变时放出正电子 ${}^{0}_{1}e$，衰变式如下：

$${}^{30}_{15}P \longrightarrow {}^{30}_{14}Si+{}^{0}_{1}e$$

放射性同位素　像 ${}^{30}_{15}P$ 这样的原子核，它的核电荷数（质子数）与自然界中稳定的磷$^{31}_{15}P$相同，质量数不同，它们的化学性质相同，在元素周期表中占同一位置，我们把它叫做同位素。

所有的化学元素都有同位素，有的天然存在，有的可以人工制造。例如天然元素中的铀，有$^{238}_{92}U$，$^{235}_{92}U$，$^{233}_{92}U$。天然元素中的$^{1}_{1}H$和$^{2}_{1}H$（氘）都是重要的同位素。天然存在的同位素大部分是稳定的，人工制造的同位素都是不稳定的，能自发放射射线，叫做放射性同位素。

放射性同位素的应用 放射性同位素种类很多，射线的强度各有不同，它们在工业、农业、医药等领域有着广泛的用途。

γ射线的穿透本领很强，且穿过物体后，强度变化与材料的厚度有关。因此，可以用来检查金属或焊缝内部有无气泡、裂纹等缺陷，还可用以测量钢板、塑料板、纸张等材料的厚度，并实现厚度的自动控制。如图15.2所示就是轧钢机上钢厚度自动控制装置的原理图。把γ射线源放在金属板下方，在板材厚度发生变化时，探测器测出的射线强度发生变化，把这个信息传递给厚度控制机构，厚度控制机构就立即根据厚度变化，自动调整轧钢机上两压辘间的距离，从而使钢板厚度保持均匀。

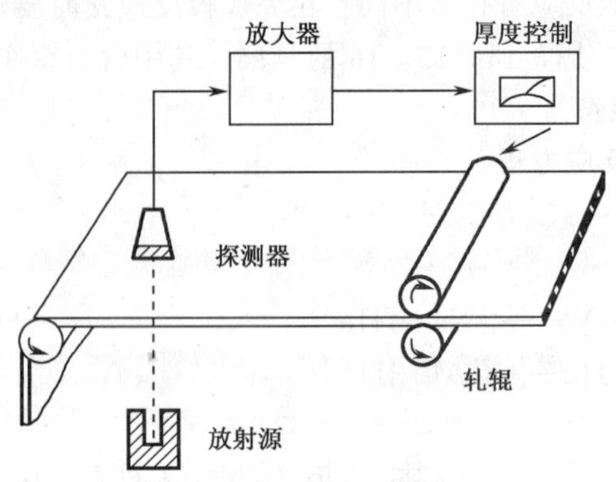

图15.2 钢板厚度自动控制装置原理图

深埋在地下的水管（或输油管）出现漏洞时，可把含有放射性同位素的盐溶液加入管内水中一起流动，这种放射性同位素将在漏洞处积累，通过检测器就能将漏洞的位置检查出来，这种用途的放射性同位素叫做示踪原子。

利用某些示踪原子（如$^{32}_{15}P$）的注入体内，让肿瘤吸收，可以不动手术探测出脑肿瘤的位置。还可用这种方法诊断甲状腺的吸碘功能。利用放射性同位素的射线对机体组织的破坏作用，合理地照射可以控制直至消除人体深部的肿瘤，如钴60已广泛应用于临床，对肿瘤的治疗获得较好的效果。

在农业上，利用放射性元素的射线，可以进行辐射育种、辐射灭虫。在土壤中放进磷的放射性同位素，可以获得农作物对磷肥的吸收情况，用示踪原子还可以研究出害虫活动规律以及农药的杀虫过程和效果。

应该指出，人体或其他生物的组织，受到放射性物质的过量辐射，会造成伤害，因此使用时要注意防护，并防止射线对环境的污染。

习题 15.4

1. ________________叫做人工放射性。
2. ________________叫做同位素。________________叫做放射性同位素。
3. 举例说明放射性同位素的应用。

15.5　重核裂变和轻核聚变

原子核的结合能　大量实验证明，核子结合成原子核时，要放出一定能量；原子核分解成核子时，要吸收一定的能量，这种能量称为原子核的结合能。

原子核的结合能跟组成这种原子核的核子总数的比值称为核子的平均结合能，核子结合成不同元素的原子核时，平均结合能的大小并不相同。理论研究发现，轻元素的原子核和重元素的原子核的平均结合能都较小，而中等质量的原子核的平均结合能较大。因此，要想把原子核的结合能释放出来加以利用，可以把轻核聚合成中等质量的原子核，或者使重核分裂成两个中等质量的核。前者称为轻核的聚变，后者称为重核的裂变。它们释放的能称为核能，俗称为原子能。重核裂变和轻核聚变是获得原子能的两种途径。

重核裂变　1938 年，人们用中子轰击铀 235 时，发现铀核分成两个中等质量的新核，同时放出 2～3 个新中子，并释放出约 200MeV 的能量。

裂变的产物有多种多样，有时是氙（Xe）和锶（Sr），有时是钡（Ba）和氪（kr），或是锑（Sb）和铌（Nb），核反应式如下：

$$^{235}_{92}\mathrm{U}+^{1}_{0}\mathrm{n}\longrightarrow^{139}_{54}\mathrm{Xe}+^{95}_{38}\mathrm{Sr}+2^{1}_{0}\mathrm{n}+200\mathrm{MeV}$$

$$^{235}_{92}\mathrm{U}+^{1}_{0}\mathrm{n}\longrightarrow^{141}_{56}\mathrm{Ba}+^{92}_{36}\mathrm{kr}+3^{1}_{0}\mathrm{n}+200\mathrm{MeV}$$

伴随着铀核的裂变，有着大量的能量释放出来，每一铀核分裂时放出的能量达 200MeV。1kg 铀全部裂变，放出的原子能相当于 2.5×10^{6}kg 优质煤完全燃烧时放出的能量。

链式反应　铀核裂变时，要放出 2～3 个新中子，这些中子就有可能再引起其他铀核的裂变，并在裂变中再产生新中子。这样，核反应便可持续地进行下去，这种反应叫做链式反应（图 15.3）。

因为原子核非常小，若铀块的体积不够大，中子往往还没有与铀核相遇就跳

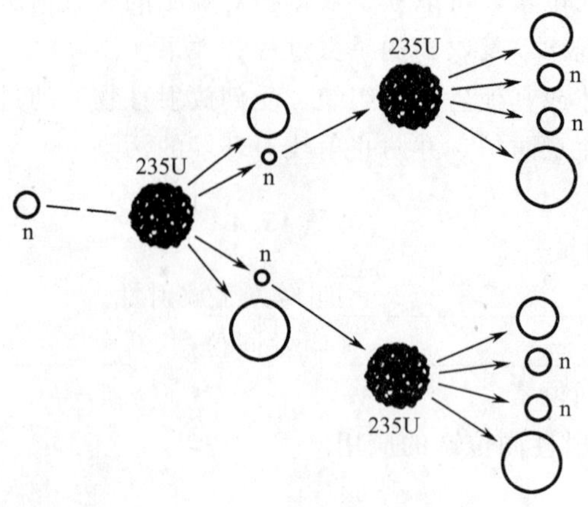

图 15.3　链式反应

出铀块，要维持链式反应，铀块要有足够大的体积。能够产生链式反应的铀块的最小体积叫做临界体积。

原子弹就是利用纯铀 235（或钚 239，铀 233）制造的（图 15.4）。在弹壳内分开放置两块小于临界体积的铀块。外面包有中子反射层，用以减少中子的损失。旁边装有引爆装置（普通炸药和雷管）。炸药爆炸时，使两铀块合在一起，超过了临界体积，于是迅速发生链式反应。在链式反应时，百万分之几秒内释放出惊人的能量，引起强裂的爆炸。1kg 铀 235 制成的原子弹，就具有大约 2×10^7 kgTNT 炸药的威力。

原子弹爆炸时，能量释放过于急剧，无法用于和平目的。因此，人们制成核反应堆来控制链式反应的速度，使能量按我们的需要逐步释放。原子能发电站就是利用核反应堆的能量来发电，一座一万千瓦的原子能发电站，每天只消耗几百

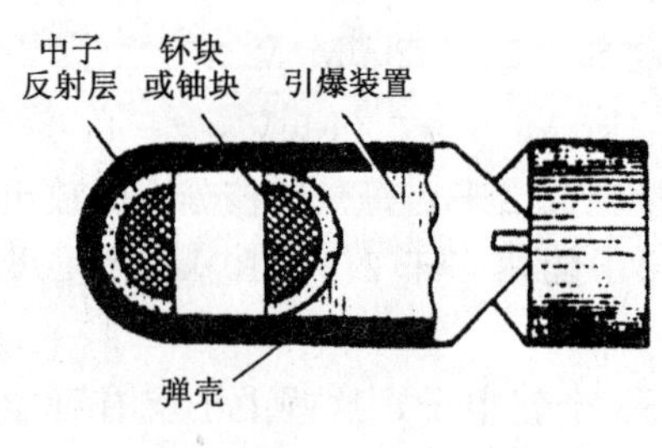

图 15.4　原子弹及我国第一颗原子弹爆炸照片

克铀，而同样功率的火力发电站，每天需要几百吨煤。

现在有些国家已在航空母舰等大型舰船和潜水艇里装置了核反应堆，以核能为动力。

此外，反应堆还可以作为中子源，用以生产各种放射性同位素。

轻核聚变　轻的原子核聚变成较重的核时，也可以释放出巨大的能量。如氘和氚聚变时，核反应式如下：

$$^{2}_{1}H+^{3}_{1}H \longrightarrow ^{4}_{2}He+^{1}_{0}n+17.6MeV$$

这就比重核裂变时放出更大的能量。1.0kg 氘释放的聚变能相当于 4.0kg 铀、8.6×10^{6}kg 汽油、1.1×10^{7}kg 煤释放的能量。

氘在地球上大量存在，地球上的水中约有 10^{17}kg 的氘，足够人类用几百亿年，而且从水中提取氘比提纯铀较简单，成本较低，氘没有放射性，不会造成污染。因此，聚变能是几乎取之不尽、用之不竭的理想能源。

要使轻核发生聚变，必须使它们靠近到 10^{-15}m 的距离，核力才能发挥作用，把它们聚合在一起。如果把参加反应的物质的温度升高到几千万摄氏度以上时，原子核就获得足够的动能，这时，带正电的原子核才能克服静电斥力，互相接近到小于 10^{-15}m 的距离，发生聚变反应，用这种方法引起的核反应叫做热核反应。

氢弹就是利用热核反应的原理制成的（图 15.5）。在氢弹弹壳内放入氘和氚，中间装有一颗原子弹作为引爆装置。爆炸时原子弹首先被引爆，原子弹爆炸时产生的超高温使氘、氚快速热核反应，在极短的时间内放出巨大的能量，威力比原子弹更大。我国在 1964 年成功地进行了第一次原子弹爆炸后，于 1967 年又成功地进行了第一次氢弹爆炸试验。

在自然界中，许多恒星中心部分都有超高温存在，在那里不断进行着热核反应。太阳表面温度达 6×10^{3}℃左右，可推算出太阳中心温度高达 10^{8}℃。太阳内

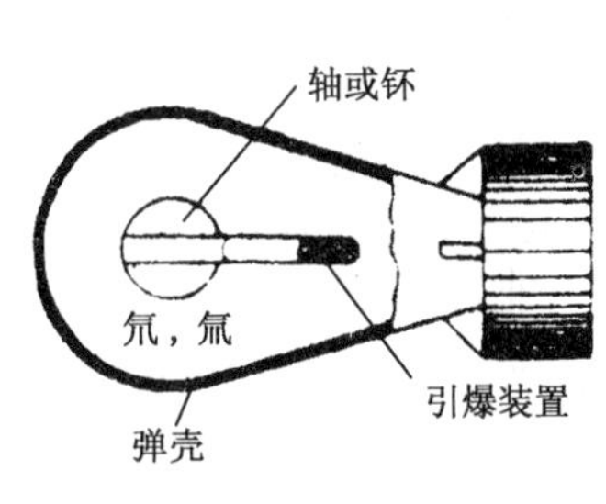

图 15.5　氢弹及我国第一颗氢弹爆炸照片

部进行着一系列热核反应，不断地向周围辐射巨大的能量（每秒钟约为 3.8×10^{26} J），地球接受到太阳发射的能量的二十亿分之一，已经是地球上万物生长的最重要条件之一。

受控热核反应 要像和平利用原子能一样，将热核反应放出的能量用于和平建设，必须使热核反应“可控制”地进行。不过，这种技术要比控制重核裂变复杂和困难得多。20 多年来，世界各国聚集了大批科学家，对受控热核反应的理论和技术，作了大量的研究和实验。由我国物理学家王淦昌提出的惯性约束热核反应技术，受到科学界的重视。我国自行设计和制造的受控核聚变实验装置“中国环流器一号”，标志着我国在这方面的工作已取得很大进展。

习题 15.5

1. 什么叫做链式反应？产生链式反应的条件是什么？
2. 什么叫热核反应？产生热核反应的条件是什么？
3. 为什么要使链式反应和热核反应受“控制”？

阅读材料

核 电 站

自从 1951 年美国在加利福尼亚州海滨希平港建成世界上第一座试验性核电站以来，核能发电的发展速度一直很快。目前，全世界已有几十个国家或地区建成了近 500 座核电站。还有许多国家，包括我们国家都在建造核电站，可以说核电作为新型的能源正在迅速地发展。目前核发电已占世界总发电量的 20%。

核电站就是利用一座或若干座核动力反应堆所产生的热能来发电或兼供热的动力设施，图 15.6 为核电站的示意图。

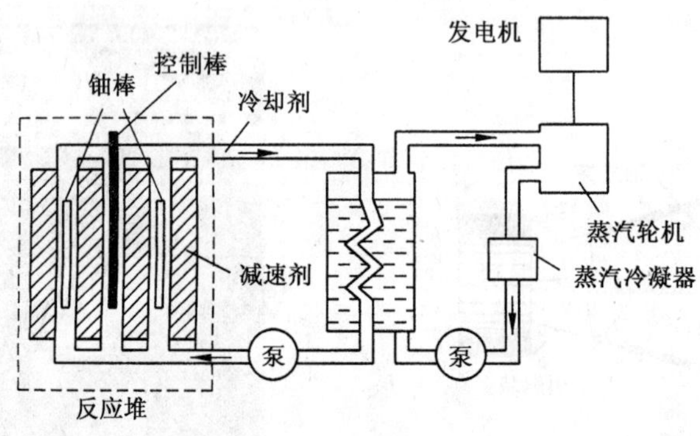

图 15.6 核电站的示意图

目前世界上核电站常用的反应堆有压水堆、沸水堆、重水堆和改进型气冷堆，其中最广泛的是压水反应堆。压水反应堆是以普通水作为冷却剂和慢化剂，用泵强迫冷却剂在反应堆与蒸汽发生器之间循环流动，将燃料裂变时所产生的热量带到蒸汽发生器，在此把热量传递出去。为了防止冷却剂在反应堆内沸腾，整个系统保持在高压状态下工作，这是一种最安全、最经济的堆型。我国所建造的秦山和大亚湾核电站就属于压水堆型核电站。

在核电站的运行中，首要的就是反应堆的控制和功率均可调节。在运行中反应堆的功率是根据电网的要求来调节的，而反应堆的输出功率是正比于堆内的中子通量的，因此反应堆控制的基础就是根据需要适当地调整堆内裂变速度。这在工程上主要是通过堆芯插入吸收中子能力较强的固态物质即控制棒和反应堆冷却剂中加入吸收中子能力较强的硼酸溶液来实现。在核电站中为了保证核反应堆的正常安全运行，设计了各种主要的和辅助的系统，这些系统的正常运行使核反应堆的运行处于安全可靠的状态。例如有些系统在反应堆运行中万一出现不正常状态时可以采取应急措施，使反应堆立即停堆。即使出现反应堆堆芯严重失水事故时也还有紧急冷却系统立即投入工作使反应堆芯尽快冷却下来而不致产生堆芯熔化的严重事故。所以在设计上和对工程质量的要求上使核电站的核心——核反应堆运行的安全系数是较大的。

我国在核能的利用上是起步较晚的国家，但是现在核能的开发利用已受到国家的重视。国家发改委提出，到 2020 年，我国总发电装机容量为 9 亿千瓦，核电比重将占 4%，即 3600 万千瓦，尚需建设 2700 万千瓦核电设施。我国已经具备自主设计安装百万千瓦级压水堆核电站的能力，正在运行的核电站的核燃料全部国有化。其中浙江秦山功率为 30 万千瓦的核电站是我国自行设计，自行制造，自行安装运行的第一座核电站。广东大亚湾 180 万千瓦核电站 1 号机组和 2 号机组已分别于 1994 年 2 月和 4 月并网发电，投入商业运行。广东岭澳核电站也已安全运行多年。秦山二期 2 号机组、连云港田湾 1 号机组将在 2004 年内投入商业运行。浙江三门总装机容量 600 万千瓦的核电站正在建设中。我国还计划建设广东第二核电站和辽宁核电站等核电项目。可以预料，在我国广大的国土上一种新能源——核能将得到更多更广泛的应用。

物理与高科技

现代军事科学技术

现代军事科学技术是一个庞大的、包含极其丰富内容的系统工程技术。物理学的所有研究成果和最新进展都在军事科学技术中得到广泛的应用。下面我们仅从电子技术、隐身技术、夜视技术、遥测技术、精确制导技术、核武器技术等几个方面作简单介绍。

现代战争的进行，往往首先是电子战和信息战，然后才是“硬兵器”的对抗。而战争的胜负很大程度上取决于电子战的成效。电子战就是利用无线电波进行干扰与反干扰、侦察与反侦察、摧毁与反摧毁的较量。

电子干扰就是利用自己的干扰机发射跟对方频率相同，功率更强的电磁波，使对方的信号淹没在噪声之中。电子干扰已成为现代战争中不可缺少的一环。例如，海湾战争的第一天，伊拉克遭到多国部队导弹和飞机袭击时，开始几乎毫无反应，这是因为大部分雷达受到干扰，无法发现进入领空的飞机、导弹。

无线电波遇到物体会发生反射，电子侦察中使用的雷达就是利用这一原理发现目标并确定目标位置的。普通飞机由于形状不规则，总有一些部位的表面正对着雷达，将敌方雷达发射的电磁波按原来方向反射回去，从而为敌方雷达所发现。为使飞机能够对电磁波“隐身”，设计飞机时要减少飞机反射平面的个数，并精心设计反射平面的角度，使反射后的雷达信号不再能返回原来的雷达。同时，飞机上还涂有吸收电磁波的材料，以大幅度降低电磁波的反射。海湾战争中美方使用的F117A隐形战斗轰炸机就综合应用了当代高新技术和多种隐身材料，使伊方难以发现。

在现代战争中，作战部队可以借助红外夜视仪等夜视设备，使对方目标历历在目。这就等于夜空对拥有夜视设备的一方单向透明，夜战只对他们有利。红外夜视设备一般包括红外望远镜、光电转换装置和图像再现装置。首先用红外望远镜将观察目标成像，然后利用光电设备将红外线转换成强弱不同的电流，最后用可见光将目标的图像再现出来。在海湾战争中，美国使用的大部分飞机、坦克上都有上述夜视设备，法国和英国的一些战斗机和直升飞机也有夜战能力。

红外物理的另一个应用是探测高温物体的红外辐射。例如，火箭的尾焰、喷气飞机的喷气口等，由于温度高，红外辐射较强，就很容易为红外传感器探测到。在空对空导弹上装有红外传感器，就能探测敌机喷气口的红外辐射，自动寻找追踪目标，摧毁敌机。

在这次海湾战争中，美方新使用的“斯拉姆”导弹就把现有导弹技术与卫星和红外线摄影所提供的新电子导向技术相结合。携带这种导弹的飞机在远离目标约80km以外投放导弹，导弹在飞向目标过程中，由3颗在海湾上空的卫星自动提供数据，进行必要的调整。飞机操作员可从屏幕上观察到导弹上的红外线摄影机所拍摄的地面照片，当发现预定目标时，把瞄准仪对准目标并固定下来，并立即向导弹发回电子信息，红外线摄影机便牢牢盯着目标。导弹自主地完成目标信息的获取、处理和飞行姿态的调整等一系列工作，直到命中为止。也就是说，导弹具有“发射后不用管”的能力。可以看出，在这种命中目标精度很高的导弹中，电视精确制导技术发挥了重要作用。

在海湾战争中，多国部队共投下6520吨激光制导炸弹，命中率90%以上，使人们目睹了激光制导武器“点到为死”的非凡表演。简单地说，激光制导就是利用激光作为跟踪和传输信息的手段，使弹上的控制系统适时地修正导弹的飞行弹道，也就是导弹“骑”着激光束飞行，激光束指向哪里，导弹就飞向哪里，直至命中目标。

在夜视技术中常用的有微光夜视仪、微光电视、主动式红外夜视仪和热像仪等。目前技术上最先进的是热像仪，它的工作方式是完全被动的，既克服了主动式红外夜视仪容易暴露的弱点，又能在全黑暗的条件下工作。我国许多战斗设施都装有这种最先进的夜视仪器。例如在我国自行研制的 155mm 自行火炮上，除采用自动跟踪描准、自动装填、激光测距等先进技术，因而具有射程远、精度高、射速和反应速度快等优点外，它还装备了先进的热成像技术，成为威力强大的新一代火炮武器系统。

我国也在提高导弹的飞行速度。例如，在巴黎国际航空博览会上，中国就展出了自己的超音速导弹。由于这种导弹的飞行速度非常高，所以很难对其拦截和摧毁。

德国是最早从事核武器研究的国家。1945 年 7 月 16 日，美国的人类第一颗原子弹爆炸成功。同年 8 月，美国向日本投放了两颗原子弹，从而结束了第二次世界大战。1977 年 6 月，美国宣布研制成功中子弹。我国于 1964 年 10 月 16 日爆炸了第一颗原子弹，于 1967 年 6 月 17 日爆炸了第一颗氢弹。

人们通常把 20 世纪 80 年代后开始研制的核武器称为第三代核武器。它包括带金属小弹丸的小型核弹、核爆炸 X 射线激光武器、γ 射线弹、电磁脉冲弹、核爆炸微波武器等。

现代战争的经验告诉我们，科学技术也是战斗力，作为基础科学的物理学尤其如此。一个国家物理学发展水平及其在军事上的应用程度，是影响这个国家军事实力的重要因素。

阅读材料

物理学家 记获得“两弹一星功勋奖章”的部分物理学家

1964 年，我国第一颗原子弹爆炸成功；1966 年，我国第一颗装有核弹头的地地导弹飞行爆炸成功；1967 年，我国第一颗氢弹空爆试验成功；1970 年，我国第一颗人造卫星发射成功。这是中国人民在 20 世纪 60 年代攀登现代科技高峰的征途中创造的非凡的人间奇迹。

美国从拥有原子弹到爆炸氢弹用了 7 年时间，前苏联用了 9 年，中国只用了 3 年。中国卫星从着手制定计划到发射成功仅用了 5 年。

我国的“两弹一星”是在 20 世纪 60 年代初生活条件极其困难、工作条件极其艰苦的情况下研制成功的。在研制过程中，曾有无数优秀的科学家隐姓埋名，默默无闻地奋斗和工作，他们用青春和生命铸就了共和国的辉煌，他们将永垂青史。

1956 年 2 月，陈赓大将问我国著名物理学家钱学森的第一句话是："中国人搞导弹行不行?"他欣然回答："外国人能干的，中国人为什么不能干? 难道中国人比外国人矮一截?!"陈赓笑了："好，我等的就是你这句话!"

钱学森曾是美国加州理工学院喷气实验室主任。当美国海军次长得知钱学森准备回国的消息后，马上提出不能让钱学森离开美国。他说，"无论在哪里，他都值 5 个师。"

1956 年 10 月 18 日，正好是钱学森回国一周年，他受命组建火箭、导弹研究院，并亲自主讲《导弹概论》。

早在 20 世纪 40 年代就已闻名国外的物理学家王淦昌在接受研制原子弹任务后，抱着"以身许国"的态度，隐姓埋名 17 年，默默无闻地奉献自己的一生。

著名理论物理学家彭桓武在英国获得 2 个博士学位．有人问他为什么回来? 他说，"回国不需要理由，不回国才要理由。"在他看来，"我是中国人"就是最大的理由。

著名力学专家郭永怀为了能回到祖国，在美国求学时从不参加机密工作，回国前一把火烧掉了他的一本未完成的书稿。他与王淦昌、彭桓武形成了中国核武器研究最初的三大支柱。

核物理学家朱光亚获得博士学位后不久，1950 年初即毅然回国。1959 年奉调到以研制核武器为主要任务的中国工程物理研究院担任技术领导，从此把全部心血献给祖国的国防尖端事业。

理论物理学家程开甲获得博士学位回国后，1960 年中央一声令下，他就参加了原子弹设计和研究，不久又奉命组建核实验研究基地和队伍。

1961 年，请命回国参加核武器研制的青年理论物理学家周光召加入了原子弹理论设计队伍。他一报到就立刻投入了上述讨论。他反复审核计算结果，以深厚的物理功底论证了计算结果的正确性，澄清了问题。

被誉为"两弹元勋"的理论物理学家邓稼先，26 岁就在美国取得了博士学位。1950 年回国，1958 年调到中国工程物理研究院，一直担任理论设计部的负责人。一直处于核武器研制关键地位的他，因多次被核辐射伤害，身体每况愈下。1986 年 3 月，他身患癌症，得知生命已到尽头，依然忍着病痛与其他科学家起草报告，分析各国军事动态，分析我国实验状况及与国外的差距，提出了战略建议。当他在病床上用颤颤巍巍的手最终在报告上签完自己的名字时，露出了欣慰的微笑。

1960 年底，摸索氢弹原理的工作就开始了。这个任务交给了在原子能研究所工作的于敏等人。

于敏是我国乃至世界一流的理论物理学家，在原子核理论研究的巅峰时期，他毅然服从国家的需要，开始从事氢弹理论的探索研究工作。他废寝忘食，昼夜工作，很快显示出杰出的才能。在他的组织和部署下，氢弹理论得以突破。

正是有了千万个这样的知识分子，为了祖国和人民的利益，贡献着心血、汗水乃至生命，中国才能挺直腰杆，堂堂正正地屹立在世界的东方！

1999 年，党中央、国务院、中央军委决定对当年为研制“两弹一星”作出突出贡献的 23 位科技专家授予“两弹一星功勋奖章”。这 23 位科技专家是人民共和国的功臣，是老一辈科技工作者的杰出代表，是新一代科技工作者的光辉榜样。他们是：于敏、王大珩、王希季、王淦昌、邓稼先、朱光亚、孙家栋、任新民、赵九章、吴自良、陈芳允、陈能宽、杨嘉、周光召、姚桐斌、钱三强、钱学森、钱骥、郭永怀、屠守愕、黄纬禄、程开甲、彭桓武。

这一枚用 519g 纯金制造的“两弹一星功勋奖章”将他们的功绩永远镌刻在中华民族的历史丰碑上！

学 生 实 验

实验1　示波器的使用

实验目的

（1）认识示波器，了解示波器主要作用和功能。

（2）学习使用示波器。

示波器使用说明

示波器是一种常用的电子仪器，它在电子行业和实验室中应用非常广泛。示波器的核心部分是一只示波管，可用来显示各种信号的波形，还可以测量电压、电流的大小和频率。

示波器的型号很多，但使用方法基本相同。下面以J2459型示波器（实验图1.1）为例来说明，该示波器面板上主要的旋钮和开关及其作用如下：

（1）辉度旋钮“☼”：可以调节图像的亮度，顺时针旋转亮度逐渐增加。

（2）聚焦旋钮“⊙”和辅助旋钮“○”：两个旋钮配合使用可获得清晰的图像。

（3）位移旋钮“⇆”和“↑↓”：可以分别调整图像在水平和竖直方向的位置。

（4）增益旋钮“X”和“Y”：可以分别调整图像在水平和竖直方向的幅度，顺时针旋转幅度逐渐增大。

（5）“衰减”旋钮：设有1，10，100，1000四挡，作用是使输入电压衰减为原来的1，1/10，1/100，1/1000；最右边的“∞”挡是由示波器内部提供的试验信号电压，用来观察正弦波形或检查示波器工作是否正常。

（6）“扫描范围”旋钮：用来改变水平扫描电压的频率，也设有四挡，第一挡为10～100Hz，向右旋转每升高一挡，扫描频率都增大10倍；最右边的“外X”挡表示机内没有加扫描电压，可从外部输入。

（7）“扫描微调”旋钮：用来调整水平方向的扫描频率，顺时针转动时频率连续增加。

（8）“Y输入”、“X输入”和“地”分别为竖直方向、水平方向和公共接地的输入接线柱。

（9）“DC，AC”是竖直方向输入信号的直流、交流选择开关，置于“DC”

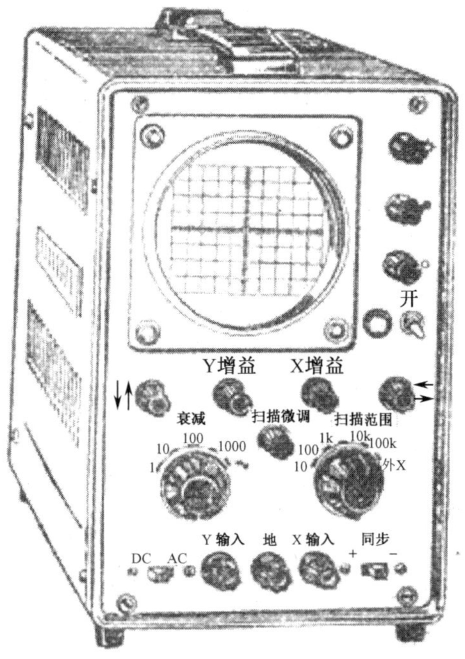

实验图 1.1　示波器

为直流，置于“AC”为交流。

(10)“同步”也是一个选择开关，置于“+”位置时，扫描由被测信号正半周起同步，置于“−”位置时，扫描由负半周起同步。

示波器使用步骤和方法：

(1) 将辉度旋钮逆时针转到底，水平和竖直位移旋钮都转到中间位置，衰减旋钮置于“∞”挡，扫描范围旋钮置于“外 X”挡。

(2) 将电源开关拨至“开”位置，指示灯亮，预热 2min 后，调节辉度旋钮，屏幕出现一个亮斑，注意不应使亮斑过亮。再调节聚焦旋钮和辅助旋钮，使亮斑最圆、最小直至成为清晰的光点。旋转竖直位移旋钮，观察光点左右移动。

(3) 将“X 增益”旋钮顺时针转到 1/3 处，“扫描微调”逆时针转到底，“扫描范围”旋钮置于最低挡，观察光点自左至右移动再很快回到左端的扫描情况。顺时针旋转“扫描微调”旋钮，可观察到光点迅速移动成为一条亮线。调整“X 增益”旋钮，可观察亮线长度的变化。

(4)“扫描范围”旋钮仍置于“外 X”挡，使光点位于屏幕中心，将“DC，AC”开关置于“DC”位置。把示波器的“Y 输入”和“地”接线柱分别连接在一个简单直流电路的电阻两端，给竖直方向加上一直流电压。逐步减小衰减挡，观察光点向上偏移情况；再调整“Y 增益”旋钮，使光点偏移适当的距离。调节变阻器改变输入电压的大小，可观察到光点偏移的距离随着改变，电压越高偏移越大，由此可测量电压；再调换直流电路的电源的极性改变输入电压的方向，可看到光点反向偏移。

实验完毕，将辉度旋钮逆时针转到底，亮度减到最小后，关闭电源。

实验 2　电阻的测量

方法一　伏安法

实验目的

(1) 掌握用伏安法测电阻的方法，加强对欧姆定律的理解；

(2) 学会正确使用伏特计、安培计、滑动变阻器和电阻箱等电学仪器；

(3) 熟悉简单电路的正确连接方法。

实验原理

要测某一电阻 R_x 的值，可测量 R_x 两端的电压和流经 R_x 的电流，再根据欧姆定律 $I=\frac{U}{R}$ 间接求出 R_x 的值。对电阻的这种测量方法就称为伏安法。如实验图 2.1 和 2.2 所示为伏安法测电阻的电路。其中实验图 2.1 用于测阻值较小的电阻，称安培计外接法；实验图 2.2 用来测阻值较大的电阻，称伏特计外接法。测量时可根据被测电阻 R_x 的阻值大小采用不同的电路。由理论分析知，当 $R_x<\sqrt{R_AR_V}$ 时，宜用安培计外接法；当 $R_x>\sqrt{R_AR_V}$ 时宜用伏特计外接法；若 $R_x=\sqrt{R_AR_V}$ 时，两种电路等效。上式中 R_A 与 R_V 分别为安培计与伏特计的内阻。

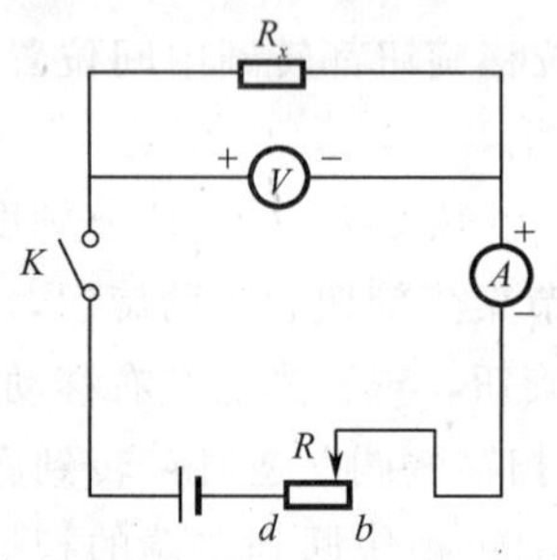

实验图 2.1　安培计外接法

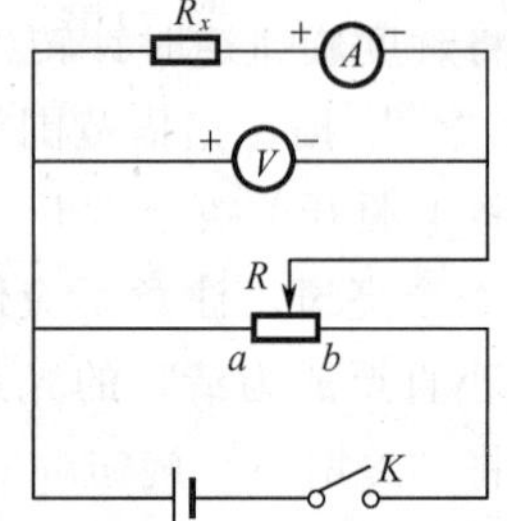

实验图 2.2　伏特计外接法

实验器材

安培计，伏特计，直流电源，待测电阻（或用电阻箱代替）两个（其中一个阻值较小，约 40Ω；另一个阻值较大，约 9.0×10^3 Ω 以上），开关，滑动变阻器，导线。

实验步骤

(1) 将阻值较小的待测电阻 R_x 按实验图 2.1 连接好，连接过程中要注意安培计的正负端，并将滑动变阻器的阻值调到最大。在指导教师检查无误后，接通电路。

(2) 视伏特计和安培计的偏转情况，逐渐调小滑动变阻器的阻值，即由 b 端逐渐向 a 端滑动，在适当的位置予以停顿。停顿五次，并依次读出安培计和伏特计在各次停顿时所对应的示数，将读数记入实验表 2.1 中。

(3) 依据上述五组数据，计算出 $\bar{R}_x$ 的值。

(4) 将阻值较大的待测电阻 R_x 按实验图 2.2 连接好，并将滑动变阻器的触头滑到 a 端，使 R_x 分压最小。检查无误后，接通电路。视伏特计和安培计的偏转情况，将变阻器的触头由 a 向 b 逐渐滑动，在适当的位置停顿。停顿五次，读出安培计和伏特计的示数并记入实验表 2.2 中。根据上述数据计算出 $\bar{R}_x$ 的阻值。

记录与计算

实验表 2.1 测小电阻的阻值

序次	I (A)	U (V)	R_x (Ω)	$\bar{R}_x$ (Ω)
1				
2				
3				
4				
5				

实验表 2.2 测大电阻的阻值

序次	I (A)	U (V)	R_x (Ω)	$\bar{R}_x$ (Ω)
1				
2				
3				
4				
5				

方法二　用电桥法测导体电阻

实验目的

学习用电桥测量电阻的原理和方法。

实验原理

(1) 在9.3节介绍的电桥电路中，4个臂上的电阻有3个是可调的已知电阻，另一个为待测电阻。当电桥平衡时（电流计示数为零），可以得到

$$R_x=\frac{R_2}{R_1}R_0$$

(2) 滑线电桥（实验图2.3）是用一段均匀的电阻丝AC代替电阻R_1和R_2，当电桥平衡时，有

$$R_x=\frac{L_2}{L_1}R_0$$

实际上电阻丝不一定均匀，我们可以用下面的方法消除误差。

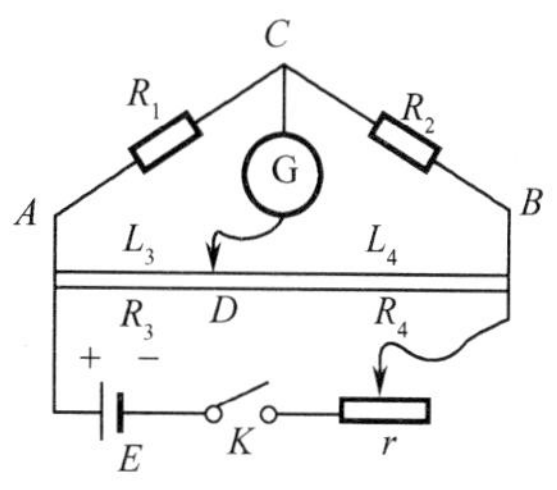

实验图2.3　滑线电桥

在实验图2.3所示的实验中，可以得到

$$\frac{R_x}{R_0}=\frac{R_2}{R_1}$$

将待测电阻R_x与电阻箱R_0的位置对调，保持滑动触头位置不变，调整电阻箱的电阻，使电桥重新平衡，记下电阻箱的电阻R'_0，可以得到

$$\frac{R'_0}{R_x}=\frac{R_2}{R_1}$$

由以上两式可得

$$\frac{R_x}{R_0}=\frac{R'_0}{R_x}$$

所以

$$R_x=\sqrt{R_0\cdot R'_0}$$

这样，测量结果与L_1，L_2无关，所以电阻丝不均匀不影响测量结果。

实验器材

滑线式电桥，检流计，开关，直流电源，电阻箱，待测电阻（200Ω左右）。

实验步骤

(1) 按实验图2.3所示接好线路。滑动接头最好在电阻丝中点附近（这样误差最小）。既然L_1和L_2大致相等，那么电阻R_0和R_x也要大致相等。本实验中，电阻R_x约为$2\times10^2\,\Omega$，所以电阻R_0也要取$2\times10^2\,\Omega$左右。实验中，我们分别取R_0为180Ω，200Ω和220Ω，测量3次。

(2) 接通开关后，移动滑动接头位置，直至电流计无偏转。

(3) 记录L_1和L_2的长度及此时R_0的数值（分别为180Ω，200Ω和220Ω）。利用公式计算出R_x，并求出其平均值，将数据记录在实验表2.3中。

(4) 重复以上步骤，但在电桥平衡后，将电阻R_0与R_x的位置对调。保持滑动接头D的位置不变，调整电阻箱，使电桥重新平衡。记下电阻箱的电阻R_0，

利用公式计算出 R_x。使 R_0 分别为 180Ω，200Ω 和 220Ω，测量 3 次，并求出其平均值，将数据记录在实验表 2.4 中。

记录与计算

实验表 2.3　电桥法测电阻

R_0（Ω）	L_1（m）	L_2（m）	R_x（Ω）	平均值 $\bar{R}_x$（Ω）
180				
200				
220				

实验表 2.4　换位电桥法测电阻

R_0（Ω）	R'_0（Ω）	R_x（Ω）	平均值 $\bar{R}_x$（Ω）
180			
200			
220			

实验 3　电源电动势和内电阻的测定

实验目的

(1) 掌握利用安培计和电阻箱或安培计和伏特计测定干电池或蓄电池的电动势和内电阻的方法；

(2) 加深对全电路欧姆定律的理解。

实验原理

由全电路欧姆定律 $I=\frac{E}{R+r}$ 得，电源电动势 $E=IR+Ir$ 或 $E=U+Ir$。所以，要想测得电源的电动势和内阻，只要将全电路中负载电阻的阻值变化一次，并分别测出变化前后的 I，R 或 I，U 值，即可利用联立方程组求出电源的电动势和内电阻。

实验器材

干电池（或蓄电池串联定值电阻），安培计，伏特计，电阻箱（或两个电阻器），开关，导线。

实验步骤

(1) 按实验图 3.1 接好电路，并使电阻箱 R 的阻值选在较大的位置上，检查无误后合上开关。逐渐减小电阻箱的电阻，当电路中电流为某一整数时，读出伏特计和安培计的示数并作记录。继续调节电阻箱的阻值至电路中的电流达到另一数值，再读出并记录相应的电流和电压值。根据上述两组数据，计算出电源电动势 E 和内电阻 r，记入实验表 3.1 中。

（2）改用安培计和电阻箱测定。在原电路的基础上，将伏特计拆除，合上开关，调节电阻箱的阻值至电路中的电流为某一定值。读出安培计和电阻箱的值并记入实验表 3.2；再次调节电阻箱，并读出和记录相应的数据。根据数据，计算出 E 和 r。

（3）再改用伏特计和电阻箱测定，在步骤（2）的基础上，拆除安培计，再将伏特计并联在电阻箱 R 两端（见实验图 3.2）。合上开关，调节电阻箱，读出两组 U，R 的数值并计算出 E 和 r，记入实验表 3.3 中。

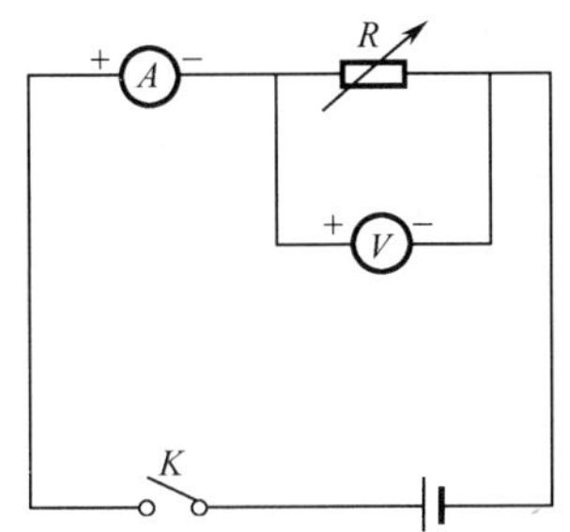

实验图 3.1 测 E，r 电路图

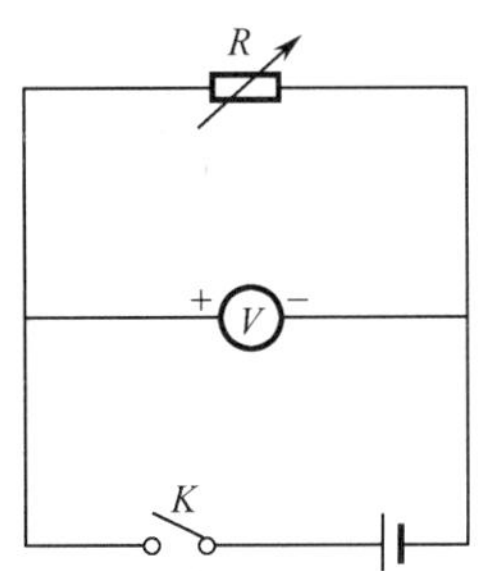

实验图 3.2 测 E，r 电路图

注意事项：电阻箱值不能选为零，以免短路。

记录与计算

实验表 3.1 $E=U+Ir$

序 次	U（V）	I（A）	E（V）	r（Ω）
1				
2				

实验表 3.2 $E=IR+Ir$

序 次	U（V）	R（Ω）	E（V）	r（Ω）
1				
2				

实验表 3.3 $E=U+\frac{U}{R}r$

序次	U (V)	I (A)	E (V)	r (Ω)
1				
2				

实验4　多用表的使用

实验目的

(1) 熟悉多用表，了解其基本用途；

(2) 学会使用多用表对电阻、交直流电压和直流电流的测量方法。

实验器材

多用表，低压电源，碳膜电阻（或其他种类的电阻器），电阻箱，滑动变阻器，开关，导线。

仪器简介

多用电表是一种由多个测量部分组合起来的、能够测量多种电学量和电学状态的电工电子仪表。它的型号很多，不同型号的多用表，其测量的电学量种类和范围亦不同。但一般多用表都具有测量电阻、交流电压、直流电压和直流电流的功能，其使用方法也基本相同，结构也大致相似。如实验图4.1，多用表都有一个公用表头（一只磁电式电流表）、功能转换旋钮（又称选择开关）、两支表笔、调零装置及电源。多用表具有携带、使用方便，用途广，量程多等优点，因此得到广泛应用。

正确使用多用表，包括两个基本方面：一是要正确操作。包括调零、正确接入电路、正确选择挡位和量程；二是要正确读数。

实验步骤

首先调零，即按表头所示符号，将表平放、立放或斜放，用小螺刀旋动游丝螺口，使指针停在左端零刻度。然后，才能进行测量。

1. 测电阻

(1) 将红表笔插入正（+）插口，黑表笔插入负（−）插口。

(2) 选择挡位。将功能转换旋钮旋到具有Ω符号的电阻挡内的适当位置（被测电阻是数十欧的，旋到×10挡；被测电阻是数百欧的，即旋到×100挡，依次类推）。若不知被测电阻值的大约范围，可先旋到较低挡，预测后再根据情况换挡。（一般×10k以上挡次，表内接入十几伏至几十伏的电压，测量时需注意，以免损坏被测器件。）

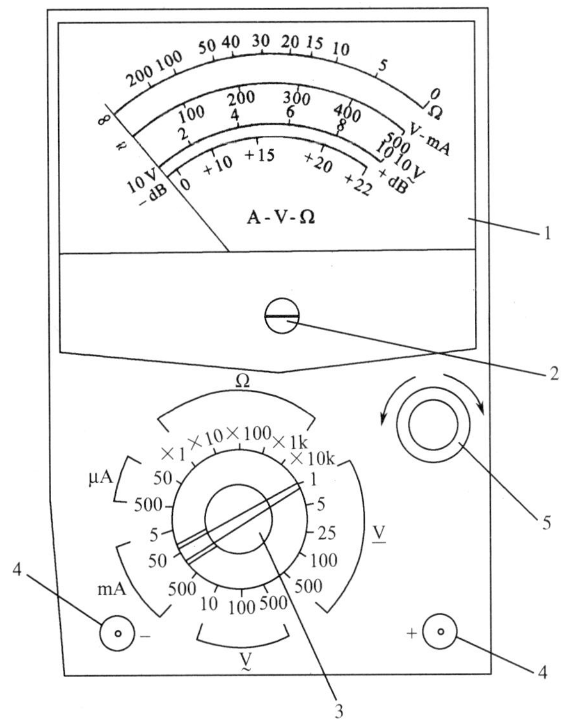

1——表头，2——指针调零螺丝，3——动能转换旋钮，
4——表笔插孔，5——电阻调零旋钮
实验图 4.1　多用表

（3）调零。挡位选定后，将两表笔短接，此时指针应偏向右端具有“Ω”符号刻度的零位。若不指零，则可调节表面上的调零电阻旋钮，使指针到零位。若仍不指零，且停在零刻度左方，说明表内电池已旧，应予以更换。

（4）测量。完成上述步骤后，即可测量电阻了。将两表笔分别接在待测电阻的两端，指针所指“Ω”刻度的示数与选择开关挡位的乘积，即为该被测电阻的阻值。如，指针指在“4”，选择开关挡位为“×10”，则该被测电阻的阻值为 $4\times10=40\Omega$。若选择开关挡位为“×1k”，则该电阻阻值为 $4\times1\text{k}=4\text{k}\Omega=4\times10^3\Omega$，依此类推。测量时，被测电阻不能带电。测量中应尽量使指针停在表头中央附近，这样测出的误差小。如不在中央附近，可通过转换选择开关完成。但要注意，选择开关每改换一次挡位，都要重新将表笔短接调零。

（5）测人体电阻。把选择开关置于“×1k”或“×10k”挡位，调零后两手分别握紧两表笔，读出电阻值。将两手与表笔相接处浸湿后再重测一次。

（6）测量白炽灯泡的电阻，选一只白炽灯泡，用两表笔分别接触灯尾和螺纹部分，即可读出其直流电阻值，并跟用该灯泡的额定功率与额定电压计算出的电阻 $R=\frac{U^2}{P}$ 进行比较。将步骤（4），（5），（6）的测量结果记入实验表 4.1 中。

2. 测直流电压

（1）将电阻箱 R、滑动变阻器、低压直流电源按实验图 4.2 所示接好电路。根据电源电压的高低，适当选定电阻箱的阻值和变阻器滑动触头的位置。

（2）把多用表的选择开关旋在直流电压挡的适当量程（应使所选量程略高于低压直流电源的输出电压）。

（3）合上开关，将两表笔依次并接在 AB，BC，AC 两端，即可分别测出 U_{AB}，U_{BC}，U_{AC}，并将数据进行记录，填入实验表 4.2 中。注意测量中要始终保持红线笔在电势较高点。总结得出总电压 U_{AC} 与分电压 U_{AB}，U_{BC} 的关系，并将此关系作为结论进行记录，填入实验表 4.2 中。

（4）改变滑动变阻器触头位置，重复步骤（3）两次，并将数据进行记录，填入实验表 4.2 中。

3. 测直流电流

将选择开关置于直流电流挡的适当量程（无法估算电流的范围时，要先旋在高量程，预测后再选择适当的量程，以免损坏表头），依次测出实验图 4.2 中总电流 I_{AB}，分电流 I_{BC} 和 I_{BR}，并将结果进行记录，填入实验表 4.3 中。

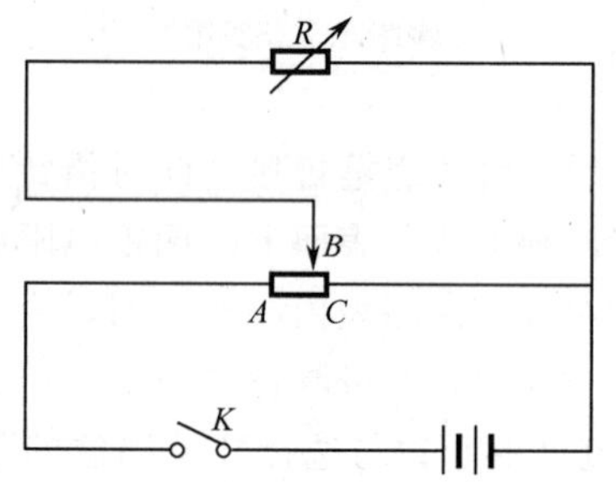

实验图 4.2　多用表测直流电流

注意：多用表选择在电流挡上时，表头内阻很小，一定不能用以误测电压，以免损坏表头。

4. 测交流电压

（1）将上述实验电路中的低压直流电源改用低压交流电源。将多用表的选择开关置于交流电压挡的适当量程，测出交流电压 U_{AB}，U_{BC}，U_{AC}，并将数据进行记录，填入实验表 4.4 中。变换变阻器触头位置，再测量两次。

(2) 在教师的指导下，把选择开关置于多用表交流电压挡的 300V 或 500V 挡位上，测量一下实验室的供电相电压。若有三相电，把量程选在 500V，测量线电压。

(3) 测量完毕，将表笔取出，把选择开关置于空挡或交流电压的最高挡上。

记录与计算

实验表 4.1 测电阻 (单位：Ω)

被测电阻	人体电阻（干）	人体电阻（浸湿后）	白炽灯的电阻

实验表 4.2 测直流电压 (单位：V)

序 次	U_{AB}	U_{BC}	U_{AC}	结 论

实验表 4.3 测直流电流 (单位：A)

序 次	I_{AB}	I_{BC}	I_{BR}	结 论

实验表 4.4 测交流电压 (单位：V)

序 次	U_{AB}	U_{BC}	U_{AC}	结 论

实验 5 电磁感应现象的研究

实验目的

观察电磁感应现象，验证楞次定律，加深对电磁感应定律的理解。

实验原理

当穿过某一闭合电路的磁通量发生变化时，电路内就有感应电流产生。感应电流的大小与磁通量的变化率成正比，其方向总是使自己产生的磁场来阻碍引起感应电流的磁通量的变化。

实验器材

直流电源，灵敏电流计，开关，滑动变阻器，高阻电阻器，原、副线圈（带铁芯)，条形磁铁，导线。

实验步骤

(1) 找出灵敏电流计指针的偏转方向与流入灵敏电流计的电流方向的关系。如实验图 5.1 所示，将高阻值电阻、灵敏电流计、开关和一节干电池连接好。合上开关，观察指针的偏转方向，由此得出灵敏电流计指针的偏转方向与流入它的电流方向的关系。

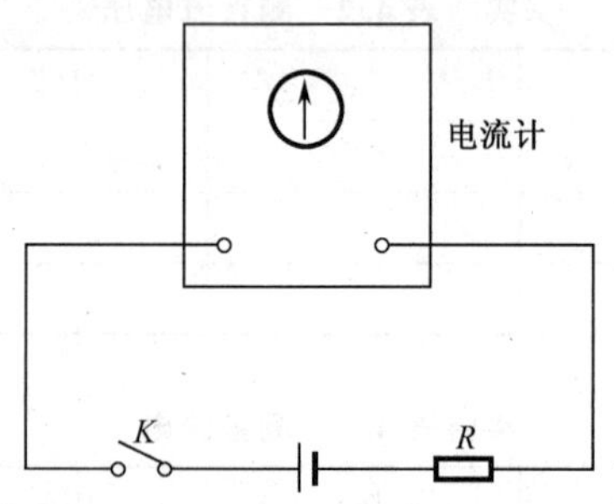

实验图 5.1　找出电流计指针转向与电流方向的关系

(2) 按照实验图 5.2 所示，将副线圈与灵敏电流计接成闭合回路，并辨认副线圈的绕向。

(3) 将条形磁铁 N 极向下迅速插入副线圈，观察插入过程中电流计指针的偏转方向和偏转幅度。由步骤 (1) 得出的关系判定线圈中感应电流的流向，将观察到的现象和结果记入实验表 5.1 中。

(4) 将磁铁从线圈中迅速拔出，再观察拔出过程中指针的偏转方向及幅度，断定线圈中感应电流的流向，并记入实验表 5.1 中。

(5) 重复步骤 (3), (4)，但磁铁要缓慢插入和拔出。利用观察结果分析磁通变化快慢，即磁通变化率与感应电流（或感应电动势）大小的关系，并和楞次定律比较。

(6) 将条形磁铁的 S 极向下，重复步骤 (3), (4), (5)，并将有关现象记入实验表 5.1 中。

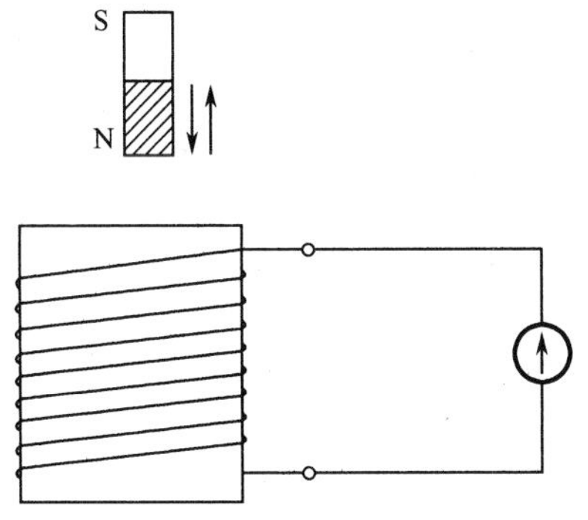

实验图 5.2 用磁铁和线圈验证楞次定律

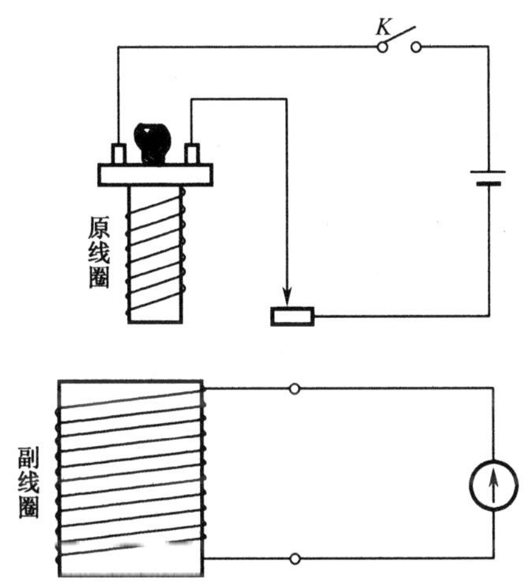

实验图 5.3 用通电线圈验证楞次定律

(7) 把条形磁铁换为通电线圈，如实验图 5.3 所示，将原线圈、滑动变阻器和电源接成闭合回路，并使原线圈中电流方向为顺时针流向。重复步骤 (3)，(4)，(5)，将现象与结果记入实验表 5.2 中。

(8) 在步骤 (7) 的基础上将原线圈中电源反接，重复步骤 (7)，并记入实验表 5.2 中。

(9) 在步骤 (8) 后，将原线圈中电源再次反接，即让原线圈中电流为顺时针流向。把原线圈放入副线圈中不动，操作开关 K，观察电流计指针在原线圈中电源接通与断开过程中的偏转情况，并将结果记入实验表 5.3 中。

(10) 把原线圈中电流改为逆时针流向，重复步骤 (9)，并将结果记入实验

表 5.3 中。

记录与计算

实验表 5.1 用磁铁和线圈验证楞次定律

磁铁运动情况	原磁场方向（向上或向下）	原磁通量变化情况（增加或减少）	感应电流方向（顺或逆时针）	$I_{感}$ 的磁场与原磁场方向（同向或反向）	$I_{感}$ 的磁场对原磁场方向是（阻碍或助长）
N 极插入					
N 极拔出					
S 极插入					
S 极拔出					

实验表 5.2 用通电线圈验证楞次定律

原线圈的运动情况	原磁场方向（向上或向下）	原磁通量变化情况（增加或减少）	感应电流方向（顺或逆时针）	$I_{感}$ 的磁场与原磁场方向（同向或反向）	$I_{感}$ 的磁场对原磁场方向是（阻碍或助长）
插入					
拔出					
电流反向后插入					
电流反向后拔出					

实验表 5.3 用通、断线圈电流的方法验证楞次定律

开关动作	原磁场方向（向上或向下）	原磁通量变化情况（增加或减少）	感应电流方向（顺或逆时针）	$I_{感}$ 的磁场与原磁场方向（同向或反向）	$I_{感}$ 的磁场对原磁场方向是（阻碍或助长）
接通					
断开					
反接后接通					
反接后断开					

实验 6 测定玻璃的折射率

实验目的

测定玻璃的折射率，验证光的折射定律。

实验原理

由折射率的定义知，要测得某物质的折射率 n，只要测出光线由真空（或空气）进入该物质时的入射角 i 和折射角 r，即可计算出其折射率

$$n=\frac{\sin i}{\sin r}$$

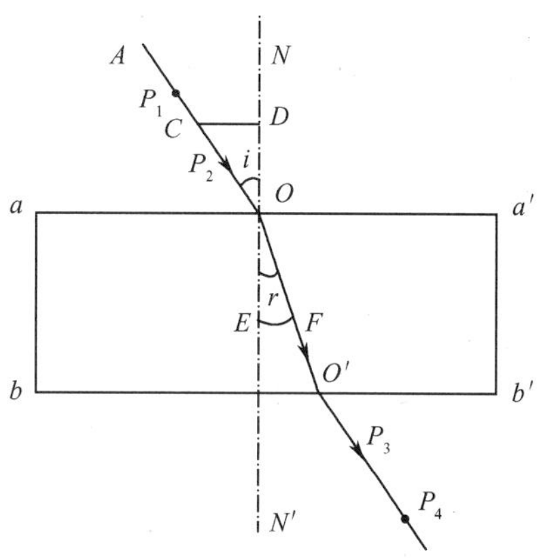

实验图 6.1 测定玻璃的折射率

如实验图 6.1 所示，$aa'bb'$为玻璃砖，AO 为入射光，OO'为折射光，NN'为法线，EF 垂直 NN'，且使 EF 为一个单位（如 1cm），在 AO 上截取 OC，使 $OC=OF$，由 C 点作 CD 垂直 NN'，则

$$\sin i=\frac{CD}{OC}$$

$$\sin r=\frac{EF}{OF}=\frac{EF}{OC}$$

玻璃的折射率

$$n=\frac{\sin i}{\sin r}=\frac{CD}{OC}\cdot\frac{OC}{EF}=\frac{CD}{EF}$$

又因为 EF 为一个单位（如 1cm），所以有

$$n=CD$$

因此，只要测量出 CD 的单位数（如多少 cm），就得到玻璃的折射率。

实验器材

玻璃砖，白纸，图钉（或胶带纸），绘图纸，三角板，圆规，铅笔，大头钉，小刀等。

实验步骤

(1) 用图钉或胶带把白纸固定在图板上。在纸上适当位置作一条直线 aa'作

为界面，过 aa' 上一点 O 画出界面的法线 NN'，并作出一条入射线段 AC 作为入射光线，如实验图 6.1 所示。

(2) 把玻璃砖平放在纸上，使其一长边（入射面）跟 aa' 对齐，画出与玻璃砖的另一长边（出射面）对应的界面 bb'。

(3) 在线段 AO 上间隔一定距离竖直插上两枚大头钉 P_1、P_2，在玻璃砖的另一侧透过玻璃砖观察两枚大头钉的像，调整视角，直到 P_1 的像被 P_2 挡住。再在观察的一侧插上两枚大头钉 P_3、P_4，并使 P_3 挡住 P_1、P_2，P_4 挡住 P_1、P_2、P_3。

(4) 移去玻璃砖，据钉孔记下 P_3、P_4 的位置。过 P_3、P_4 作直线交 bb' 于 O'，连 OO'，则 OO' 即是光线 AO 在玻璃砖内的行进路线。

(5) 用三角板作 EF 垂直 NN'，且使 EF 为 1cm，用圆规在线段 OA 上取线段 OC，并使 $OC=OF$，由 C 向法线 NN' 作垂线交于 D。

(6) 量出 CD 长度的厘米数，把结果记入实验表 6.1 中。

(7) 改变入射角 i，重复 (1) ～ (6) 的实验步骤 4 次，最后求出 n 的平均值。

记录与计算

实验表 6.1　测定玻璃的折射率

序 次	EF ($\times10^{-2}$m)	CD ($\times10^{-2}$m)	玻璃折射率 n	玻璃折射率 $\bar{n}$
1				
2				
3				
4				
5				

实验 7　测定凸透镜的焦距并研究凸透镜的成像规律

实验目的

(1) 熟悉光具座等光学仪器；

(2) 测定凸透镜的焦距；

(3) 验证凸透镜的成像规律。

实验原理

(1) 根据凸透镜成像公式 $\frac{1}{u}+\frac{1}{v}=\frac{1}{f}$，测出 u、v，即可求出焦距 $f=\frac{uv}{u+v}$，

这种方法叫公式法。

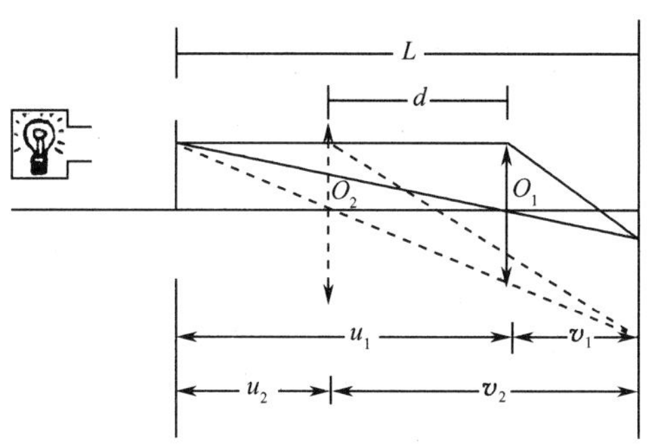

实验图 7.1　测定凸透镜的焦距和成像规律

（2）由凸透镜的成像规律知，当 $u \gg 2f$ 时，可得到一个缩小倒立的实像；当 $2f > u > f$ 时，可得一个放大倒立的实像。据此，如果使物和屏之间的距离 $L > 4f$，且保持不变，移动透镜，如实验图 7.1 所示，就可在屏上两次成像，分别得到一个放大或缩小的倒立实像。设当透镜移动至 O_1 处时，在屏上得到一缩小的倒立的实像，则

$$\frac{1}{u_1}+\frac{1}{v_1}=\frac{1}{f}$$

即

$$\frac{1}{u_1}+\frac{1}{L-u_1}=\frac{1}{f} \tag{1}$$

透镜在 O_2 处时屏上得到一放大的像，则

$$\frac{1}{u_2}+\frac{1}{v_2}=\frac{1}{f}$$

即

$$\frac{1}{u_1-d}+\frac{1}{L-(u_1-d)}=\frac{1}{f} \tag{2}$$

由（1），（2）两式得

$$u_1=\frac{L+d}{2}$$

代入（1）式可得

$$f=\frac{L^2-d^2}{4L} \tag{3}$$

因此，只要测出 L 和 d，就可由（3）式求出凸透镜的焦距 f，这种测量法叫做二次成像法。

实验器材

凸透镜，光具座，光源，光屏，箭头孔屏，米尺。

实验步骤

本实验用两种方法测定同一凸透镜的焦距。

1. 公式法

(1) 先粗测焦距。将凸透镜对准远处的小灯泡或平行射来的太阳光，在透镜的另一侧调节屏到透镜的距离，使屏上得到最清晰的聚焦。这时，透镜到屏的距离就是焦距，可用米尺或光具座上尺子粗略地测出。

(2) 在光具座上分别把小灯泡和屏放在透镜两侧，并细心调节，使灯泡和透镜光心在同一水平位置上。

(3) 使灯泡在透镜焦点以外，移动光屏，使屏上得到一个清晰的像，量出物距、像距并填入实验表 7.1 中。

(4) 改变灯泡到屏的距离（保持在焦点以外），重复步骤（3）。

2. 用二次成像法测焦距

(1) 将箭头孔屏和光屏放在透镜两侧，使两者间的距离 $L>4f$，并保持不变。

(2) 让透镜从靠近光屏处逐渐向孔屏移动，待屏上得到一个缩小倒立的像，并微调透镜的位置，使成像最清晰，记下透镜位置 O_1。

(3) 继续向孔屏方向移动透镜，直到屏上得到清晰放大倒立的像。记下此时透镜的位置 O_2，并测算出 O_1O_2 间的距离 d。将 L，d 记入实验表 7.2 中。

(4) 在保持 $L>4f$ 的条件下，改变孔屏到光屏的距离 L，重复以上实验过程两次。

(5) 根据公式 $f=\frac{L^2-d^2}{4L}$，算出透镜的焦距，并求出平均值。

3. 研究凸透镜的成像规律

(1) 使箭头孔屏到透镜的距离大于 2 倍焦距（$u>2f$）。移动光屏，使屏上得到清晰的像。记录像的性质（虚实、放缩、倒正），量出物距 u 和像距 v，并将数据记入实验表 7.3 中。

(2) 调节物距，使之分别为 $u=f$ 和 $2f>u>f$，重复步骤（1）。

(3) 把孔屏放在焦点以内（$u<f$），在透镜的另一侧，用眼睛通过透镜直接观察放在透镜焦点内孔屏的像，并将观察到的像的性质（倒正、放缩）记入实验表 7.3 中。

记录与计算

实验表 7.1 公式法测焦距

序次	u（m）	v（m）	f（m）	$\bar{f}$（m）
1				
2				
3				

实验表 7.2 二次成像法测焦距

序次	L（m）	d（m）	$f\left(f=\frac{L^2-d^2}{4L}\right)$（m）	$\bar{f}$（m）
1				
2				
3				

实验表 7.3 研究凸透镜的成像规律

物距范围	u（m）	v（m）	像距范围	像的性质
$u>2f$				
$u=2f$				
$2f>u>f$				
$u<f$				

综合实训 1　三相感应电动机的拆装

通过对小型三相感应电动机的拆装，了解电机的定子铁芯、定子线圈、转子铁芯、转子线圈、机座、轴承、端盖、接线盒等主要部分的构造；分析电机的工作原理；学习铭牌上的各项标注。

综合实训 2　晶体管收音机的安装

通过对单管或 2 管晶体管收音机的安装，了解电阻、电容、电感、晶体管等电子元件的构造、型号、工作原理以及在收音机电路里的作用；加深理解电磁波接收各部分电路的功能和工作原理；学习电子元件的焊接和安装技术；学习电工仪表的使用以及电路的调试技术。

附　　录

附表 1　下册物理量单位表

物理量	计量单位				备　注
	名称	简称	符号	中文符号	
电荷电量	库仑	库	C	库	1C=1A·s
电场强度	伏特每米	伏每米	V/m	伏/米	1N/C=1V/m
	牛顿每库仑	牛每库	N/C	牛/库	
电势 电压、电势差	伏特	伏	V	伏	1V=1J/C，$1kV=10^3V$，$1mV=10^{-3}V$
电容	法拉	法	F	法	1F=1C/V，$1\mu F=10^{-6}F$，$1pF=10^{-12}F$
电阻	欧姆	欧	Ω	欧	1Ω=1V/A，$1k\Omega=10^3\Omega$，$1M\Omega=10^6\Omega$
电阻率	欧姆米	欧米	Ω·m	欧·米	$1\Omega\cdot m=10^6\Omega\cdot mm^2/m$
电动势	伏特	伏	V	伏	
磁感应强度	特斯拉	特	T	特	$1T=1N/（A\cdot m）=1Wb/m^2$
磁通量	韦伯	韦	Wb	韦	$1Wb=1T\cdot m^2$
自感	亨利	亨	H	亨	1H=1V·s/A

附表 2　常用物理常量

万有引力常量	$G=6.67\times10^{-11}N\cdot m^2/kg^2$
阿伏加德罗常量	$N_A=6.02\times10^{23}mol^{-1}$
玻尔兹曼常量	$k=1.38\times10^{-23}J/K$
静电力恒量	$k=9.0\times10^9N\cdot m^2/C^2$
基本电荷量	$e=1.60\times10^{-19}C$
电子的质量	$m_e=9.1\times10^{-31}kg$
质子的质量	$m_p=1.67\times10^{-27}kg$
中子的质量	$m_n=1.67\times10^{-27}kg$
α粒子的质量	$m_\alpha=6.64\times10^{-27}kg$
原子质量单位	$lu=1.66\times10^{-27}kg$
真空中的光速	$c=3.00\times10^8m/s$
普朗克常量	$h=6.63\times10^{-34}J\cdot s$

主要参考文献

宋茧．1996．物理．北京：中国商业出版社

宋茧．1996．物理习题与实验．北京：中国商业出版社

宋茧．1996．物理学．北京：中国商业出版社

张世忠，林树和．1995．物理．济南：山东教育出版社

赵凯华，罗蔚茵．2000．新概念物理教程．北京：高等教育出版社